改訂版

複素函數論

李 錫 暎 著

$$f^{(n)}(z_0)=\frac{n!}{2\pi i}\int_C\frac{f(z)}{(z-z_0)^{n+1}}dz$$

(각 절마다 예제, 문제 풀이 포함)

교학연구사

머리말

複素函數論은 現代數學의 基本的인 概念들을 바탕으로 解析學的 構造와 幾何學的 特性 사이의 상호관계를 다룬다는 점에서 매력있는 學問으로 느껴진다. Complex Analysis 또는 Geometric theory of functions of a complex variable 이라고 불리는 이 학문은 어떤 의미에서 古典的이지만, 지금도 날로 변해가는 現代基礎科學의 發展을 위하여 밑거름이 되면서, 數學, 物理學 등 自然科學이나 理工系의 여러 分野의 理論을 정립하는데 있어서 반드시 필요한 살아있는 學問이다.

이 책은 大學 3學年 학생들의 複素函數論 강의를 위한 敎材로 엮은 것으로 두 학기에 결쳐서 완전히 끝낼수 있도록 배려하였다. 제 1 장에서는 實數體系로 부터 複素數體系를 구성하고, 이의 代數的 構造와 位相的 構造를 다루고, 기본적인 複素函數들의 재미있는 성질들을 미리 익히도록 하였다. 제 2, 3 장에서는 Analytic function의 概念을 깊이 있게 설명하고, 解析函數의 멱급수와의 관계를 자세히 다루었다. 제 4, 5 장에서는 複素函數의 積分과 관련하여 Cauchy-Goursat 정리를 이해하도록 하고, 복소함수론에서 Cauchy의 積分公式이 얼마나 有用한가를 알도록 하였다.

제 6 장에서는 singularity의 의미를 이해하고 Laurent series를 유도하며, 복소적분이나 실적분을 Residue 정리와 관련하여 계산하는 방법을 알도록 하였다. 제 7, 8 장에서는 Geometric function theory를 공부하는데 있어서 기본이 되는 Conformal mapping의 여러가지 성질과 Harmonic function, Poisson 적분공식, Schwarz's lemma 등을 다루었다. 끝으로 제 9, 10 장은 數學에 흥미를 느끼고 더 깊이 공부하고자 하는 학생들을 위하여 Univalent function theory의 기초入門으로서 Normal family와 Riemann Mapping theorem 등을 다루고, Weierstrass product theorem, Mittag-Leffler theorem을 취급하였다. 또한 Univalent function의 기본적인 성질들과 대표적인 部分函數族들을 소개하고, 그들의 기하학적 특성을 살펴 보았다.

이 책의 特徵은 가급적 敎授가 강의하기에 편리하게 하고, 學生들은 쉽게 이해하고 스스로 공부하면서 깨우칠 수 있도록 배려한 점이다. 즉 각 節마다 내용

중에서 의문이 일어날 수 있는 것이나 혹은 이해를 바르게 하고 문제 푸는 요령을 터득할 수 있도록 例題를 解와 함께, 그리고 몇가지 問題를 풀이와 함께 실어놓았다. 따라서 敎授는 內容만 강의를 해 주시고, 例題와 問題는 學生들이 스스로 공부하도록 맡겨 주시면 될 것이다. 물론 강의내용과 관련되는 例題나 問題중에서 중요하다고 생각되는 것은 그때 그때 지적해 주시면 학생들이 이해하는데 큰 도움이 될 것이다. 또한 각절이 끝날 때 마다 연습문제를 주어 學生들이 직접 풀어 보도록 하고, 해답 또는 힌트는 책의 뒷부분에서 볼 수 있게 하였다. 특히 능력있고 도전적인 학생들을 위해서 각 장의 끝에 보충문제들을 해답없이 수록하였다.

본 개정판 複素函數論은 初版이나 2版에서 잡지 못한 오자와 틀린 부분을 거의 바로 잡느라고 노력하였다.

이 책을 엮음에 있어서 교정을 보느라고 수고를 많이 해준 梨花女大 大學院 박사과정의 서혜경양, 성맹희양 등 여러 대학원생들에게 고마운 마음을 전하는 바이다. 아울러 이 책의 出版을 위하여 애써 주신 敎學硏究社 사장님과 직원 여러분들께 謝意를 表하는 바이다.

1995年 7月

이 석 영

(이화여대 연구실에서)

차 례

6 장 特異點과 Laurent 級數

7 장 等角寫像

8 장 調和函數와 Poisson 積分公式

9 장 幾何學的 函數論

10장 單葉函數의 基本理論

1 장 複素數와 複素函數

우리는 이 章에서 實數體系(the real number system)의 알려진 성질로 부터 複素數를 유도하고 다음 사항에 대하여 알아보기로 한다.

1. 複素數體系의 代數的構造와 幾何學的構造는 무엇인가?
2. 複素數의 數列의 收斂性과 Cauchy 數列과의 관계는 어떠한가?
3. 複素函數의 連續性은 實函數의 연속성과 어떻게 다른가?

1.1 複素數의 定義

16세기초에 Geronimo Cardano는 $x^2+2x+2=0$이라는 이차방정식의 해가 실수체계에서는 없다는 것을 발견하였다. Cardano는 만일 $\sqrt{-1}\cdot\sqrt{-1}=-1$와 같은 법칙을 가진 새로운 數體系를 만든다면, 위의 2차방정식을 풀 수 있다고 하였다. 이것이 虛數單位 $i=\sqrt{-1}$를 소개하게 된 動機가 되었으며, 오늘날 우리가 任意의 두 實數 x와 y를 가지고

$$x+iy \qquad \text{또는} \qquad (x, y)$$

로 표시하는 複素數가 탄생하게 된 것이다.

複素函數論은 불란서의 數學者인 Augustine Cauchy(1789～1857)에 의해서 많이 발전되었으며, 그 후로 그의 이론은 Peter Dirichlet(1805～1859), Karl Weierstrass(1815～1897) 그리고 Friedrich Riemann(1826～1866) 등의 여러 수학자들에 의해서 정확하게 다듬어지고 또 확장되었다. 특히 Jean Argand(1806～)는 복소수를 표시하는데 平面上의 점과 관련하여 생각하도록 암시해 주었다.

이제 저학년에서 배운 실수의 집합 $\boldsymbol{R}$의 성질을 활용하여 複素數를 유도하여 보자.

實數의 集合 $\boldsymbol{R}$은 덧셈 $+$와 곱셈 $\cdot$ 아래에서 여러가지 代數的 연산법칙, 즉 $+$와 $\cdot$에 대해서 交換律, 結合律이 성립하고 恒等元과 逆元이 존재하며, 분배법칙이 成立하므로 $(\boldsymbol{R}, +, \cdot)$은 한 體(Field)를 이룬다는 것을 알고 있다.

實數들의 모든 순서쌍(ordered pairs)의 집합

$$\boldsymbol{R}\times\boldsymbol{R}=\{(x, y) : x\in\boldsymbol{R},\ y\in\boldsymbol{R}\}$$

을 생각하고, 이 집합의 임의의 두 元素 $z_1=(x_1, y_1)$, $z_2=(x_2, y_2)$에 대해서 다음과 같은 演算(operations)을 정의한다.

$$z_1+z_2=(x_1, y_1)+(x_2, y_2)=(x_1+x_2, y_1+y_2) \text{ (벡터 合)}$$

$$\alpha z=\alpha(x, y)=(\alpha x, \alpha y)\ \ \alpha\in\boldsymbol{R} \text{ (스칼라 곱)}$$

$$z_1\cdot z_2=(x_1, y_1)\cdot(x_2, y_2)=(x_1x_2-y_1y_2,\ x_1y_2+x_2y_1) \text{ (복소 곱)}$$

그리고 평면 $\boldsymbol{R}\times\boldsymbol{R}$ 위에서 위의 연산법칙을 가진 두 점 $(x, 0)$과 $(0, 1)$을 각각

$$(x, 0)=x,\ \ (0, 1)=i$$

로 나타내기로 하자. 그러면, 위의 세 가지 연산법칙에 의해서 임의의 두 실수 x, y는

$$(x, y)=(x, 0)+(0, y)=(x, 0)+y(0, 1)=x+yi$$

와 같이 표시된다. 또 실수 y에 대하여

$$iy=(0, 1)\cdot(y, 0)=(0\cdot y-1\cdot 0,\ y\cdot 1+0\cdot 0)=(0, y)=y(0, 1)=yi$$

이다. 한편,

$$i^2=i\cdot i=(0, 1)\cdot(0, 1)=(0\cdot 0-1\cdot 1,\ 1\cdot 0+0\cdot 1)=(-1, 0)=-1$$

이므로 i는 방정식 $x^2+1=0$의 한 解가 됨을 알 수 있다.

따라서 複素數의 集合 $\boldsymbol{C}$는 위의 세가지 연산, 즉 벡터합, 스칼라곱 그리고 복소곱을 만족하는 집합 $\boldsymbol{R}\times\boldsymbol{R}$로 정의하고, 다음과 같이 표시된다.

$$\boldsymbol{C}=\{z : z=x+iy=(x, y),\ \ x\in\boldsymbol{R}, y\in\boldsymbol{R}, i=(0, 1)=\sqrt{-1}\}$$

任意의 한 복소수 $z=x+iy=(x, y)\in\boldsymbol{C}$에 대하여 $x=(x, 0)$를 **實數**(real numbers), $iy=(0, y)$를 **純虛數**(pure imaginary numbers)라고 한다. 그리고

$$\mathrm{Re} : \boldsymbol{C}\to\boldsymbol{R},\ \ \mathrm{Re}(z)=x$$

를 $\boldsymbol{z}$ **의 實部分**(real part of z)이라 하고,

$$\mathrm{Im} : \boldsymbol{C}\to\boldsymbol{R},\ \ \mathrm{Im}(z)=y$$

를 z의 **虛部分**(imaginary part of z)이라고 한다.

두 複複數 $z_1=(x_1, y_1)$, $z_2=(x_2, y_2)$에 대해서

$(x_1, y_1)=(x_2, y_2) \Longleftrightarrow x_1=x_2$ & $y_1=y_2$

이고, $z=x+iy=0 \in \boldsymbol{C}$이면 $x=0$, $y=0$ 즉 $\boldsymbol{R}\times\boldsymbol{R}$에서 $(0, 0)$을 의미한다.

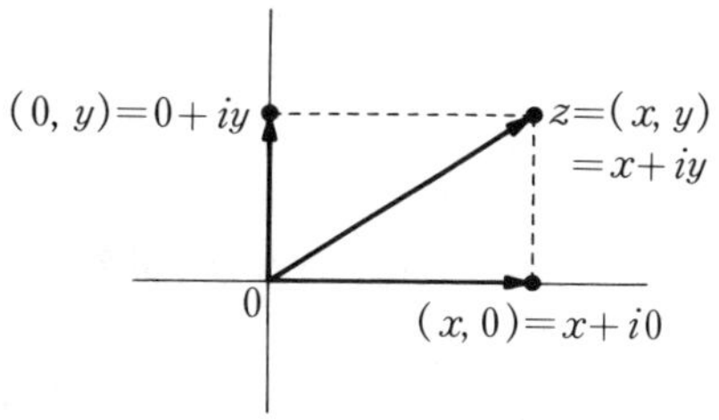

그림 1-1

複素數를 나타내는 平面을 **複素平面**(complex plane)이라고 한다. 복소평면상의 한 복소수 $z=x+iy=(x, y)$에 대해서

$$(x, y)=(1, 0)x+(0, 1)y$$

이므로 $z=(x, y)$는 2개의 기본벡터 $(1, 0)$과 $(0, 1)$의 一次結合으로 표시되는 벡터(vector)이다. 따라서 複素數 $z=x+iy$는 平面上의 點(x, y)와 一對一 對應이 성립하며, 복소수 $z=x+iy$의 그래프(graph)는 원점 $(0, 0)$에서 점 (x, y)까지의 한 벡터(vector)이다.

앞에서 정의한 복소수의 합과 곱의 연산하에서 複素數의 集合 $\boldsymbol{C}$는 體(field)가 되기 위한 代數的인 法則들이 모두 만족됨을 쉽게 알 수 있다. 즉 複素數의 集合 $\boldsymbol{C}$는 다음과 같은 대수적 법칙들을 만족하여 體(field)가 됨을 쉽게 알 수 있다.

덧셈법칙 : i) $z_1+z_2=z_2+z_1$ ii) $z_1+(z_2+z_3)=(z_1+z_2)+z_3$

iii) $z+0=z$ iv) $z+(-z)=0$

곱셈법칙 : i) $z_1z_2=z_2z_1$ ii) $(z_1z_2)z_3=z_1(z_2z_3)$

iii) $1z=z$ iv) $z(z^{-1})=1$, $(z\neq 0)$

분배법칙 : $z_1(z_2+z_3)=z_1z_2+z_1z_3$

위의 연산법칙들은 $\boldsymbol{C}$의 정의에 의해서 쉽게 확인할 수 있다. 특히 $z=(x, y)\neq 0$일 때 $zz^{-1}=1$을 만족하는 곱의 逆元 z^{-1}의 존재성을 보이기 위하여 $z^{-1}=(x_1, y_1)$이라고 놓으면,

$$zz^{-1}=(x, y)(x_1, y_1)=(xx_1-yy_1,\ yx_1+xy_1)=(1, 0)$$

따라서

$$xx_1-yy_1=1,\ yx_1+xy_1=0$$

x_1과 y_1을 구하기 위하여 Cramer의 방법을 이용하면,

$$x_1=\frac{\begin{vmatrix}1 & -y\\ 0 & x\end{vmatrix}}{\begin{vmatrix}x & -y\\ y & x\end{vmatrix}}=\frac{x}{x^2+y^2},\quad y_1=\frac{\begin{vmatrix}x & 1\\ y & 0\end{vmatrix}}{\begin{vmatrix}x & -y\\ y & x\end{vmatrix}}=\frac{-y}{x^2+y^2}$$

그러므로 $z\neq 0$ 일 때 z의 곱의 역원은

$$z^{-1}=\left(\frac{x}{x^2+y^2},\quad \frac{-y}{x^2+y^2}\right)$$

이다.

複素數 $z=x+iy=(x,y)$는 필요에 따라서 2×2 行列(matrix)로 다음과 같이 정의할 수 있다.

$$(x,y)=\begin{pmatrix}x & -y\\ y & x\end{pmatrix}$$

이 정의에 依하여 두 복소수의 합과 곱의 연산은 行列에서의 합과 곱의 성질에 따라서 계산하면 된다.

〔例 題〕

1. 複素數의 集合 $\boldsymbol{C}$ 의 임의의 두 복소수 z_1, z_2 에 대해서 $z_1\leq z_2$ 와 같은 순서관계를 얘기할 수 있는가?

(解) 복소수의 집합 $\boldsymbol{C}$ 에서는 순서관계가 없다. 만일 $\boldsymbol{C}$ 에 순서관계가 존재한다고 하면, 복소수 i 는 $i\geq 0$ 이거나 혹은 $i\leq 0$ 이어야 한다. 만일 $i\geq 0$ 이라고 가정하면 $i\cdot i\geq 0$, 즉 $-1\geq 0$ 이 되어 모순이 된다. 또 $i\leq 0$ 이라고 가정하면 $-i\geq 0$ 이고, $(-i)(-i)\geq 0$ 이므로, 역시 $-1\geq 0$ 이 되어서 모순이 된다.

2. 임의의 복소수 $z=x+iy$ 에 대하여

$$\mathrm{Re}(iz)=-\mathrm{Im}(z),\quad \mathrm{Im}(iz)=\mathrm{Re}(z)$$

임을 밝혀라.

(解) $z=x+iy$ 일 때 $iz=i(x+iy)=-y+ix$ 이다.

따라서 $\mathrm{Re}(iz)=-y=-\mathrm{Im}(z),\ \mathrm{Im}(iz)=x=\mathrm{Re}(z)$

3. 임의의 복소수 $z_1, z_2, z_3\in\boldsymbol{C}$ 에 대하여 덧셈의 결합법칙

$$z_1+(z_2+z_3)=(z_1+z_2)+z_3$$

이 성립함을 보여라.

(**解**) $z_1=(x_1, y_1)$, $z_2=(x_2, y_2)$, $z_3=(x_3, y_3)$라고 하자.

$$\begin{aligned} z_1+(z_2+z_3) &= (x_1, y_1)+[(x_2, y_2)+(x_3, y_3)] \\ &= (x_1, y_1)+(x_2+x_3, y_2+y_3) \\ &= (x_1+x_2+x_3, y_1+y_2+y_3) \\ &= (x_1+x_2, y_1+y_2)+(x_3, y_3) \\ &= [(x_1, y_1)+(x_2, y_2)]+(x_3, y_3)=(z_1+z_2)+z_3 \end{aligned}$$

4. $\mathrm{Re}(1+i)(2+i)$와 $\mathrm{Im}(1+i)^{-2}$를 구하여라.

(**解**) $(1+i)(2+i)=(2-1)+i(2+1)=1+3i$

$$(1+i)^{-2}=\frac{1}{(1+i)^2}=\frac{1}{2i}=-\frac{1}{2}i$$

따라서 $\mathrm{Re}(1+i)(2+i)=1$, $\mathrm{Im}(1+i)^{-2}=-\frac{1}{2}$

問 題

1. 복소수 $z=(x, y)\in \boldsymbol{C}$를 2×2 行列 $\begin{pmatrix} x & -y \\ y & x \end{pmatrix}$로 정의할 때 복소수의 합과 곱의 연산이 성립함을 밝혀라.

(**풀이**) 두 복소수 $z_1=(x_1, y_1)$, $z_2=(x_2, y_2)$에 대하여

$$\begin{aligned} (x_1, y_1)+(x_2, y_2) &= \begin{pmatrix} x_1 & -y_1 \\ y_1 & x_1 \end{pmatrix}+\begin{pmatrix} x_2 & -y_2 \\ y_2 & x_2 \end{pmatrix} \\ &= \begin{pmatrix} x_1+x_2 & -y_1-y_2 \\ y_1+y_2 & x_1+x_2 \end{pmatrix}=(x_1+x_2,\ y_1+y_2) \end{aligned}$$

$$\begin{aligned} (x_1, y_2)(x_2, y_2) &= \begin{pmatrix} x_1 & -y_1 \\ y_1 & x_1 \end{pmatrix}\begin{pmatrix} x_2 & -y_2 \\ y_2 & x_2 \end{pmatrix} \\ &= \begin{pmatrix} x_1x_2-y_1y_2 & -x_2y_1-x_1y_2 \\ x_2y_1+x_1y_2 & x_1x_2-y_1y_2 \end{pmatrix}=(x_1x_2-y_1y_2,\ \ x_2y_1+x_1y_2) \end{aligned}$$

한편, $(x, y)=(1, 0)x+(0, 1)y$

$$=\begin{pmatrix} 1 & 0 \\ 0 & 1 \end{pmatrix}x+\begin{pmatrix} 0 & -1 \\ 1 & 0 \end{pmatrix}y=\begin{pmatrix} x & 0 \\ 0 & x \end{pmatrix}+\begin{pmatrix} 0 & -y \\ y & 0 \end{pmatrix}=\begin{pmatrix} x & -y \\ y & x \end{pmatrix}$$

2. 복소수 z_1, z_2에 대하여

$$\mathrm{Re}(z_1+z_2)=\mathrm{Re}z_1+\mathrm{Re}z_2$$

$$\mathrm{Im}(z_1+z_2)=\mathrm{Im}z_1+\mathrm{Im}z_2$$

임을 증명하여라.

(풀이) $z_1=x_1+iy_1,\ \ z_2=x_2+iy_2$ 라고 하자.

$z_1+z_2=(x_1+iy_1)+(x_2+iy_2)=(x_1+x_2)+i(y_1+y_2)$ 이므로

$$\mathrm{Re}(z_1+z_2)=x_1+x_2=\mathrm{Re}\ z_1+\mathrm{Re}\ z_2$$
$$\mathrm{Im}(z_1+z_2)=y_1+y_2=\mathrm{Im}\ z_1+\mathrm{Im}\ z_2$$

3. 함수 $\mathrm{Re}:\boldsymbol{C}\to\boldsymbol{R}$ 은 한 線型사상(linear map)임을 보여라. 즉 a, b 가 실수이고, z, w 가 복소수일 때,

$$\mathrm{Re}(az+bw)=a\mathrm{Re}\ z+b\mathrm{Re}\ w$$

가 됨을 밝혀라.

(풀이) $z=x+iy,\ \ w=\alpha+i\beta$ 라고 하면,

$$\begin{aligned}\mathrm{Re}(az+bw)&=\mathrm{Re}[a(x+iy)+b(\alpha+i\beta)]\\&=\mathrm{Re}[(ax+b\alpha)+i(ay+b\beta)]\\&=ax+b\alpha=a\ \ \mathrm{Re}\ z+b\ \ \mathrm{Re}\ w\end{aligned}$$

4. $\dfrac{x-iy}{x+iy}=a+ib$ 일 때 $a^2+b^2=1$ 임을 증명하여라.

(풀이) $\dfrac{x-iy}{x+iy}=\dfrac{x-iy}{x+iy}\cdot\dfrac{x-iy}{x-iy}=\dfrac{(x^2-y^2)-2xyi}{x^2+y^2}=a+ib$

$$\begin{aligned}\therefore\ a^2+b^2&=\left(\frac{x^2-y^2}{x^2+y^2}\right)^2+\left(\frac{-2xy}{x^2+y^2}\right)^2=\frac{x^4-2x^2y^2+y^4}{(x^2+y^2)^2}+\frac{4x^2y^2}{(x^2+y^2)^2}\\&=\frac{(x^2+y^2)^2}{(x^2+y^2)^2}=1\end{aligned}$$

연습 문제 1.1

1. $\dfrac{4+2i}{1-2i}+\dfrac{3+4i}{2+3i}$ 를 $x+iy$ 의 형태로 고쳐라.

2. 방정식 $z^2+z+1=0$ 을

$$(x, y)(x, y)+(x, y)+(1, 0)=(0, 0)$$

으로 써서 $z=(x, y)$를 구하여라.

3. $z=x+iy$ 일 때 $\dfrac{z+1}{2z-5}$ 의 實部分과 虛部分을 구하여라.

4. $i^{18}-3i^7+i^2(1-i^4)-(-i)^{26}$을 간단히 하여라.

5. 다음 값을 구하여라.

(a) $(1+2i)\{3(2+i)-2(3+6i)\}$ (b) $(1+i)^3$

(c) $(1-i)^3(1+i)$ (d) $\left(\frac{2i}{1+i}\right)^4$

1.2 複素數의 性質과 數列

複素平面상에서 두 복소수가 實軸에 관해서 서로 대칭일 때, 이들을 서로 **共軛複素數**(conjugate complex numbers)라고 한다. 즉 $z=(x,y)=x+iy$의 공액복소수 $\bar{z}$는 $\bar{z}=(x,-y)=x-iy$이다.

複素數 $z=x+iy=(x,y)$의 복소평면상의 그래프는 원점 $(0,0)$에서 점 (x,y)로 나가는 한 벡터이므로 그 크기는 함수

$$|\ |:\boldsymbol{C}\to\boldsymbol{R},\quad |z|=\sqrt{x^2+y^2}$$

로 정의하며, 이 크기 $|z|$를 복소수 **z의 絕對値**(absolute value) 또는 **z의 modulus**라고 한다.

$z=x+iy$와 $\bar{z}=x-iy$에 대하여

$$|z|=|\bar{z}|=\sqrt{x^2+y^2}$$

이고,

$$|x|=|\mathrm{Re}z|\leq|z|$$
$$|y|=|\mathrm{Im}z|\leq|z|$$

이 성립한다. 또한

$$z+\bar{z}=2x=2\mathrm{Re}\,z,\quad \text{곧}\ \mathrm{Re}\,z=\frac{z+\bar{z}}{2}$$

$$z-\bar{z}=i2y=i2\mathrm{Im}\,z,\quad \text{곧}\ \mathrm{Im}\,z=\frac{z-\bar{z}}{2i}$$

$$z\bar{z}=|z|^2$$

이다.

한편, 복소수 $z=x+iy=(x,y)$의 方向은 z를 나타내는 벡터가 양의 실축과 이루는 角으로 정의하며, 그 각을 **z의 偏角**(argument of z)이라고 한다.

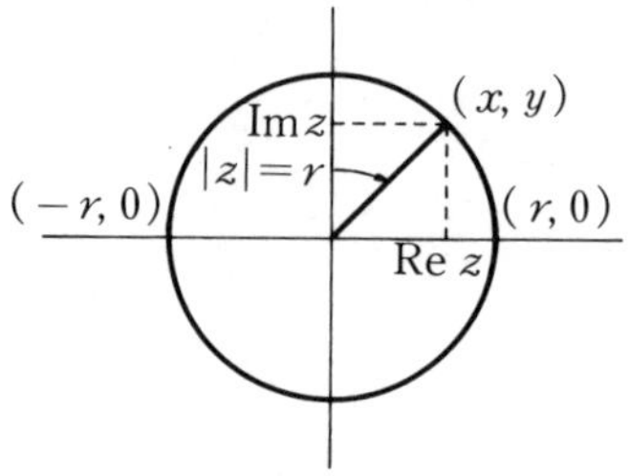

그림 1-2

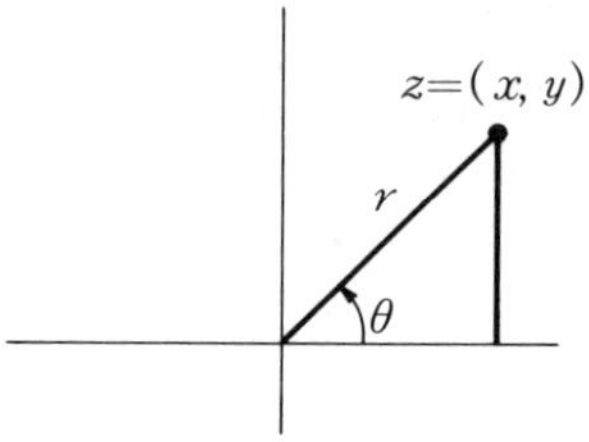

그림 1-3

그림 1-3 에서와 같이 z 의 편각을 $\arg z=\theta$ 라고 하면

$$\tan\theta=\frac{y}{x} \text{ 또는 } \tan(\arg z)=\frac{y}{x} \tag{1.1}$$

이다. 식 (1.1)을 구체적으로 표시하면

$$\arg z=\begin{cases} \arctan\dfrac{y}{x}, & x>0 \\ \arctan\dfrac{y}{x}+\pi, & x<0,\ y>0 \\ \arctan\dfrac{y}{x}-\pi, & x<0,\ y<0 \end{cases} \tag{1.2}$$

이고, 특히 $x=0$ 인 경우에는

$$\arg z=\begin{cases} \dfrac{\pi}{2}, & x=0,\ y>0 \\ -\dfrac{\pi}{2}, & x=0,\ y<0 \end{cases} \tag{1.3}$$

이 된다.

$z=0$ 인 경우, 즉 $x=y=0$ 일 때는 $\tan\theta=\dfrac{y}{x}$ 가 의미를 갖지 못하므로 z 의 편각 $\arg z$ 는 정의할 수가 없다. 그림 1-3 에서 보는 바와 같이 $\arg z=\theta$ 의 方向은 2π 의 배수만큼 돌고 나서도 같은 방향을 갖게 되므로, 주어진 복소수 $z=x+iy$ 의 편각 $\arg z$ 는 무수히 많은 값을 갖는다는 것을 알 수 있다. 따라서

$$\arg z=\operatorname{Arg} z+2k\pi,\quad (-\pi<\operatorname{Arg} z\leq\pi,\ k=0, \pm1, \pm2, \cdots) \tag{1.4}$$

로 표시할 수 있으며, $k=0$ 인 경우의 $\operatorname{Arg} z$ 를 z 의 편각 **arg *z* 의 主値**(principal value of $\arg z$)라고 한다. 즉 $\arg z$ 는 多價函數이지만 $\operatorname{Arg} z$ 는 單價函數이다.

이를테면, $z=3+i3=(3, 3)$ 일 때,

$$\arg z=\frac{\pi}{4}+2k\pi,\quad (k=0, \pm1, \pm2, \cdots)$$

$$\text{Arg}\, z = \frac{\pi}{4}$$

로 표시된다. 한 복소수 $z=x+iy$ 에 대하여 Re $z>0$ 이라는 것은

$$|\text{Arg}\, z| < \frac{\pi}{2}$$

와 같은 뜻이다.

복소수 $z=x+iy$ $(\neq 0)$에 대응하는 점(x, y)의 極座標(polar coordinate)를 (r, θ) 라고 하면,

$$x = r\cos\theta, \quad y = r\sin\theta$$

이므로 $z=x+iy$ 는 極形式(polar form)으로

$$z = r(\cos\theta + i\sin\theta)$$

와 같이 표시할 수 있다. Euler 의 공식은

$$e^{i\theta} = \cos\theta + i\sin\theta$$

이므로, 한 複素數 $z=x+iy$ 의 極形式은

$$z = re^{i\theta}, \quad (r=|z|, \quad \theta = \arg z)$$

와 같이 표시된다.

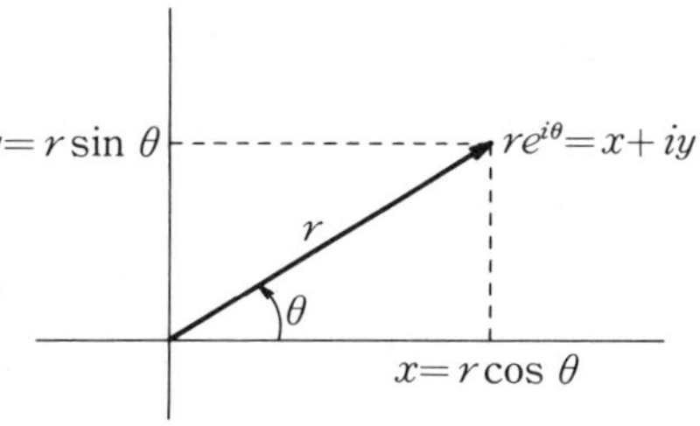

그림 1-4

이를테면 $z=1-i$ 의 극형식은

$$1-i = \sqrt{2}\left[\cos\left(-\frac{\pi}{4}\right) + i\sin\left(-\frac{\pi}{4}\right)\right]$$

인데, $\theta = -\frac{\pi}{4} + 2n\pi$ $(n=0, \pm 1, \pm 2, \cdots)$의 어느 하나를 사용할 수 있다. 따라서, $n=1$ 일 때

$$1-i = \sqrt{2}\left(\cos\frac{7\pi}{4} + i\sin\frac{7\pi}{4}\right)$$

I 를 양의 整數들 $1, 2, 3, \cdots, n, \cdots$의 集合이라 하자. 함수

$$f: I \to \boldsymbol{C}, \quad f(n) = z_n$$

에 의해서 생기는

$$z_1, z_2, z_3, \cdots, z_n, \cdots \text{ 또는 } \{z_n\}$$

을 **複素數의 數列**(sequence of complex numbers)이라고 한다.

모든 $k=1, 2, \cdots$ 에 대해서 $n_k < n_{k+1}$ 이 되는 한 양의 정수의 수열을 $n_1, n_2, n_3, \cdots$ 이라 할 때 數列 $\{z_n\}$에서 뽑아서 만든 또하나의 복소수의 數列

$$z_{n_1}, z_{n_2}, z_{n_3}\cdots, z_{n_k}, \cdots \text{ 또는 } \{z_{n_k}\}$$

을 수열 $\{z_n\}$의 한 **部分數列**(subsequence)이라고 한다. 이를테면,

$$z_1, z_3, z_5, \cdots, z_{2n-1}, \cdots$$

$$z_2, z_4, z_6, \cdots, z_{2n}, \cdots$$

$$z_1, z_4, z_9, \cdots, z_{n^2}, \cdots$$

등은 모두 수열 $\{z_n\}$의 부분수열들이다. $\{z_{n_k}\}$가 $\{z_n\}$의 한 부분수열이면, 정의에 의하여 밑에 붙이는 숫자들 사이에는

$$n_k \geq n$$

인 관계가 성립한다.

임의의 $\varepsilon>0$에 대해 집합 $\{z\in \boldsymbol{C} : |z-z_0|<\varepsilon\}$을 **$z_0$의 ε-근방**(ε-neighborhood of z_0)이라 하며, 보통 $N(z_0\,;\,\varepsilon)$으로 표시한다. 한편 **z_0의 제거된 ε-근방**(deleted ε-neighborhood of z_0)은 집합 $\{z\in \boldsymbol{C} : 0<|z-z_0|<\varepsilon\}$이다.

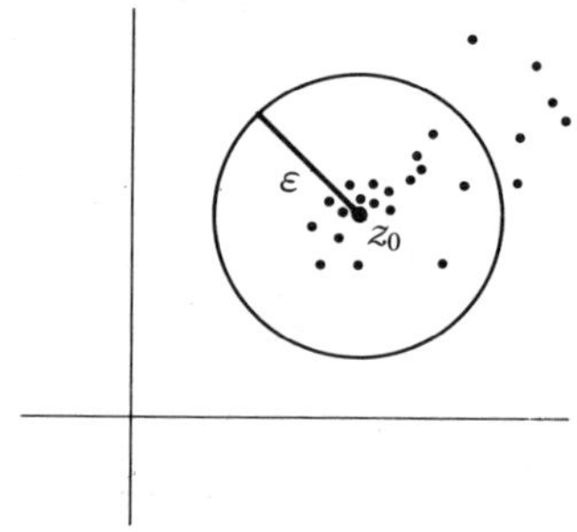

그림 1-5

한 數列 $\{z_n\}$이 $n\to\infty$일 때 z_0에 收斂(converge)한다는 것을 $\lim\limits_{n\to\infty} z_n=z_0$로 표시한다. 이것은 $\{z_n\}$이 有限個의 項을 제외한 나머지 모든 $\{z_n\}$의 項들이 z_0의 임의의 주어진 ε-근방속에 들어있다는 것을 의미한다. 기호로 표시하면,

$$\lim_{n\to\infty} z_n=z_0 \Longleftrightarrow \forall\varepsilon>0,\ \exists N=N(\varepsilon)\ \ s.t.\ \ n>N \Rightarrow |z_n-z_0|<\varepsilon$$

위의 정의로부터 다음 두가지 사실을 쉽게 알 수 있다.

만일 $\lim\limits_{n\to\infty} z_n=z_0$이면

(1) $n>N$인 모든 n에 대해서 $z_n\in N(z_0\,;\,1)$이므로

$M=\max\{|z_1|, |z_2|, \cdots, |z_N|\}$이라 두면, 모든 n에 대하여

$$|z_n|<M+|z_0|+1$$

이다. 즉 수렴하는 수열 $\{z_n\}$은 有界이다.

(2) 주어진 $\varepsilon>0$에 대해서 $n>N$인 모든 n에 대하여 $z_n\in N(z_0\,;\,\varepsilon)$이다. $\{z_{n_k}\}$가 $\{z_n\}$의 부분수열이면 모든 k에 대하여 $n_k\geq n$이 성립하므로 $n_k\geq n>N$이면 $|z_{n_k}-z_0|<\varepsilon$이 성립한다. 즉, $\{z_n\}$이 z_0에 수렴하면, 모든 부분수열 $\{z_{n_k}\}$도 역시 z_0에 수렴한다.

〔**定理 1.1**〕 $\{z_n\}=\{x_n+iy_n\}$을 複素數의 한 數列이라고 하자. 數列 $\{z_n\}$이 한 複素數 $z_0=x_0+iy_0$에 收斂하기 위한 必要充分條件은 $\{x_n\}$은 x_0에 收斂하고, $\{y_n\}$은

y_0에 收斂하는 것이다.

(증명) 만일 $\lim_{n\to\infty} z_n = z_0$라고 하면, 주어진 $\varepsilon>0$에 대하여 $N=N(\varepsilon)$이 정해져서 $n>N$이면 $|z_n-z_0|<\varepsilon$이 된다. 그런데

$$|x_n-x_0|\le|z_n-z_0|,\quad |y_n-y_0|\le|z_n-z_0|$$

이 성립하므로 $\{x_n\}$과 $\{y_n\}$은 각각 x_0, y_0에 수렴한다. 逆으로 $\lim_{n\to\infty} x_n=x_0$, $\lim_{n\to\infty} y_n=y_0$라고 하자. 그러면 주어진 $\varepsilon>0$에 대해서 N이 존재해서 $n>N$이면

$$|x_n-x_0|<\frac{\varepsilon}{2},\quad |y_n-y_0|<\frac{\varepsilon}{2}$$

이 성립한다. 따라서

$$\begin{aligned}|z_n-z_0| &= |(x_n-x_0)+i(y_n-y_0)|\\ &\le |x_n-x_0|+|y_n-y_0|<\frac{\varepsilon}{2}+\frac{\varepsilon}{2}=\varepsilon\end{aligned}$$

이 되므로 $\{z_n\}$은 z_0에 수렴한다.

〔定理 1.2〕 有界인 複素數의 數列은 수렴하는 部分數列을 갖는다.

(증명) 有界인 수열 $\{z_n\}$의 한 극한점을 z_0이라고 하자. 그러면, z_0의 임의의 근방은 $\{z_n\}$의 무한히 많은 항들을 포함한다. 우선, 근방 $N(z_0\,;1)$에 속하는 $\{z_n\}$의 한 항을 z_{n_1}이라 하자. 다음에는 근방 $N\left(z_0\,;\dfrac{1}{2}\right)$내에 있는 $\{z_n\}$의 무한히 많은 항중에서 $n_1<n_2$가 되는 항 z_{n_2}를 택하자. 이 과정을 k번 반복해서 $n_1<n_2<\cdots<n_k$가 되고, z_{n_k}가 근방 $N\left(z_0\,;\dfrac{1}{k}\right)$에 속하도록 $\{z_n\}$의 항들 z_{n_1}, $z_{n_2},\cdots,z_{n_k}$를 만든다. 그러면 근방 $N(z_0 : 1/k+1)$은 $\{z_n\}$의 무한히 많은 항들을 포함하고 있으므로 $n_k<n_{k+1}$이 되는 한 항 $z_{n_{k+1}}$을 택할 수 있다. 결국

$$|z_{n_k}-z_0|<\frac{1}{k}\qquad (k=1,2,\cdots)$$

이 되는 $\{z_n\}$의 한 부분수열 $\{z_{n_k}\}$을 얻는데, 임의의 주어진 $\varepsilon>0$에 대해서 $k>\dfrac{1}{\varepsilon}$이 되는 모든 항들 z_{n_k}는 근방 $N(z_0\,;\varepsilon)$에 속하므로 $\{z_{n_k}\}$는 z_0에 수렴한다. 즉 $\{z_n\}$은 수렴하는 한 부분수열 $\{z_{n_k}\}$를 갖는다.

〔定義〕 (Cauchy 數例) 複素數의 수열 $\{z_n\}$이 任意의 $\varepsilon>0$에 대해서 정수 $N=N(\varepsilon)$이 정해져서 $m, n>N$인 모든 m, n에 대하여

$$|z_m-z_n|<\varepsilon$$

을 만족할 때 $\{z_n\}$을 Cauchy수열이라고 한다.

기호로 표시하면

$\{z_n\}$이 Cauchy 數列이다 $\Longleftrightarrow \forall\varepsilon>0,\ \exists N=N(\varepsilon)\ s.t.$

$$m, n>N \Rightarrow |z_m-z_n|<\varepsilon$$

실제로 Cauchy 數列과 收斂하는 數列사이에는 어떤 차이가 있는가? 幾何學的으로, 收斂하는 數列에 대해서는 그 수열의 극한인 한 고정된 점에 유한개를 제외한 모든 점들이 가까이 모여 있다는 것이고, 반면에 Cauchy 數列에 대해서는 유한개의 점들을 제외한 모든 점들이 서로 가깝게 있다는 것을 뜻한다. 다음 정리에서는 複素平面上의 數列에 대해서는 이러한 두 概念이 같다는 것을 보여 준다.

〔**定理 1.3**〕 複素數의 數列 $\{z_n\}$이 수렴하기 위한 *必要充分條件*은 $\{z_n\}$이 Cauchy 數列인 것이다.

(**증명**) $\{z_n\}$이 z_0에 수렴한다고 하자. 임의의 주어진 $\varepsilon>0$에 대해서 $m, n>N$인 m, n에 대하여 $|z_m-z_0|<\frac{\varepsilon}{2}$, $|z_n-z_0|<\frac{\varepsilon}{2}$되게 만들 수 있다. 따라서 $m, n>N$일 때

$$|z_m-z_n|=|z_m-z_0+z_0-z_n|\leq|z_m-z_0|+|z_n-z_0|<\frac{\varepsilon}{2}+\frac{\varepsilon}{2}=\varepsilon$$

$\{z_n\}$이 Cauchy 數列이면 $n>N$인 모든 n에 대해서

$$|z_n-z_{N+1}|<1,\ \text{곧}\ |z_n|<|z_{N+1}|+1$$

이 된다. 지금 $M=\max\{|z_1|, |z_2|, \cdots, |z_N|\}$이라고 하면, 모든 n에 대하여

$$|z_n|<M+|z_{N+1}|+1$$

이므로 $\{z_n\}$은 有界數列이다. 따라서 정리 1.2에 의해서 $\{z_n\}$은 한 점 z_0에 수렴하는 部分數列 $\{z_{n_k}\}$를 가지며,

$$|z_n-z_0|=|z_n-z_{n_k}+z_{n_k}-z_0|\leq|z_n-z_{n_k}|+|z_{n_k}-z_0|$$

이다. 한편 $\{z_n\}$이 Cauchy 수열이므로

$$\forall\varepsilon>0,\ \exists N\ s.t.\ n_k\geq n>N\Rightarrow|z_n-z_{n_k}|<\frac{\varepsilon}{2}$$

또 $\{z_{n_k}\}$이 z_0에 수렴하므로 $|z_{n_k}-z_0|<\frac{\varepsilon}{2}$이 되게 만들 수 있다. 따라서 $n>N$인 모든 n에 대해서

$$|z_n-z_0|<\varepsilon,\ \text{즉}\ \lim_{n\to\infty}z_n=z_0\ \text{이다.}$$

〔**例 題**〕

1. 두 복소수 z_1, z_2에 대하여

$$|z_1+z_2|\leq|z_1|+|z_2|$$

임을 밝혀라.

(解) $|z_1+z_2|^2=(z_1+z_2)(\overline{z_1+z_2})=(z_1+z_2)(\bar{z}_1+\bar{z}_2)$

$$=z_1\bar{z}_1+z_2\bar{z}_1+z_1\bar{z}_2+z_2\bar{z}_2=|z_1|^2+2\mathrm{Re}z_2\bar{z}_1+|z_2|^2$$

$$\leq|z_1|^2+2|z_2\bar{z}_1|+|z_2|^2=|z_1|^2+2|z_2||z_1|+|z_2|^2=(|z_1|+|z_2|)^2$$

따라서 $|z_1+z_2|\leq|z_1|+|z_2|$

$|z_1+z_2|=|z_1|+|z_2|$는 z_1과 z_2가 원점에서 나가는 같은 半直線(ray) 위에 놓여 있을 때에 한하여 성립한다.

2. z의 偏角과 $\dfrac{1}{z}$의 편각을 비교하여라.

(解) $\arg\left(\dfrac{1}{z}\right)=\arg\bar{z}$ 임을 주목하면 쉽게 비교할 수 있다.

3. 집합 $\{z:|z|\leq1\}$ 위에서 $|z^2+1|$의 최대치를 구하여라.

(解) $|z|\leq1$ 이므로

$$|z^2+1|\leq|z|^2+1\leq1^2+1=2$$

따라서, $z=1$ 일 때 $|z^2+1|$ 의 최대치는 2이다.

4. $\{x_n\}$과 $\{y_n\}$이 실수의 두 수열일 때, $\{x_n+y_n\}$ 이 수렴한다면 $\{x_n\}$과 $\{y_n\}$이 모두 수렴한다고 할 수 있는가?

(解) 반드시 그렇지는 않다. 이를테면 $x_n=(-1)^n$, $y_n=(-1)^{n+1}$ 을 생각하면 $\{x_n+y_n\}$ 은 0에 수렴하지만, $\{x_n\}$, $\{y_n\}$은 수렴하지 않는다.

5. $z=\dfrac{-2}{1+\sqrt{3}i}$ 일 때 $\arg z$의 한 값을 구하여라.

(解) $z=\dfrac{-2}{1+\sqrt{3}i}=\dfrac{-2}{1+\sqrt{3}i}\cdot\dfrac{1-\sqrt{3}i}{1-\sqrt{3}i}=\dfrac{-2+2\sqrt{3}i}{4}=-\dfrac{1}{2}+\dfrac{\sqrt{3}}{2}i$

$\mathrm{Arg}\, z=\tan^{-1}(-\sqrt{3})=\dfrac{2\pi}{3}$

問 題

1. $|z|=1$ 일 때 임의의 복소수 a와 b에 대하여

$$\left|\frac{az+b}{\bar{b}z+\bar{a}}\right|=1$$

임을 밝혀라.

(풀이) $|z|=1$ 이므로 $z\bar{z}=1$, 곧 $\bar{z}=\frac{1}{z}$이다. 따라서

$$\frac{az+b}{\bar{b}z+\bar{a}}=\frac{1}{z}\cdot\frac{az+b}{\bar{b}+\bar{a}/z}=\frac{1}{z}\frac{az+b}{\bar{b}+\bar{a}\bar{z}}$$

그런데 $|az+b|=|\overline{az+b}|=|\bar{a}\bar{z}+\bar{b}|$이므로

$$\left|\frac{az+b}{\bar{b}z+\bar{a}}\right|=\frac{1}{|z|}\left|\frac{az+b}{\bar{b}+\bar{a}\bar{z}}\right|=1$$

2. θ, φ를 두 실수라고 할 때

$$e^{i\theta+i\varphi}=e^{i\theta}e^{i\varphi}$$

임을 증명하여라.

(풀이) $e^{i\theta+i\varphi}=e^{i(\theta+\varphi)}=\cos(\theta+\varphi)+i\sin(\theta+\varphi)$

$=\cos\theta\cdot\cos\varphi-\sin\theta\sin\varphi+i(\sin\theta\cos\varphi+\cos\theta\sin\varphi)$

$=(\cos\theta+i\sin\theta)(\cos\varphi+i\sin\varphi)=e^{i\theta}\cdot e^{i\varphi}$

3. $z=\dfrac{(1+i)^3}{(\sqrt{3}+i)^2}$을 極形式(polar form)으로 고쳐라.

(풀이) $z_1=1+i$, $z_2=\sqrt{3}+i$ 라고 놓으면 $|z_1|=\sqrt{2}$, $|z_2|=2$이다.

또, $\operatorname{Arg} z_1=\tan^{-1}(1)=\frac{\pi}{4}$, $\operatorname{Arg} z_2=\tan^{-1}(1/\sqrt{3})=\frac{\pi}{6}$

따라서 $z_1=\sqrt{2}\left(\cos\frac{\pi}{4}+i\sin\frac{\pi}{4}\right)=\sqrt{2}e^{i(\pi/4)}$

$z_2=2\left(\cos\frac{\pi}{6}+i\sin\frac{\pi}{6}\right)=2e^{i(\pi/6)}$

그러므로

$$z=\frac{z_1^3}{z_2^2}=\frac{2\sqrt{2}e^{i(3\pi/4)}}{4e^{i(\pi/3)}}=\frac{\sqrt{2}}{2}e^{i(5\pi/12)}$$

4. 한 점 z_0가 집합 A의 한 **極限點**(limit point)이라는 것은 무엇을 의미하는가? 점 z_0가 집합 A의 한 극한점이기 위한 필요충분조건은 A내의 서로 다른 점들로 이루어지고, z_0에 수렴하는 수열 $\{z_n\}$이 존재하는 것임을 증명하여라.

(풀이) 점 z_0가 집합 A의 극한점이라는 것은 임의의 z_0의 제거된 ε근방이 A 내의 적어도 한 점을 포함하고 있을 때, 즉

$$[N(z_0\,;\,\varepsilon)\setminus\{z_0\}]\cap A\neq\phi$$

일 때를 말한다.

만일 z_0가 A의 한 극한점이라고 하면, 모든 $n=1, 2, \cdots$에 대하여 $z_n \in N\left(z_0\,;\,\frac{1}{n}\right) \cap A$이 되는 점 z_n을 취한다. 그러면 $\{z_n\}$은 A 내의 서로 다른 점들의 수열이 되고, 주어진 $\varepsilon>0$에 대해서 $\frac{1}{N}<\varepsilon$이 되도록 큰 정수 N을 택하면 $n>N$인 모든 n에 대하여 $z_n \in N(z_0\,;\,\varepsilon)$이 되므로 $\{z_n\}$은 z_0에 수렴한다.

逆으로, A의 서로 다른 점들의 수열 $\{z_n\}$이 z_0에 수렴한다고 하면, z_0의 모든 근방은 $\{z_n\}$의 유한개를 제외한 모든 점을 포함한다. 따라서 z_0는 A의 한 極限點이다.

5. 다음 명제 중에서 맞는 것을 골라라.

(a) 만일 $\{z_n\}$이 수렴하면, $\{|z_n|\}$도 수렴한다.

(b) 만일 $\{z_n\}$이 수렴하면, $\{\arg z_n\}$도 수렴한다.

(c) 만일 $\{\arg z_n\}$과 $\{|z_n|\}$이 수렴하면, $\{z_n\}$도 수렴한다.

(풀이) (a)와 (c)는 맞는 명제이다.

연습 문제 1.2

1. 다음과 같이 주어진 조건에 의해서 결정되는 집합을 그려 보아라.

(a) $|z-1+i|=1$, (b) $|z+i| \leq 3$, (c) $\mathrm{Re}(\bar{z}-i)=2$, (d) $|2z-i|=4$

2. 임의의 복소수 z에 대하여 $z+\frac{1}{z}$이 실수가 되기 위한 필요충분조건은 $\mathrm{Im}(z)=0$이거나 $|z|=1$, $(z\neq 0)$임을 밝혀라.

3. 다음 數列 중에서 수렴하는 것은 어느 것인가?

(a) $\{i^n\}$ (b) $\left\{\dfrac{\cos n+i\sin n}{n}\right\}$

(c) $\{z_0{}^n\}$, 단 $|z_0|<1$ (d) $\left\{\dfrac{1+\frac{1}{2}+\frac{1}{3}+\cdots+\frac{1}{n}}{n}\right\}$

4. $|z|<1$일 때 $\left|\mathrm{Arg}\,\dfrac{1+z}{1-z}\right|<\dfrac{\pi}{2}$임을 밝혀라.

5. 만일 $\{z_n\}$이 z_0에 수렴하면

$$\zeta_n=\frac{1}{n}\sum_{k=1}^{n} z_k$$

로 정의되는 수열 $\{\zeta_n\}$도 z_0에 수렴함을 증명하여라.

6. $\bar{z}=z^2$을 만족하는 모든 복소수를 구하여라.

7. 다음 복소수를 極形式으로 고쳐라.

(a) $1+i\sqrt{2}$ (b) $-5i$ (c) -7 (d) $-1-i$

8. 다음 복소수를 $x+iy$의 형태로 고쳐라.

(a) $e^{2i\pi/3}$ (b) $3e^{i\pi/4}$ (c) $e^{-i\pi}$ (d) $\pi e^{-i\pi/3}$

1.3 複素函數의 連續性

A, B를 복소수의 집합 $\boldsymbol{C}$의 部分集合이라 하자. A에서 B로의 한 사상(mapping) $f: A\to B$는 A의 각 요소에 대해서 B의 한 요소에 대응하는 관계(relation)를 말한다. 이와 같은 사상 $f: A\to B$를 **單價인 複素函數**(single valued complex function)라고 하며, 집합 A를 f의 **定義域**(domain of definition)이라고 한다.

$$f[A]=\{b\in B: \forall a\in A,\ f(a)=b\}$$

를 함수 f의 **像**(image)이라 하며, 일반으로 $f[A]\subset B$이다.

만일 $f[A]=B$, 즉 $\forall b\in B$, $\exists a\in A$ $s.t.$ $f(a)=b$이면, f는 **全射函數**(onto function)라고 하며, 만일 A의 어느 두 要素도 B내의 같은 要素에 사상이 되지 않을 때, 즉 $\forall a_1, a_2\in A$, $f(a_1)=f(a_2)\Rightarrow a_1=a_2$이면 f는 **單射函數**(one-to-one function)라고 한다.

각 $b\in B$에 대해서

$$f^{-1}(b)=\{a\in A: f(a)=b\}$$

를 $f: A\to B$의 **逆像**(inverse image)이라고 한다. 만일 f가 전사함수가 아니면 $f^{-1}(b)$는 空集合이 될수도 있다. 그러나 만일 f가 全單射函數(one-to-one and onto function)이면, $f^{-1}: B\to A$도 역시 전단사함수이고, 이 때 f^{-1}를 f의 **逆函數**(inverse function)라고 한다.

복소수 $z=x+iy$에 대해서 複素函數 $f(z)$는 복소변수 z의 함수이고, 두 실변수 x, y의 함수로도 생각할 수 있다.

한 영역 D에서 정의된 함수 $f(z)$가 한 점 $z_0\in D$에서 **連續**(continuous)이라는

것은 임의의 주어진 $\varepsilon>0$에 대해서 $\delta=\delta(\varepsilon, z_0)$ (δ는 ε과 z_0에 따라서 결정됨)가 존재해서

$$|z-z_0|<\delta \text{ 일 때마다 } |f(z)-f(z_0)|<\varepsilon$$

이 성립할 때를 말한다. 즉 $f(z)$가 $z_0\in D$에서 연속이라는 것은

$$\lim_{z\to z_0} f(z)=f(z_0)$$

이 성립함을 의미한다.

幾何學的으로 $f(z)$가 $z_0\in D$에서 연속이라는 것은 w-平面上의 $f(z_0)$의 임의의 근방 $N[f(z_0)\,;\,\varepsilon]$에 대해서 z-平面上의 한 근방 $N(z_0\,;\,\delta)$가 존재하여

$$f[N(z_0\,;\,\delta)]\subset N[f(z_0)\,;\,\varepsilon]$$

이 될 때이다.

만일 $f(z)$가 D의 모든 점에서 연속이면, $f(z)$는 정의역 D에서 연속이라고 말한다.

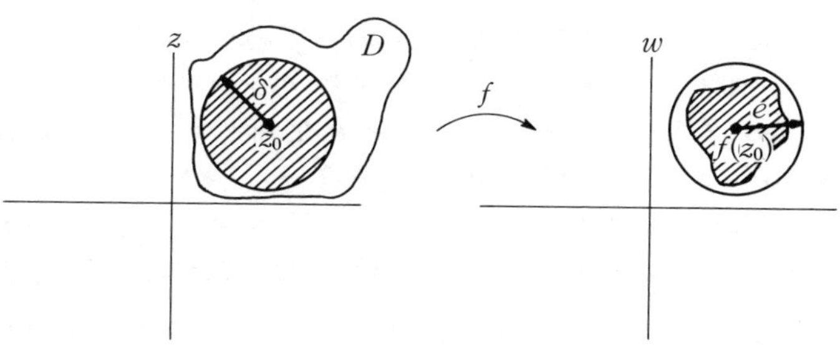

그림 1-6

$f(z)$가 한 점 $z_0\in D$에서 극한값이 L이라는 것과 $f(z)$가 $z_0\in D$에서 연속이라는 것은 다음과 같이 구별된다. 즉,

$$\lim_{z\to z_0} f(z)=L \Leftrightarrow \forall\varepsilon>0,\ \exists\delta>0\ s.t.$$

$$0<|z-z_0|<\delta\Rightarrow|f(z)-L|<\varepsilon$$

$$\lim_{z\to z_0} f(z)=f(z_0) \Leftrightarrow \forall\varepsilon>0,\ \exists\delta>0\ s.t.$$

$$|z-z_0|<\delta\Rightarrow|f(z)-f(z_0)|<\varepsilon.$$

例를 들어, 함수

$$f(z)=\begin{cases} z^2, & z\neq 2 \\ 5, & z=2 \end{cases}$$

는 $z=2$ 에서 連續은 아니지만, $\lim_{z\to z} f(z)=4$ 이다.

複素平面에서 $z\to\infty$ 이라는 것은 아무리 큰 정수 M 을 잡아도 $|z|>M$ 라는 뜻이다. 따라서

$$\lim_{z\to\infty} f(z)=L \Longleftrightarrow \forall\varepsilon>0,\ \exists M>0\ s.t.$$

$$|z|>M \Rightarrow |f(z)-L|<\varepsilon$$

數列은 그 點들이 서로 계속해서 충분히 가까워질 때 한 극한을 갖는다. 반면에 복소함수는 다른 평면에서 함수치들로 구성된 點들이 충분히 가까워질 때에 한 극한을 갖는다. 다음 정리에서 連續性은 數列의 收斂性을 보장한다는 것을 보여준다.

〔**定理 1.4**〕 領域 D에서 정의된 函數 $f(z)$가 $z_0\in D$에서 連續이기 위한 必要充分條件은 z_0에 收斂하는 D내의 모든 數列 $\{z_n\}$에 대해서 數列 $\{f(z_n)\}$이 $f(z_0)$에 收斂하는 것이다.

(**증명**) $f(z)$가 z_0에서 연속이라고 하자. 그러면 모든 $\varepsilon>0$에 대해서 $\delta>0$가 존재하여 $|z-z_0|<\delta$ $(z\in D)$일 때마다 $|f(z)-f(z_0)|<\varepsilon$이 된다. 만일 $\{z_n\}$이 z_0에 수렴하면 위의 δ에 대해서 $n>N$인 모든 n에 대하여 $|z_n-z_0|<\delta$이 된다. $f(z)$가 z_0에서 연속이므로 $n>N$인 모든 n에 대하여 $|f(z_n)-f(z_0)|<\varepsilon$이 되므로 數列 $\{f(z_n)\}$은 $f(z_0)$에 수렴한다.

逆으로 $f(z)$가 z_0에서 연속이 아니라고 가정하면, 어떤 $\varepsilon>0$가 존재하여 $N(f(z_0)\,;\varepsilon)$은 z_0의 어느 근방의 像(image)도 포함하지 않는다. 이 말은 $z_n\in N\left(z_0\,;\frac{1}{n}\right)\cap D$이고 $f(z_n)\notin N(f(z_0)\,;\varepsilon)$인 數列 $\{z_n\}$을 찾을 수 있다는 것을 의미한다. 이 數列 $\{z_n\}$은 z_0에 수렴하지만 $\{f(z_n)\}$은 $f(z_0)$에 수렴하지 않으므로 가정에 모순이 된다.

函數 f가 영역 D에서 정의된 連續函數라고 하자. 영역 D에 주어진 성질중 어떤 性質들이 f의 像 $f[A]$에서도 성립하는가? 정리 1.4는 D에서 수렴하는 수열은 $f[D]$에서 수렴하는 수열이 된다는 것을 말해 주고 있다. 그러나 어떤 性質들은 연속인 사상하에서는 보존되지 않는다. 이를테면, 함수 $f(z)=\frac{1}{z}$은 $z=0$을 제거한 단위원반(punctured disk) $0<|z|<1$을 단위원의 外部로 사상하는데, 이것은 有界인 집합의 연속함수에 의한 像이 반드시 有界가 아니라는 것을 보여주고 있다.

集合 D가 **開集合**(open set)이라고 하는 것은 D내의 임의의 점 z_0를 중심으로 하는 한 근방 $N(z_0\,;\delta)$이 집합 D에 포함될 때를 말한다. 또, 집합 D가 **連結集合**

(connected set)이 아닌 것은 서로 만나지 않는(disjoint) 두 개의 開集合 O_1, O_2가 存在하여 조건

$$\text{i) } D \subset O_1 \cup O_2, \quad \text{ii) } D \cap O_1 \neq \phi, \quad D \cap O_2 \neq \phi$$

을 만족하는 것이다. 즉 D가 연결집합이면, D내의 임의의 2점은 D내에 놓여 있는 한 다각선(polygonal line)에 의해서 이어질 수 있다. 앞으로 우리는 開集合이고 連結集合인 한 集合을 **領域**(domain)이라고 부르기로 한다.

S를 한 집합이라 하고 $\{O_\alpha\}$를 開集合들의 모임이라고 할 때, 만일

$$S \subset \bigcup_\alpha O_\alpha$$

이면, $\{O_\alpha\}$를 집합 S의 **開被覆**(open cover)이라고 한다. 특히 $\{O_\alpha\}$ 중에서 有限個의 개집합들 $\{O_1, O_2, \cdots, O_n\}$이 존재해서

$$S \subset \bigcup_{i=1}^{n} O_i$$

이 성립할 때, 集合 S를 **compact set**이라고 한다. Heine-Borel에 의해서 閉集合(closed set)이고 有界(bounded)인 집합은 compact set이라는 것이 알려졌다. 다음 補助定理는 compact set에 대한 의미를 더욱 확실하게 해 주는데, 이 정리의 증명은 고급해석학이나 位相數學에서 다루었을 것으로 생각하고 여기서는 생략한다.

〔**補助整理**〕 S를 複素平面의 한 部分集合이라고 할 때, 다음 4 命題는 서로 同値(equivalence)이다.

(i) S는 閉集合이고 有界이다.

(ii) S는 compact인 집합이다.

(iii) 모든 S의 무한부분집합(infinite subset)은 S내에 한 極限點(limit point)을 갖는다.

(iv) S내의 모든 數列은 S내에 있는 한 점에 수렴하는 部分數列을 갖는다.

위의 보조정리를 이용하여 다음 정리를 증명할 수 있다.

〔**定理 1.5**〕 compact인 集合의 連續函數에 의한 像(image)은 compact이다.

(**증명**) compact인 집합 A위에서 연속인 함수를 $f: A \to f[A]$라고 하자. $f[A]$ 내의 임의의 數列 $\{w_n\}$에 대해서 $f(z_n) = w_n$이 되는 數列 $\{z_n\}$을 A에서 찾을 수 있다. 위의 補助定理에 의해서 $\{z_n\}$은 $z_0 \in A$에 수렴하는 部分數列 $\{z_{n_k}\}$를

갖는다. 그러면 定理 1.4에 의해서 $\{f(z_{n_k})\}=\{w_{n_k}\}$는 한 點 $f(z_0)\in f[A]$에 收斂한다. $\{w_n\}$은 임의로 잡은 數列이므로 $f[A]$내의 모든 數列은 $f[A]$에서 수렴하는 한 部分數列을 갖는다고 할 수 있다. 따라서 $f[A]$는 compact인 集合이다.

複素數體는 順序를 가질 수 없기 때문에 複素函數 $f(z)$에 대해서 最大値, 最小値를 얘기할 수는 없다. 그러나 $|f(z)|$은 實價函數이므로 다음 정리를 얘기할 수 있다. 물론 $f(z)$가 연속인 영역(domain)에서는 $|f(z)|$도 연속이 된다.

〔**定理 1.6**〕 만일 복소함수 $f(z)$가 compact 集合인 E에서 連續이면, $|f(z)|$는 집합 E에서 最大値(maximum value)와 最小値(minimum value)를 갖는다.

(**증명**) 함수 $|f(z)|$하에서 E의 像(image)을 E'라고 하면, 정리 1.5에 의해서 E'는 compact 집합이다. E'는 實數의 有界인 集合이므로 上限(least upper bound) b를 갖는다. E'는 閉集合(closed set)이므로 $b\in E'$이다. 이것은 어떤 $z_0\in E$에 대해서 $|f(z_0)|=b$가 된다는 것을 의미한다. $|f(z)|$이 最小値를 갖는다는 것도 下限(greatest lower bound)을 이용해서 비슷하게 증명된다.

連續函數의 개념보다 좀 더 강한 성질을 가진 平等連續의 정의를 알아보자.

함수 $f(z)$가 한 영역 S에서 **平等連續**(uniformly continuous)이라는 것은 모든 $\varepsilon>0$에 대해서 주어진 ε에만 의존해서 결정되는 $\delta>0$가 존재하여 S내의 두 점 z_1, z_2에 대해서

$$|z_1-z_2|<\delta \text{ 일 때마다 } |f(z_1)-f(z_2)|<\varepsilon$$

이 成立할 때를 말한다.

連續과 平等連續의 차이는 위의 $\delta>0$에 대하여 領域(domain)내의 한 點에서 連續일 때는 δ의 값이 그 點과 $\varepsilon>0$에 의존해서 결정되지만, 平等連續일 때는 δ의 값이 領域 내의 點에 관계없이 $\varepsilon>0$에만 의존해서 결정되는 것이다.

〔**定理 1.7**〕 만일 $f(z)$가 compact 集合인 A에서 連續이면, $f(z)$는 A에서 平等連續이 된다.

(**증명**) $\varepsilon>0$이 주어졌다고 하자. 各點 $z_\alpha\in A$에 대해서 ε과 z_α에 따라 달라지는 δ_α가 있어서 $|z-z_\alpha|<\delta_\alpha$, $z\in A$일 때마다

$$|f(z)-f(z_\alpha)|<\frac{\varepsilon}{2} \tag{1.5}$$

이 된다. $N\left(z_\alpha\,;\,\frac{\delta_\alpha}{2}\right)$인 꼴의 모든 근방들의 모임은 A의 한 cover가 된다. A가 compact 집합이므로 유한인 subcover가 존재해서

$$A\subset\bigcup_{k=1}^{n}N\left(z_k\,;\,\frac{\delta_k}{2}\right) \tag{1.6}$$

이 된다. 여기서 $\delta=\min\left\{\frac{\delta_1}{2},\ \frac{\delta_2}{2},\cdots,\frac{\delta_n}{2}\right\}$라 놓고, 이 δ가 A내의 모든 점에 적용된다는 것을 보이자.

지금 A내에서 두 점 w_1, w_2가 $|w_1-w_2|<\delta$를 만족한다고 하면 식 (1.6)에 의해서 $w_1\in N\left(z_k\,;\,\frac{\delta_k}{2}\right)$ (k는 $1,2,\cdots,n$ 중 어느 하나)이다. 그러면 식 (1.5)에 의해서

$$|f(w_1)-f(z_k)|<\frac{\varepsilon}{2} \tag{1.7}$$

이 성립한다. 역시

$$\begin{aligned}|w_2-z_k|&=|w_2-w_1+w_1-z_k|\le|w_2-w_1|+|w_1-z_k|\\&<\delta+\frac{\delta_k}{2}\le\frac{\delta_k}{2}+\frac{\delta_k}{2}=\delta_k\end{aligned}$$

이므로 $w_2\in N(z_k\,;\,\delta_k)\cap A$이 되고

$$|f(w_2)-f(z_k)|<\frac{\varepsilon}{2} \tag{1.8}$$

이 성립한다. 그러므로 식 (1.7)과 식 (1.8)을 결합하여

$$\begin{aligned}|f(w_1)-f(w_2)|&=|f(w_1)-f(z_k)+f(z_k)-f(w_2)|\\&\le|f(w_1)-f(z_k)|+|f(z_k)-f(w_2)|\\&<\frac{\varepsilon}{2}+\frac{\varepsilon}{2}=\varepsilon\end{aligned}$$

이 되어서 증명이 완성된다.

〔**例題**〕

1. 函數 $f(z)=\frac{1}{z}$은 영역 $0<|z|<1$에서 連續이지만 平等連續은 아님을 보여라.

(**解**) 영역 $0<|z|<1$내의 모든 z에 대해서는 $z\neq0$이므로 $f(z)=\frac{1}{z}$이 연속이다.

$f(z)=\frac{1}{z}$이 영역 $0<|z|<1$에서 平等連續이라고 가정하여 보자. $\varepsilon=1$에 대해서 $0<\delta<1$인 한 δ가 존재하여 定義의 조건을 만족해야 할 것이다.

지금 $z_1=\delta$, $z_2=\frac{\delta}{2}$라고 생각하면

$$|z_1-z_2|=\left|\delta-\frac{\delta}{2}\right|=\frac{\delta}{2}<\delta$$

이지만

$$|f(z_1)-f(z_2)|=\left|\frac{1}{\delta}-\frac{2}{\delta}\right|=\frac{1}{\delta}>1=\varepsilon$$

이므로 모순이다.

2. 數列들의 連續性에 대해서는 무엇이라고 말할 수 있는가?

(解) 모든 數列들은 平等連續이다. $\delta=1$ 로 택하면 된다.

3. 한 集合의 極限點의 連續函數에 의한 像에 대해서 무엇이라고 말할 수 있겠는가?

(解) 極限點의 連續函數에 의한 像(image)은 반드시 極限點은 아니다. 예를들어 상수함수(constant function)를 보면 알 수 있다.

4. 函數 $f(z)=\frac{1}{z}$이 平等連續이 될 수 있는 가장 큰 領域(region)은 무엇인가?

(解) 가장 큰 영역은 없다. 函數 $f(z)=\frac{1}{z}$은 모든 $\varepsilon>0$에 대해서 $|z|\geq\varepsilon$인 영역에서 平等連續이다.

5. 函數 $f(z)=z^2$은 複素平面에서 平等連續이 아님을 밝혀라.

(解) $f(z)=z^2$이 平等連續이라고 가정하고 $\varepsilon=1$이라 놓자. 만약 任意의 $\delta>0$에 대해서 $z_1=\frac{1}{\delta}$, $z_2=\frac{1}{\delta}+\frac{\delta}{2}$되게 z_1, z_2를 취하면

$$|z_1-z_2|=\left|\frac{1}{\delta}-\left(\frac{1}{\delta}+\frac{\delta}{2}\right)\right|=\frac{\delta}{2}<\delta$$

이지만

$$|f(z_1)-f(z_2)|=|z_1{}^2-z_2{}^2|=1+\frac{\delta^2}{4}>1=\varepsilon$$

이므로 모순이다. 따라서 $f(z)=z^2$은 평면 전체에서는 평등연속이 아니다. 그러나 이 함수는 임의의 有界인 領域에서는 평등연속이다.

問 題

1. 주어진 函數 z의 어떤 集合에 대해서 連續이 되는가를 결정하라.

(a) $w=f(z)=\dfrac{z+4i}{z^2+1}$　　(b) $w=f(z)=\mathrm{Re}\left(\dfrac{z}{z+1}\right)$

(c) $w=f(z)=\mathrm{Im}(z^2)$　　(d) $w=|z+i|$

(풀이)

a) $z=\pm i$를 제외한 모든 z　　(b) $z=-1$을 제외한 모든 z

(c) 모든 z (d) 모든 z

2. $D=\{z\ ;\ |z|<1\}$일 때 $f(z)=\dfrac{1}{1-z}$은 D에서 平等連續이 아님을 증명하라.

(**풀이**) $\varepsilon=\dfrac{1}{10}$이라 하고, $0<\delta<1$인 δ가 평등연속의 정의를 만족한다고 가정하자. 지금 $z_1=1-\delta$, $z_2=1-\dfrac{9\delta}{10}$라고 하면 $z_1\in D$, $z_2\in D$이고

$$|z_1-z_2|=\frac{\delta}{10}<\delta$$

이다. 그러나

$$|f(z_1)-f(z_2)|=\left|\frac{1}{1-(1-\delta)}-\frac{1}{1-\left(1-\dfrac{9\delta}{10}\right)}\right|=\frac{1}{9\delta}>\frac{1}{10}=\varepsilon$$

이므로 모순이다. 따라서 $f(z)=\dfrac{1}{1-z}$은 D에서 평등연속이 아니다.

3. A를 한 compact인 集合이라 하고, z를 複素平面내의 임의의 한 點이라 하자. $\rho(z)$는 z에서 A까지의 (최소)거리를 나타낸다고 할 때, (만일 z가 A내에 있으면 $\rho(z)=0$이다) $\rho(z)$는 z의 한 連續函數임을 밝혀라.

(**풀이**) z_1, z_2를 平面에서의 임의의 두 점이라 하고, ζ_1, ζ_2를

$$\rho(z_1)=|z_1-\zeta_1|,\quad \rho(z_2)=|z_2-\zeta_2|$$

이 되는 A내의 두 점이라고 하자. 그러면

$$\rho(z_2)\le|z_2-\zeta_1|$$

이 되고, 결과적으로

$$\rho(z_2)-\rho(z_1)\le|z_2-\zeta_1|-|z_1-\zeta_1|\le|z_2-z_1|$$

이다. 비슷하게 해서 $\rho(z_1)-\rho(z_2)\le|z_1-z_2|$이므로

$$|\rho(z_1)-\rho(z_2)|\le|z_1-z_2|$$

이 되어서 $\rho(z)$는 z의 연속함수임을 알 수 있다.

4. $f(z)$는 集合 S에서 정의된 函數이고, z_0를 S의 한 極限點이라고 하자. 만일

$$\lim_{\substack{\eta\to z_0\\ \zeta\to z_0}}[f(\eta)-f(\zeta)]=0$$

이면 $\lim_{z\to z_0}f(z)$가 存在함을 증명하라.

(**풀이**) $\{z_n\}$을 $z_n\to z_0$이 되는 S내의 한 수열이라고 하자. 그러면 $\{f(z_n)\}$은 한 Cauchy 數列이 되며, 정리 1.3에 의해서 하나의 극한 w_0를 갖는다. 지금 $f(z_n)\to w_0$이고 $\lim_{\substack{\eta\to z_0\\ \zeta\to z_0}}[f(\eta)-f(\zeta)]=0$이므로, 주어진 $\varepsilon>0$에 대해서 정수 $n_0=$

$n_0(\varepsilon)>0$ 와 z_0 의 근방 $N(z_0\,;\varepsilon)$이 있어서 $n>n_0$ 인 모든 n 과 $N(z_0\,;\varepsilon)$내의 모든 z 에 대해서

$$|f(z)-w_0| \le |f(z)-f(z_n)|+|f(z_n)-w_0| < \frac{\varepsilon}{2}+\frac{\varepsilon}{2}=\varepsilon$$

이 성립된다. 그러므로 $\lim_{z\to z_0} f(z)=w_0$ 이다.

5. $w=f(z)$는 compact 집합인 S 에서 $f[S]$에로 사상되는 연속이고 일대일인 函數라고 하자. 이 때 $f^{-1}(w)$는 연속임을 증명하라.

(풀이) w_0 를 $f[S]$내의 한 點이라 하고 $\{w_n\}$ 을 $w_n\to w_0$ 이 되는 $f[S]$내의 한 數列이라 하자. S 가 compact 集合이므로 數列 $\{\zeta_n\}=\{f^{-1}(w_n)\}$은 S 내에 한 極限點을 갖는다. 따라서 $\zeta_{n_j}\to\zeta$ 가 되는 $\{\zeta_n\}$의 한 部分數列이 존재한다. $f(z)$는 연속이므로

$$f(\zeta_0)=\lim_{j\to\infty} f(\zeta_{n_j})=\lim_{j\to\infty} w_{n_j}=w_0$$

이다. 그러므로

$$\zeta_0=f^{-1}(w_0)$$

이 되고, 따라서 有界인 數列 $\{\zeta_n\}$은 極限點 ζ_0 를 갖고, 그래서 $\zeta_n\to\zeta_0$ 이 된다. 즉 $f^{-1}(w_n)\to f^{-1}(w_0)$이므로 결과적으로 $f^{-1}(w)$는 연속이다.

연습 문제 1.3

1. 다음 極限을 구하라.

(a) $\lim_{z\to 3i} \frac{z^2+9}{z-3i}$ (b) $\lim_{z\to 2i} \frac{\bar{z}+\bar{z}^2}{1-\bar{z}}$

(c) $\lim_{z\to\infty} \frac{z+1}{z^2}$ (d) $\lim_{z\to\infty} \frac{z^2+10z+2}{2z^2-11z-6}$

2. 주어진 영역에서 다음 함수들이 連續인지 또는 平等連續인지를 결정하라.

(a) $f(z)=z^2,\ \ |z|<5$

(b) $f(z)=\frac{1}{1-z},\ \ |z|<1$

(c) $f(z)=\begin{cases} \frac{\mathrm{Re}z}{z}, & z\neq 0,\ \ |z|\le 1 \\ 1, & z=0 \end{cases}$

(d) $f(z)=\begin{cases} \dfrac{|z|}{z}, & z\neq 0,\ |z|\leq 1 \\ 0, & z=0 \end{cases}$

3. 만일 $\lim_{z\to\infty} f(z)=a$ 이고 $f(z)$가 모든 양의 정수에 대하여 정의된다고 하면 $\lim_{n\to\infty} f(n)=a$ 임을 설명하고, 이 逆은 성립하지 않는다는 것을 예를 들어 설명하라.

4. 다음 함수와 주어진 영역에 대하여 平等連續의 정의에 맞는 $\delta=\delta(\varepsilon)$을 구하라.

(a) $f(z)=z^2-1,\ |z|\leq 4$ (b) $f(z)=z^3+1,\ |z|\leq 3$

5. 만일 $\lim_{z\to z_0} f(z)$이 존재한다면. 그 극한값이 오직 하나임을 증명하여라.

6. $f(z)=\dfrac{z^2}{|z|^2}$ 일 때

(a) 직선 $y=x$ 에 따라서 $z\to 0$ 일 때의 $\lim_{z\to 0} f(z)$를 구하여라.

(b) 포물선 $y=x^2$ 에 따라서 $z\to 0$ 일 때 $\lim_{z\to 0} f(z)$를 구하여라.

(c) $\lim_{z\to 0} f(z)$는 존재하는가?

7. $\lim_{z\to 0}\dfrac{|z|^2}{z}=0$ 임을 밝혀라.

1.4 基本的인 複素函數

한 복소수 $z=x+iy$ 를 極形式으로 나타내면

$$z=re^{i\theta}, \quad . \ r=|z|, \ \theta=\arg z$$

임을 알았다. 이제 두 복소수 z_1, z_2 의 극형식이

$$z_1=r_1e^{i\theta_1}=r_1(\cos\theta_1+i\sin\theta_1), \quad z_2=r_2e^{i\theta_2}=r_2(\cos\theta_2+i\sin\theta_2)$$

이라면

$$\begin{aligned} z_1z_2&=r_1r_2[(\cos\theta_1\cos\theta_2-\sin\theta_1\sin\theta_2)+\mathrm{i}(\sin\theta_1\cos\theta_2+\sin\theta_2\cos\theta_1)] \\ &=r_1r_2[\cos(\theta_1+\theta_2)+i\sin(\theta_1+\theta_2)] \end{aligned}$$

이므로

$$|z_1z_2|=r_1r_2,\ \ \arg(z_1z_2)=\arg z_1+\arg z_2$$

가 된다. $k=1,2,\cdots,n$에 대하여 $z_k=r_ke^{i\theta_k}$라 두면,

$$z_1z_2\cdots z_n=r_1r_2\cdots r_n[\cos(\theta_1+\theta_2+\cdots+\theta_n)+i\sin(\theta_1+\theta_2+\cdots+\theta_n)] \tag{1.9}$$

임을 귀납법에 의해 쉽게 알 수 있다. 식 (1.9)에서 $z_1=z_2=\cdots=z_n=z$라 놓고, $z=re^{i\theta}$라고 하면

$$z^n=r^n(\cos n\theta+i\sin n\theta) \tag{1.10}$$

이 된다. 특히 식 (1.10)에서 $r=1$이면, DeMoivre의 공식으로 알려진

$$(\cos\theta+i\sin\theta)^n=\cos n\theta+i\sin n\theta$$

로 DeMovre의 공식을 얻을 수 있다.

n을 양의 정수라고 하면, 함수

$$f(z)=z^n$$

의 極形式은

$$f(z)=r^ne^{in\theta}=r^n(\cos n\theta+i\sin n\theta)$$

이다. 이 함수는 z-평면상의 점 (r,θ)를 w-평면상의 점 $(r^n,n\theta)$로 사상한다. 이를테면, 함수 $w=f(z)=z^n$은 호 (r,θ), $\theta_0\leq\theta<\theta_0+2\pi/n$, 를 원점을 중심으로 반지름이 r^n인 원에 사상함을 알 수 있다.

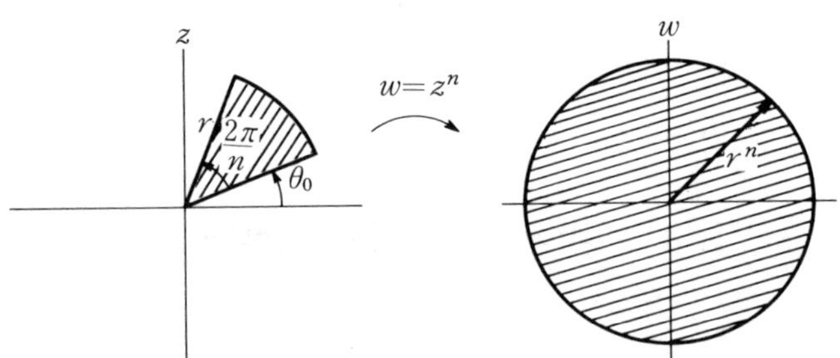

그림 1-7

함수 $f(z)=z^2=r^2e^{i2\theta}$에 대하여 만일 $f(z)$의 정의역이 단위원반

$$\{z:|z|<1\}$$

이라고 하면, z가 원 $|z|=r$, $(r<1)$ 위를 한바퀴 돌 때 $f(z)$는 원 $|w|=r^2$ 위를 2바퀴 돌게 되므로 $f(z)=z^2$은 일대일 함수가 아니다. 또 $f(z)=z^2$에 의해서 z-평면상의 음의 실선상의 점은 w-평면상의 음의 실선상의 점에 대응하지 않는다.

주어진 복소수 $z_0=r_0e^{i\theta_0}$에 대해서, 방정식

$$z^n = z_0 \text{ 또는 } z = z_0^{1/n} \tag{1.11}$$

를 풀어보자.

$z = re^{i\theta}$ 라 하면 식 (1.11)은

$$r^n e^{in\theta} = r_0 e^{i\theta_0}$$

에서, $r^n = r_0,\ n\theta = \theta_0 + 2k\pi\ (k = 0, \pm 1, \pm 2, \cdots)$

곧, $r = \sqrt[n]{r_0},\ \theta = \dfrac{\theta_0 + 2k\pi}{n},\ (k \text{ 는 정수})$

를 얻는다. 식 (1.11)은 n차 방정식이므로 구하는 解는

$$z = z_0^{1/n} = \sqrt[n]{r_0}\left\{\cos\left(\frac{\theta_0 + 2k\pi}{n}\right) + i\sin\left(\frac{\theta_0 + 2k\pi}{n}\right)\right\}, \tag{1.12}$$

$$(\text{단},\ k = 0, 1, 2, \cdots, n-1)$$

이다. 특히 식 (1.12)에서 $z_0 = 1$ 이면, 방정식

$$z^n = 1$$

의 n개의 해는

$$z = \cos\frac{2k\pi}{n} + i\sin\frac{2k\pi}{n},\ (\text{단 } k = 0, 1, 2, \cdots, n-1) \tag{1.13}$$

이 된다. 이들 n개의 해는 원점을 중심으로 반지름이 1인 원에 內接하는 正 n 角形의 n개의 꼭지점으로 표시된다.

또한 식 (1.13)에서 $k = 1$ 일 때

$$w = \cos\frac{2\pi}{n} + i\sin\frac{2\pi}{n}$$

라고 놓으면, DeMoivre의 정리를 적용하여 $z^n = 1$의 각 근은 $w, w^2, w^3, \cdots, w^{n-1}, w^n = w^0 = 1$ 로 표시된다. 여기서

$$1 + w + w^2 + \cdots + w^{n-1} = \frac{1 - w^n}{1 - w}$$

이고, $w^n = 1$ 이므로 $z^n = 1$의 n개의 근의 합은 0이 된다. 그리고, $z^n = 1$의 n개의 근 중에서 어느 2개의 곱도 $z^n = 1$의 한 근이 된다는 사실을 알 수 있다.

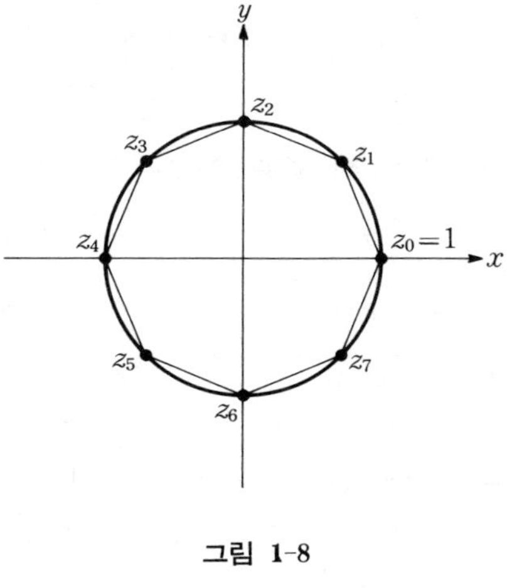

그림 1-8

함수 $w = f(z) = z$ 는 z-平面上의 한 集合 D를 w-平面上의 같은 集合 D로 사상한다. b를 한 복소상수라고 할 때, 함수

$$w=f(z)=z+b$$

는 z-平面上의 한 영역 D를 벡터 b만큼 평행이동한 w-平面上의 집합 D로 사상한다. 이 사상을 **平行變換**(translation)이라고 한다.

a가 한 複素數일 때 함수

$$w=f(z)=az$$

에서, $w=\rho e^{i\phi}$, $a=r_0e^{i\theta_0}$, $z=re^{i\theta}$라 놓으면,

$$\rho e^{i\phi}=r_0e^{i\theta_0}\cdot re^{i\theta}=r_0re^{i(\theta_0+\theta)}$$

곧 $|w|=\rho=r_0r,\ \arg w=\phi=\theta_0+\theta$

이다. 즉 함수 $f(z)=az$는 z-평면상의 점 (r,θ)를 w-평면상의 점$(r_0r,\theta_0+\theta)$로 사상한다. 따라서 z-평면상의 한 영역은 함수 $w=az$에 의해서 $\mathrm{Arg}a=\theta_0$만큼의 회전과 $|a|=r_0$의 크기에 따르는 확대 또는 축소가 일어나므로, w-평면상의 기하학적으로 닮은 영역에로 사상됨을 알 수 있다. 이 사상을 **回轉 및 크기變換**(rotation and magnification)이라고 한다.

일반적으로, a와 b가 複素常數일 때 一次函數

$$w=az+b$$

는 임의의 점 z를 벡터 a의 편각 $\arg a$만큼 회전하고, a의 크기 $|a|$만큼 확대 또는 축소한 다음 벡터 b만큼 평행이동하는 변환을 나타낸다. 따라서 z-平面上의 임의의 領域은 一次變換 $w=az+b$에 의해서 w-平面上의 기하학적으로 닮은 영역으로 사상된다.

다음에는 **轉倒變換**(inversion) 함수

$$w=f(z)=\frac{1}{z}$$

에 대하여 알아보자. 이 함수는 z-平面上에서 原點에 가까운 點들은 w-平面上에서 원점에 아주 먼 點들로 사상하고, 또한 z-平面上에서 원점에서 멀리 있는 점들을 w-平面上에서 원점에 아주 가까운 점들로 사상한다. 그리고 z가 원점에 접근하면 w는 확장된 複素平面上에서 ∞에 접근한다. 즉 $z\to0$일 때 $w\to\infty$이라는 것은 주어진 $M>0$에 대해서 $\delta>0$가 존재하여

$$|z|<\delta \Longrightarrow |w|>M$$

임을 의미한다. 그러므로 함수 $w=\frac{1}{z}$은 $z=0$이 ∞에 사상된다고 보면, 확장된 복소평면에서 확장된 복소평면으로 가는 일대일 사상으로 생각할 수 있다.

單位圓 $|z|=1$ 과 實軸(real axis) 즉 $\operatorname{Im} z=0$ 에 관해서 $w=\dfrac{1}{z}$은 어떤 대칭(symmetry) 관계를 이룬다. 단위원의 내부에 있는 점은 단위원 밖에 있는 점으로 사상되고, 단위원 밖에 있는 점은 단위원 안으로 사상된다. 그리고, 원둘레 위에 있는 점은 實軸에 관해서 反射(reflect)된다. 그래서 전도변환 $w=\dfrac{1}{z}$을 單位圓과 實軸에 관해서 反射變換(reflection)이라고도 한다.

구체적으로 $w=\dfrac{1}{z}$은 z-平面上의 집합을 w-平面上의 어떤 집합으로 사상하는가를 알아 보자.

$z=x+iy,\ w=u+iv$ 라 놓으면,

$$w=u+iv=\frac{1}{x+iy}=\frac{x}{x^2+y^2}-i\frac{y}{x^2+y^2}$$

에서

$$u=\frac{x}{x^2+y^2},\quad v=\frac{-y}{x^2+y^2}$$

또는

$$x=\frac{u}{u^2+v^2},\quad y=\frac{-v}{u^2+v^2}$$

를 얻는다. 따라서 다음의 관계를 얻는다.

$$x^2+y^2=\frac{1}{u^2+v^2}$$

한편, a, b, c, d 가 實數일 때 方程式

$$a(x^2+y^2)+bx+cy+d=0 \tag{1.14}$$

는 $a\neq 0$ 일 때는 임의의 圓을, $a=0$ 일 때는 임의의 直線을 나타낸다. 그런데 변환 $w=\dfrac{1}{z}$에 의해서 방정식 (1.14)는

$$d(u^2+v^2)+bu-cv+a=0 \tag{1.15}$$

와 같이 되고, 식 (1.15)도 $d\neq 0$ 일 때 圓을, $d=0$ 일 때 직선을 나타낸다. 따라서, 방정식 (1.14), (1.15)에서, 변환 $w=\dfrac{1}{z}$은

(i) $a\neq 0,\ d\neq 0$ 일 때는 원점 $z=0$ 를 지나지 않는 圓이 원점 $w=0$ 를 지나지 않는 圓으로 사상된다.

(ii) $a\neq 0,\ d=0$ 일 때는 원점 $z=0$ 를 지나는 圓이 원점 $w=0$ 를 지나지 않는 직선으로 사상된다.

(iii) $a=0,\ d\neq 0$ 일 때는 원점 $z=0$ 를 지나지 않는 直線이 원점 $w=0$ 를 지나는 圓

으로 사상된다.

(iv) $a=0$, $d=0$일 때는 원점 $z=0$를 지나는 直線이 원점 $w=0$를 지나는 直線으로 사상된다는 것을 알 수 있다.

요약해서, 함수 $w=\frac{1}{z}$은 圓이나 直線을 圓이나 直線에 사상한다. 이것을 쉽게 기억할 수 있는 좋은 방법은 $w=\frac{1}{z}$에 의해서 $z=0$은 $w=\infty$에 사상되고, 모든 직선은 ∞를 통과할 수 있다고 생각하는 것이다. 따라서 만일 직선이나 원이 원점 $z=0$를 지나면, 그것은 $w=\frac{1}{z}$에 의해서 한 직선에 사상되고, 그렇지 않으면 한 圓에 사상된다. 원점 $z=0$를 포함하지 않는 원의 내부는 $w=\frac{1}{z}$에 의해서 한 원의 내부로 사상된다.

복소변수의 指數函數

$$w=f(z)=\exp z=e^z$$

는 다음과 같이 정의한다. $z=x+iy$라 할 때

$$f(z)=e^z=e^{x+iy}=e^x\cdot e^{iy}=e^x(\cos y+i\sin y)$$

모든 복소수 z에 대해서 $|e^z|=|e^x e^{iy}|=e^x|e^{iy}|=e^x$이므로

$$e^z\neq 0$$

이다.

實函數 $y=e^x$는 單射函數이지만, 複素函數 $w=e^z$는 一對一(one-to-one)이 아니다. 실제로 모든 복소수 z에 대해서

$$e^{z+2\pi i}=e^z e^{2\pi i}=e^z(\cos 2\pi+i\sin 2\pi)=e^z$$

이므로 $f(z)=e^z$는 주기(period) $2\pi i$를 갖는 주기함수이다. 그러므로 지수함수 $w=e^z$가 한 값을 가지면, 그의 주기성에 의해서 그 값은 무한히 많은 반복이 일어난다.

指數函數를 이용하여 **複素三角函數**(complex trigonometric function)를 다음과 같이 정의한다.

$$\sin z=\frac{e^{iz}-e^{-iz}}{2i},\quad \cos z=\frac{e^{iz}+e^{-iz}}{2}$$

$$\tan z=\frac{\sin z}{\cos z},\quad \cot z=\frac{\cos z}{\sin z} \tag{1.16}$$

$$\sec z=\frac{1}{\cos z},\quad \operatorname{cosec} z=\frac{1}{\sin z}$$

한편, **複素雙曲線函數**(complex hyperbolic function)는 다음과 같이 정의한다.

$$\sin hz=\frac{e^z-e^{-z}}{2},\quad \cos hz=\frac{e^z+e^{-z}}{2},\quad \tan hz=\frac{\sin hz}{\cos hz} \tag{1.17}$$

식 (1.16)과 (1.17)로 부터

$$\sin hz=-i\sin iz,\quad \cos hz=\cos iz$$

임을 알 수 있다.

$\sin x$ 나 $\cos x$ 와 같은 실함수는 1에 의해서 有界(bounded)가 되지만, $\sin z$ 나 $\cos z$ 는 복소평면에서 有界가 아니다. 곧

$$|\sin z|=\left|\frac{e^{iz}-e^{-iz}}{2i}\right|\geq\frac{|e^{-iz}|-|e^{iz}|}{2}=\frac{e^y-e^{-y}}{2}$$

에서 z 가 半直線(ray) $\operatorname{Arg} z=\frac{\pi}{2}$에 따라서 ∞에 접근하면, 윗식의 우변은 한없이 커지므로 $|\sin z|\to\infty$이 된다. 비슷하게

$$|\cos z|=\left|\frac{e^{iz}+e^{-iz}}{2}\right|\geq\frac{|e^{-iz}|-|e^{iz}|}{2}=\frac{e^y-e^{-y}}{2}$$

에서 z 가 半直線 $\operatorname{Arg} z=\frac{\pi}{2}$를 따라서 $z\to\infty$ 이면 $|\cos z|\to\infty$ 이 된다.

다음에는 **複素對數函數**(complex logarithmic function)

$$w=f(z)=\log z$$

에 대하여 알아보자. 한 복소수 z 에 대하여 $w=\log z$ 는 $e^w=z$ 가 되는 모든 값 w 로 정의한다. 지수함수는 결코 0이 되지 않으므로 $z=0$에 대한 로그함수는 정의할 수 없다.

$$w=u+iv=\log z,\quad z=re^{i(\theta+2k\pi)}\ (k \text{ 는 정수},\ r\neq 0)$$

이면

$$e^w=z \text{ 에서 } \quad e^{u+iv}=re^{i(\theta+2k\pi)}$$

따라서

$$e^u=r,\quad v=\theta+2k\pi$$

곧

$$w=u+iv=\log z=\log r+i(\theta+2k\pi),\ (k \text{ 는 정수}) \tag{1.18}$$

또는

$$w=\log z=\log|z|+i\arg z$$

로 표시된다. 여기서 $\log|z|$는 單價函數이나 $\arg z$ 는 2π 의 倍數만큼 달리하는 多價函數이므로 결국 $w=\log z$ 는 多價函數이다.

多價函數 $w=\log z$ 의 한 單價函數를 $\log^* z$ 로 표시하고, 이것을 $w=\log z$ 의 한

분지(分枝, branch)라고 한다. 식 (1.18)에서 정수 k가 0일 때

$$\operatorname{Log} z=\operatorname{Log}|z|+i\operatorname{Arg} z=\operatorname{Log} r+i\theta, \quad (-\pi<\theta\leq\pi) \tag{1.19}$$

은 단가함수이므로 $w=\log z$의 한 **分枝**(branch)이며, 특히 식 (1.19)는 $w=\log z$의 많은 分枝들 가운데에서 $\arg z$를 구간 $(-\pi, \pi]$에서 정의한 것으로 이것을 $w=\log z$의 **주분지**(主分枝, principal branch)라고 한다. 다가함수 $w=\log z$의 여러 分枝들 중에서 단가함수인 主分枝를 대문자 L을 써서 $w=\operatorname{Log} z$로 표시하기로 한다. 만일 $\log^* z$가 $w=\log z$의 한 고정된 分枝라고 하면 어떤 정수 k에 대하여

$$\log^* z=\operatorname{Log} z+2k\pi i \tag{1.20}$$

가 된다.

식 (1.19)에서 z의 편각 θ의 제한은 幾何學的으로 陰의 實線에 의한 z-平面의 한 절단(cut)으로 생각할 수 있다. 이 때 그 半直線(ray)을 함수 $\operatorname{Log} z=\operatorname{Log}|z|+i\operatorname{Arg} z$, $(-\pi<\operatorname{Arg} z\leq\pi)$의 **분지절단선**(分枝切斷線, branch cut)이라고 부른다. 만일

$$\log^* z=\operatorname{Log}|z|+i\operatorname{Arg} z, \quad (\theta_0<\operatorname{Arg} z\leq\theta_0+2\pi)$$

로 표시하면, 이것도 분명히 $w=\log z$의 하나의 分枝(branch)이며, 이 때 $\log^* z$의 分枝切斷線(branch cut)은 半直線 $\operatorname{Arg} z=\theta_0$가 된다. 여기서 원점 $z=0$는 $w=\log z$의 分枝인 $\log^* z$의 모든 分枝切斷線(branch cut)의 공통점이 되는데, 이 때, $z=0$를 $\log^* z$의 **분지점**(分枝點, branch point)이라고 한다.

다음에는 複素對數函數와 관련이 있는 복소멱함수 $w=z^{\alpha}$에 대해서 알아보자.

$z\neq0$일 때 함수 $w=z^{\frac{1}{n}}$을 다음과 같이 정의한다.

$$w=z^{\frac{1}{n}}=e^{1/n)\log z}=e^{(1/n)(\operatorname{Log}|z|+i\arg z)}=e^{(1/n)[\operatorname{Log}|z|+i(\operatorname{Arg} z+2k\pi)]}$$

$$(\text{단, } k=0, 1, 2, \cdots, n-1)$$

만일 m과 n이 서로소인 양의 정수라고 하면, $z\neq0$일 때

$$(z^{\frac{1}{n}})^m=e^{\left(\frac{m}{n}\right)\log z}=e^{\left(\frac{m}{n}\right)[\operatorname{Log}|z|+i(\operatorname{Arg} z+2k\pi)]}, \quad (k=0, 1, 2, \cdots, n-1)$$

은 n개의 다른 값을 갖는다.

複素數 α에 대해서 $\alpha=a+ib$ (a, b는 실수, $b\neq0$)라고 하면

$$z^{\alpha}=e^{\alpha\log z}=e^{(a+ib)\log z}=e^{(a+ib)[\operatorname{Log} r+i(\theta+2k\pi)]}$$

$$(\text{단, } |z|=r, \ \operatorname{Arg} z=\theta, \ -\pi<\theta\leq\pi)$$

로 정의한다. $|z^{a+ib}|=r^a e^{-b(\theta+2k\pi)}$이므로 복소수 z^{a+ib}는 각 分枝(branch)에 대해서

다른 절대치를 갖게 되며, 그 차이는 e^{-2kx} (k는 정수)의 인수만큼 된다.

〔**例題**〕

1. $z^3=1$의 세 근을 구하여라.

(**解**) $1=1(\cos 0+i\sin 0)$이므로

$$z=\cos\frac{2k\pi}{3}+i\sin\frac{2k\pi}{3},\quad (\mathrm{k}=0,1,2)$$

즉 $$z=1,\quad z=\frac{-1+\sqrt{3}i}{2},\quad z=\frac{-1-\sqrt{3}i}{2}$$

2. 함수 $w=\frac{1}{z}$, $w=\bar{z}$, $w=-z$들은 모두 單位圓의 윗 半圓을 단위원의 아래 半圓에 사상한다. 이 함수들의 차이는 무엇인가?

(**解**) $z=re^{i\theta}$ $(0<r\leq 1,\ 0\leq\theta\leq\pi)$라고 놓으면

$$w=\frac{1}{z}=\frac{1}{re^{i\theta}}=\frac{1}{r}e^{-i\theta}$$
$$w=\bar{z}=\overline{re^{i\theta}}=re^{-i\theta}$$
$$w=-z=-re^{i\theta}$$

이다.

3. 변환 $w=\frac{1}{z}$에 대해서 원점 $z=0$를 경계점(boundary point)으로 갖는 한 圓의 내부의 像(image)은 무엇인가?

(**解**) 半平面이다.

4. 平行變換을 먼저하고 轉倒變換을 실시하는 것과 전도변환을 먼저하고 평행변환을 실시하는 것과는 차이가 있을까?

(**解**) $w=\frac{1}{z+b}$과 $w=\frac{1}{z}+b$는 같지 않다는 것에 유의하라.

5. 平行移動, 回轉, 크기 그리고 전도변환 등 4개의 변환에 대해서 사상성질에 영향을 주지 않고 순서를 바꾸어서 실시할 수 있는 두 개의 변환은 어느 것인가?

(**解**) 회전과 크기변환이다.

6. $z^8=1$을 풀어라.

(**풀이**) $1=\cos 2k\pi+i\sin 2k\pi$,

k는 정수이므로

$$z=\cos\frac{2k\pi}{8}+i\sin\frac{2k\pi}{8},$$
$$(k=0, 1, 2, \cdots, 7)$$

즉, $z=1,\ \dfrac{1}{\sqrt{2}}+\dfrac{i}{\sqrt{2}},$

$i,\ \dfrac{-1}{\sqrt{2}}+\dfrac{i}{\sqrt{2}},$

$-1,\ \dfrac{-1}{\sqrt{2}}-\dfrac{i}{\sqrt{2}},$

$-i,\ \dfrac{1}{\sqrt{2}}-\dfrac{i}{\sqrt{2}}$

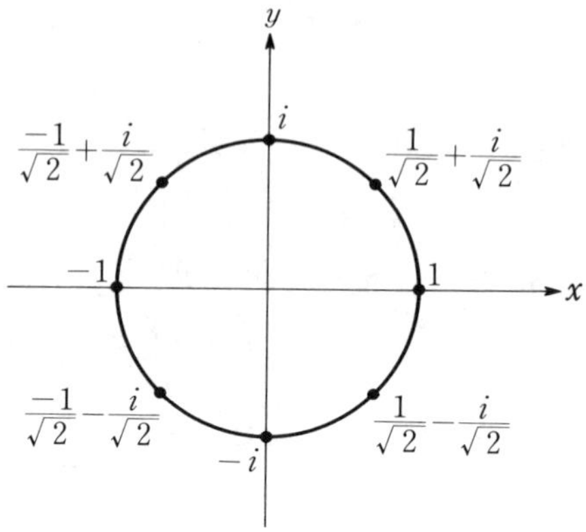

그림 1-9

問 題

1. a와 b가 모두 0이 아닌 실수일 때

$$e^z=a+ib$$

를 만족하는 解를 구하여라.

(풀이) $e^z=e^x(\cos y+i\sin y)$이므로

$$e^x\cos y=a,\quad e^x\sin y=b \tag{1.20}$$

식 (1.20)의 양변을 제곱하여 더하면,

$$e^{2x}(\cos^2 y+\sin^2 y)=e^{2x}=a^2+b^2$$

따라서 $x=\dfrac{1}{2}\log(a^2+b^2)$, 또 $\tan y=\dfrac{b}{a}$에서 $y=\tan^{-1}\dfrac{b}{a}$

그러므로 변하는 解는

$$z=\frac{1}{2}\log(a^2+b^2)+i\tan^{-1}\frac{b}{a}$$

2. $\sqrt{\dfrac{1-i}{1+i}}$의 모든 값을 구하라.

(풀이) $z=\sqrt{\dfrac{1-i}{1+i}}$, $z_0=\dfrac{1-i}{1+i}$라고 놓으면

$$z_0=\frac{1-i}{1+i}=\frac{1-i}{1+i}\cdot\frac{1-i}{1-i}=\frac{-2i}{2}=-i$$

이므로 $z=\sqrt{z_0}$, 곧 $z^2=z_0$를 만족하는 z의 두 근을 찾으면 된다.

$|z_0|=1$, $\operatorname{Arg} z_0=-\dfrac{\pi}{2}$이므로

$$z=\cos\frac{-\frac{\pi}{2}+2k\pi}{2}+i\sin\frac{-\frac{\pi}{2}+2k\pi}{2}, \quad (k=0, 1)$$

따라서, $z=\cos\left(-\frac{\pi}{4}\right)+i\sin\left(-\frac{\pi}{4}\right)=\cos\frac{\pi}{4}-i\sin\frac{\pi}{4}=\frac{1}{\sqrt{2}}-i\frac{1}{\sqrt{2}}$

$$z=\cos\frac{-\frac{\pi}{2}+2\pi}{2}+i\sin\frac{-\frac{\pi}{2}+2\pi}{2}=\cos\frac{3\pi}{4}+i\sin\frac{3\pi}{4}$$

$$=-\frac{1}{\sqrt{2}}+i\frac{1}{\sqrt{2}}$$

3. $e^z=5-5i$ 와 $e^z=-5+5i$ 에서 각각 z 의 값을 구하고 비교하여 보라.

(**풀이**) $e^z=5-5i$ 에서

$$z=\frac{1}{2}\log[5^2+(-5)^2]+i\tan^{-1}\frac{-5}{5}$$

$$=\frac{\log 50}{2}+i\left(-\frac{\pi}{4}+2k\pi\right), \quad (k \text{ 는 정수})$$

$e^z=-5+5i$ 에서

$$z=\frac{1}{2}\log[(-5)^2+5^2]+i\tan^{-1}\frac{5}{-5}$$

$$=\frac{\log 50}{2}+i\left(\frac{3\pi}{4}+2k\pi\right), \quad (k \text{ 는 정수})$$

위에서 보는 바와 같이 $\tan^{-1}\frac{-b}{a}\neq\tan^{-1}\frac{b}{-a}$ 임을 주의하라.

4. $\sin^2 z+\cos^2 z=1$ 임을 증명하라.

(**풀이**) $\sin^2 z+\cos^2 z=\left(\frac{e^{iz}-e^{-iz}}{2i}\right)^2+\left(\frac{e^{iz}+e^{-iz}}{2}\right)^2$

$$=\frac{e^{2iz}-2+e^{-2iz}}{-4}+\frac{e^{2iz}+2+e^{-2iz}}{4}=\frac{4}{4}=1$$

5. $\sin 2z=2\sin z\cos z$ 임을 증명하라.

(**풀이**) $2\sin z\cos z=2\left(\frac{e^{iz}-e^{-iz}}{2i}\right)\left(\frac{e^{iz}+e^{-iz}}{2}\right)$

$$=2\left(\frac{e^{2iz}-e^{-2iz}}{4i}\right)$$

$$=\frac{e^{2iz}-e^{-2iz}}{2i}=\sin 2z$$

6. $\cos z=2$ 를 만족하는 모든 複素數 z 를 구하여라.

(풀이) $\dfrac{e^{iz}+e^{-iz}}{2}=2$에서 $e^{2iz}-4e^{iz}+1=0$이므로

$$e^{iz}=\frac{4\pm\sqrt{16-4}}{2}=2\pm\sqrt{3}$$

이다.

$$e^{iz}=e^{i(x+iy)}=e^{-y}(\cos x+i\sin x)=2\pm\sqrt{3}$$

에서

$$e^{-y}\cos x=2\pm\sqrt{3},\quad e^{-y}\sin x=0$$

을 얻고, 둘째 관계식에서 $x=n\pi$(단, n은 정수)인데, 첫째 관계식에서 이 n은 짝수이어야 하고, 거기에서 $y=-\log(2\pm\sqrt{3})$이다. 따라서

$$z=2k\pi-i\log(2\pm\sqrt{3}),\quad (k\text{는 정수})$$

를 얻는다.

7. $(-i)^i$의 主値(principal value)를 구하여라.

(풀이) $(-i)^i=e^{i\,\mathrm{Log}(-i)}=e^{i(-\frac{\pi}{2}i)}=e^{\frac{\pi}{2}}$

8. $z^{2/3}$의 主分枝(principal branch)를 구하여라.

(풀이) $z^{2/3}=e^{\frac{2}{3}\mathrm{Log}\,z}=e^{\frac{2}{3}(\mathrm{Log}\,r+i\theta)}=\sqrt[3]{r^2}\,e^{i\frac{2}{3}\theta}$, $(r=|z|>0,\ -\pi<\theta<\pi)$

9. $\mathrm{Log}(1-i)$의 값을 구하여라.

(풀이) $\mathrm{Log}(1-i)=\mathrm{Log}|1-i|+i\arg(1-i)=\dfrac{1}{2}\mathrm{Log}\,2-i\dfrac{\pi}{4}$

10. $(1+i)^i$의 값을 구하여라.

(풀이) $(1+i)^i=e^{i\log(1+i)}=e^{i[\mathrm{Log}\sqrt{2}+i(\frac{\pi}{4}+2k\pi)]}=e^{-(\frac{\pi}{4}+2k\pi)+\frac{i}{2}\log 2}$, ($k$는 정수)

연습 문제 1.4

1. 다음 근들에 대한 모든 값을 구하여라.

(a) $i^{\frac{1}{2}}$　　(b) $\sqrt{1+i}$

2. 함수 $w=f(z)=iz$에 의한 영역 $0<x<1$, $-\infty<y<\infty$의 像을 구하여라.

3. 함수 $w=(1+i)z$에 의한 半平面 $y>0$의 像을 극좌표와 직교좌표를 이용해서 각각 구하여라.

4. $w=e^{\frac{1}{z}}$, $(z\neq 0)$을 실부분과 허부분으로 분리하여 나타내어라.

5. 다음 등식을 만족하는 z의 모든 값을 구하여라.

(a) $e^{3z}=1$　　　(b) $e^{z^2}=1$

6. $\cos h^2 z-\sin h^2 z=1$ 임을 증명하여라.

7. 다음 로그함수의 모든 값을 구하여라.

(a) $\log(1-i)$　　　(b) $\log(3-2i)$　　　(c) $\log(x+iy)$

8. 다음과 같이 표시된 함수의 모든 값을 구하여라.

(a) $(\pi i)^e$　　　(b) $(2i)^i$

9. $[(1+i)^{(1-i)}]^{(1+i)}$의 主値(principal value)를 구하여라.

10. 함수 $w=\dfrac{1}{z}$에 의한 영역 $x>1$, $y>0$의 像을 구하여라.

11. 함수 $w=\dfrac{1}{z}$에 의한 직선 $x=c_1$, $y=c_2$, 영역 $x>c_1$의 像을 구하여라. (단, $c_1\neq 0$, $c_2\neq 0$이다).

〈1장 보충 문제〉

1. $f(z)=xe^y+iy^2e^{-x}$는 모든 z의 값에 대해서 연속임을 밝혀라.

2. $f(z)=\bar{z}^2+(2-3i)z$를 $u+iv$의 형태로 나타내어라.

3. De Moivre의 공식을 이용하여 다음 등식을 증명하여라.

$$1+\cos\theta+\cos 2\theta+\cdots+\cos n\theta=\frac{1}{2}+\frac{\sin\left(n+\frac{1}{2}\right)\theta}{2\sin(\theta/2)},\quad \text{단 } 0<\theta<2\pi$$

4. 임의의 정수 k와 n에 대하여

$$i^n=i^{n+4k}$$

임을 밝혀라. i^n은 몇 개의 서로 다른 값을 가질 수 있는가?

5. 함수 $w=(1+i)z+2$에 대하여 다음의 像을 구하여라.

(a) 직선 $y=2x$ (b) 원 $|z-1|=2$

6. 함수 $w=\dfrac{1}{z}$에 대하여 다음의 像을 구하여라.

(a) 원 $|z-2|=1$ (b) 영역 $\mathrm{Re}z>1$

7. 다음 부등식을 증명하여라.

$$|\sin z|^2+|\cos z|^2\geq 1$$

8. 다음과 같이 표시된 함수를 실부분과 허부분으로 나누어라.

(a) x^x, (x는 실수, $x>0$) (b) $(iy)^{iy}$, (y는 실수, $y>0$)

9. 다음 등식을 증명하여라.

(a) $\sin(z_1+z_2)=\sin z_1\cdot\cos z_2+\cos z_1\cdot\sin z_2$

(b) $\cos(z_1+z_2)=\cos z_1\cdot\cos z_2-\sin z_1\cdot\sin z_2$

10. 다음 등식을 증명하여라.

(a) $\sin hz=\sin hx\cdot\cos y+i\cos hx\cdot\sin y$

(b) $\cos hz=\cos hx\cdot\cos y+i\sin hx\cdot\sin y$

11. $z\neq 0$일 때 z^z을 실부분과 허부분으로 나누어라.

2장 解析函數

이 章에서는 複素函數 $f(z)$의 微分과 관련해서 $f(z)$가 解析函數(analytic function)이라는 용어를 소개하고자 한다. $f(z)$가 解析的(analytic)이라는 용어는 複素函數論에서 中心的인 역할을 하며, 다음 章에서 다루는 멱급수와도 깊은 관계를 가지고 있다.

2.1 微分可能性과 Cauchy-Riemann 方程式

$z=x+iy$에 대한 複素函數 $f(z)$를

$$f(z)=f(x, y)=u(x, y)+iv(x, y)$$

와 같이 나타낼 때, $u(x, y)$와 $v(x, y)$는 두 實變數 x, y에 대한 함수이다. 함수 $f(z)$의 정의역(domain)을 D라 할 때, 集合 D는 open이고 connected인 집합을 의미한다.

$w=f(z)$가 D내의 한 점 z_0에서 연속이라는 것은

$$\lim_{z \to z_0} f(z)=f(z_0)$$

이 성립할 때를 말하고, 이것을 다시 쓰면,

$$\lim_{(x, y)\to(x_0, y_0)} f(x, y) = f(x_0, y_0) \Longleftrightarrow \forall\varepsilon>0, \ \exists\delta>0 \ \text{ s.t.}$$

$$\sqrt{(x-x_0)^2+(y-y_0)^2}<\delta \Longrightarrow |f(x, y)-f(x_0, y_0)|<\varepsilon$$

이다. $w=f(z)$가 정의역 D내의 각 점에서 연속일 때 $f(z)$는 D에서 연속이라고 한다.

〔**定理 2.1**〕 函數 $f(z)=u(x,y)+iv(x,y)$가 점 $z_0=x_0+iy_0$에서 연속이기 위한 필요충분조건은 $u(x,y)$와 $v(x,y)$가 동시에 점 (x_0,y_0)에서 연속인 것이다.

(**증명**) $f(z)$가 $z=z_0$에서 연속이라고 가정하자. 그러면 주어진 $\varepsilon>0$에 대해서

$$|z-z_0|=\sqrt{(x-x_0)^2+(y-y_0)^2}<\delta$$

일 때마다

$$|u(x,y)-u(x_0,y_0)|\le|f(z)-f(z_0)|<\varepsilon$$
$$|v(x,y)-v(x_0,y_0)|\le|f(z)-f(z_0)|<\varepsilon$$

이 성립하므로 $u(x,y)$와 $v(x,y)$는 (x_0,y_0)에서 연속이다.

역으로 만일 $u(x,y)$와 $v(x,y)$가 점 (x_0,y_0)에서 연속이라고 하면

$$|f(z)-f(z_0)|\le|u(x,y)-u(x_0,y_0)|+|v(x,y)-v(x_0,y_0)|$$

이므로, $f(z)$가 z_0에서 연속이다.

(**例**) 함수 $f(x,y)=\dfrac{xy}{x^2+y^2}$, $(x,y)\neq(0,0)$을 생각하자. x축이나 혹은 y축을 따라서 $(x,y)\to(0,0)$이면 $f(x,y)\equiv0$이므로

$$\lim_{x\to0}f(0,y)=\lim_{y\to0}f(x,0)=0$$

가 된다. 그러나 직선 $y=mx$를 따라서 $(x,y)\to(0,0)$이 되는 길로 택하면, $x\to0$일 때 $y\to0$이므로

$$\lim_{x\to0}f(x,mx)=\lim_{x\to0}\frac{mx^2}{x^2+m^2x^2}=\frac{m^2}{1+m^2}$$

을 얻는다. 즉 다른 직선을 따라 $(x,y)\to(0,0)$인 것에 접근하게 되면 $f(x,y)$는 다른 값에 접근하게 되므로 결국 $(0,0)$에서의 極限値는 존재하지 않는다.

위의 例에서 보는 바와 같이, 一變數 x가 한 점 x_0에 접근할 때, 즉 $x\to x_0$일 때는 $f(x)$의 극한치는 x가 x_0의 오른쪽에서 접근할 때의 극한치와 왼쪽에서 접근할 때의 극한치가 일치하게 되면 존재하지만, 두 변수(x,y)의 함수 $f(x,y)$의 극한치는 점 (x,y)가 한 점 (x_0,y_0)에 접근하는 방향이 무한히 많은 형태가 있으므로 해서 간단하지가 않다. h를 한 복소수라고 할 때, $h\to0$이라는 것은 실축과 허축을 따라서 $h\to0$이 됨은 물론, 평면상에서 모든 방향 또는 모든 형태로 h가 0에 접근하는 것을 의미한다.

〔**定義**〕 函數 $f(z)=u(x,y)+iv(x,y)$가 定義域 D내의 各點에서 微分可能할 때, $f(z)$는 D에서 微分可能하다고 한다. 한 복소함수 $f(z)$가 한점 $z\in D$에서 **미분가능**(differentiable)이라고 하는 것은

$$\lim_{h\to0}\frac{f(z+h)-f(z)}{h}$$

이 존재할 때를 말한다. 이 때

$$f'(z)=\lim_{h\to 0}\frac{f(z+h)-f(z)}{h}$$

로 쓴다. 여기서 복소수 h가 $h\to 0$인 것은 실축을 따라서 0에 접근할 뿐만 아니라 평면에 있는 점들을 따라서 0에 접근하는 것에 유의하자.

(例) 함수 $f(z)=z^2$에 대해서

$$\lim_{h\to 0}\frac{f(z+h)-f(z)}{h}=\lim_{h\to 0}\frac{(z+h)^2-z^2}{h}$$
$$=\lim_{h\to 0}\frac{2zh+h^2}{h}=2z$$

이 평면내의 모든 z에 대하여 존재하므로 $f(z)=z^2$은 복소평면전체에서 미분가능하다.

〔**定理 2.2**〕 복소함수 $f(z)$에 대하여 다음과 같은 導函數의 공식이 성립한다.

(i) $f(z)=z^n$ (n은 정수)이면, $f'(z)=nz^{n-1}$

$f(z)$와 $g(z)$가 미분가능인 함수들이면

(ii) $[f(z)+g(z)]'=f'(z)+g'(z)$

(ii) $[f(z)\cdot g(z)]'=f'(z)g(z)+f(z)g'(z)$

(iv) $\left[\dfrac{f(z)}{g(z)}\right]'=\dfrac{f'(z)g(z)-g'(z)f(z)}{[g(z)]^2}$, (단 $g(z)\neq 0$)

만일 g가 z에서 미분가능하며, f가 $g(z)$에서 미분가능하고, $F(z)=f[g(z)]$이면,

(v) $F'(z)=f'[g(z)]g'(z)$

이다.

(증명) 실변수함수인 경우의 증명과 흡사하므로 미분적분학 또는 고급해석학의 책을 참조하기로 하고 증명은 생략한다.

[**定理 2.3**] 함수 $f(z)=u(x,y)+iv(x,y)$이 定義域 D내의 모든 점 z에서 微分可能하면, D내의 모든 점에 대해서

$$\frac{\partial u}{\partial x}=\frac{\partial v}{\partial y},\quad \frac{\partial v}{\partial x}=-\frac{\partial u}{\partial y}$$

이 成立한다.

(**증명**) z를 D내의 임의의 한 점이라고 하면, $f'(z)=\lim_{h\to 0}\frac{f(z+h)-f(z)}{h}$이 존재한다. 우선 $h=\Delta x+i\Delta y$라고 쓸 때, h가 실축을 따라서 0에 접근한다고 가정하면, $\Delta y=0$이 된다. 따라서

$$\frac{f(z+h)-f(z)}{h}=\frac{u(x+\Delta x, y)+iv(x+\Delta x, y)-u(x, y)-iv(x, y)}{\Delta x}$$
$$=\frac{u(x+\Delta x, y)-u(x, y)}{\Delta x}+i\frac{v(x+\Delta x, y)-v(x, y)}{\Delta x}$$

이므로

$$f'(z)=\lim_{h\to 0}\frac{f(z+h)-f(z)}{h}=\lim_{\Delta x\to 0}\frac{u(x+\Delta x, y)-u(x, y)}{\Delta x}+i\lim_{\Delta x\to 0}\frac{v(x+\Delta x, y)-v(x, y)}{\Delta x}$$
$$=\frac{\partial u}{\partial x}+i\frac{\partial v}{\partial x}=\frac{\partial f}{\partial x} \qquad (2.1)$$

이 된다. 다음에는 h가 허축을 따라 0에 접근한다고 하면, $h=i\Delta y$가 되므로

$$\frac{f(z+h)-f(z)}{h}=\frac{u(x, y+\Delta y)-u(x, y)}{i\Delta y}+i\frac{v(x, y+\Delta y)-v(x, y)}{i\Delta y}$$

에서

$$f'(z)=\lim_{h\to 0}\frac{f(z+h)-f(z)}{h}=\lim_{\Delta y\to 0}\frac{u(x, y+\Delta y)-u(x, y)}{i\Delta y}+i\lim_{\Delta y\to 0}\frac{v(x, y+\Delta y)-v(x, y)}{i\Delta y}$$
$$=\frac{1}{i}\frac{\partial u}{\partial y}+\frac{\partial v}{\partial y}=\frac{\partial v}{\partial y}-i\frac{\partial u}{\partial y}$$
$$=-i\left(\frac{\partial u}{\partial y}+i\frac{\partial v}{\partial y}\right)=-i\frac{\partial f}{\partial y} \qquad (2\cdot 2)$$

을 얻는다.

식 (2.1)과 (2.2)로부터

$$f'(z)=\frac{\partial u}{\partial x}+i\frac{\partial v}{\partial x}=\frac{\partial v}{\partial y}-i\frac{\partial u}{\partial y}$$

이므로

$$\frac{\partial u}{\partial x}=\frac{\partial v}{\partial y},\quad \frac{\partial v}{\partial x}=-\frac{\partial u}{\partial y} \qquad (2.3)$$

를 얻는다.

방정식 (2.3)을 **Cauchy-Riemann 方程式**이라고 한다. 위에서 본 바와 같이 Cauchy-Riemann 방정식은 복소함수 $f(z)$가 한 점 z에서 微分可能이기 위한 必要條件이다. 또한

$$f'(z)=\frac{\partial f}{\partial x}=-i\frac{\partial f}{\partial y} \tag{2.4}$$

이므로, $f(z)$의 도함수가 존재하는 경우에 $f'(z)$를 계산하는데 많이 쓰인다. 예를 들어 $f(z)=z^2=(x^2-y^2)+i(2xy)$은 평면에서 미분가능이므로

$$f'(z)=\frac{\partial f}{\partial x}=2x+i(2y)=2(x+iy)=2z$$

이 된다.

複素數 $z=x+iy$는 2×2 行列

$$\begin{pmatrix} x & -y \\ y & x \end{pmatrix}$$

로 나타낼 수 있음을 배웠다.

만일 $f(x, y)=u(x, y)+iv(x, y)$가 정의역 D에서 微分可能이고, 그 도함수를 $f'(z)=a+ib$라고 하면 f의 Jacobian 行列 $J_f(x, y)$ 또는 $Df(x, y)$를 다음과 같이 정의한다.

$$J_f(x, y)=Df(x, y)=\begin{pmatrix} a & -b \\ b & a \end{pmatrix}=\begin{pmatrix} \dfrac{\partial u}{\partial x} & \dfrac{\partial u}{\partial y} \\ \dfrac{\partial v}{\partial x} & \dfrac{\partial v}{\partial y} \end{pmatrix}$$

이 定義로부터

$$f'(z)=\frac{\partial u}{\partial x}-i\frac{\partial u}{\partial y}=\frac{\partial u}{\partial x}+i\frac{\partial v}{\partial x}$$

$$\frac{\partial u}{\partial x}=\frac{\partial v}{\partial y},\quad \frac{\partial u}{\partial y}=-\frac{\partial v}{\partial x}$$

임을 알 수 있다. 또한 미분가능한 함수 $f(x, y)=u(x, y)+iv(x, y)$의 Jacobian 行列式을

$$\Delta_f=\begin{vmatrix} a & -b \\ b & a \end{vmatrix}=\begin{vmatrix} \dfrac{\partial u}{\partial x} & \dfrac{\partial u}{\partial y} \\ \dfrac{\partial v}{\partial x} & \dfrac{\partial v}{\partial y} \end{vmatrix}$$

라고 정의한다. 여기서

$$\Delta_f(x, y) = a^2 + b^2 = \left(\frac{\partial u}{\partial x}\right)^2 + \left(\frac{\partial v}{\partial x}\right)^2 = \left(\frac{\partial u}{\partial x}\right)^2 + \left(\frac{\partial u}{\partial y}\right)^2 = |f'(z)|^2$$

임을 알 수 있다.

〔例題〕

1. 정의역 D내의 모든 점 z에 대해서 $f'(z)=0$이면, $f(z)$는 D에서 常數函數가 됨을 밝혀라.

(**解**) 식 (2.4)로부터 D내의 모든 점에 대해서 $\frac{\partial f}{\partial x} = \frac{\partial f}{\partial y} = 0$이다. 일변수함수의 도함수가 한 구간에서 0이 되면, 그 함수는 그 구간에서 상수가 된다. 따라서 D내에서 $\frac{\partial u}{\partial x} = \frac{\partial u}{\partial y} = 0$이라는 것은 D내에 있는 x축과 y축에 나란한 모든 선에서 $u(x, y)$가 상수가 된다는 것을 의미한다. 마찬가지로 D내에서 $\frac{\partial v}{\partial x} = \frac{\partial v}{\partial y} = 0$이라는 것은 D내에 있는 x축, y축에 나란한 모든 선에서 $v(x, y)$가 상수가 됨을 의미한다. 그러므로 $f(z) = u(z) + iv(z)$는 D내에서 좌표축에 평행인 모든 다각선에 따라서 상수가 된다. 한편 D는 connected인 집합이므로 D내의 임의의 두 점 z_1, z_2는 좌표축에 평행인 다각선에 의해서 연결시킬 수 있다. 그러므로 임의의 두 점 z_1, $z_2 \in D$에 대해서 $f(z_1) = f(z_2)$가 되어서 결국 $f(z)$는 D에서 상수가 된다.

2. 모든 미분가능인 함수 $f(z)$는 연속임을 밝혀라.

(**解**) 한 점 z의 근방내의 한 점을 $z + \Delta z$로 표시하면,

$$f(z+\Delta z) - f(z) = \left(\frac{f(z+\Delta z) - f(z)}{\Delta z}\right) \cdot \Delta z$$

이므로, 만일 $f'(z)$가 존재하면

$$\begin{aligned}\lim_{\Delta z \to 0}[f(z+\Delta z) - f(z)] &= \lim_{\Delta z \to 0}\left[\frac{f(z+\Delta z) - f(z)}{\Delta z}\right] \cdot \lim_{\Delta z \to 0}(\Delta z) \\ &= f'(z) \cdot 0 = 0\end{aligned}$$

따라서 $\lim_{\Delta z \to 0} f(z+\Delta z) = f(z)$이 되어 $f(z)$는 z에서 연속이다.

3. 함수 $f(z) = |z| = \sqrt{x^2 + y^2}$은 원점에서 연속이지만, 미분가능하지 않음을 보여라.

(**解**) 분명히 $\lim_{z \to 0} f(z) = f(0) = 0$이므로 $f(z) = |z|$는 $z=0$에서 연속이다. $\Delta z = \Delta x + i\Delta y$라고 하면,

$$\frac{f(0+\Delta z)-f(0)}{\Delta z}=\frac{|\Delta z|}{\Delta z}$$

만일 양의 실축을 따라서 $\Delta z \to 0$ 이면

$$\lim_{\Delta z\to 0}\frac{|\Delta z|}{\Delta z}=\lim_{\Delta x\to 0}\frac{\Delta x}{\Delta x}=1$$

이 되고, 양의 허축을 따라서 $\Delta z \to 0$ 이면

$$\lim_{\Delta z\to 0}\frac{|\Delta z|}{\Delta z}=\lim_{\Delta y\to 0}\frac{\Delta y}{i\Delta y}=-i$$

이 되어서 $f'(0)$은 존재하지 않는다.

4. Cauchy-Riemann 方程式은 함수 $f(z)$가 한 점에서 미분가능하기 위한 충분조건이 아님을 예를 들어 설명하라.

(**解**) 함수 $f(z)=\begin{cases}\dfrac{xy}{x^2+y^2}, & z\neq 0\\ 0, & z=0\end{cases}$

을 생각하면, 이 함수는 x축 및 y축상에서 0이다. 따라서 $z=0$에서

$$\frac{\partial u}{\partial x}=\frac{\partial u}{\partial y}=\frac{\partial v}{\partial x}=\frac{\partial v}{\partial y}=0$$

이 되므로 Cauchy-Riemann 방정식이 만족된다. 그러나 직선 $y=x$ 상에서 $h\to 0$일 때

$$\frac{f(h+ih)-f(0)}{h+ih}=\frac{h\cdot h/(h^2+h^2)}{h+ih}=\frac{1}{2(1+i)h}\to\infty$$

가 된다. 그러므로 $f'(0)$는 존재하지 않는다.

問 題

1. 함수 $f(z)=(2x-y)+i(ax+by)$가 모든 z에 대하여 미분가능하도록 상수 a와 b를 구하여라.

(**풀이**) $u(x,y)=2x-y,\ \ v(x,y)=ax+by$

$$\frac{\partial u}{\partial x}=\frac{\partial v}{\partial y}\text{에서}\qquad b=2$$

$$\frac{\partial v}{\partial x}=-\frac{\partial u}{\partial y}\text{에서}\qquad a=1$$

을 얻는다.

2. 함수 $f(z)$가 한 점에서 연속이고, 그 점에서 Cauchy-Riemann 방정식이 성립하지만, 미분가능하지 않은 예를 들어 보라.

(**풀이**) 함수 $f(z)=\begin{cases}\dfrac{xy^2}{x^2+y^2}, & z\neq 0\\ 0, & z=0\end{cases}$

을 생각하자. $|f(z)|\leq|x|$이므로 $f(z)$는 원점 $z=0$에서 연속이다. 또한

$$\frac{\partial f(0,0)}{\partial x}=\frac{\partial f(0,0)}{\partial y}=0$$

이므로 Cauchy-Riemann 방정식은 만족된다. 그러나 직선 $y=mx$ 상에서

$$\frac{f(h+imh)-f(0)}{h+imh}=\frac{m^2h^3/(1+m^2)h^2}{h+imh}=\frac{m^2}{(1+im)(1+m^2)}$$

은 m의 값에 따라서 $h\to 0$일 때 좌변의 극한치가 달라지므로 $f'(0)$는 존재하지 않는다.

3. $f(0,0)=0$일 때 다음 함수들 중에서 원점에서 연속인 함수는 어느 것인가?

(a) $f(x,y)=\dfrac{x^2y^2}{x^4+y^4}$

(b) $f(x,y)=\dfrac{x^2y^2}{(x^2+y^2)^2}$

(c) $f(x,y)=\dfrac{x^3y^2}{(x^2+y^2)}$

(d) $f(x,y)=\dfrac{x+ye^{-x^2}}{1+y^2}$

(e) $f(x,y)=\dfrac{(x+y^2)^2}{x^2+y^2}$

(**풀이**) (c)와 (d)이다.

4. 다음 함수들에 대하여 어디에서 미분가능인가를 결정하여라.

(a) $f(z)=\bar{z}^2$

(b) $f(z)=x^2-y^2$

(c) $f(z)=2xyi$

(d) $f(z)=x^2-y^2+2xyi$

(e) $f(z)=z\mathrm{Re}z$

(f) $f(z)=z|z|$

(**풀이**) (a), (b), (c), (e)는 원점에서만 미분가능이고, (d)는 평면전체에서 미분가능이다.

5. $f:A\to C$, $g:B\to C$는 복소평면 C내의 開集合 A와 B에서 각각 미분가능인 함수이고, $f[A]\subset B$라고 하자. 그러면 $(g\circ f)(z)=g[f(z)]$로 정의되는 함수 $g\circ f:A\to C$은 미분가능이며

$$\frac{d}{dz}(g\circ f)(z)=g'[f(z)]\cdot f'(z)$$

임을 밝혀라.

(**풀이**) $w_0=f(z_0)$라 하고, $w\in B$에 대하여

$$h(w)=\begin{cases}\dfrac{g(w)-g(w_0)}{w-w_0}-g'(w_0) & ;\ w\neq w_0\\ 0 & ;\ w=w_0\end{cases}$$

라고 정의하자. $g'(w_0)$이 존재하므로 h는 연속함수이다. 연속함수들의 합성 함수는 연속이므로

$$\lim_{z\to z_0} h[f(z)]=h(w_0)=0$$

이다. h의 정의로부터 $w=f(z)$로 놓을 때

$$g\circ f(z)-g(w_0)=[h(f(z))+g'(w_0)][f(z)-w_0]$$

이 된다. 따라서 $z\neq z_0$에 대해서

$$\frac{g\circ f(z)-g\circ f(z_0)}{z-z_0}=[h[f(z)]+g'(w_0)]\frac{f(z)-f(z_0)}{z-z_0}$$

이므로 $z\to z_0$일 때 $\dfrac{d}{dz}g\circ f(z_0)=[0+g'(w_0)]f'(z_0)=g'[f(z_0)]f'(z_0)$이 된다.

연습 문제 2.1

1. 함수 $g(z)=|z|^2$은 Cauchy-Riemann 방정식을 만족하는가 조사하여라.

2. 다음 함수들에 대하여 Cauchy-Riemann 방정식이 만족되는가를 조사하여라.

(a) $w=z^3+2i$ (b) $w=(\bar{z}+3i)^2+6$

(c) $w=|z-1|^2$ (d) $w=\dfrac{z-1}{z^2+4}$

3. 다음 함수에 대하여 $\dfrac{dw}{dz}$를 구하여라.

(a) $w=10z^4+\dfrac{2}{3}z^3-8z+\dfrac{11}{2}$ (b) $w=z(z^2-1)^2$

(c) $w=(z^2-4)/(z^3+2z-5)$ (d) $w=\left(z+\dfrac{1}{z}\right)^2$

4. $u(x, y)=x^3-3xy^2$, $v(x, y)=3x^2y-y^3$은 Cauchy-Riemann 방정식을 만족함을 밝히고 그 결과를 조사하여라.

5. 다음 복소함수의 도함수를 구하여라.

(a) $w=z^5-3z^2-1$ (b) $w=\dfrac{z}{1-z}$

(c) $w=(1-z)^4(z^2+1)^3$ (d) $w=\left(\frac{z-1}{z+1}\right)^4$

6. 함수

$$f(z)=e^{2xy}[\cos(y^2-x^2)+i\sin(y^2-x^2)]$$

은 모든 z에 대하여 미분가능임을 밝혀라.

2.2 解析函數의 意味

複素函數 $f(z)=u(x,y)+iv(x,y)$가 영역 D에서 정의되었다고 하고, z_0를 D내의 임의의 한 點이라고 하자. $f(z)$가 D내에 포함하는 z_0의 임의의 한 근방내의 각 점에서 미분가능일 때 $f(z)$는 점 $z_0\in D$에서 解析的(analytic)이라고 한다. 또한 $f(z)$가 D내의 각 점에서 解析的일 때 **$f(z)$는 영역 D에서 解析的**이라고 한다. 그러므로 함수 $w=f(z)$가 영역 D내의 모든 점에서 미분가능할 때 $f(z)$는 D에서 解析的이다.

解析的인 函數를 **解析函數**(analytic function 또는 holomorphic function)라고 한다. 그리고 複素平面全體에서 해석적인 函數를 **entire function**이라고 한다.

함수 $f(z)=|z|^2=x^2+y^2$은 $z=0$일 때만 미분가능하고, $z\neq 0$인 모든 z에 대해서 미분가능이 아니다. 왜냐하면 $z\neq 0$인 모든 z에 대해서 Cauchy-Riemann 방정식이 성립하지 않기 때문이다. 따라서 $f(z)=|z|^2$은 점 $z=0$에서 해석적이 아닐뿐만 아니라 모든 점에서 해석적이 아니다. 또 함수 $f(z)=x^2y^2$은 x축 또는 y축상의 모든 점에서는 도함수가 존재한다. 그러나 각 좌표축상의 어느 한 점을 중심으로 하는 근방내의 다른 점들에 대해서는 미분가능하지가 않다. 그러므로 $f(z)=x^2y^2$은 평면내의 어느 점에서도 解析的이 아니다.

한편, $f(z)=1/(1-z)$는 $z\neq 1$인 모든 점 z에서 해석적이다. 그리고 모든 多項式(polynomials)의 함수들은 복소평면내의 모든 점에서 解析的이므로 entire 함수이다.

만일 $f(z)$가 z_0에서 해석적이면, 한 $\varepsilon>0$이 존재해서 근방 $N(z_0\,;\,\varepsilon)$ 내의 각 점에서 $f(z)$가 미분가능이다. 따라서 $z_1\in N(z_0\,;\,\varepsilon)$인 임의의 점 z_1에 대해서 $N(z_1\,;\,\delta)\subset N(z_0\,;\,\varepsilon)$이 되는 $\delta>0$를 찾을 수 있다. 그러므로 $f(z)$는 역시 z_1에서 해석적

이다. 여기서 주어진 한 함수 $f(z)$의 해석적인 점들의 집합은 한 開集合(open set)이 된다. 특히, 만일 함수 $f(z)$가 한 閉集合(closed set)에서 해석적이라고 하면 $f(z)$가 해석적이 되는 폐집합을 포함하는 한 개집합(open set)이 항상 존재한다.

함수 $f(z)$가 점 z_0에서 解析的이 아니며, z_0의 어떤 근방에서 z_0 이외의 다른 점에 대해서는 해석적일 때, 점 z_0를 $f(z)$의 **고립된 特異點**(isolated singularity)이라고 한다. 예를 들면, 함수 $f(z)=1/z$은 $z=0$에서는 해석적이 아니지만, $z\neq0$인 모든 z에 대해서 $f'(z)=-1/z^2$이므로 $z=0$은 $f(z)=\dfrac{1}{z}$의 한 고립된 특이점이다. 한편 $f(z)=|z|^2$은 평면상의 어떤 점에서도 해석적이 아니므로 정의에 의해서 $f(z)=|z|^2$의 고립된 특이점은 없다.

앞 절에서 우리는 Cauchy-Riemann 방정식은 함수 $f(z)$가 영역 D에서 미분가능이기 위한 충분조건이 되지 못한다는 것을 알았다. Cauchy-Riemann 방정식 외에 어떤 조건이 더 있으면 함수 $f(z)$가 해석적이기 위한 충분조건이 되는가를 알아 보기 위하여, 다음의 2변수함수에 대한 평균치 정리를 공부하자.

〔**補助定理 1**〕 $f(x, y)$는 정의역 D에서 정의된 함수이고, D의 모든 점에서 $\dfrac{\partial f}{\partial x}=f_x(x, y)$와 $\dfrac{\partial f}{\partial y}=f_y(x, y)$이 연속이라고 하자. 주어진 한 점 $(x, y)\in D$에 대해서 $\sqrt{h^2+k^2}<\delta$인 δ를 취하여 점 $(x+h,\ y+k)\in D$을 잡으면,

$$f(x+h,\ y+k)-f(x, y)=f_x(x, y)h+f_y(x, y)k+\varepsilon_1 h+\varepsilon_2 k$$

이다. 단, $h\to0$. $k\to0$일 때 $\varepsilon_1\to0$, $\varepsilon_2\to0$이다.

(**증명**) $f(x+h,\ y+k)-f(x, y)=\{f(x+h,\ y+k)-f(x, y+k)\}$
$$+\{f(x, y+k)-f(x, y)\}$$

이고, 일변수함수의 평균치 정리와 $f_x(x, y)$, $f_y(x, y)$가 D에서의 연속이라는 성질을 이용하면

$$\begin{aligned} f(x+h,\ y+k)-f(x, y+k)&=hf_x(x+\theta_1 h,\ y+k),\quad (|\theta_1|<1)\\ &=h[f_x(x, y)+\varepsilon_1] \end{aligned}$$

단, $h\to0$, $k\to0$일 때 $\varepsilon_1\to0$이다.

마찬가지로

$$\begin{aligned} f(x, y+k)-f(x, y)&=kf_y(x, y+\theta_2 k),\quad (|\theta_2|<1)\\ &=k[f_y(x, y)+\varepsilon_2] \end{aligned}$$

단, $h \to 0$, $k \to 0$ 일 때 $\varepsilon_2 \to 0$ 이다.

따라서, $f(x+h,\ y+k)-f(x,y)$

$$=h[f_x(x,y)+\varepsilon_1]+k[f_y(x,y)+\varepsilon_2]$$

$$=hf_x(x,y)+kf_y(x,y)+\varepsilon_1 h+\varepsilon_2 k$$

이다. 단, $h \to 0$, $k \to 0$, 일 때 $\varepsilon_1 \to 0$, $\varepsilon_2 \to 0$ 이다.

〔**定理 2.4**〕 $f(z)=u(x,y)+iv(x,y)$를 정의역 D에서 정의된 함수라 하자. 만일,

(i) $u(x,y)$와 $v(x,y)$가 D에서 연속인 편도함수를 가지며,

(ii) D내의 모든 점에 대해서 Cauchy-Riemann 방정식

$$\frac{\partial u}{\partial x}=\frac{\partial v}{\partial y}, \quad \frac{\partial u}{\partial y}=-\frac{\partial v}{\partial x} \tag{2.5}$$

이 만족되면, $f(z)$는 D에서 해석적이다.

(증명) h, k를 임의의 실수라 하고, $\Delta z=h+ik$라고 하자. 주어진 임의의 한 점 $z\in D$에 대하여 $\lim_{\Delta z\to 0}\frac{f(z+\Delta z)-f(z)}{\Delta z}$이 존재함을 보여야 한다. 충분히 작은 h와 k에 대하여 $z+(h+ik)\in D$이라고 하자. u와 v가 D에서 연속인 편도함수를 가지므로 정리 2.1을 적용하여 $\frac{\partial f}{\partial x}$와 $\frac{\partial f}{\partial y}$도 D에서 연속이다. 따라서 보조정리 1에 의하면,

$$\frac{f(z+\Delta z)-f(z)}{\Delta z}=\frac{f(x+h,\ y+k)-f(x,y)}{h+ik}$$

$$=\frac{f_x(x,y)h+f_y(x,y)k+\varepsilon_1 h+\varepsilon_2 k}{h+ik} \tag{2.6}$$

이 된다. 단, $h \to 0$, $k \to 0$ 일 때 $\varepsilon_1 \to 0$, $\varepsilon_2 \to 0$ 이다. 식 (2.5)의 Cauchy-Riemann 방정식은

$$f_x(x,y)=-if_y(x,y) \text{ 혹은 } if_x(x,y)=f_y(x,y) \tag{2.7}$$

와 같이 쓸 수 있으므로 식 (2.7)을 식 (2.6)에 대입하여

$$\frac{f(z+\Delta z)-f(z)}{\Delta z}=\frac{f_x(x,y)h+if_x(x,y)k+\varepsilon_1 h+\varepsilon_2 k}{h+ik}$$

$$=f_x(x,y)+\varepsilon_1\frac{h}{h+ik}+\varepsilon_2\frac{k}{h+ik} \tag{2.8}$$

을 얻는다. 여기서 $\left|\frac{h}{h+ik}\right|\le 1$, $\left|\frac{k}{h+ik}\right|\le 1$이므로 식 (2.8)의 우변의 둘째 세째항은 h와 k가 0에 접근할 때 0에 접근한다. 그러므로

$$f'(z)=\lim_{\Delta z\to 0}\frac{f(z+\Delta z)-f(z)}{\Delta z}$$

$$=\lim_{\substack{h\to 0\\k\to 0}}\frac{f(x+h,\ y+k)-f(x,y)}{h+ik}=f_x(x,y)$$

이고, z는 D내의 임의의 점이므로 $f(z)$는 D내의 모든 점에서 미분가능이다. 따라서 $f(z)$는 D에서 해석적이다.

(**備考**) 정리 2.3과 정리 2.4를 결합하면 다음 결과를 얻는다. 즉 함수 $f(z)=u(x,y)+iv(x,y)$가 정의역 D에서 해석적이기 위한 필요충분조건은

(i) $f(z)$가 D내의 모든 점에서 연속인 편도함수를 가지며,

(ii) D내의 모든 점에 대해서 Cauchy-Riemann 방정식

$$\frac{\partial u}{\partial x}=\frac{\partial v}{\partial y},\quad \frac{\partial v}{\partial x}=-\frac{\partial u}{\partial y}$$

이 만족되는 것이다.

다음 정리를 통하여 Cauchy-Riemann 방정식을 극좌표로 표시하는 것을 알아 보기로 한다.

〔**定理 2.5**〕 $f=u+iv$가 한 점 $z=re^{i\theta}$, $(r\neq 0)$에서 연속인 편도함수를 가지며, 미분가능이라면

$$\frac{\partial u}{\partial r}=\frac{1}{r}\frac{\partial v}{\partial \theta},\quad \frac{\partial v}{\partial r}=-\frac{1}{r}\frac{\partial u}{\partial \theta}$$

이다.

(**증명**) $x=r\cos\theta,\ \ y=r\sin\theta$라고 하면

$$\frac{\partial u}{\partial r}=\frac{\partial u}{\partial x}\frac{\partial x}{\partial r}+\frac{\partial u}{\partial y}\frac{\partial y}{\partial r}=\frac{\partial u}{\partial x}\cos\theta+\frac{\partial u}{\partial y}\sin\theta \tag{2.9}$$

$$\frac{\partial v}{\partial \theta}=\frac{\partial v}{\partial x}\frac{\partial x}{\partial \theta}+\frac{\partial v}{\partial y}\frac{\partial y}{\partial \theta}$$

$$=\frac{\partial v}{\partial x}(-r\sin\theta)+\frac{\partial v}{\partial y}(r\cos\theta) \tag{2.10}$$

이 되는데, 식 (2.10)에 Cauchy-Riemann 방정식 $\frac{\partial u}{\partial x}=\frac{\partial v}{\partial y},\ \frac{\partial v}{\partial x}=-\frac{\partial u}{\partial y}$를 적용하면, 식 (2.9)와 비교해서

$$\frac{\partial v}{\partial \theta}=r\left(\frac{\partial u}{\partial y}\sin\theta+\frac{\partial u}{\partial x}\cos\theta\right)=\mathrm{r}\left(\frac{\partial u}{\partial r}\right)$$

을 얻으므로

$$\frac{\partial u}{\partial r}=\frac{1}{r}\frac{\partial v}{\partial \theta}$$

이다. 마찬가지로

$$\frac{\partial v}{\partial r}=\frac{\partial v}{\partial x}\frac{\partial x}{\partial r}+\frac{\partial v}{\partial y}\frac{\partial y}{\partial r}=\frac{\partial v}{\partial x}\cos\theta+\frac{\partial v}{\partial y}\sin\theta$$

$$\begin{aligned}\frac{\partial u}{\partial \theta}&=\frac{\partial u}{\partial x}\frac{\partial x}{\partial \theta}+\frac{\partial u}{\partial y}\frac{\partial y}{\partial \theta}\\&=\frac{\partial u}{\partial x}(-r\sin\theta)+\frac{\partial u}{\partial y}(r\cos\theta)\\&=-r\left(\frac{\partial v}{\partial y}\sin\theta+\frac{\partial v}{\partial x}\cos\theta\right)=-r\frac{\partial v}{\partial r}\end{aligned}$$

이 되어서

$$\frac{\partial v}{\partial r}=-\frac{1}{r}\frac{\partial u}{\partial \theta}$$

를 얻는다.

〔**定理 2.6**〕 $f(z)$와 $g(z)$는 z_0에서 미분가능이고, $f(z_0)=g(z_0)=0$이라고 하자. 만일 $g'(z_0)\neq 0$이면

$$\lim_{z\to z_0}\frac{f(z)}{g(z)}=\frac{f'(z_0)}{g'(z_0)}$$

이다.

(**증명**) 도함수의 정의를 이용하면,

$$\frac{f'(z_0)}{g'(z_0)}=\frac{\lim\limits_{z\to z_0}\dfrac{f(z)-f(z_0)}{z-z_0}}{\lim\limits_{z\to z_0}\dfrac{g(z)-g(z_0)}{z-z_0}}=\lim_{z\to z_0}\frac{\dfrac{f(z)-f(z_0)}{z-z_0}}{\dfrac{g(z)-g(z_0)}{z-z_0}}$$

$$=\lim_{z\to z_0}\frac{f(z)}{g(z)}$$

〔**例題**〕

1. $f(z)=\bar{z}$는 해석적이 아님을 밝혀라.

(**解**) $f(z)=u(x,y)+iv(x,y)=x-iy$에서 $u(x,y)=x$, $v(x,y)=-y$이다. 그런데 $\frac{\partial u}{\partial x}=1$, $\frac{\partial v}{\partial y}=-1$이므로 $\frac{\partial u}{\partial x}\neq\frac{\partial v}{\partial y}$이 되어 Cauchy-Riemann 방정식이 성립하지 않는다. 따라서 정리 2.4에 의하여 $f(z)=\bar{z}$는 해석적이 아니다.

2. $f(z)=e^z=e^x(\cos y+i\sin y)$는 解析的인가를 조사하고, 그 導函數를 구하여라.

(**解**) $f(z)=u+iv$라고 놓으면, $u=e^x\cos y$, $v=e^x\sin y$

$$\frac{\partial u}{\partial x}=e^x\cos y=\frac{\partial v}{\partial y},\quad \frac{\partial u}{\partial y}=-e^x\sin y=-\frac{\partial v}{\partial x}$$

이고, 분명히 u와 v는 모든 점에서 연속인 편도함수를 가지므로 $f(z)=e^z$는

복소평면 전체에서 해석적이다. 즉, $f(z)=e^z$ 는 entire 함수이다.

$$f'(z)=\frac{\partial u}{\partial x}+i\frac{\partial v}{\partial x}=e^x\cos y+ie^x\sin y=f(z)=e^z$$

3. $f(z_0)=g(z_0)=0$ 이고, $f'(z_0)$와 $g'(z_0)$가 존재하며, $g'(z_0)\neq 0$ 이라고 하면,

$$\lim_{z\to z_0}\frac{f(z)}{g(z)}=\lim_{z\to z_0}\frac{f'(z)}{g'(z)}$$

이 성립하는가?

(解) 만일 $\dfrac{f'(z)}{g'(z)}$이 z_0에서 연속이면

$$\lim_{z\to z_0}\frac{f(z)}{g(z)}=\lim_{z\to z_0}\frac{f'(z)}{g'(z)}$$

이 된다.

4. 한 함수 $f(z)$가 한 有界인 영역에서 해석적이라고 하면, 그 함수 $f(z)$는 有界인가?

(解) 그렇지 않다. 이를테면, $f(z)=\dfrac{1}{z}$, $0<|z|<1$ 을 보면 쉽게 알 수 있다.

5. 함수 $f(z)=u(r,\theta)+iv(r,\theta)$가 $z_0=r_0(\cos\theta_0+i\sin\theta_0)\neq 0$ 의 한 ε－근방에서 정의되고, r과 θ에 관한 u와 v의 일계편도함수가 그 근방에서 연속이 되고, $(r_0,\ \theta_0)$에서의 Cauchy-Riemann 방정식의 극형식

$$\frac{\partial u}{\partial r}=\frac{1}{r}\frac{\partial v}{\partial \theta},\quad \frac{\partial v}{\partial r}=-\frac{1}{r}\frac{\partial u}{\partial \theta}$$

이 성립하면, $f'(z_0)$는 존재하고,

$$f'(z_0)=(\cos\theta_0-i\sin\theta_0)[u_r(r_0,\ \theta_0)+iv_r(r_0,\ \theta_0)]$$

이 됨을 증명하라.

(解) $z=x+iy=r\cos\theta+ir\sin\theta$ 에서 $r=\sqrt{x^2+y^2}$, $\theta=\tan^{-1}\dfrac{y}{x}$이다. $z\neq 0$ 일 때

$$\frac{\partial u}{\partial x}=\frac{\partial u}{\partial r}\frac{\partial r}{\partial x}+\frac{\partial u}{\partial \theta}\frac{\partial \theta}{\partial x}=u_r\frac{x}{\sqrt{x^2+y^2}}-u_\theta\frac{y}{\sqrt{x^2+y^2}}\cdot\frac{1}{\sqrt{x^2+y^2}}$$

$$=u_r\cos\theta-u_\theta\frac{\sin\theta}{r}$$

$$\frac{\partial v}{\partial x}=\frac{\partial v}{\partial r}\frac{\partial r}{\partial x}+\frac{\partial v}{\partial \theta}\frac{\partial \theta}{\partial x}=v_r\cos\theta-v_\theta\frac{\sin\theta}{r}$$

이므로

$$f'(z)=\frac{\partial u}{\partial x}+i\frac{\partial v}{\partial x}=(u_r+iv_r)\cos\theta-(u_\theta+iv_\theta)\frac{\sin\theta}{r}$$

이 된다. 한편,

$$u_\theta = -rv_r, \quad v_\theta = ru_r$$

이므로

$$\begin{aligned} f'(z) &= (u_r + iv_r)\cos\theta + (v_r - iu_r)\sin\theta \\ &= u_r(\cos\theta - i\sin\theta) + iv_r(\cos\theta - i\sin\theta) \\ &= (\cos\theta - i\sin\theta)(u_r + iv_r) \end{aligned}$$

이다. 따라서

$$f'(z_0) = (\cos\theta_0 - i\sin\theta_0)[u_r(r_0, \theta_0) + iv_r(r_0, \theta_0)]$$

問 題

1. $f(z) = \sin z$ 와 $g(z) = \cos z$ 의 도함수를 구하여라.

(**풀이**) $f(z) = \sin z = \dfrac{e^{iz} - e^{-iz}}{2i}$ 이므로 해석적인 함수 e^z의 도함수를 이용하면

$$f'(z) = \frac{ie^{iz} + ie^{-iz}}{2i} = \frac{e^{iz} + e^{-iz}}{2} = \cos z$$

마찬가지로, $g(z) = \cos z = \dfrac{e^{iz} + e^{-iz}}{2}$ 이므로

$$g'(z) = \frac{ie^{iz} - ie^{-iz}}{2} = \frac{-e^{iz} + e^{-iz}}{2i} = -\sin z$$

2. $f(z) = |z|^2$, $g(z) = z$ 일 때 $\lim\limits_{z \to 0} \dfrac{f(z)}{g(z)}$ 의 값을 구하여라.

(**풀이**) $g'(0) = 1 \neq 0$ 이므로 정리 2.6 을 이용하여

$$\lim_{z \to 0} \frac{f(z)}{g(z)} = \frac{f'(0)}{g'(0)} = \frac{0}{1} = 0$$

3. $f(z) = 1 - \cos z$, $g(z) = \sin^2 z$ 일 때 $\lim\limits_{z \to 0} \dfrac{f(z)}{g(z)}$ 의 값을 구하여라.

(**풀이**) 여기서는 $g'(0) = 0$ 이므로 정리 2.6 을 직접 적용하기는 곤란하다. 그러나

$$\begin{aligned} \lim_{z \to 0} \frac{f(z)}{g(z)} &= \lim_{z \to 0} \frac{1 - \cos z}{\sin^2 z} = \lim_{z \to 0} \frac{1 - \cos z}{1 - \cos^2 z} \\ &= \lim_{z \to 0} \frac{1 - \cos z}{(1 - \cos z)(1 + \cos z)} = \lim_{z \to 0} \frac{1}{1 + \cos z} \\ &= \frac{1}{2} \end{aligned}$$

4. $f(z)$는 $z = 0$ 을 제외한 영역 D에서 연속인 편도함수를 가지며, 解析的일 때,

D내의 모든 점에서

$$f'(z)=e^{-i\theta}\frac{\partial f}{\partial r}=\frac{1}{iz}\frac{\partial f}{\partial \theta}$$

임을 증명하라.

(풀이) $f(z)=u(r,\theta)+iv(r,\theta)$, $z=re^{i\theta}=r(\cos\theta+i\sin\theta)$라고 하면, 위의 예제 5에서 본 바와 같이 $z\neq 0$일 때

$$\begin{aligned} f'(z)=\frac{\partial f}{\partial x}=\frac{\partial u}{\partial x}+i\frac{\partial v}{\partial x} &=\left(u_r\cos\theta-u_\theta\frac{\sin\theta}{r}\right) \\ &\quad+i\left(v_r\cos\theta-v_\theta\frac{\sin\theta}{r}\right) \\ &=(\cos\theta-i\sin\theta)(u_r+iv_r) \\ &=e^{-i\theta}\frac{\partial f}{\partial r} \end{aligned}$$

이다. 한편, 위에서 $u_r=\frac{1}{r}v_\theta$, $v_r=-\frac{1}{r}u_\theta$를 대입하면

$$\begin{aligned} f'(z)=\frac{\partial u}{\partial x}+i\frac{\partial v}{\partial x} &=\frac{1}{r}(v_\theta\cos\theta-u_\theta\sin\theta)-i\frac{1}{r}(u_\theta\cos\theta+v_\theta\sin\theta) \\ &=\frac{-i}{r}[u_\theta(\cos\theta-i\sin\theta)+iv_\theta(\cos\theta-i\sin\theta)] \\ &=\frac{1}{ir}(\cos\theta-i\sin\theta)(u_\theta+iv_\theta)=\frac{1}{ir}e^{-i\theta}(u_\theta+iv_\theta) \\ &=\frac{1}{ire^{i\theta}}(u_\theta+iv_\theta)=\frac{1}{iz}\frac{\partial f}{\partial\theta} \end{aligned}$$

따라서 $$f'(z)=e^{-i\theta}\frac{\partial f}{\partial r}=\frac{1}{iz}\frac{\partial f}{\partial\theta}$$

5. 만일 $f(z)$가 $z=0$을 제외한 영역 D에서 연속인 편도함수를 가지며, D내의 모든 점에서

$$e^{-i\theta}\frac{\partial f}{\partial r}=\frac{1}{iz}\frac{\partial f}{\partial\theta}$$

이 성립한다면, $f(z)$는 D에서 해석적임을 증명하라.

(풀이) $z=re^{i\theta}\neq 0$, $f(z)=u(r,\theta)+iv(r,\theta)$에 대해서

$$e^{-i\theta}\frac{\partial f}{\partial r}=\frac{1}{iz}\frac{\partial f}{\partial\theta}$$

이면

$$\frac{1}{e^{i\theta}}\left(\frac{\partial u}{\partial r}+i\frac{\partial v}{\partial r}\right)=\frac{1}{ire^{i\theta}}\left(\frac{\partial u}{\partial\theta}+i\frac{\partial v}{\partial\theta}\right)$$

$e^{i\theta}\neq 0$이므로

$$\frac{\partial u}{\partial r}+i\frac{\partial v}{\partial r}=\frac{1}{r}\frac{\partial v}{\partial \theta}-i\frac{1}{r}\frac{\partial u}{\partial \theta}$$

따라서

$$\frac{\partial u}{\partial r}=\frac{1}{r}\frac{\partial v}{\partial \theta},\quad \frac{\partial v}{\partial r}=-\frac{1}{r}\frac{\partial u}{\partial \theta}$$

이 D내의 모든 점에 대해서 성립한다. 즉 $f(z)$는 D에서 연속인 편도함수를 가지며, Cauchy-Riemann 방정식의 극형식이 성립하므로 정리 2.4에 의해서 $f(z)$는 D에서 해석적이다.

연습 문제 2.2

1. 다음 함수들이 복소평면 전체에서 해석적이 되도록 상수 a, b, c의 조건을 결정하라.

(a) $f(z)=x+ay-i(bx+cy)$

(b) $f(z)=ax^2-by^2+icxy$

(c) $f(z)=e^x\cos ay+ie^x\sin(y+b)+c$

(d) $f(z)=a(x^2+y^2)+ibxy+c$

2. 함수 $f(z)=\begin{cases}\dfrac{xy^2(x+iy)}{x^2+y^4}, & (z\neq 0)\\ 0, & (z=0)\end{cases}$

는 $z=0$에서 도함수를 갖지 않음을 증명하라.

3. 다음 함수는 해석적인 함수인가 아닌가를 조사하여라.

(a) $w=\dfrac{|z|}{|z|+1}$ (b) $w=\dfrac{z+i}{\bar{z}-i}$

4. 만일 $f(z)$가 영역 D에서 해석적이고, $f(z)=u(x,y)+ic$ (단, c는 상수)이라고 하면, $f(z)$는 D에서 상수임을 증명하라.

5. 만일 $f(z)$가 영역 D에서 해석적이고, $f(z)=c+iv(x,y)$ (단, c는 상수)이라고 하면, $f(z)$는 D에서 상수가 됨을 증명하라.

6. 다음 극한치의 값을 구하여라.

(a) $\displaystyle\lim_{z\to 0}\frac{e^z-1}{3z}$ (b) $\displaystyle\lim_{z\to 0}\frac{z^2}{|z|}$

(c) $\lim_{z\to 0}\frac{2\sin z}{e^z-1}$ (d) $\lim_{z\to 0} z\sin\frac{1}{z}$

7. 다음 함수들은 解析的이 아님을 밝혀라.

(a) $g(z)=z+\bar{z}$ (b) $h(z)=e^y\cos x+ie^y\sin x$

8. $w=f(z)=\frac{1+z}{1-z}$의 고립된 특이점은 무엇인가? 解析的이 되는 영역에서 도함수 $f'(z)$를 구하여라.

2.3 解析函數와 調和函數

만일 $f(z)$가 한 영역에서 해석적(analytic)이면, $f(z)$의 도함수는 여러 가지 형태로 쓸 수 있다. 이를테면

$$f'(z)=\frac{\partial f}{\partial x} \text{ 또는 } f'(z)=-i\frac{\partial f}{\partial y}$$

와 같이 표시된다. 해석적인 함수는 얼마든지 미분이 가능하므로

$$f''(z)=\frac{\partial}{\partial x}f'(z)=\frac{\partial^2 f}{\partial x^2} \tag{2.11}$$

과 같이 표시할 수 있고, 한편,

$$f''(z)=-i\frac{\partial}{\partial y}f'(z)=-i\frac{\partial}{\partial y}\left(-i\frac{\partial f}{\partial y}\right)=-\frac{\partial^2 f}{\partial y^2} \tag{2.12}$$

로도 표시된다. 식 (2.11)과 식 (2.12)로부터

$$\frac{\partial^2 f}{\partial x^2}+\frac{\partial^2 f}{\partial y^2}=0 \tag{2.13}$$

을 얻는데, 만일 $f(z)=u(x, y)+iv(x, y)$가 한 영역에서 해석적이면, 방정식 (2.13)은 그의 실부분 $u(x, y)$와 허부분 $v(x, y)$가 편미분방정식

$$\frac{\partial^2 u}{\partial x^2}+\frac{\partial^2 u}{\partial y^2}=0,\quad \frac{\partial^2 v}{\partial x^2}+\frac{\partial^2 v}{\partial y^2}=0 \tag{2.14}$$

을 만족시킨다는 것을 보여 주고 있다.

〔**定義**〕 연속인 實函數 $h(x, y)$가 한 영역 D에서 정의되었다고 하자.

만일

(i) $h(x, y)$가 연속인 1계 및 2계 편도함수를 가지며,

(ii) D내의 모든 점에서 Laplace 방정식

$$\frac{\partial^2 h}{\partial x^2}+\frac{\partial^2 h}{\partial y^2}=0$$

이 만족된다고 하면, $h(x, y)$는 D에서 **조화적**(調和的, harmonic)이라고 말한다.

위의 식 (2.14)로부터 해석적인 함수의 실부분과 허부분은 둘 다 조화적임을 알 수 있다. 만일 $f(z)=u(x, y)+iv(x, y)$가 해석적인 함수이면, $v(x, y)$를 $u(x, y)$의 **조화공액**(調和共軛, harmonic conjugate)이라고 한다.

$f(z)=u+iv$가 해석적이면, $if(z)=i(u+iv)=-v+iu$도 해석적이므로 v가 u의 한 조화공액이기 위한 필요충분조건은 u가 $-v$의 한 조화공액인 것이다.

실제로 Laplace 방정식은 한 실함수가 해석적인 함수의 실부분(혹은 허부분)이 되기 위한 필요조건이 된다. 이를테면, 함수

$$u(x, y)=x^2+y$$

에 대해서

$$\frac{\partial^2 u}{\partial x^2}+\frac{\partial^2 u}{\partial y^2}=2$$

이므로 $u(x, y)$는 Laplace 방정식이 만족되지 않는다. 따라서 $u(x, y)=x^2+y$는 어느 해석함수의 실부분도 될 수 없다.

다음에는 어떻게 조화공액을 구할 수 있는가를 Cauchy-Riemann 방정식을 적용해서 알아 본다.

(例) 함수 $u(x, y)=x+e^{-x}\cos y$를 생각하자.

$$\frac{\partial u}{\partial x}=1-e^{-x}\cos y,\quad \frac{\partial^2 u}{\partial x^2}=-e^{-x}\cos y$$

$$\frac{\partial u}{\partial y}=-e^{-x}\sin y,\quad \frac{\partial^2 u}{\partial y^2}=-e^{-x}\cos y$$

이므로 $\dfrac{\partial^2 u}{\partial x^2}+\dfrac{\partial^2 u}{\partial y^2}=0$이 되고, $u(x, y)$는 연속인 1계 및 2계편도 함수를 가지므로 $u(x, y)$는 복소평면 전체에서 조화적인 함수이다. 만일 $f(z)=u(x, y)+iv(x, y)$이 해석적이 되도록 하는 함수 $v(x, y)$가 존재한다고 하면,

$$\frac{\partial u}{\partial x}=1-e^{-x}\cos y=\frac{\partial v}{\partial y}$$

에서

$$v=\int\frac{\partial v}{\partial y}dy=y-e^{-x}\sin y+\phi(x) \tag{2.15}$$

을 얻고, 식 (2.15)와 Cauchy-Riemann 방정식 $\frac{\partial u}{\partial y}=-\frac{\partial v}{\partial x}$로부터

$$\frac{\partial u}{\partial y}=-e^{-x}\sin y=-\frac{\partial v}{\partial x}=-e^{-x}\sin y-\phi'(x)$$

이 되므로 $\phi'(x)=0$ 이 된다. 따라서 $\phi(x)=c$(상수)이므로

$$v(x, y)=y-e^{-x}\sin y+c$$

는 $u(x, y)$의 조화공액인 함수이다. 실제로

$$\begin{aligned} f(z)&=u(x, y)+iv(x, y)\\ &=x+e^{-x}\cos y+i(y-e^{-x}\sin y+c)\\ &=x+iy+e^{-x}(\cos y-i\sin y)+ic\\ &=z+e^{-z}+ic \end{aligned}$$

이다.

주어진 한 조화함수 $u(x, y)$의 조화공액인 함수가 둘이라고 하면, 그 두 함수의 차이는 상수가 된다. 즉 만일 $v(x, y)$와 $v^*(x, y)$가 $u(x, y)$의 조화공액인 함수라고 하면, Cauchy-Riemann 방정식에 의하여

$$\frac{\partial u}{\partial x}=\frac{\partial v}{\partial y}=\frac{\partial v^*}{\partial y}, \quad -\frac{\partial u}{\partial y}=\frac{\partial v}{\partial x}=\frac{\partial v^*}{\partial x}$$

따라서 $v(x, y)=v^*(x, y)+c$ (단, c는 상수)이다.

解析函數의 많은 性質들은 그 함수들의 실부분과 허부분으로부터 나온다. 이를테면, 만일 $f(z)$가 해석적이 되는 영역에서 $u=\operatorname{Re} f(z)$가 상수라고 하면, $f(z)$도 상수가 되지 않으면 안 된다. 즉 $u(x, y)=c$(상수)이면 Cauchy-Riemann 방정식에 의해서

$$\frac{\partial u}{\partial x}=\frac{\partial u}{\partial y}=\frac{\partial v}{\partial x}=\frac{\partial v}{\partial y}=0$$

이 되어서 $f(z)=u(x, y)+iv(x, y)$도 상수가 된다. 한 해석함수의 실부분과 허부분은 조화적 함수가 되지만, 그의 절대치는 반드시 조화적일 필요는 없다. 그러나 해석함수의 절대치의 성질에서부터 그 해석함수의 어떤 성질이 유도될 수 있다.

〔**定理 2.7**〕 $f(z)$가 해석적인 영역에서 $|f(z)|$가 상수이면, $f(z)$는 상수 함수이다.

(증명) $f(z)=u(x, y)+iv(x, y)$가 영역 D에서 해석적이라 하고, D내의 모든 점 z에 대하여 $|f(z)|=|u+iv|=c$(상수)라고 하면, $u^2+v^2=c^2$ 이다. 이것을 x

와 y에 관하여 각각 미분하면

$$u\frac{\partial u}{\partial x}+v\frac{\partial v}{\partial x}=0,\quad u\frac{\partial u}{\partial y}+v\frac{\partial v}{\partial y}=0 \tag{2.16}$$

이고, 식 (2.16)에 Cauchy-Riemann 방정식을 적용하면

$$u\frac{\partial u}{\partial x}-v\frac{\partial u}{\partial y}=0,\quad u\frac{\partial u}{\partial y}+v\frac{\partial u}{\partial x}=0 \tag{2.17}$$

이다. 식 (2.17)로부터 $\frac{\partial u}{\partial y}$를 소거하면 $(u^2+v^2)\frac{\partial u}{\partial x}=0$이 되어 $\frac{\partial u}{\partial x}=0$를 얻는다. 같은 방법으로 $\frac{\partial u}{\partial y}=\frac{\partial v}{\partial x}=\frac{\partial v}{\partial y}=0$이 되므로 $f(z)=u+iv$는 상수가 된다.

(**備考**) 위의 정리 2.7에서의 영역 D를 원으로 대치할 수는 없다. 왜냐하면, n이 양의 정수일 때, 함수 $f(z)=z^n$은 원점을 중심으로 하는 임의의 원주상에서 절대치가 상수이지만, $f(z)=z^n$은 상수가 아닌 해석함수이다.

지금까지한 함수 $f(z)$의 해석적인 성질은 $f(z)$가 단가함수일 때이다. 실제로 多價函數(multiple-valued function)의 도함수를 얘기하는 것은 의미가 없다. 왜냐하면

$$\lim_{z\to z_0}\frac{f(z)-f(z_0)}{z-z_0}$$

에서 z가 z_0를 향해 갈 때 $f(z)$가 취할 값을 결정하는 데 있어서 일정한 규칙이 없기 때문이다. 그러나 다가함수의 여러 함수 중에서 한 고정된 단가 함수(a fixed branch)에 대하여 해석적인 것을 토론하는 것은 의미가 있다.

함수

$$f(z)=\text{Log}\,z=\text{Log}|z|+i\,\text{Arg}\,z\ (z\neq 0,\quad -\pi<\text{Arg}\,z\leq\pi)$$

은 單價函數이고, $-\pi<\text{Arg}z\leq\pi$인 영역에서 연속이다. $f(z)=\text{Log}\,z$는 음의 실축상에서는 연속이 아니므로, 거기에서 미분가능이 아니다.

이제 $f(z)=\text{Log}\,z$은 연속이 되는 영역의 모든 점에서 해석적이 됨을 보이기 위해 극좌표형식으로 표시하면,

$$f(z)=\text{Log}\,z=\text{Log}\,r+i\theta \qquad (z=re^{i\theta},\quad -\pi<\theta<\pi)$$

이고,

$$\frac{\partial f}{\partial r}=\frac{1}{r},\quad \frac{\partial f}{\partial\theta}=i$$

이므로

$$f'(z)=e^{-i\theta}\frac{\partial f}{\partial r}=\frac{1}{iz}\frac{\partial f}{\partial \theta}=\frac{1}{z}(-\pi<\operatorname{Arg} z<\pi)$$

이 되어 $f'(z)$가 존재한다. 음의 실축을 分枝切斷線(branch cut)으로 갖는 임의의 다른 $\log z$의 分枝函數(branch)는 $\operatorname{Log} z$와 $2\pi i$의 배수만큼 차이가 난다. 따라서 그 절단평면(cut plane)에서 역시 도함수 $\frac{1}{z}$을 갖게 된다.

함수 $\log z$은 분지절단선이 음의 실축일 때, 그 선상에서 불연속이지만, $\log z$이 음의 실축상에서 해석적이 되도록 $\log z$의 한 分枝函數를 발견할 수 있다. 예를 들어, 함수 $f(z)=\log z(0<\operatorname{Arg} z<2\pi)$는 양의 실축을 분지절단선으로 갖는 절단평면의 모든 점에서 $f'(z)=\frac{1}{z}$을 가지면서 해석적이다. 물론 이 함수는 양의 실축상에서 연속이 되게 정의할 수가 없다. 이와같이 $z_0\neq 0$인 임의의 복소수 z_0에 대해서 $\log z$가 z_0에서 도함수 $\frac{1}{z_0}$을 가지며 해석적이 되도록 하는 한 분지함수는 존재한다.

한편 對數函數(logarithm)와 指數函數(exponential) 사이의 逆關係를 사용하여 $\log z$의 도함수를 구할 수도 있다. 한 고정된 분지함수를 $f(z)=\log z$라 하고, $g(z)=e^z$라고 하면

$$g[f(z)]=e^{\log z}=z$$

이므로 이것을 미분하여

$$g'[f(z)]\cdot f'(z)=1 \text{ 혹은 } f'(z)=\frac{1}{e^{\log z}}=\frac{1}{z}$$

을 얻는다. 예를 들어서 $f(z)=z^{1/2}=e^{1/2\log z}$ $(z\neq 0)$에서

$$f'(z)=\frac{1}{2z}e^{1/2\log z}=\frac{1}{2z}z^{1/2}=\frac{1}{2}z^{-1/2}$$

이 됨을 알 수 있다. 일반적으로 어떤 복소수 α에 대하여 만일

$$f(z)=z^{\alpha}=e^{\alpha\log z}$$

이면

$$f'(z)=\frac{\alpha}{z}e^{\alpha\log z}=\alpha z^{\alpha-1}$$

을 얻는다. 여기서 함수 z^{α}와 α^{z}는 혼동해서는 안 된다. z^{α}는 α가 정수가 아니면, z의 다가함수가 되고, 각 분지함수는 절단평면에서 해석적이고, 도함수로 $\alpha z^{\alpha-1}$을 갖는다. 한편 α^{z}는 $e^{z\log z}$로 표시되므로 단가함수이고, 평면 전체에서 해

석적인 함수이고 도함수는 $\alpha^2 \log \alpha$ 이다.

만일 한 점 z에서 $f(z)$가 해석적이고, 0이 아니라고 하면, z의 한 근방에서 $\log f(z)$가 역시 해석적이 되도록 하는 한 분지함수를 택할 수 있으며 그 때 도함수는

$$\frac{d}{dz}[\log f(z)] = \frac{f'(z)}{f(z)}$$

이다. 더우기, $f(z) = |f(z)| e^{i \arg f(z)}$이므로 $\log f(z) = \log |f(z)| + i \arg f(z)$이다. 따라서 $\log |f(z)|$는 해석함수의 실부분이므로 $f(z)$가 0이 아니고 해석적이 되는 모든 점에서 조화적이 된다. 물론 $f(z) = u + iv$ 라고 놓으면, $\log |f(z)| = \log \sqrt{u^2 + v^2}$이 조화함수가 된다는 것은 계산에 의해서 직접 증명이 된다.

〔**例題**〕

1. $|f(z)|$와 $\log |f(z)|$의 성질을 어떻게 비교할 수 있는가?

(**解**) 만일 $f(z)$가 해석적이면 $|f(z)|$는 연속함수이고, $f(z) \neq 0$ 일 때 $\log |f(z)|$는 조화함수가 된다.

2. 함수 $u(x, y) = y^3 - 3x^2 y$ 는 조화함수임을 보이고, 그 조화공액함수$v(x, y)$ 및 대응하는 해석함수 $f(z) = u + iv$ 를 구하여라.

(**解**) $\dfrac{\partial u}{\partial x} = -6xy, \quad \dfrac{\partial^2 u}{\partial x^2} = -6y$

$\dfrac{\partial u}{\partial y} = 3y^2 - 3x^2, \quad \dfrac{\partial^2 u}{\partial y^2} = 6y$

$\therefore \dfrac{\partial^2 u}{\partial x^2} + \dfrac{\partial^2 u}{\partial y^2} = 0$ 즉, u는 조화함수이다.

한편, $\dfrac{\partial v}{\partial y} = \dfrac{\partial u}{\partial x} = -6xy$ 이므로 y에 관하여 적분하면,

$$v = -3xy^2 + \phi(x)$$

또한 $\dfrac{\partial v}{\partial x} = -\dfrac{\partial u}{\partial y} = -3y^2 + 3x^2$ 이므로 $-3y^2 + \phi'(x) = -3y^2 + 3x^2$ 에서

$$\phi'(x) = 3x^2$$

따라서, $\phi(x) = x^3 + c$ 를 얻고, 구하는 조화공액함수 v 는

$$v = -3xy^2 + x^3 + c$$

이다. 대응하는 해석함수 $f(z) = u + iv$ 는

$$f(z) = y^3 - 3xy^2 + i(-3xy^2 + x^3 + c) = i(x + iy)^3 + ic = i(z^3 + c)$$

3. $v(x, y)=xy$ 일 때 조화공액함수 $-u(x, y)$ 및 대응하는 해석함수 $f(z)=u+iv$ 를 구하여라.

(**解**) 2 변수함수의 全微分 정의와 Cauchy-Riemann 방정식에 의해서

$$du=\frac{\partial u}{\partial x}dx+\frac{\partial u}{\partial y}dy=\frac{\partial v}{\partial y}dx-\frac{\partial v}{\partial x}dy$$

$$=x\,dx-ydy=d\left(\frac{1}{2}(x^2-y^2)\right)$$

$$\therefore -u=\frac{-1}{2}(x^2-y^2)+c$$

그러므로

$$f(z)=u+iv=\frac{1}{2}(x^2-y^2+2ixy)+c=\frac{1}{2}z^2+c$$

4. u, v 가 서로 조화공액함수일 때 곡선군(曲線群) $u=c_1$, $v=c_2$ 는 서로 直交함을 증명하여라.

(**解**) 곡선 $u(x, y)=c_1$ 의 기울기는 음함수의 미분법에 의하며

$$\frac{\partial u}{\partial x}+\frac{\partial u}{\partial y}\frac{dy}{dx}=0$$

$$\therefore \left(\frac{dy}{dx}\right)_{u=c_1}=-\frac{\partial u/\partial x}{\partial u/\partial y}\quad\left(\text{단, }\frac{\partial u}{\partial y}\neq 0\right)$$

같은 방법으로 곡선 $v(x, y)=c_2$ 의 기울기는

$$\left(\frac{dy}{dx}\right)_{u=c_1}=-\frac{\partial v/\partial x}{\partial v/\partial y}\quad\left(\text{단, }\frac{\partial v}{\partial y}\neq 0\right)$$

곡선 $u=c_1$ 과 $v=c_2$ 의 交點 (x_0, y_0)에서 Cauchy-Riemann 방정식을 적용하면

$$\left(\frac{dy}{dx}\right)_{v=c_2}=\frac{\partial u/\partial y}{\partial u/\partial x}=-\frac{1}{\left(\frac{dy}{dx}\right)_{u=c_1}}$$

을 얻는다. 즉 곡선, $u=c_1$ 과 $v=c_2$ 는 그 交點 (x_0, y_0)에서 서로 直交한다. 단, $\frac{\partial u}{\partial x}$, $\frac{\partial u}{\partial y}$는 (x_0, y_0)에서 동시에 0이 되지 않아야 한다. 즉 $f'(z_0)\neq 0$이어야 한다.

5. 함수 $f(z)$가 $z=0$를 포함하지 않는 영역 D에서 解析的이라 하고, $f(z)=u(r, \theta)+iv(r, \theta)$에서 u, v 의 제 2계 편도함수가 D에서 연속일 때, u, v 는 D에서 극좌표에서의 Laplace 방정식

$$\Delta^2 u=\frac{\partial^2 u}{\partial r^2}+\frac{1}{r}\frac{\partial u}{\partial r}+\frac{1}{r^2}\frac{\partial^2 u}{\partial \theta^2}=0$$

을 만족함을 증명하여라.

(解) 극좌표에서의 Cauchy-Riemann 방정식

$$\frac{\partial v}{\partial \theta}=r\frac{\partial u}{\partial r},\quad \frac{\partial v}{\partial r}=-\frac{1}{r}\frac{\partial u}{\partial \theta}$$

로부터

$$\frac{\partial^2 v}{\partial r\partial \theta}=r\frac{\partial^2 u}{\partial r^2}+\frac{\partial u}{\partial r},\quad \frac{\partial^2 v}{\partial \theta\partial r}=-\frac{1}{r}\frac{\partial^2 u}{\partial \theta^2}$$

이다. 그런데 가정에서 u, v의 제 2계 편도함수는 연속이므로

$$\frac{\partial^2 v}{\partial r\partial \theta}=\frac{\partial^2 v}{\partial \theta\partial r}$$

즉

$$r\frac{\partial^2 u}{\partial r^2}+\frac{\partial u}{\partial r}=-\frac{1}{r}\frac{\partial^2 u}{\partial \theta^2}$$

따라서

$$\Delta^2 u=\frac{\partial^2 u}{\partial r^2}+\frac{1}{r}\frac{\partial u}{\partial r}+\frac{1}{r^2}\frac{\partial^2 u}{\partial \theta^2}=0\ (\text{단, } r\neq 0)$$

같은 방법으로 $\Delta^2 v=0$이다.

問 題

1. $u(x, y)=ax^2y-y^3+xy$이 調和函數가 되도록 a의 값을 정하고, u의 調和共軛函數 v를 구하여라.

(풀이) $\frac{\partial u}{\partial x}=2axy+y,\quad \frac{\partial^2 u}{\partial x^2}=2ay$

$\frac{\partial u}{\partial y}=ax^2-3y^2+x,\quad \frac{\partial^2 u}{\partial y^2}=-6y$

$\therefore\ \Delta^2 u=\frac{\partial^2 u}{\partial x^2}+\frac{\partial^2 u}{\partial y^2}=0$에서 $2ay-6y=0$이므로 $a=3$이다.

$u(x, y)=3x^2y-y^3+xy$의 조화공액함수 $v(x, y)$는

$$\frac{\partial v}{\partial y}=\frac{\partial u}{\partial x}=6xy+y$$

에서

$$v=\int(6xy+y)dy=3xy^2+\frac{y^2}{2}+\phi(x)$$

한편 $\frac{\partial u}{\partial y}=3x^2-3y^2+x=-\frac{\partial v}{\partial x}=-3y^2-\phi'(x)$에서 $\phi'(x)=-3x^2-x$이므로

$$\phi(x)=\int(-3x^2-x)dx=-x^3-\frac{x^2}{2}+c$$

$$\therefore\ v=3xy^2+\frac{y^2}{2}-x^3-\frac{x^2}{2}+c$$

이다.

2. $f(z)=x^2-y^2+i2|xy|$라고 하자.

(a) f는 어디에서 導函數를 갖는가?

(b) f는 어디에서 解析的인가?

(풀이) f는 Ⅰ사분면과 Ⅲ사분면에서 미분가능하다. 또 f는 Ⅰ사분면과 Ⅲ사분면에서 해석적이다.

3. $u(x, y)$는 조화함수라고 하자. 이 때 함수 $h(x, y)=u(x, -y)$는 調和函數가 됨을 밝혀라.

(풀이) $h_x(x, y)=u_x(x, -y)$, $h_{xx}(x, y)=u_{xx}(x, -y)$

$h_y(x, y)=-u_y(x, -y)$, $h_{yy}(x, y)=u_{yy}(x, -y)$

따라서 $h_{xx}+h_{yy}=u_{xx}+u_{yy}=0$

4. 다음과 같이 주어진 함수에 대하여 解析函數 $f(z)=u(x, y)+iv(x, y)$를 구하여라.

(a) $u(x, y)=y^3-3x^2y$ (b) $v(x, y)=e^y\sin x$

(풀이) (a) $v(x, y)=x^3-3xy^2$ (b) $u(x, y)=-e^y\cos x$

5. 만일 $w=f(z)=u+iv$가 영역 D에서 解析的이면

$$\frac{\partial(u, v)}{\partial(x, y)}=|f'(z)|^2$$

임을 증명하여라.

(풀이) $f(z)$는 D에서 해석적이므로 D내의 모든 점에 대해서

$$\frac{\partial u}{\partial x}=\frac{\partial v}{\partial y}, \quad \frac{\partial v}{\partial x}=-\frac{\partial u}{\partial y}$$

가 성립한다. 따라서

$$\frac{\partial(u, v)}{\partial(x, y)}=\begin{vmatrix} \frac{\partial u}{\partial x} & \frac{\partial u}{\partial y} \\ \frac{\partial v}{\partial x} & \frac{\partial v}{\partial y} \end{vmatrix}=\begin{vmatrix} \frac{\partial u}{\partial x} & \frac{\partial u}{\partial y} \\ -\frac{\partial u}{\partial y} & \frac{\partial u}{\partial x} \end{vmatrix}=\left(\frac{\partial u}{\partial x}\right)^2+\left(\frac{\partial u}{\partial y}\right)^2$$

$$=\left|\frac{\partial u}{\partial x}+i\frac{\partial u}{\partial y}\right|^2=|f'(z)|^2$$

연습 문제 2.3

1. 다음 함수는 調和函數임을 밝히고, 그의 조화공액함수를 구하여라.

(a) $u=ax+by$, (단, a와 b는 실수이다.)

(b) $u=\dfrac{y}{x^2+y^2}$, (단, $x^2+y^2\neq 0$)

2. 다음의 함수 $u(x, y)$에 대하여 u가 어떤 영역에서 조화함수가 됨을 보이고, 또 조화공액함수 v를 구하여라.

(a) $u(x, y)=x^3-3xy^2$　　(b) $u(x, y)=e^{x^2-y^2}\cos 2xy$

(c) $u(x, y)=\operatorname{Arg} z$, $(-\pi<\operatorname{Arg}<\pi)$

3. u와 v는 조화공액함수라고 하자. 이 때 uv는 조화함수임을 밝혀라. 두 조화함수의 곱이 조화함수가 되는 가장 일반적인 조건은 무엇인가?

4. $u_1(x, y)=x^2-y^2$, $u_2(x, y)=x^3-3xy^2$일 때 u_1과 u_2는 조화함수이나 이들의 곱 $u_1(x, y)u_2(x, y)$는 조화함수가 아님을 밝혀라.

5. v가 u의 조화공액이면, 함수 $h=u^2-v^2$은 조화함수임을 증명하여라.

6. 例題 5에서 주어진 극좌표에서의 Laplace 방정식을 이용하여

$$u(r, \theta)=\left(r+\frac{1}{r}\right)\cos\theta \text{ 와 } v(r, \theta)=\left(r-\frac{1}{r}\right)\sin\theta$$

는 조화함수임을 증명하여라.

〈2장 보충 문제〉

1. 만일 $u(x, y)$가 調和函數이면 $u_x=\dfrac{\partial u}{\partial x}$와 $u_y=\dfrac{\partial u}{\partial y}$도 調和函數임을 증명하라.

2. 만일 $f(z)$가 G에서 해석적이고, 임의의 점 z에 대해서 $f(z)\neq 0$이면, $h=\log|f|$는 G에서 調和的임을 밝혀라.

3. 어떤 영역 D에서 함수 $f=u+iv$ 및 $\bar{f}=u-iv$가 解析的이면, $f(z)$는 D에서 常

數임을 증명하여라.

4. 함수 $u(x, y)=\mathrm{Re}\left(\frac{z}{z^3-1}\right)$은 어떤 集合에서 調和函數가 되는가?

5. 만일 u가 調和函數이면, $f(z)=u_x-iu_y$는 解析函數가 됨을 밝혀라.

6. u_1과 u_2가 한 점 $(x_0,\ y_0)$에서 調和函數이면, a와 b가 실수일 때 au_1+bu_2도 점 (x_0, y_0)에서 역시 조화함수가 됨을 밝혀라.

7. $f(z)$가 n계 도함수를 갖는다고 하면,

$$f^{(n)}(z)=\frac{\partial^{(n)}f}{\partial x^{(n)}}=(-i)^n\frac{\partial^{(n)}f}{\partial y^{(n)}}$$

임을 증명하여라.

8. 만일 u와 v가 한 영역 D에서 조화함수이면

$$\left(\frac{\partial u}{\partial y}-\frac{\partial v}{\partial x}\right)+i\left(\frac{\partial u}{\partial x}+\frac{\partial v}{\partial y}\right)$$

는 D에서 解析的임을 밝혀라.

9. 함수 $f(z)=|z|^4$은 $z=0$에서 미분가능하지만 解析的이 아님을 보여라.

10. u와 v가 조화공액인 함수들이면

$$dv=\frac{\partial u}{\partial x}dy-\frac{\partial u}{\partial y}dx$$

임을 증명하여라.

3장 解析函數의 級數表現

解析函數를 定義하는데 있어서 重要한 다른 方法이 있다. 즉, 함수 $f(z)$가 解析的이기 위한 必要充分條件은 $f(z)$를 하나의 收斂하는 멱級數(power series)로 표시할 수 있는 것이다.

이 章에서는 다음 사항에 대하여 공부하기로 한다.

(1) 급수 $\sum_{n=0}^{\infty} a_n(z-z_0)^n$은 어떤 z의 값에 대해서 수렴하는가?

(2) 그 급수가 수렴하는 영역에서 $f(z)=\sum_{n=0}^{\infty} a_n(z-z_0)^n$에 대한 어떤 성질을 알 수 있는가?

3.1 數列과 級數의 收斂性

$\{a_n\}$을 實數 또는 複素數의 수열이라 하고, 部分合 $S_n=\sum_{k=1}^{n} a_k$로 구성되는 수열 $\{S_n\}$을 생각하자. 만일 $\{S_n\}$이 S에 수렴하면 級數 $\sum_{n=1}^{\infty} a_n$의 合이 S가 된다고 말한다. 즉, Cauchy의 판정법을 이용하면,

$$\sum_{n=1}^{\infty} a_n \text{이 수렴한다} \Longleftrightarrow \forall\varepsilon>0,\ \exists N\ s.t.$$

$$m, n>N \Longrightarrow |S_m-S_n|=\left|\sum_{k=n+1}^{m} a_k\right|<\varepsilon$$

이다. 여기서, $m=n+p$ $(p=1, 2, 3, \dots)$로 표시하면, $\sum_{n=1}^{\infty} a_n$이 수렴하기 위한 필요충분조건은

$$|S_{n+p}-S_n|=\left|\sum_{k=n+1}^{n+p} a_k\right|<\varepsilon, \quad (p=1, 2, 3, \ldots)$$

이다.

만일 $\sum_{n=1}^{\infty}|a_n|$이 수렴하면 급수 $\sum_{n=1}^{\infty} a_n$은 절대수렴한다고 말한다. 부등식

$$\left|\sum_{k=n+1}^{n+p} a_k\right| \leq \sum_{k=n+1}^{n+p}|a_k|$$

이 성립하므로 한 급수가 절대수렴하면, 그 급수는 수렴한다는 것을 알 수 있다. 또한 모든 n에 대해서 $|a_n| \leq |b_n|$이 성립하고, $\sum_{n=1}^{\infty} b_n$이 수렴하면 $\sum_{n=1}^{\infty} a_n$도 수렴한다는 사실을 알 수 있다.

다음 정리는 한 수열과 그 부분합의 수열 사이에 재미있는 관계를 보여준다.

〔**定理 3.1**〕 $\{a_n\}$은 양의 실수로 되는 수열이고 $\sum_{n=1}^{\infty} a_n$은 발산한다고 하자. 부분합을 $S_n = \sum_{k=1}^{n} a_k$이라고 하면,

(i) $\sum_{n=1}^{\infty} \frac{a_n}{S_n}$은 발산한다.

(ii) $\sum_{n=1}^{\infty} \frac{a_n}{S_n^2}$은 수렴한다.

(**증명**) (i) 모든 n에 대하여 $a_n>0$이므로 $\{S_n\}$은 증가수열이다.

$$\sum_{k=n+1}^{n+p} \frac{a_k}{S_k} \geq \frac{\sum_{k=n+1}^{n+p} a_k}{S_{n+p}} = \frac{S_{n+p}-S_n}{S_{n+p}} = 1-\frac{S_n}{S_{n+p}}$$

이고, $p\to\infty$일 때 $S_{n+p}\to\infty$이므로 $S_{n+p}>2S_n$이 성립하도록 p를 충분히 크게 잡을 수 있다. 이렇게 잡은 p에 대해서

$$\sum_{k=n+1}^{n+p} \frac{a_k}{S_k} > \frac{1}{2}$$

이 되므로 $\sum_{n=1}^{\infty} \frac{a_n}{S_n}$은 발산한다.

(ii) $$\frac{a_n}{S_n^2} \leq \frac{a_n}{S_n S_{n-1}} = \frac{S_n - S_{n-1}}{S_n S_{n-1}} = \frac{1}{S_{n-1}} - \frac{1}{S_n}$$

이 성립하므로 Cauchy 판정법을 적용하면

$$\sum_{k=n+1}^{n+p} \frac{a_k}{S_k^2} \leq \sum_{k=n+1}^{n+p}\left(\frac{1}{S_{k-1}}-\frac{1}{S_k}\right) = \frac{1}{S_n} - \frac{1}{S_{n+p}} < \frac{1}{S_n}$$

이 되고, 임의의 $\varepsilon>0$에 대해서 $\frac{1}{S_n}<\varepsilon$이 성립하도록 n을 충분히 크게 잡을

수 있으므로 $\sum_{n=1}^{\infty}\frac{a_n}{S_n^2}$은 수렴한다.

〔**系**〕 급수 $\sum_{n=1}^{\infty}\frac{1}{n}$은 발산하고, $\sum_{n=1}^{\infty}\frac{1}{n^2}$은 수렴한다.

(**증명**) 정리 3.1에서 $a_n\equiv 1$로 놓으면 된다.

〔**定理 3.2**〕 $\alpha>0$, $\beta>0$일 때

(i) $\lim_{n\to\infty}\frac{(\log n)^{\alpha}}{n^{\beta}}=0$ (ii) $\lim_{n\to\infty}\frac{n^{\alpha}}{e^{\beta n}}=0$

(**증명**) (i) $n=x$라 놓고, $f(x)=\log x$, $g(x)=x^{\beta/\alpha}$라 놓지

$$\lim_{x\to\infty}\frac{f(x)}{g(x)}=\lim_{x\to\infty}\frac{f'(x)}{g'(x)}=\lim_{x\to\infty}\frac{1}{(\beta/\alpha)x^{\beta/\alpha}}=0$$

이므로 $x\to\infty$일 때

$$\left(\frac{\log x}{x^{\beta/\alpha}}\right)^{\alpha}=\frac{(\log x)^{\alpha}}{x^{\beta}}\to 0$$

이 되어 (i)이 증명되었다.

(ii) 위에서 $y=\log x$라 두면, $x\to\infty$일 때 $y\to\infty$이므로 (ii)식이 얻어진다.

〔**系**〕 $\alpha>0$, $\beta>0$일 때

(i) $\lim_{n\to\infty}n^{1/n}=1$ (ii) $\lim_{n\to\infty}r^n=0$ $(|r|<1)$

(**증명**) (i) $\frac{\log n}{n}\to 0$이면 $n^{1/n}\to 1$이 되므로 정리 3.2의 (i)에서 $\alpha=\beta=1$로 놓으면 (i)이 증명된다.

(ii) 정리 3.2의 (ii)에서 $\beta=-\log|r|$이라 놓으면 $\beta>0$이다.

따라서

$$\frac{n^{\alpha}}{e^{-n\log|r|}}=n^{\alpha}|r|^n\geq|r|^n$$

이고, $\lim_{n\to\infty}\frac{n^{\alpha}}{e^{-n\log|r|}}=0$이므로 $\lim_{n\to\infty}r^n=0$ $(|r|<1)$이 된다.

〔**定義**〕 $\{a_n\}$은 有界인 실수의 수열이라 하고, A를 $\{a_n\}$의 부분수열들의 극한들로 구성되는 집합이라고 하면, $\{a_n\}$의 limit superior (약자로 limsup 또는 $\overline{\lim}$로 쓰기로 한다)는 다음과 같이 정의한다.

$$\limsup_{n\to\infty} a_n = \text{lub } A \text{ (least upper bound of } A).$$

또는 L이 유한값일 때

$$\limsup_{n\to\infty} a_n = L \Longleftrightarrow \text{ 임의의 } \varepsilon>0 \text{ 에 대해서}$$

(i) 유한개를 제외한 모든 n 에 대하여

$$a_n < L+\varepsilon$$

(ii) 무한히 많은 n 에 대해서

$$a_n > L-\varepsilon$$

이 성립한다.

위의 정의는 다음과 같이 표시할 수도 있다.

$$\limsup_{n\to\infty} a_n = \lim_{n\to\infty} \{\sup(a_n,\ a_{n+1}, \ldots)\} = \inf_n \sup_{k\geq n} a_k$$

만일 $\{a_n\}$이 위로 유계가 아닌 수열이라고 하면, $\limsup_{n\to\infty} a_n = \infty$ 이다.

마찬가지로, 실수의 수열 $\{a_n\}$의 limit inferior에 대해서도 다음과 같이 정의한다.

$$\liminf_{n\to\infty} a_n = -\limsup_{n\to\infty}(-a_n) = \text{glb } A \text{ (greatest lower bound of } A)$$

또는

$$\liminf a_n = \lim_{n\to\infty} \{\inf(a_n,\ a_{n+1},\ a_{n+2},\ \ldots)\} = \sup_n \inf_{k\geq n} a_k$$

로 표시되며, 한편 l 이 유한값일 때

$$\liminf_{n\to\infty} a_n = l \Longleftrightarrow \text{ 임의의 } \varepsilon>0 \text{ 에 대해서}$$

(i) 무한히 많은 n에 대하여

$$a_n < l+\varepsilon$$

(ii) 유한개를 제외한 모든 n에 대하여

$$a_n > l-\varepsilon$$

이 성립한다.

〔**定理 3.3**〕 $\{a_n\}$을 복소수의 수열이라 하고, $\limsup_{n\uparrow\infty} |a_n|^{\frac{1}{n}} = L$ 이라 할 때, 만일 $L<1$ 이면 $\sum_{n=1}^{\infty} a_n$ 은 절대수렴하고, $L>1$ 이면 $\sum_{n=1}^{\infty} a_n$ 은 발산한다.

(증명) 만일 $L<1$ 이면, $L<r<1$ 이 되는 r 을 택한다. $\limsup_{n\to\infty} |a_n|^{\frac{1}{n}} = L$ 의 정의

에 의하면, 유한개를 제외한 모든 n에 대하여

$$|a_n|^{\frac{1}{n}}<r$$

즉 $|a_n|<r^n$이 성립한다. 여기서 $r<1$일 때 $\sum_1^{\infty} r^n$은 수렴하므로 $\sum_{n=1}^{\infty}|a_n|$도 수렴한다.

한편, 만일 $L>1$이면, 역시 $\limsup_{n\to\infty}|a_n|^{\frac{1}{n}}=L$의 정의에 의하여 무한히 많은 n에 대하여 $|a_n|^{\frac{1}{n}}>1$, 즉 $|a_n|>1$이 성립한다. 이것은 $\lim_{n\to\infty} a_n\neq 0$임을 말해 주므로 $\sum_{n=1}^{\infty} a_n$은 발산한다.

(備考) 위의 정리에서 $L=1$일 때는 급수의 수렴여부를 가려낼 수가 없다. 이를테면, $\sum_{n=1}^{\infty}\frac{1}{n}$은 발산하고, $\sum_{n=1}^{\infty}\frac{1}{n^2}$은 수렴한다. 그러나,

$$\limsup_{n\to\infty}\left|\frac{1}{n}\right|^{\frac{1}{n}}=\limsup_{n\to\infty}\left|\frac{1}{n^2}\right|^{\frac{1}{n}}=1$$

이다.

〔**定義**〕 函數列 $\{f_n\}$이 한 집합 E에서 함수 f에 點別收斂(pointwise convergence)한다는 것은 각 점 $z_0\in E$와 $\varepsilon>0$에 대해서 정수 $N=N(\varepsilon, z_0)$가 존재하여

$$n>N \Longrightarrow |f_n(z_0)-f(z_0)|<\varepsilon$$

이 성립하는 때이다.

여기서, 정수 $N(\varepsilon, z_0)$는 ε과 집합 E내의 점에 따라서 변한다. 만일 주어진 $\varepsilon>0$에만 관계되고, 집합 E의 모든 점에 적용되는 정수 $N(\varepsilon)$을 결정할 수 있을 때 점별수렴은 평등수렴이 된다.

즉, 函數列 $\{f_n\}$이 한 집합 E에서 f에 **平等收斂**(uniform convergence)한다는 것은 주어진 임의의 $\varepsilon>0$과 모든 $z\in E$에 대해서, 정수 $N=N(\varepsilon)$이 존재하여

$$n>N\Longrightarrow|f_n(z)-f(z)|<\varepsilon$$

이 성립하는 것을 意味하고,

$$f_n \longrightarrow f \text{ unif on } E$$

로 나타난다.

(備考) 한 집합에서 함수열 $\{f_n\}$이 평등수렴하면 분명히 점별수렴한다. 그러나, 그 역은 반드시 성립하지 않는다. 만일 한 $\varepsilon>0$이 있고, 각각의 정수 N에 대해서 $n>N$인 정수 n와 $z_n\in E$이 존재하여

$$|f_n(z_n)-f(z_n)|\geq\varepsilon$$

이 성립하면 $\{f_n\}$은 E에서 f에 평등수렴하지 않는다.

한편 E에서 $\{f_n\}$이 평등수렴한다는 것을

$$|f_n(z)-f(z)|\leq|f_n(z_0)-f(z_0)|$$

이 모든 $z\in E$에 대해서 성립한다는 것을 증명함으로써 유도 할수도 있다.

〔**定理 3.4**〕 $\{f_n\}$이 E에서 함수 f에 평등수렴하고, 각 f_n이 한 점 $z_0\in E$에서 연속이면 극한함수 f도 역시 z_0에서 연속이다. 즉

$$\lim_{z\to z_0}(\lim_{n\to\infty}f_n(z))=\lim_{n\to\infty}(\lim_{z\to z_0}f_n(z))$$

이 성립한다.

(**증명**) $f_n\to f$ unif. on E이므로 $\forall\varepsilon>0,\ \exists N=N(\varepsilon)\ s.t.$

$$n>N\Longrightarrow|f_n(z)-f(z)|<\frac{\varepsilon}{3},\quad(\forall z\in E)$$

이 성립한다. 또한 모든 n에 대하여 f_n이 z_0에서 연속이므로 $\delta>0$가 존재하여

$$|z-z_0|<\delta\Longrightarrow|f_n(z)-f_n(z_0)|<\frac{\varepsilon}{3}$$

이 성립한다. 따라서 모든 n에 대하여 $\forall\varepsilon>0,\ \exists\delta>0\ s.t.$

$$\begin{aligned}|z-z_0|<\delta\Longrightarrow&|f(z)-f(z_0)|\\=&|f(z)-f_n(z)+f_n(z)-f_n(z_0)+f_n(z_0)-f(z_0)|\\\leq&|f(z)-f_n(z)|+|f_n(z)-f_n(z_0)|+|f_n(z_0)-f(z_0)|\\<&\frac{\varepsilon}{3}+\frac{\varepsilon}{3}+\frac{\varepsilon}{3}=\varepsilon\end{aligned}$$

이 되어 $f(z)$는 z_0에서 연속이다.

다음에는 복소함수들의 급수에 대한 성질을 알아 보자. 집합 E에서 정의된 함수열 $\{f_n(z)\}$이 주어졌다고 하고,

$$S_n(z)=\sum_{k=1}^{n}f_k(z)$$

에 의해서 정의된 부분합에 대한 수열 $\{S_n(z)\}$을 생각하자. 만일 모든 $z\in E$에 대하여 $\lim_{n\to\infty}S_n(z)$이 존재하면, 급수 $\sum_{k=1}^{\infty}f_k(z)$는 수렴한다고 하고

$$f(z)=\lim_{n\to\infty}S_n(z)=\sum_{k=1}^{\infty}f_k(z)$$

로 쓴다. 만일 $\{S_n(z)\}$이 집합 E에서 평등수렴하면, 급수 $\sum_{k=1}^{\infty} f_k(z)$는 E에서 **평등수렴**한다고 한다. 또한 $\sum_{k=1}^{\infty} |f_k(z)|$이 수렴할 때 $\sum_{k=1}^{\infty} f_k(z)$는 **절대수렴**한다고 한다.

$\{S_n(z)\}$이 E에서 평등수렴하면 Cauchy 판정법(criterion)이 성립하므로 다음과 같이 쓸 수 있다.

$\sum_{n=1}^{\infty} f_n(z)$이 E에서 평등수렴하기 위한 필요충분조건은 임의의 $\varepsilon>0$에 대해서 정수 $N=N(\varepsilon)$이 존재하여 모든 $z\in E$에 대하여

$$n>N(\varepsilon) \Longrightarrow \left|\sum_{k=n+1}^{n+p} f_k(z)\right|<\varepsilon \quad (p=1, 2, 3, \ldots)$$

이 성립하는 것이다.

〔**定理 3.5**〕 (Weierstrass M-테스트 정리) $\{M_n\}$이 실수의 수열일 때 모든 $z\in E$와 각각의 n에 대해서

$$|f_n(z)| \le M_n$$

이라고 하자. 만일 $\sum_{n=1}^{\infty} M_n$이 수렴하면, $\sum_{n=1}^{\infty} f_n(z)$은 E에서 평등수렴한다.

(증명) $\sum_{n=1}^{\infty} M_n$이 수렴하므로, 주어진 $\varepsilon>0$에 대해서 정수 N이 존재하여

$$n>N \Longrightarrow \sum_{k=n+1}^{n+p} M_k<\varepsilon \qquad (p=1, 2, 3, \ldots)$$

이 성립한다. 그런데

$$\left|\sum_{k=n+1}^{n+p} f_k(z)\right| \le \sum_{k=n+1}^{n+p} |f_k(z)| \le \sum_{k=n+1}^{n+p} M_k<\varepsilon$$

이 되므로 $\sum_{n=1}^{\infty} f_n(z)$는 E에서 평등수렴한다.

〔**例 題**〕

1. $a_n=n\sin^2(n\pi/4)$일 때 $\limsup_{n\to\infty} a_n$와 $\liminf_{n\to\infty} a_n$의 값을 구하여라.

(解) 모든 n에 대하여 $0\le a_n<\infty$이므로 $\{a_n\}$의 어떤 部分數列도 0보다 작은 값이나 ∞보다 큰 값에 접근할 수가 없다. 따라서 많은 부분수열 중에서 어느 특별한 부분수열을 택하여 생각하면,

$$\limsup_{n\to\infty} a_n=\lim_{n\to\infty} a_{4n+2}=\lim_{n\to\infty} (4n+2)=\infty,$$

$$\liminf_{n\to\infty} a_n=\lim_{n\to\infty} a_{4n}=\lim_{n\to\infty} 4n\cdot 0=0$$

이다.

2. $f_n(z)=\dfrac{1}{nz}$, $E=\{z: 0<|z|<1\}$, $f(z)=0$ 라고 할 때 $\{f_n(z)\}$는 $f(z)\equiv 0$에 E에서 점별수렴하지만 평등수렴은 아님을 밝혀라.

(解) E내의 임의의 한 점 z_0를 잡으면 $0<|z_0|<1$이다. 주어진 $\varepsilon>0$에 대해서 $n>N \Longrightarrow \left|\dfrac{1}{nz_0}\right|<\varepsilon$이 성립하고, 이 때 $N=N(z_0, \varepsilon)$은 $1/\varepsilon|z_0|$ 보다 큰 정수이다. 따라서 $\{f_n(z)\}$은 0에 점별수렴한다. 한편 $\{f_n(z)\}$이 $f(z)\equiv 0$에 E에서 평등수렴한다고 하면, $0<|z|<1$인 모든 z에 대해서 $\left|\dfrac{1}{Nz}\right|<\varepsilon<1$이 성립하는 정수 N이 존재하여야 한다. 그러나 $n>N$인 모든 n에 대해서 $z=\dfrac{1}{n}$일 때

$$\left|f_n\left(\frac{1}{n}\right)-f\left(\frac{1}{n}\right)\right|=\left|\frac{1}{n\cdot\frac{1}{n}}-0\right|=1>\varepsilon$$

이므로 $\{f_n(z)\}$는 E에서 $f(z)=0$에 평등수렴하지 않는다.

3. 함수열 $\{f_n(z)\}=\{z^n\}$은 ① 집합 $E=\{z: |z|<1\}$에서 점별수렴하고, ② 집합 $\{z: |z|\le r,\ r<1\}$에서 평등수렴하며, ③ 집합 $E=\{z: |z|<1\}$에서는 평등수렴하지 않음을 밝혀라.

(解) $|z|=r<1$일 때 $\lim\limits_{n\to\infty} r^n=0$이므로 $\{z^n\}$이 E에서 0에 점별수렴한다는 것은 자명하다. 또한 $r<1$일 때 $r^n\to 0$이므로 임의의 주어진 $\varepsilon>0$에 대해서 $n>N \Longrightarrow r^n<\varepsilon$이 되는 정수 $N=N(\varepsilon)$이 존재한다. 이 때

$$n>N \Longrightarrow |z^n-0|=|z^n|\le r^n<\varepsilon, \quad (|z|\le r)$$

이 성립하므로 $\{f_n(z)\}$은 $|z|\le r$에서 0에 평등수렴한다.

한편 $\{z^n\}$이 $E=\{z: |z|<1\}$에서 0에 평등수렴한다고 가정하면, E내의 모든 z와 충분히 큰 n에 대해서 $|z^n|<\varepsilon$이 성립해야 할 것이다. 그러나 가령 $z=1-\dfrac{1}{n}$을 E에서 택하면, $z^n=\left(1-\dfrac{1}{n}\right)^n$이고 $n\to\infty$일 때 $\left(1-\dfrac{1}{n}\right)^n\to\dfrac{1}{e}$이므로 $z=1-\dfrac{1}{n}$일 때

$$n>N \Longrightarrow |z^n|>\frac{1}{3}$$

이 되어서 $\{z^n\}$은 E에서 0에 평등수렴하지 않는다.

4. 실함수 $f_n(x)=x^2+\dfrac{\sin nx}{n}$는 실수의 집합 R에서 x^2에 평등수렴함을 설명하

여라.

(解) 주어진 $\varepsilon>0$에 대하여 $x\in R$이면

$$|f_n(x)-x^2|=\left|\frac{\sin nx}{\text{n}}\right|\le\frac{1}{n}$$

이므로 $\frac{1}{\varepsilon}$보다 큰 정수 $N=N(\varepsilon)$을 취하면, N은 R내의 x에 관계없이 ε에만 의존하는 정수가 되고,

$$n>N\Longrightarrow|f_n(x)-x^2|<\varepsilon$$

곧 $$n>N\Longrightarrow x^2-\varepsilon<f_n(x)<x^2+\varepsilon,\ (x\in R)$$

이 성립하므로 $\{f_n(x)\}$은 R에서 $f(x)=x^2$에 평등수렴한다.

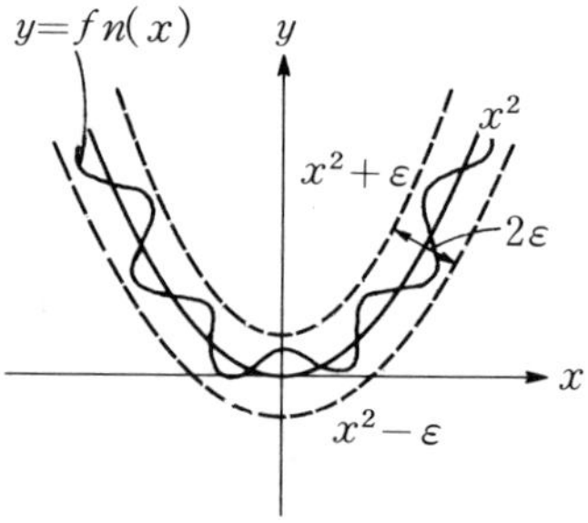

그림 3-1

5. 함수열 $\{f_n(z)\}$이 집합 E에서 $f(z)$에 평등수렴하고, 각 함수 $f_n(z)$이 미분가능인 함수이면 반드시 $f(z)$도 미분가능인 함수일까?

(解) 반드시 그렇지는 않다. $f_n(z)=\sum_{k=1}^{n}\frac{z^k}{k^2}$는 $|z|\le1$에서 평등수렴하지만, 극한함수는 $z=1$에서 미분가능이 아니다.

問 題

1. $\{f_n(z)\}=\left\{\frac{1}{1+nz}\right\}$은 $|z|\ge2$인 영역에서 평등수렴하지만, $|z|\le2$인 영역에서는 평등수렴하지 않음을 밝혀라.

(풀이) 함수열 $\{f_n(z)\}$은 함수

$$f(z)=\begin{cases}0, & z\ne0\\ 1, & z=0\end{cases}$$

에 점별수렴한다는 것은 쉽게 알 수 있다. 만일 $|z|\ge2$이면,

$$|f_n(z)-0|=\left|\frac{1}{1+nz}\right|\le\frac{1}{|nz|-1}\le\frac{1}{2n-1}\le\frac{1}{n}$$

이므로 임의의 $\varepsilon>0$에 대하여 $\frac{1}{\varepsilon}$보다 큰 정수 $N=N(\varepsilon)$을 취하면 $|z|\ge2$인 모든 z에 대해서 $n>N(\varepsilon)\Longrightarrow|f_n(z)-0|<\varepsilon$이 성립한다.

한편, $|z|\le2$일 때 $\varepsilon=1/2$이라 하고, $z=\frac{1}{n}$이라 하면, 모든 n에 대하여

$$\left|f_n\left(\frac{1}{n}\right)-f\left(\frac{1}{n}\right)\right|=\left|\frac{1}{1+n\left(\frac{1}{n}\right)}-0\right|=\frac{1}{2}\ge\varepsilon$$

이 되므로 $\{f_n(z)\}$은 $|z|\le 2$인 영역에서 $f(z)=0$에 평등수렴하지 않는다.

2. 급수 $\sum_{n=1}^{\infty} z^n$은 $|z|<1$에 대해서 절대수렴하고, $|z|\le r<1$에 대해서는 평등수렴한다. 그러나 $\sum_{n=1}^{\infty} z^n$은 $|z|<1$에 대해서 평등수렴하지 않음을 설명하라.

(풀이) $|z|<1$에 대해서

$$\sum_{n=1}^{\infty}|z^n|=\sum_{n=1}^{\infty}|z|^n=\frac{|z|}{1-|z|}$$

이므로 $\sum_{n=1}^{\infty} z^n$은 절대수렴한다. $|z|\le r$에 대해서 $|z^n|=|z|^n\le r^n$이 모든 n에 대하여 성립하고, $\sum_{1}^{\infty} r^n$은 $r<1$일 때 수렴하므로 Weierstrass M-테스트에 의하여 $\sum_{n=1}^{\infty} z^n$은 $|z|\le r<1$인 영역에서 평등수렴한다. 한편 $\sum_{n=1}^{\infty} z^n$은 $|z|<1$에서 평등수렴하지 않음을 밝히기 위해서

$$S_n(z)=\sum_{k=1}^{n} z^k=\frac{z-z^{n+1}}{1-z}$$

이라 놓으면 $\{S_n(z)\}$은 $|z|<1$에 대해서 $f(z)=\dfrac{z}{1-z}$에 점별수렴한다. 이때 $z=1-\dfrac{1}{n}$로 취하면

$$|S_{n-1}(z)-f(z)|=\left|\frac{z^n}{1-z}\right|=n\left(1-\frac{1}{n}\right)^n$$

이고, $n\to\infty$일 때 $\left(1-\dfrac{1}{n}\right)^n\to\dfrac{1}{e}$이므로 충분히 큰 n에 대하여

$$|S_{n-1}(z)-f(z)|>\frac{n}{3}$$

이 되므로 $\sum_{1}^{\infty} z^n$의 평등수렴을 $|z|<1$에까지 확장할 수가 없다.

3. 함수열 $\{f_n(z)\}=\left\{\dfrac{z}{n^2}\right\}$은 $|z|\le R$에 대해서 $f(z)\equiv 0$에 평등수렴하지만, 복소평면 전체에서는 $f(z)\equiv 0$에 평등수렴하지 않음을 밝혀라.

(풀이) $|z|\le R$에 대해서 정수 $N=N(\varepsilon)$을 $\sqrt{\dfrac{R}{\varepsilon}}$보다 크게 잡으면,

$$n>N(\varepsilon)\Longrightarrow |f_n(z)-0|\le\frac{R}{n^2}<\varepsilon$$

이 성립하므로 $|z|\le R$인 영역에서는 평등수렴한다. 그러나 만일 복소평면 전체에서 평등수렴한다고 가정하면, 모든 z에 대하여 그리고 어떤 정수 N에 대해서 $\left|\dfrac{z}{N^2}\right|<1$이 성립해야 한다. 그런데 $z=N^2$으로 취하면 $|f_N(N^2)-f(N^2)|$

$=1$ 이 되므로 평등수렴하지 않는다.

4. 급수 $\sum_{n=1}^{\infty} \frac{\cos nz}{n^2}$ 는 실선상에서 평등수렴하고 또 절대수렴함을 밝혀라.

(풀이) z가 실수이면 $|\cos nz| \leq 1$ 이므로 모든 n에 대하여

$$\left|\frac{\cos nz}{n^2}\right| \leq \frac{1}{n^2}$$

이 성립하고, $\sum_{n=1}^{\infty} \frac{1}{n^2}$ 은 수렴하므로 Weierstrass M-테스트에 의해서 z가 실수일 때 $\sum_{n=1}^{\infty} \frac{\cos nz}{n^2}$ 는 평등수렴한다. $\cos nz = \frac{e^{inz}+e^{-inz}}{2}$ 이므로 $n \to \infty$ 일 때 z가 실수가 아닌 한 $\frac{\cos nz}{n^2}$가 0에 접근하지 않는다. 즉 z가 실수일 때에 한해서 $\sum_{n=1}^{\infty} \frac{\cos nz}{n^2}$가 수렴한다는 것을 알 수 있다.

5. 급수 $\sum_{n=1}^{\infty} \frac{1}{n^z}$은 $\mathrm{Re}\, z > 1$ 에 대해서 절대수렴하고, $\varepsilon > 0$ 일 때 $\mathrm{Re}\, z \geq 1+\varepsilon$ 에 대해서는 평등수렴함을 증명하라.

(풀이) $z = x+iy$ 라고 하면, $n^z = e^{z \log n} = e^{(x+iy)\log n}$ 이고

$$\left|\frac{1}{n^z}\right| = \frac{1}{e^{x \log n}} = \frac{1}{n^x}$$

이다. 따라서 $x = \mathrm{Re}\, z > 1$ 에 대해서 $\sum_{n=1}^{\infty} \left|\frac{1}{n^z}\right| = \sum_{n=1}^{\infty} \frac{1}{n^x}$은 수렴한다. 한편 모든 n에 대하여 $\sum_{n=1}^{\infty} \frac{1}{n^{1+\varepsilon}}$은 수렴하므로 $M_n = \frac{1}{n^{1+\varepsilon}}$을 가지고 Weierstrass M-테스트를 적용하면 $\mathrm{Re}\, z \geq 1+\varepsilon$ 에 대해서 $\sum_{n=1}^{\infty} \frac{1}{n^z}$ 은 평등수렴한다.

연습 문제 3.1

1. 급수 $\sum_{n=1}^{\infty} \frac{2z^2}{n^2+|z|}$은 복소평면 전체에서 절대수렴하고, $R>0$ 일 때 $|z| \leq R$ 인 영역에서 평등수렴함을 증명하라.

2. 불연속인 함수들의 수열이 한 연속인 함수에 평등수렴할 수 있는가?

3. 모든 $\varepsilon > 0$ 에 대해서 그리고 E내의 모든 z에 대하여

$$|f_N(z) - f(z)| < \varepsilon$$

이 되는 정수 N이 존재한다고 가정하면 $\{f_n\}$은 E에서 f에 평등수렴한다고 할 수 있는가?

4. 만일 $\sum_{n=1}^{\infty} f_n(z)$이 E에서 평등수렴하면, $\{f_n(z)\}$은 E에서 0에 평등수렴함을 증명하여라. 이 역도 성립하는가?

5. 다음 수열들은 어디에서 점별수렴하고, 어디에서 평등수렴하는가를 설명하여라.

(a) $\dfrac{z}{z^2+n^2}$ (b) ze^{-nz}

(c) $\dfrac{e^{nz}}{n}$ (d) $\dfrac{1}{1+z^n}$

6. 다음 급수들은 어떤 영역에서 평등수렴하고, 어떤 영역에서 절대수렴하는가를 판별하여라.

(a) $\sum_{n=1}^{\infty}(1-z)z^n$ (b) $\sum_{n=1}^{\infty}\dfrac{z^2}{(1+z^2)^n}$

(c) $\sum_{n=1}^{\infty}\dfrac{2z}{n^2-z^2}$ (d) $\sum_{n=1}^{\infty}\dfrac{1}{1+z^n}$

(e) $\sum_{n=1}^{\infty}\dfrac{1}{nz^n}$

7. 급수 $\sum_{n=1}^{\infty}\dfrac{(i)^n}{n}$는 수렴하는가? 그 이유는?

8. $\sum_{n=1}^{\infty}(x_n+iy_n)=U+iV$라 하고, $c=a+ib$를 한 복소상수라고 할 때,

$$\sum_{n=1}^{\infty}(a+ib)(x_n+iy_n)=(a+ib)(U+iV)$$

임을 증명하여라.

3.2 Taylor 級數와 收斂半徑

a_n과 z_0가 복소수이고, z를 복소변수라고 할 때

$$\sum_{n=0}^{\infty}a_n(z-z_0)^n$$

을 **Taylor 級數** 또는 **$z=z_0$에서 전개된 Taylor 멱급수**(power series)라고 한다. 특히 $z_0=0$일 때, 級數

$$\sum_{n=0}^{\infty} a_n z^n$$

을 Maclaurin 級數 또는 원점에서 전개된 멱급수라고 하는데, Taylor 급수는 Maclaurin 급수와 비교할 때 $z=0$에서 $z=z_0$만큼 평행이동한 것으로 생각할 수 있으므로 멱급수의 성질을 연구할 때에는 보통 Maclaurin 급수를 가지고 생각한다.

만일 함수 $f(z)$가 한 점 z_0에서 解析的이면, z_0를 중심으로 하는 한 원반(disk)에서 수렴하는 Taylor 級數에 의해서 $f(z)$가 나타내어진다는 것을 알게 될 것이다. 이 때 Taylor 급수의 係數 a_n은 導函數 $f^{(n)}(z_0)$와 관계되는 것에 주목하자. 이 절에서는 수렴하는 급수 $\sum_{n=0}^{\infty} a_n z^n$의 合을 $f(z)$라고 하면 $f(z)$는 解析函數가 된다는 것을 보여준다.

급수 $\sum_{n=0}^{\infty} a_n z^n$가 한 점 z_0에서 수렴하거나 혹은 발산할 때, z이외의 다른 점들에 대해서 급수 $\sum_{n=0}^{\infty} a_n z^n$가 어떤 성질을 갖는지 알 수 없을까? 다음 정리와 系에서 그 문제를 말해준다.

〔**定理 3.6**〕 멱급수 $\sum_{n=0}^{\infty} a_n z^n$이 한 점 $z=z_0$에서 수렴한다고 하면, $|z|<|z_0|$인 모든 z에 대해서 $\sum_{n=0}^{\infty} a_n z^n$은 절대수렴한다.

(**증명**) $\sum_{n=0}^{\infty} a_n {z_0}^n$이 수렴하므로 $\lim_{n\to\infty} a_n {z_0}^n=0$이다. 따라서 모든 n에 대하여 $|a_n {z_0}^n|\le M$이 되는 상수 M이 존재하므로

$$|a_n||z|^n=\left|a_n {z_0}^n\left(\frac{z}{z_0}\right)^n\right|\le M\left|\frac{z}{z_0}\right|^n$$

이고, $\left|\dfrac{z}{z_0}\right|<1$이므로

$$\sum_{n=0}^{\infty}|a_n||z|^n\le\sum_{n=0}^{\infty}M\left|\frac{z}{z_0}\right|^n=\frac{M}{1-\left|\dfrac{z}{z_0}\right|}$$

이 되어서 $\sum_{n=0}^{\infty} a_n z^n$은 $|z|<|z_0|$인 z에 대해서 절대수렴한다.

〔**系 1**〕 만일 $\sum_{n=0}^{\infty} a_n z^n$이 한 점 $z=z_0$에서 발산한다고 하면, $\sum_{n=0}^{\infty} a_n z^n$은 $|z|>|z_0|$인

영역에서 발산한다.

(증명) 가령 $|z_1|>|z_0|$인 어떤 점 z_1에서 $\sum_{n=0}^{\infty} a_n z^n$이 수렴한다고 가정하면, 정리 3.6에 의해서 $\sum_{n=0}^{\infty} a_n z_0^n$은 절대수렴하게 되고, 이것은 가설에 모순이 된다.

〔系 2〕 급수 $\sum_{n=0}^{\infty} a_n z^n$이 z의 모든 실수값에 대해서 수렴한다고 하면, $\sum_{n=0}^{\infty} a_n z^n$은 모든 복소수 z에 대해서 수렴하게 된다.

(증명) 만일, 어떤 복소수 z_0에 대해서 $\sum_{n=0}^{\infty} a_n z_0^n$이 발산한다고 하면, $R>|z_0|$인 실수 R에 대해서 [계 1]에 의하여 $\sum_{n=0}^{\infty} a_n R^n$이 발산한다. 이것은 가설에 모순이 된다.

〔定理 3.7〕 한 실수 R, $(0\le R\le\infty)$에 대해서 다음 사실이 성립한다.

(i) 급수 $\sum_{n=0}^{\infty} a_n z^n$은 $|z|<R$인 영역에서 절대수렴한다.

(ii) 급수 $\sum_{n=0}^{\infty} a_n z^n$은 $|z|\le R_0<R$인 영역에서 평등수렴한다.

(iii) 급수 $\sum_{n=0}^{\infty} a_n z^n$은 $|z|>R$인 영역에서 발산한다.

(증명) 만일 $\sum_{n=0}^{\infty} a_n z^n$이 모든 $z\neq 0$에 대해서 발산한다고 하면, 분명히 $R=0$이다. 만일 $\sum_{n=0}^{\infty} a_n z^n$이 $z\neq 0$인 어떤 z에 대해서 수렴한다고 할 때

$$S=\left\{r : \sum_{n=0}^{\infty} |a_n||z|^n \text{이 } |z|<r\text{에 대해서 수렴한다}\right\}$$

라 하고,

$$R=\begin{cases} \text{lub } S, & (S\text{가 유계일 때}) \\ \infty\ , & (S\text{가 유계가 아닐 때}) \end{cases}$$

로 정의하자. 이 때 R이 위의 세 명제를 만족한다는 것을 보이면 된다.

$|z_0|<R$인 임의의 한 점 z_0에 대해서 $|z_0|<\rho<R$인 실수 ρ를 잡으면, $\rho\in S$이어야 한다. 왜냐하면 만일 $|z_0|<\rho<R$이면서 $\rho\notin S$이라고 하면, R은 S의 상한 (least upper bound)이 될 수가 없기 때문이다. 따라서 집합 S의 정의에 의하여 $\sum_{n=0}^{\infty} |a_n||z_0|^n$은 수렴하고, z_0가 $|z_0|<R$인 임의의 점이므로 명제 (i)이 성립한다. $|z|\le R_0<R$인 영역에서는 모든 n에 대하여 $|a_n z^n|\le |a_n|R_0^n$이 성립하고, $\sum_{n=0}^{\infty} |a_n|R_0^n$이 수렴하므로 Weierstrass M-테스트에 의

해서 $\sum_{n=0}^{\infty} a_n z^n$이 평등수렴한다.

명제 (iii)을 위해서 가령 $|z_1|>R$인 어떤 점 z_1에서 $\sum_{n=0}^{\infty} a_n z_1{}^n$이 수렴한다고 가정하면, 정리 3.6에 의하여 $|z|<|z_1|$인 모든 z에 대해서 $\sum_{n=0}^{\infty} a_n z^n$은 절대수렴한다. 따라서 $|z_1|\in S$이 되는데, 이것은 R이 집합 S의 상계 중에서 가장 작은 수라는 사실에 모순이된다. 그러므로 $|z|>R$에 대해서는 $\sum_{n=0}^{\infty} a_n z^n$이 발산한다.

［**定 義**］ 위의 정리 3.7에서 정의한 실수 R을 급수 $\sum_{n=0}^{\infty} a_n z^n$의 **수렴반경**(radius of convergence)이라고 한다. 실제로 정리 3.3을 이용하면,

$$\limsup_{n\to\infty} |a_n z^n|^{\frac{1}{n}} = \limsup_{n\to\infty} |a_n|^{\frac{1}{n}} |z| < 1$$

일 때, $\sum_{n=0}^{\infty} a_n z^n$은 절대수렴하고, $\limsup_{n\to\infty} |a_n|^{\frac{1}{n}} |z| > 1$일 때, $\sum_{n=0}^{\infty} a_n z^n$은 발산하므로 $\sum_{n=0}^{\infty} a_n z^n$의 수렴반경 R은 정리 3.7과 비교할 때

$$R = \frac{1}{\limsup_{n\to\infty} |a_n|^{\frac{1}{n}}}$$

로 표시된다.

예를 들어 $\sum_{n=1}^{\infty} \frac{z^n}{n}$은 $z=-1$에서 수렴하고, $z=1$에서는 발산한다. 또한 $\limsup_{n\to\infty} \left|\frac{1}{n}\right|^{\frac{1}{n}} = 1$이므로 수렴반경 $R=1$이다.

가령 멱급수 $\sum_{n=0}^{\infty} a_n z^n$이 수렴반경 R을 갖는다고 하면,

$$f(z) = \sum_{n=0}^{\infty} a_n z^n, \qquad (|z<R)$$

와 같이 표시할 수 있는데, 이 때 함수 $f(z)$의 $|z|<R$에서의 연속성은 쉽게 알 수 있다. 곧 $S_n(z)=\sum_{k=0}^{n} a_k z^k$라고 하면 $|z|\le R'$, $(R'<R)$, 인 영역에서 $\{S_n(z)\}$은 $f(z)$에 평등수렴하고, $S_n(z)$는 다항식이므로 $|z|<R$인 각 점 z에서 연속이 되어, 정리 3.4에 의해서 $f(z)$는 $|z|<R$인 영역에서 연속이다.

$f(z)$의 $|z|<R$에서의 미분가능성에 대해서는 다음 정리에서 알아보자.

〔**定理 3.8**〕 $|z|<R$ 에서 $f(z)=\sum_{n=0}^{\infty} a_n z^n$ 이 점별수렴하면, 함수 $f(z)$는 $|z|<R$ 에 대해서 $f'(z)=\sum_{n=1}^{\infty} n\,a_n z^{n-1}$ 을 갖는 해석함수가 된다.

(**증명**) $|z_0|<R$ 인 임의의 한점 z_0에 대해서

$$|z-z_0|<\delta(\ \varepsilon,\ \ z_0) \Longrightarrow \left|\frac{f(z)-f(z_0)}{z-z_0}-\sum_{n=1}^{\infty} n\,a_n z_0^{\,n-1}\right|<\varepsilon$$

이 성립한다는 것을 증명하면 충분하다. z_0의 근방내의 z에 대해서 $|z_0|\le\rho$, $|z|\le\rho$이 되도록 $\rho<R$인 실수 ρ를 잡는다. 그러면 어떤 정수 N에 대하여

$$f(z)=\sum_{n=0}^{N} a_n z^n+\sum_{n=N+1}^{\infty} a_n z^n=P_N(z)+\sum_{n=N+1}^{\infty} a_n z^n$$

으로 쓸 수 있고, $P_N'(z_0)=\sum_{n=1}^{N} na_n\,z_0^{\,n-1}$ 이므로

$$\begin{aligned}
&\left|\frac{f(z)-f(z_0)}{z-z_0}-\sum_{n=1}^{\infty} n\,a_n z_0^{\,n-1}\right| \\
&=\left|\frac{P_N(z)-P_N(z_0)}{z-z_0}-P_N'(z_0)+\sum_{n=N+1}^{\infty} a_n\frac{z^n-z_0^{\,n}}{z-z_0}-\sum_{n=N+1}^{\infty} n\,a_n z_0^{\,n-1}\right| \\
&\le\left|\frac{P_N(z)-P_N(z_0)}{z-z_0}-P_N'(z_0)\right|+\left|\sum_{n=N+1}^{\infty} a_n\frac{z^n-z_0^{\,n}}{z-z_0}\right|+\left|\sum_{n=N+1}^{\infty} na_n z_0^{\,n-1}\right| \qquad (3.1)
\end{aligned}$$

이다. 여기서

$$\begin{aligned}
&\left|\frac{z^n-z_0^{\,n}}{z-z_0}\right|=|z^{n-1}+z^{n-2}z_0+\cdots+z_0^{\,n-1}| \\
&\le|z|^{n-1}+|z|^{n-2}|z_0|+\cdots+|z_0|^{n-1}\le n\rho^{n-1}
\end{aligned}$$

이고, $\rho<R$ 이므로 $\sum_{n=1}^{\infty} n|a_n|\rho^{n-1}$ 도 $|z|<R$ 에서 수렴한다. 따라서 Cauchy 판정법에 의하여

$$\sum_{n=N+1}^{\infty} n|a_n|\rho^{n-1}<\frac{\varepsilon}{4} \qquad (3.2)$$

이 되도록 충분히 큰 정수 N을 잡을 수 있다. 위의 식 (3.2)를 식 (3.1)의 오른쪽 두 항들에 적용하면

$$\begin{aligned}
&\left|\sum_{n=N+1}^{\infty} a_n\frac{z^n-z_0^{\,n}}{z-z_0}\right|+\left|\sum_{n\ \ N+1}^{\infty} n\,a_n z_0^{\,n-1}\right| \\
&\le\sum_{n=N+1}^{\infty}|a_n|\left|\frac{z^n-z_0^{\,n}}{z-z_0}\right|+\sum_{n=N+1}^{\infty} n|a_n||z_0|^{n-1} \\
&\le\sum_{n=N+1}^{\infty} n|a_n|\rho^{n-1}+\sum_{n=N+1}^{\infty} n|a_n|\rho^{n-1} \\
&<\ \frac{\varepsilon}{4}\ +\ \frac{\varepsilon}{4}\ =\ \frac{\varepsilon}{2} \qquad (3.3)
\end{aligned}$$

이 된다. 한편 다항식 $P_N(z)$는 $z=z_0$에서 미분가능하므로 $|z-z_0|<\delta$에 대하여

$$\left|\frac{P_N(z)-P_N(z_0)}{z-z_0}-P_N'(z_0)\right|<\frac{\varepsilon}{2} \tag{3.4}$$

이 성립한다. 식 (3.3)과 식 (3.4)를 식 (3.1)에 적용하면 $f'(z_0)$가 존재하고. $f'(z_0)=\sum_{n=1}^{\infty} n\, a_n z_0^{n-1}$이 됨을 알 수 있다. 또한 z_0는 $|z|<R$에서 임의의 점이므로 결국 $f(z)$는 $|z|<R$에서 해석함수가 된다.

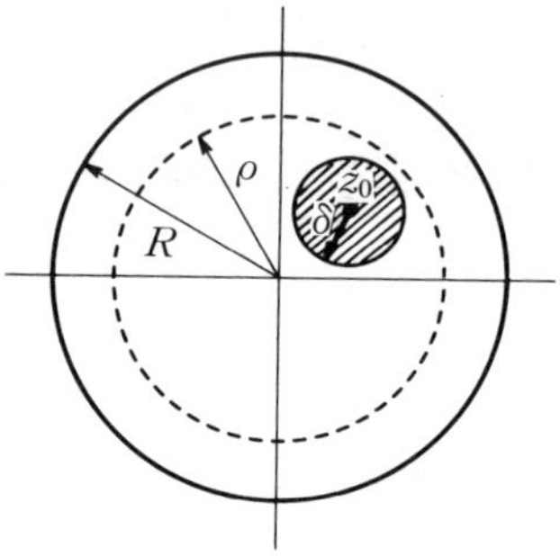

그림 3-2

위의 정리 3.8에서 $|z|<R$일 때

$$f(z)=a_0+a_1z+a_2z^2+a_3z^3+\cdots$$

은 같은 수렴반경에서 도함수

$$f'(z)=a_1+2a_2z+3a_3z^2+\cdots$$

를 갖는다는 것을 알았다. 정리 3.8을 반복해서 적용하면, $|z|<R$일 때

$$f''(z)=2a_2+6a_3z+12a_4z^2+20a_5z^3+\cdots$$

$$f'''(z)=6a_3+24a_4z+6a_5z^2+\cdots,$$

$$\vdots \qquad \vdots \qquad \vdots \qquad \vdots$$

$$f^{(k)}(z)=k!\,a_k+\frac{(k+1)!}{1!}a_{k+1}z$$

$$+\frac{(k+2)!}{2!}a_{k+2}z^2+\cdots, \quad (|z|<R) \tag{3.5}$$

위 식 (3.5)에서 $z=0$라 놓으면

$$f^{(k)}(0)=k!\ a_k \tag{3.6}$$

을 얻는다. 즉

$$f(z)=\sum_{n=0}^{\infty} a_n z^n=\sum_{n=0}^{\infty}\frac{f^{(n)}(0)}{n!}z^n$$

을 $f(z)$를 표시하는 Maclaurin 급수전개라고 한다. 마찬가지로 $f(z)$의 Taylor 급수전개는

$$f(z)=\sum_{n=0}^{\infty} a_n(z-b)^n=\sum_{n=0}^{\infty}\frac{f^{(n)}(b)}{n!}(z-b)^n, \quad (|z-b|<R)$$

이고, 이 때 수렴반경 R은 다음과 같이 된다.

$$R=\frac{1}{\limsup_{n\to\infty}|a_n|^{\frac{1}{n}}}$$

[例 題]

1. 급수 $\sum_{n=1}^{\infty} z^n/n$ 의 수렴반경은 얼마인가?

(**解**) 급수 $\sum_{n=1}^{\infty} z^n/n$ 은 $z=-1$ 일 때 수렴하고, $z=1$ 일 때 발생한다. 그러므로 수렴반경은 $R=1$ 이어야 한다. 실제로

$$\frac{1}{R}=\limsup_{n\to\infty}\left|\frac{1}{n}\right|^{\frac{1}{n}}=1$$

이다.

2. 한 급수가 $z=z_0$ 에서 수렴하고, $z=z_1$ 에서 발산한다고 하면, z_0 와 z_1 사이에는 무슨 관계가 있는가?

(**解**) $|z_0|\le|z_1|$

3. $\sum_{n=0}^{\infty} a_n z^n$ 와 $\sum_{n=0}^{\infty} na_n z^n$ 의 수렴성질은 어떻게 비교되는가?

(**解**) 만일 $\sum_{n=0}^{\infty} n\,a_n z^n$ 이 수렴하면 $\sum_{n=0}^{\infty} a_n z^n$ 도 수렴한다. 그러나 그 역은 반드시 성립하지는 않는다.

4. $\{f_n\}$이 미분가능한 함수열이고, 만일 $\{f'\}$이 집합 E에서 한 미분가능인 함수에 평등수렴한다고 하면, $\{f_n\}$은 E에서 반드시 수렴할 것인가?

(**解**) 반드시 그렇지는 않다. 예를 들어, $f_n(z)=z+n$ 을 생각하면, $\{f'_n\}$은 1에 평등수렴하지만 $\{f_n\}$은 수렴하지 않는다.

問 題

1. 급수 $\sum_{n=1}^{\infty}\frac{1}{3^n}(z-i)^n$ 의 수렴반경을 구하여라.

(**풀이**) 수렴반경을 R이라고 하면,

$$\frac{1}{R}=\limsup_{n\to\infty}\left(\frac{1}{3^n}\right)^{\frac{1}{n}}=\frac{1}{3}$$

이므로 $R=3$ 이다. 여기서 $|z-i|=3$ 인 경우, 특히 $z=3+i$ 인 때는 이 급수는

$$\sum_{n=1}^{\infty} 1^n=1+1+1+\cdots$$

이 되어 발산한다.

2. 급수 $\sum_{n=0}^{\infty} a_n z^n$ 의 수렴반경을 R이라 하고, $\lim|a_n/a_{n+1}|=R_1$ 이라고 하면 $R=R_1$

임을 증명하여라.

(풀이) $\lim_{n\to\infty}|a_n/a_{n+1}|=R_1$ 이므로

$$\forall\varepsilon>0,\ \exists N\ \ s.t,\ n>N \Longrightarrow R_1-\varepsilon<\left|\frac{a_n}{a_{n+1}}\right|<R_1+\varepsilon$$

우선 $|a_n|<(R_1+\varepsilon)|a_{n+1}|$에서

$$|a_{n+1}|<(R_1+\varepsilon)|a_{n+2}|,\quad |a_{n+2}|<(R_1+\varepsilon)|a_{n+3}|,\ \dots$$

이므로

$$\begin{aligned}|a_n|&<(R_1+\varepsilon)|a_{n+1}|<(R_1+\varepsilon)^2|a_{n+2}|<(R_1+\varepsilon)^3|a_{n+3}|<\cdots\\&<(R_1+\varepsilon)^m|a_{n+m}|\end{aligned}$$

이 성립한다. 곧

$$|a_n|^{\frac{1}{n+m}}<(R_1+\varepsilon)^{\frac{m}{n+m}}|a_{n+m}|^{\frac{1}{n+m}}$$

이 되는데, 여기서 $n>N$인 n은 고정하고, $m\to\infty$이라고 하면,

$$1<(R_1+\varepsilon)\frac{1}{R}$$

이 성립하고, $\varepsilon>0$은 임의의 수이므로 $R\le R_1$이 된다.

마찬가지로 $n>N$일 때에 $|a_n|>(R_1-\varepsilon)|a_{n+1}|$을 이용하면 $R\ge R_1$을 얻는다. 따라서 $R=R_1$이다.

3. 급수 $\sum_{n=1}^{\infty}\frac{z^n}{n^2 2^n}$의 수렴반경을 구하여라.

(풀이) 위의 문제 2의 결과를 이용하면 다음과 같이 된다.

$$R=\lim_{n\to\infty}\left(\frac{1}{n^2 2^n}\Big/\frac{1}{(n+1)^2 2^{n+1}}\right)=\lim_{n\to\infty}\left(\frac{n+1}{n}\right)^2 2=\lim_{n\to\infty}\left(1+\frac{1}{n}\right)^2\cdot 2=2$$

4. $f(z)=\frac{1}{z}$일 때 $z=1$ 근방에서의 $f(z)$의 Taylor 급수전개를 구하여라.

(풀이) $f^{(n)}(z)=(-1)^n n!z^{-n-1}$이므로 $f^{(n)}(1)=(-1)^n n!$ 이다. 또한 $f(z)=\frac{1}{z}$은 $z=0$를 제외한 모든 점에서 해석적이므로 원 $|z-1|=1$ 내의 모든 점 z에서

$$f(z)=\frac{1}{z}=\sum_{n=0}^{\infty}(-1)^n(z-1)^n,\quad (|z-1|<1)$$

이다.

연습 문제 3.2

1. $\{a_n\}$이 정수의 수열일 때, 급수 $\sum_{n=0}^{\infty}a_n z^n$은 복소평면에서 해석적인 함수이거나

혹은 많아야 수렴반경이 1이 된다는 것을 증명하여라.

2. 다음 급수에 대한 수렴반경을 구하여라.

(a) $\sum_{n=1}^{\infty} \frac{n^k}{a^n} z^n$ (b) $\sum_{n=1}^{\infty} (n^k + a^n) z^n$

(c) $\sum_{n=1}^{\infty} \frac{i^n - 1}{n} z^n$ (d) $\sum_{n=1}^{\infty} \left(1+\frac{1}{n}\right)^{n^2} z^n$

(e) $\sum_{n=0}^{\infty} \frac{n^2+5n+3i^n}{2n+1}(z-2)^n$

3. 다음 급수에 대한 수렴반경을 구하여라.

(a) $\sum_{n=1}^{\infty} \frac{z^{2n}}{4^n n^k}$ (b) $\sum_{n=1}^{\infty} \frac{3^n}{n^2+4n} z^{2n}$

(c) $\sum_{n=0}^{\infty} \frac{z^n}{2^{n^2}}$ (d) $\sum_{n=0}^{\infty} \frac{z^{n^2}}{2^n}$

(e) $\sum_{n=0}^{\infty} \frac{2^n+3^n}{4^n+5^n} z^n$

4. 다항식 $P(z)=z^3+3z^2-2z+1$ 을 $z+2$ 에 관한 Taylor 급수전개를 구하여라.

5. $|z|<1$ 일 때 급수

$$z(1-z)+z^2(1-z)+z^3(1-z)+\cdots$$

는 수렴함을 보이고, 그 合을 구하여라.

3.3 解析函數와 冪級數

급수 $\sum_{n=0}^{\infty} a_n(z-z_0)^n$ 은 $z=z_0$ 에서만 수렴하든가, 복소평면전체에서 수렴하든가, 혹은 $z=z_0$ 를 중심으로 하는 원이 존재해서 $|z-z_0|<R$ 에서는 급수가 절대수렴하고 $|z-z_0|>R$ 에서는 급수가 발산하든가 한다. 정리 3.8에서 본 바와 같이 $|z-z_0|<R$ 에서 수렴하는 급수를

$$f(z)=\sum_{n=0}^{\infty} a_n(z-z_0)^n$$

이라고 놓으면, 함수 $f(z)$는 $|z-z_0|<R$에서 解析的이 되어 모든 階(order)의 導函數를 가지는 解析函數임을 알았다.

한편, $f(z)$가 한 영역 D에서 解析的이고 z_0를 D내의 한 점이라고 할 때 $f(z)$를 $z=z_0$에서 전개되는 Taylor 급수로 표시할 수 있다는 사실은 Cauchy 적분공식을 이용하여 제 5장에서 증명하게 된다.

만일 $f(z)$가 $z=z_0$의 어떤 근방에서 한 멱급수로 표시된다고 하면, 그 표시는 유일하고,

$$f(z)=\sum_{n=0}^{\infty}\frac{f^{(n)}(z_0)}{n!}(z-z_0)^n \tag{3.7}$$

와 같이 계수가 $f(z)$의 $z=z_0$에서의 導函數의 값에 관계된다는 것을 알 수 있다. 특히 만일 $f(z)$가 복소평면전체에서 해석적인 함수이면 그의 Taylor 급수표시인 식 (3.7)은 모든 복소수 z_0와 z에 대하여 성립한다.

이를테면

$$\exp z=1+z+\frac{1}{2!}z^2+\cdots=\sum_{n=0}^{\infty}z^n/n!$$

$$\sin z=z-\frac{z^3}{3!}+\frac{z^5}{5!}-\cdots=\sum_{n=0}^{\infty}(-1)^n z^{2n+1}/(2n+1)!$$

$$\cos z=1-\frac{z^2}{2!}+\frac{z^4}{4!}-\cdots=\sum_{n=0}^{\infty}(-1)^n z^{2n}/(2n)!$$

은 모든 $|z|\leq R$에 대해서 절대수렴하고 또 평등수렴한다.

함수 $f(z)=1/(1-z)$은 $|z|<1$인 영역에서 解析的이다. 그리고 모든 $n=0, 1, 2, \cdots$에 대해서

$$f^{(n)}(z)=\frac{n!}{(1-z)^{n+1}}$$

이고, $f^{(n)}(0)=n!$이다. 따라서 $1/(1-z)$의 Maclaurin 급수전개는

$$\frac{1}{1-z}=1+z+z^2+\cdots+z^n+\cdots=\sum_{n=0}^{\infty}z^n,\quad (|z|<1) \tag{3.8}$$

이다. 이것을 **幾何級數**(geometric series)라고 부른다. 식 (3.8)에서 z 대신에 $-z$를 대입하면,

$$\frac{1}{1+z}=\sum_{n=0}^{\infty}(-1)^n z^n,\quad (|z|<1) \tag{3.9}$$

를 얻는다.

$z\neq 0$일 때 함수 $f(z)=1/z$는 解析的이고,

$$f^{(n)}(z)=\frac{(-1)^n n!}{z^{n+1}} \quad (n=0, 1, 2, \cdots)$$

이므로 $f^{(n)}(1)=(-1)^n n!$ 이다. 따라서, 함수 $1/z$ 의 점 $z=1$ 에서의 Taylor 급수전개는

$$\frac{1}{z}=\sum_{n=0}^{\infty}(-1)^n(z-1)^n, \quad (|z-1|<1) \tag{3.10}$$

이다. 식 (3.10)은 $|z-1|<1$ 이므로 식 (3.9)의 z 대신에 $z-1$ 을 대입하여도 쉽게 얻어진다.

두 멱급수의 합과 곱의 연산을 공부하기 위하여 우선 두 개의 n 차 다항식들의 합과 곱을 알아 보자.

$$\sum_{k=0}^{n} a_k z^k+\sum_{k=0}^{n} b_k z^k=\sum_{k=0}^{n}(a_k+b_k)z^k$$

$$(a_0+a_1z+a_2z+\cdots+a_nz^n)\ (b_0+b_1z+b_2z^2+\cdots+b_nz^n)$$
$$=a_0b_0+(a_0b_1+a_1b_0)z+(a_0b_2+a_1b_1+a_2b_0)z^2+\cdots+a_nb_nz^{2n}$$

이므로

$$\left(\sum_{k=0}^{n} a_k z^k\right)\left(\sum_{k=0}^{n} b_k z^k\right)=\sum_{k=0}^{2n} c_k z^k,$$

단, $c_k=a_0b_k+a_1b_{k-1}+\cdots+a_kb_0=\sum_{m=0}^{k} a_m b_{k-m}$ 이다.

〔**定理 3.9**〕 $f(z)=\sum_{n=0}^{\infty} a_n z^n$ 과 $g(z)=\sum_{n=0}^{\infty} b_n z^n$ 의 수렴반경이 각각 R_1, R_2 라고 할 때, 이들의 합과 곱 $f(z)+g(z)$와 $f(z)g(z)$은 수렴반경이 적어도 $R=\min\{R_1,\ R_2\}$ 이 되는 멱급수로 표시된다.

(**증명**) $S_n(z)=\sum_{k=0}^{n} a_k z^k$, $T_n(z)=\sum_{k=0}^{n} b_k z^k$ 라고 놓으면,

$$S_n(z)+T_n(z)=\sum_{k=0}^{n}(a_k+b_k)z^k$$

$$S_n(z)\,T_n(z)=\sum_{k=0}^{2n} c_k z^k, \qquad \left(c_k=\sum_{m=0}^{k} a_m b_{k-m}\right)$$

이다. 임의의 점 z_0, $(|z_0|<R)$에 대해서

$$\lim_{n\to\infty} S_n(z_0)=f(z_0), \quad \lim_{n\to\infty} T_n(z_0)=g(z_0)$$

이므로

$$\lim_{n\to\infty}[S_n(z_0)+T_n(z_0)]=f(z_0)+g(z_0)=\sum_{n=0}^{\infty}(a_n+b_n)z_0^n,$$

$$\lim_{n\to\infty} S_n(z_0)\,T_n(z_0)=f(z_0)g(z_0)=\sum_{n=0}^{\infty} c_n z_0{}^n$$

이 되고, z_0가 $|z|<R$ 내의 임의의 점이었으므로 위의 두 급수는 $|z|<R$에 대해서 수렴한다.

[例 題]

1. $n\to\infty$일 때 $(n!)^{\frac{1}{n}}\to\infty$ 임을 증명하여라.

(解)
$$\begin{aligned} n! &= n(n-1)(n-2)\cdots3\cdot2\cdot1 \\ &> (n-1)^2(n-2)\cdots3\cdot2\cdot1 \\ &> (n-2)^3(n-3)\cdots3\cdot2\cdot1 \\ &\ \vdots \\ &> (n-k)^{k+1}\cdots\quad 3\cdot2\cdot1 \\ &> (n-k)^{k+1} \qquad (k\text{는 정수}) \end{aligned}$$

만일 n이 짝수일 때, $k=\dfrac{n}{2}$이라 두면,

$$n!>(n-k)^{k+1}=\left(n-\frac{n}{2}\right)^{\frac{n}{2}+1}>\left(\frac{n}{2}\right)^{\frac{n}{2}}$$

이므로

$$(n!)^{\frac{1}{n}}<\left(\frac{n}{2}\right)^{\frac{1}{2}}\to\infty, \qquad (n\to\infty)$$

이다.

만일 n이 홀수이면, $n=2k+1$, 즉 $k=\dfrac{n-1}{2}$이라 할 때

$$n!>(n-k)^{k+1}=\left(n-\frac{n-1}{2}\right)^{\frac{n-1}{2}+1}=\left(\frac{n+1}{2}\right)^{\frac{n+1}{2}}>\left(\frac{n}{2}\right)^{\frac{n}{2}}$$

이므로

$$(n!)^{\frac{1}{n}}>\left(\frac{n}{2}\right)^{\frac{1}{2}}\to\infty, \quad (n\to\infty)$$

이 성립한다.

2. $|z|<R=\min\{|a|,|b|\}$인 영역에서 $a\neq b$일 때

$$\frac{1}{(z-a)(z-b)}$$

의 Maclaurin 급수전개를 구하여라.

(解) $|z|<1$일 때 기하급수 $\dfrac{1}{1-z}=\sum\limits_{n=0}^{\infty} z^n$이 됨을 이용하면,

$$\frac{1}{(z-a)(z-b)}=\frac{1}{a-b}\left(\frac{1}{z-a}-\frac{1}{z-b}\right)$$
$$=\frac{1}{a-b}\left(\frac{1}{b-z}-\frac{1}{a-z}\right)$$
$$=\frac{1}{a-b}\left[\frac{1}{b\left(1-\frac{z}{b}\right)}-\frac{1}{a\left(1-\frac{z}{a}\right)}\right]$$
$$=\frac{1}{a-b}\left[\sum_{n=0}^{\infty}\left(\frac{1}{b^{n+1}}-\frac{1}{a^{n+1}}\right)z^n\right]$$

3. $|z|<1$ 일 때 $\frac{1}{(1-z)^2}$의 Maclaurin 급수전개를 구하여라.

(**解**) $|z|<1$ 일 때 $f(z)=\frac{1}{1-z}=\sum_{n=0}^{\infty}z^n$ 은 해석함수이다. 따라서 정리 3.8을 이용하면,

$$f'(z)=\frac{1}{(1-z)^2}=\sum_{n=1}^{\infty}n\,z^{n-1}\qquad(|z|<1)$$

이다.

問 題

1. 급수 $\sum_{n=1}^{\infty}\frac{n}{2^n}$의 합을 구하여라.

(**풀이**) $|z|<1$ 일 때 $f(z)=\frac{1}{1-z}=\sum_{n=0}^{\infty}z^n$ 이면 $f'(z)=\frac{1}{(1-z)^2}=\sum_{n=1}^{\infty}nz^{n-1}$ 이다.

따라서

$$zf'(z)=\frac{z}{(1-z)^2}=\sum_{n=1}^{\infty}nz^n$$

이므로 $z=\frac{1}{2}$이라 놓으면

$$\sum_{n=1}^{\infty}\frac{n}{2^n}=\frac{\frac{1}{2}}{\left(1-\frac{1}{2}\right)^2}=2$$

2. $\sum_{n=1}^{\infty}(n^2/3^n)$의 합을 구하여라.

(**풀이**) $|z|<1$ 일 때, $f(z)=\frac{1}{1-z}=\sum_{n=0}^{\infty}z^n$ 에서 $zf'(z)=\frac{z}{(1-z)^2}=\sum_{n=1}^{\infty}nz^n$이다.

이것을 z에 관하여 미분하고, 양변에 z를 곱하면

$$\frac{z+z^2}{(1-z)^3}=\sum_{n=1}^{\infty}n^2z^n\quad(|z|<1)$$

을 얻는다. 여기서 $z=\frac{1}{3}$을 대입하면

$$\sum_{n=1}^{\infty}\frac{n^2}{3^n}=\frac{\frac{1}{3}+\left(\frac{1}{3}\right)^2}{\left(1-\frac{1}{3}\right)^3}=\frac{3}{2}$$

3. 수열 $\{a_n\}$에 대하여 $a_{n+2}=a_{n+1}+a_n$ $(n\geq 1,\ a_0=0,\ a_1=1)$인 관계가 성립할 때, 그 수열을 Fibonacci 수열이라고 한다. 계수가 Fibonacci 수열인 급수 $f(z)=\sum_{n=1}^{\infty}a_nz^n$의 합을 간단히 표시하여라.

(풀이) $f(z)=z+\sum_{n=2}^{\infty}a_n z^n=z+\sum_{n=0}^{\infty}a_{n+2}z^{n+2}=z+\sum_{n=0}^{\infty}(a_{n+1}+a_n)z^{n+2}$

$$=z+\sum_{n=0}^{\infty}a_{n+2}z^{n+2}+\sum_{n=0}^{\infty}a_n z^{n+2}=z+z\sum_{n=0}^{\infty}a_{n+1}z^{n+1}+z^2\sum_{n=0}^{\infty}a_nz^n$$
$$=z+zf(z)+z^2f(z)$$

따라서,

$$f(z)=\frac{z}{1-z-z^2}$$

4. $b\neq 1$인 임의의 복소수 b에 대하여 $|z-b|<|1-b|$인 관계가 성립할 때 $\frac{1}{1-z}$을 $z-b$에 관한 멱급수로 전개하여라.

(풀이) $\left|\frac{z-b}{1-b}\right|<1$ 이므로

$$\frac{1}{1-z}=\frac{1}{1-b-(z-b)}=\frac{1}{(1-b)\left[1-\frac{z-b}{1-b}\right]}$$
$$=\frac{1}{(1-b)}\sum_{n=0}^{\infty}\left(\frac{z-b}{1-b}\right)^n$$
$$=\sum_{n=0}^{\infty}\frac{1}{(1-b)^{n+1}}(z-b)^n,\quad (b\neq 1)$$

연습 문제 3.3

1. $\sum_{n=0}^{\infty}a_nz^n$의 수렴반경이 R, $(0<R<\infty)$, 이라고 할 때, 다음 급수의 수렴반경을 구하여라.

(a) $\sum_{n=0}^{\infty}a_nn^kz^n$　　　　(b) $\sum_{n=0}^{\infty}\frac{a_n}{n^k}z^n$

(c) $\sum_{n=0}^{\infty} a_n{}^k z^n$　　(d) $\sum_{n=0}^{\infty} \frac{a_n}{n!} z^n$

(e) $\sum_{n=0}^{\infty} a_n n! z^n$

2. $\sum_{n=0}^{\infty} a_n z^n$ 은 수렴반경 R_1, $(0<R_1<\infty)$, 을 갖고 $\sum_{n=0}^{\infty} b_n z^n$ 은 수렴반경 R_2, $(0<R_2<\infty)$를 가질 때 $\sum_{n=0}^{\infty} a_n b_n z^n$ 의 수렴반경 R은 $R \geq R_1 R_2$ 임을 증명하여라.

3. $\sum_{n=0}^{\infty} a_n z^n$ 의 수렴반경이 R이라고 할 때, 양의 정수 k에 대하여 $\sum_{n=0}^{\infty} a_n z^{kn}$ 과 $\sum_{n=0}^{\infty} a_n z^{n^2}$ 이 수렴반경 R을 갖는 예와 R보다 큰 수렴반경을 갖는 예를 들어라.

4. 급수 $\sum_{n=0}^{\infty} \left(\frac{z}{1+z}\right)^n$ 은 z의 어떤 값에 대해서 수렴하는가?

5. 다음 급수의 합을 구하여라.

(a) $\sum_{n=1}^{\infty} \frac{n^2+2n-1}{3^n}$　　(b) $\sum_{n=2}^{\infty} \frac{n(3^n-2^n)}{6^n}$　　(c) $\sum_{n=1}^{\infty} \frac{5in}{(1+i)^n}$

〈3장 보충 문제〉

1. $0<|z|<4$ 일 때

$$\frac{1}{4z-z^2} = \frac{1}{4z} + \sum_{n=0}^{\infty} \frac{z^n}{4^{n+2}}$$

임을 밝혀라.

2. $\{f_n\}$이 한 유한집합에서 평등수렴하기 위한 필요충분조건은 $\{f_n\}$이 점별 수렴하는 것임을 증명하라.

3. 다음 급수들은 주어진 영역에서 평등수렴함을 증명하라.

(a) $\sum_{n=1}^{\infty} \frac{z^n}{z^{2n}+1}$, $(|z| \leq r < 1)$　　(b) $\sum_{n=1}^{\infty} \frac{1}{(z^2-1)^n}$, $(|z| \geq r > \sqrt{2})$

(c) $\sum_{n=1}^{\infty} \frac{z^2+1}{n^{z+1}}$, $(\varepsilon \leq \mathrm{Re}\, z \leq R < \infty)$　　(d) $\sum_{n=1}^{\infty} \left(\frac{z-1}{z+1}\right)^n$, $(\mathrm{Re}\, z \geq \varepsilon > 0)$

4. 급수 $\sum_{n=0}^{\infty} a_n z^n$ 의 수렴반경은 $R = \liminf_{n\to\infty} |a_n|^{-1/n}$ 에 의해서 주어질 수 있음을 증

명하라.

5. 복소수의 수열 $\{a_n\}$의 부분합 $\sum_{i=1}^{n} a_i$ 들은 유계이고, 실수의 수열 $\{b_n\}$은 0에 단조감소하는 수열이라고 할 때, 급수 $\sum_{n=1}^{\infty} a_n b_n$ 은 수렴함을 증명하라.
(Hint : $S_n=\sum_{i=m}^{n} a_i$ 라 놓고, $\sum_{i=m}^{n} a_i b_i=\sum_{i=m}^{n}(S_i-S_{i-1})b_i$ 를 생각하라).

6. $f(z)$는 $z=a$에 대하여 Taylor 급수로 전개된다고 할 때 어떤 정수 k와 모든 정수 n에 대해서 만일 $|f^{(n)}(a)|\leq M$이면, $f(z)$는 복소평면에서 해석적임을 증명하라.

7. $f(-z)=-f(z)$이면 $f(z)$를 홀수함수(odd function), $f(-z)=f(z)$이면 $f(z)$를 짝수함수(even function)라고 한다. 만일 $f(z)$가 멱급수표시를 가질 때 $f(z)$가 홀수함수인 것은 그 멱급수의 짝수번째의 계수들이 모두 0일 때에 한하고, $f(z)$가 짝수함수인 것은 그 급수의 홀수번호의 계수들이 모두 0일 때 한한다는 것을 증명하다.

8. 급수 $\sum_{n=0}^{\infty} \frac{n+1}{2^n}$의 合을 구하여라.

9. 급수 $1+az+a^2z^2+\cdots$은 $|z|\leq 1/|a|$에서 平等收斂함을 증명하여라.

10. $f(z)=\sum_{n=0}^{\infty} \frac{z^{2n}}{(2n)!}$일 때 $f''(z)=f(z)$임을 증명하여라.

11. $f(z)=z-\frac{z^3}{3}+\frac{z^5}{5}-\frac{z^7}{7}+\cdots$ 이면 $f'(z)=1/(z^2+1)$임을 증명하여라.

12. 함수 $f(z)=\sum_{n=0}^{\infty} \frac{z^{2n}}{(n!)^2}$에 대해서

$$z^2f''(z)+zf'(z)=4z^2f(z)$$

이 성립함을 밝혀라.

4장 複素積分과 Cauchy 定理

解析函數의 중요한 성질들 중에는 複素積分을 이용하지 않고 증명하기에는 너무 어려운 것이 많이 있다. 이를테면, 解析函數의 導函數가 連續이라든가 또는 解析函數의 高次導函數의 存在性 같은 것이 복소적분의 어떤 수단이나 비슷한 도구의 사용 없이 증명이 가능하게 된 것은 아주 최근의 일이다. 지금도 복소적분을 이용하지 않고 증명한 것은 고전적인 증명보다도 상당히 어려운 것이 많다.

이 章에서는 연속인 복소함수 $f(z)$가 복소평면에서의 한 곡선 C에 따라서 어떻게 積分되는가를 설명하고, 복소적분의 가장 기본적인 정리로서 Cauchy 定理에 대한 여러 가지 성질을 연구하기로 한다.

4.1 曲線과 媒介變數

우선 Riemann 積分의 몇 가지 성질들을 살펴 보자. $f(t)$와 $g(t)$가 구간 $[a, b]$에서 연속인 실함수라고 하면, 임의의 실 상수 c_1, c_2에 대하여

$$\int_a^b [c_1 f(t) + c_2 g(t)]dt = c_1\int_a^b f(t)dt + c_2\int_a^b g(t)dt$$

$$\left|\int_a^b f(t)dt\right| \le \int_a^b |f(t)|dt$$

이다. 이제 $F_1(t)$와 $F_2(t)$가 구간 $a \le t \le b$에서 연속인 실함수라고 할 때 복소함수 $F(t) = F_1(t) + iF_2(t)$를 생각하자. $F(t)$의 定積分을

$$\int_a^b F(t)dt = \int_a^b F_1(t)dt + i\int_a^b F_2(t)dt$$

로 정의하면,

$$\mathrm{Re}\int_a^b F(t)dt=\int_a^b \mathrm{Re}F(t)dt=\int_a^b F_1(t)dt,$$

$$\mathrm{Im}\int_a^b F(t)dt=\int_a^b \mathrm{Im}F(t)dt=\int_a^b F_2(t)dt$$

이다. 이 때 적분변수 t는 실수임에 주목하자. $a\leq b$일 때 복소함수 $F(t)$에 대해서도 기본부등식

$$\left|\int_a^b F(t)dt\right|\leq\int_a^b |F(t)|dt$$

이 성립한다. 왜냐하면,

$$\int_a^b F(t)dt=\mathrm{R}e^{i\alpha} \quad (R>0,\ -\pi<\alpha\leq\pi)$$

라 하면,

$$\left|\int_a^b F(t)dt\right|=R=\mathrm{Re}\int_a^b e^{-i\alpha}F(t)dt$$
$$=\int_a^b \mathrm{Re}\left[e^{-i\alpha}F(t)\right]dt\leq\int_a^b |e^{-i\alpha}F(t)|dt=\int_a^b |F(t)|dt$$

이기 때문이다.

복소평면에서 한 연속인 曲線(a continuous curve)은 매개변수 t를 가진

$$z(t)=x(t)+iy(t), \qquad (a\leq t\leq b)$$

로 정의한다. 여기서 $x(t)$와 $y(t)$는 실변수 t의 연속인 실함수이다. 한 폐곡선은 연속함수이면서 compact이고 connected인 點集合이다.

한 곡선 $C: z(t)=x(t)+iy(t)$, $a\leq t\leq b$에 대하여 $z(a)$를 **시점**(始點, initial point)이라 하고, $z(b)$를 **종점**(終點, terminal point)이라고 한다. 만일 시점과 종점이 일치하면, 즉 $z(a)=z(b)$이면 곡선 C는 **폐곡선**(閉曲線, closed curve)이라고 한다. 만일 $t_1\neq t_2$인 t_1, t_2에 대하여 $z(t_1)\neq z(t_2)$이면, 곡선 C는 스스로 교차하지 않고, 이 때 곡선 C를 **simple curve**라고 한다. 구간 $a\leq t\leq b$에서 simple이고 closed인 곡선을 **단일폐곡선**(simple closed curve) 또는 **Jordan curve**라고 한다. 모든 단일폐곡선은 平面을 두개의 다른 영역(domain)으로 나누는데, 하나는 곡선의 내부로서 有界인 영역이고, 다른 하나는 곡선의 외부로서 有界가 아닌 영역이다.

〔**定義**〕 한 영역 D가 **單一連結領域**(simply connected domain)이라는 것은 D내에 있는 각 단일폐곡선(simple closed curve)의 내부에는 오직 D내의 점들이

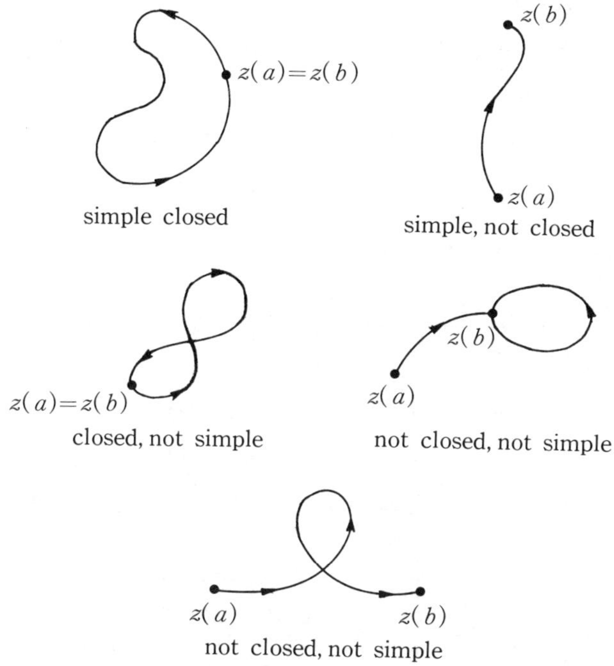

그림 4-1

포함되는 경우이다. 位相的으로 한 단일연결영역은 그 내부의 한 點에 축소시킬 수 있다. 또한 幾何學的으로 말하면 한 단일연결영역은 내부에 어떤 구멍들(holes)도 갖지 않은 영역이다. 단일연결영역이 아닌 영역을 **多重連結領域**(multiply connected domain)이라고 한다.

이를테면 $A=\{z: 0<|z|<1\}$는 임의의 작은 영역으로 줄일 수 있으나 한 점으로 축소시킬 수는 없다. 따라서 단일연결영역이 아니다. 확장된 평면(extended plane)에서 한 원의 外部(exterior)는 단일연결영역이다. 왜냐하면 그것은 점 ∞에 축소시킬 수 있기 때문이다.

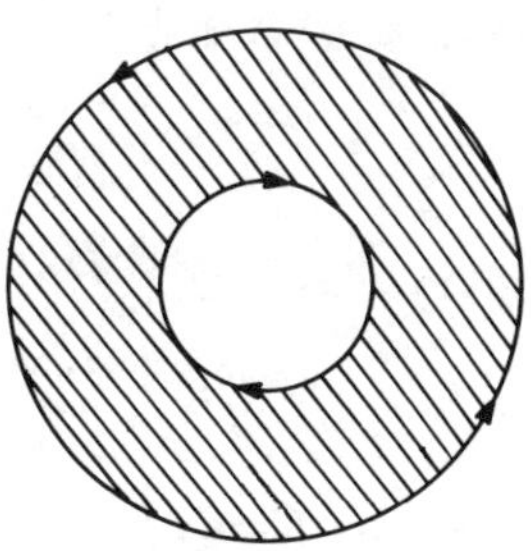

그림 4-2

한 영역의 경계 C가 양의 방향으로 돌아간다는 것은 영역을 항상 왼쪽에 두고 방향이 돌 때를 말한다. 이와 반대로 영역을 오른쪽에 두고 돌 때를 음의 방향으로 돈다고 한다.

그림 4-2에서 보는 바와 같이 밖에 있는 원은 시계방향과 반대방향으로 돌고, 안에 있는 원은 시계방향과 같은 방향으로 도는 것이 두 원으로 둘러싸인 영역의 경계 C에 대한 **양의 방향**(positive orientation)이다. 그러나 만일 영역에 대한 언급이 없이 한 단일폐곡선이 주어졌다고 하면, 그 영역은 곡선의 내부를 뜻하는 것으로 가정하고, 이 때 곡선이 도는 양의 방향은 시계방향과 반대방향이 된다.

가령

$$C_1 : z_1(t) = e^{it} = \cos t + i \sin t \qquad (0 \le t \le 2\pi)$$

$$C_2 : z_2(t) = e^{-it} = \cos t - i \sin t \qquad (0 \le t \le 2\pi)$$

$$C_3 : z_3(t) = -e^{it} = -\cos t - i \sin t \qquad (0 \le t \le 2\pi)$$

$$C_4 : z_4(t) = -e^{-it} = -\cos t + i \sin t \qquad (0 \le t \le 2\pi)$$

를 생각하면, C_1과 C_2는 시점이 $(1, 0)$이고, C_3와 C_4는 시점이 $(-1, 0)$이다. 곡선 C_1과 C_3는 양의 방향으로 돌고, C_2와 C_4는 음의 방향으로 돌고 있다.

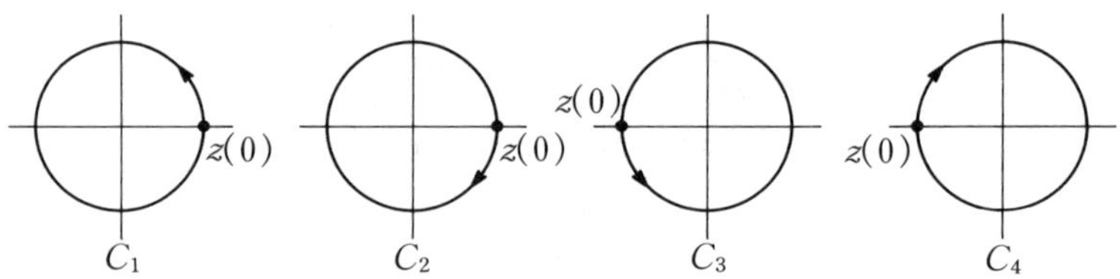

그림 4-3

한 곡선 $C : z(t) = x(t) + iy(t)$, $(a \le t \le b)$가 $[a, b]$ 내의 모든 t에 대하여 연속인 도함수를 가질 때, C를 **매끄러운 곡선**(smooth curve)이라고 한다. 만일 복소함수 $f(z)$가 C 위에서 연속이면, $f[z(t)]z'(t)$는 $a \le t \le b$인 모든 t에 대해서 연속이 된다. 따라서 곡선 $C : z(t) = x(t) + iy(t)$, $a \le t \le b$, 위에서의 $f(z)$의 적분은 다음과 같이 정의한다.

$$\int_C f(z) dz = \int_a^b f[z(t)] z'(t) dt \tag{4.1}$$

이 때 복소적분 $\int_C f(z) dz$의 값은 함수 $f(z)$와 곡선 C의 모든 점에 의존해서 결정된다. 즉 C의 시점과 종점에만 의존해서 값이 결정되는 것이 아니다.

(例) (a) $C = C_1 : z(t) = t + it$, $(0 \le t \le 1)$
(b) $C = C_2 : z(t) = t^2 + it$, $(0 \le t \le 1)$

일 때 $\int_C |z|^2 dz$ 의 값을 구해 보자.

식 (4.1)에 의하여

$$\int_{C_1} |z|^2 dz = \int_0^1 |t+it|^2 (1+i) dt = (1+i)\int_0^1 2t^2 dt = \frac{2}{3} + \frac{2}{3} i$$

이고,

$$\int_{C_2} |z|^2 dz = \int_0^1 |t^2+it|^2 (2t+i) dt$$

$$= \int_0^1 2t(t^4+t^2) dt + i\int_0^1 (t^4+t^2) dt = \frac{5}{6} + \frac{8}{15} i$$

이다.

직선 C_1 과 포물선의 일부인 C_2 는 시점과 종점이 같은데도 불구하고, $f(z) = |z|^2$ 이 해석함수가 아니므로 적분값이 같지 않음을 알 수 있다. 그러나 해석함수인 $f(z) = z^2$ 에 대해서는

$$\int_{C_1} z^2 dz = \int_0^1 (t+it)^2 (1+i) dt$$

$$= \int_0^1 (-2t^2) dt + i\int_0^1 2t^2 dt = -\frac{2}{3} + \frac{2}{3} i$$

이고,

$$\int_{C_2} z^2 dz = \int_0^1 (t^2+it)^2 (2t+i) dt$$

$$= \int_0^1 (2t^5 - 4t^3) dt + i\int_0^1 (5t^4 - t^2) dt = -\frac{2}{3} + \frac{2}{3} i$$

이 되어

$$\int_{C_1} z^2\, dz = \int_{C_2} z^2\, dz$$

이다.

이제 임의의 두 매끄러운 곡선 C_1 과 C_2 의 시점과 종점이 같을 때 어떤 조건에서

$$\int_{C_1} f(z) dz = \int_{C_2} f(z) dz$$

이 성립하는가를 알아 보자.

〔**定義**〕 한 곡선을 정의하는 함수가 어떤 구간에서 유한개의 불연속점을 가지고, 그 각 불연속점에서 함수의 우극한치와 좌극한치를 가질 때, 그 함수는 그 구간에서 **구분적으로 연속**(sectionally continuous)이라고 한다. 구분적으로 연속인 도함수를 갖는 곡선을 **contour** 라고 부르나 이 책에서는 그냥 곡선으로 부르기로 한다.

만일 C가 유한개의 매끄러운 곡선들(smooth curves)의 합으로 표시된 것이라고 하면, $f(z)$가 C에서 연속일 때

$$\int_C f(z)dz = \int_{C_1+C_2+\cdots+C_n} f(z)dz$$
$$= \int_{C_1} f(z)dz + \int_{C_2} f(z)dz + \cdots + \int_{C_n} f(z)dz$$

로 정의한다.

(例) 곡선 $C: z(t) = \begin{cases} 2t &, \ 0 \le t \le 1 \\ 2+i(t-1), & 1 \le t \le 2 \end{cases}$

에 대해서 $C_1: z(t)=2t$, $(0 \le t \le 1)$, $C_2: z(t)=2+i(t-1)$, $(1 \le t \le 2)$라고 하면,

$$\int_C zdz = \int_{C_1} zdz + \int_{C_2} zdz$$
$$= \int_0^1 2t(2dt) + \int_1^2 \{2+i(t-1)\}(idt)$$
$$= \int_0^1 4tdt - \int_1^2 (t-1)dt + \int_1^2 2idt$$
$$= 2 - \frac{1}{2} + 2i = \frac{3}{2} + 2i$$

한 곡선 $C: z(t)=x(t)+iy(t)$, $(a \le t \le b)$가 주어졌을 때 구간 $[a, b]$의 한 분할(partition) $a=t_0<t_1<t_2<\cdots<t_n=b$에 대하여

$$\sum_{k=1}^{n} |z(t_k)-z(t_{k-1})|$$

인 형태의 모든 합들의 上界 중에서 가장 작은 것(the least upper bound)을 곡선 **C의 길이**(length)로 정의한다. 이것은

$$L = \int_C |dz| = \lim_{n\to\infty} \sum_{k=1}^{n} |z(t_k)-z(t_{k-1})| \tag{4.2}$$

로 표시된다. 곡선 C의 길이 L이 유한값으로 될 때, 곡선 C를 rectifiable curve(꺾어지는 곡선)라고 하며, 모든 contour는 rectifiable임을 알 수 있다 다시 말해서 곡선 $C: z(t)=x(t)+iy(t)$, $(a \le t \le b)$가 복소평면에서 한 매끄러운 곡선이거나 혹은 꺾어지는 곡선(contour)이면, C의 길이 L은

$$L = \int_a^b |z'(t)|dt = \int_a^b \left|\frac{dx}{dt} + i\frac{dy}{dt}\right| dt = \int_C |dz| \tag{4.3}$$

에 의해서 구해진다.

〔**定理 4.1**〕 함수 $f(z)$가 길이 L을 갖는 한 곡선 C 위에서 연속이고, C위의 모든 점 z에 대하여 $|f(z)| \le M$이면

$$\left|\int_C f(z)dz\right| \le \int_C |f(z)||dz| \le M\int_C |dz| = ML$$

이 된다.

(증명) 곡선 $C: z(t)=x(t)+iy(t)$, $(a\le t\le b)$에 대하여

$$\left|\int_C f(z)dz\right| = \left|\int_a^b f[z(t)]z'(t)dt\right| \le \int_a^b |f[z(t)]||z'(t)|dt$$

$$= \int_C |f(z)||dz| \le M\int_C |dz| = ML$$

이다.

〔**定理 4.2**〕 $z(t)=x(t)+iy(t)$, $a\le t\le b$을 한 꺾어지는 곡선(contour)이라 하고, $t=\phi(r)$로 $a=\phi(c)$, $b=\phi(d)$, $\phi'(r)>0$라고 하자. 만일 $\phi'(r)$이 구간 $[c, d]$에서 구분적으로 연속(sectionally continuous)이라고 하면, $z(t)$의 길이 L은

$$L=\int_c^d |z'[\phi(r)]|\phi'(r)dr$$

로 주어진다.

(증명) 공식 (4.3)에 의하여

$$L=\int_a^b |z'(t)|dt = \int_a^b |x'(t)+iy'(t)|dt$$

$$=\int_a^b |x'[\phi(r)]+iy'[\phi(r)]|d\phi(r)$$

$$=\int_c^d |z'[\phi(r)]|\phi'(r)dr$$

이 된다.

가령 $f(z)$가 곡선 $C: z(t)$, $a\le t\le b$ 위에서 연속이고, $t=\phi(r)$이 r에 관한 증가함수이고, $a=\phi(c)$, $b=\phi(d)$라고 하면

$$\int_C f(z)dz = \int_a^b f[z(t)]z'(t)dt$$

$$=\int_c^d f[z(\phi(r))]z'[\phi(r)]\phi'(r)dr$$

로 표시된다.

곡선 $C: z(t)=x(t)+iy(t)$, $(a\le t\le b)$에 대해서

$-C: z(-t)=x(-t)+iy(-t)$, $(-b\le t\le -a)$는 C와 같은 곡선이지만 방향이 반대가 된다.

$$\int_{-C} f(z)dz=\int_{-b}^{-a} f[z(-t)]z'(-t)(-1)dt$$

이므로 $r=-t$ 를 대입하여

$$\int_{-C} f(z)dz=\int_{b}^{a} f[z(r)]z'(r)dr=-\int_{a}^{b} f[z(r)]z'(r)dr$$

$$=-\int_C f(z)dz \tag{4.4}$$

임을 알 수 있다.

〔例題〕

1. C가 1에서 i까지 도는 단위원의 한 부분이라고 할 때 $\int_C e^z dz$의 값을 구하여라.

(解) $C: z(t)=\cos t+i\sin t,\ \ 0\le t\le\frac{\pi}{2}$이므로

$$\int_C e^z dz=\int_0^{\frac{\pi}{2}} (e^{\cos t+i\sin t})(-\sin t+i\cos t)dt$$

$$=\int_0^{\frac{\pi}{2}}[-e^{\cos t}\cos(\sin t)\cdot\sin t-e^{\cos t}\sin(\sin t)\cos t]dt$$

$$+i\int_0^{\frac{\pi}{2}}[-e^{\cos t}\sin(\sin t)\cdot\sin t+e^{\cos t}\cos(\sin t)\cdot\cos t]dt$$

$$=e^{\cos t}\cos(\sin t)\Big|_0^{\frac{\pi}{2}}+ie^{\cos t}\sin(\sin t)\Big|_0^{\frac{\pi}{2}}$$

$$=e^{\cos t+i\sin t}\Big|_0^{\frac{\pi}{2}}=e^i-e$$

2. C가 다음 곡선일 때 $\int_C \bar{z}dz$의 값을 구하여라.

(a) $z(t)=t+it,\ \ (0\le t\le 2)$ (b) $z(t)=5e^{it}+3,\ \ (0\le t\le\pi)$

(解) (a) $\int_C \bar{z}dz=\int_0^2 (t-it)(1+i)dt=\int_0^2 2tdt=t^2\Big|_0^2=4$

(b) $\int_C \bar{z}dz=\int_0^{\pi}(5e^{-it}+3)5ie^{it}\,dt$

$$=\int_0^{\pi}(25i+15ie^{it})dt=25it\Big|_0^{\pi}+15e^{it}\Big|_0^{\pi}$$

$$=25\pi i+15(e^{\pi i}-1)=-30+25\pi i$$

3. $C: z(t)=2e^{it},\ \ (-\pi\le t\le\pi)$일 때 $\left|\int_C \frac{dz}{z^2+10}\right|$의 上界(upper bound)를 구하여

라.

(解) C 위에서는 $|z^2+10| \geq 10-|z|^2 \geq 10-2^2$ 이 되므로

$$\left|\int_C \frac{dz}{z^2+10}\right| \leq \int_C \frac{|dz|}{|z^2+10|} \leq \int_C \frac{|dz|}{10-|z|^2} \leq \frac{1}{6}\int_C |dz| = \frac{2\pi}{3}$$

4. 다음 곡선들의 길이를 구하여라.

(a) $z(t)=3e^{2it}+2, \quad (-\pi \leq t \leq \pi)$

(b) $z(t)=e^t \cos t + ie^t \sin t, \quad (-\pi \leq t \leq \pi)$

(解) (a) 공식 (4.3)에 의하여

$$L=\int_C |dz| = \int_{-\pi}^{\pi} |z'(t)|\,dt = \int_{-\pi}^{\pi} |6ie^{2it}|\,dt = 6t\Big|_{-\pi}^{\pi} = 12\pi$$

(b) $z(t)=e^t(\cos t + i \sin t)=e^t \cdot e^{it}$ 에서 $z'(t)=e^t e^{it}(1+i)$ 이므로

$$L=\int_{-\pi}^{\pi} |z'(t)|\,dt = \int_{-\pi}^{\pi} |e^t e^{it}(1+i)|\,dt = \int_{-\pi}^{\pi} \sqrt{2}\,e^t dt = \sqrt{2}\,(e^{\pi}-e^{-\pi})$$

5. 단일폐곡선 C 가 그림 4-4와 같을 때 $\int_C \frac{z}{\bar{z}}dz$ 의 값을 구하여라.

(解) $C_1 : z(t)=t, \quad (-2 \leq t \leq -1)$

$C_2 : z(t)=e^{-it}, \quad (-\pi \leq t \leq 0)$

$C_3 : z(t)=t, \quad (1 \leq t \leq 2)$

$C_4 : z(t)=2e^{it}, \quad (0 \leq t \leq \pi)$

라고 하면, $C=C_1+C_2+C_3+C_4$ 이다.

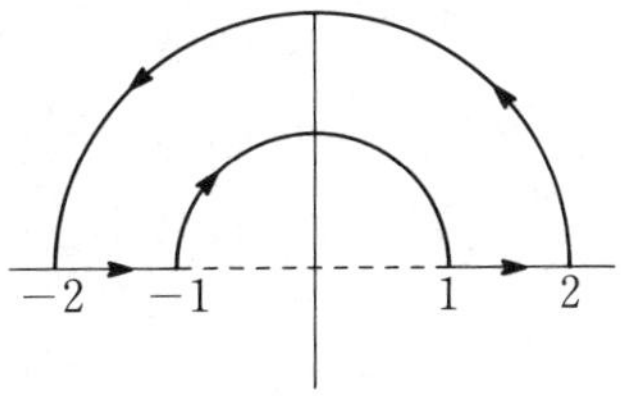

그림 4-4

$$\int_C \frac{z}{\bar{z}}dz = \int_{C_1} \frac{z}{\bar{z}}dz + \int_{C_2} \frac{z}{\bar{z}}dz + \int_{C_3} \frac{z}{\bar{z}}dz + \int_{C_4} \frac{z}{\bar{z}}dz$$

$$= \int_{-2}^{-1} \frac{t}{t}dt + \int_{-\pi}^{0} \frac{e^{-it}}{e^{it}}(-i)e^{-it}dt + \int_1^2 \frac{t}{t}dt + \int_0^{\pi} \frac{2e^{it}}{2e^{-it}} 2ie^{it}dt$$

$$= \int_{-2}^{-1} dt + (-i)\int_{-\pi}^{0} e^{-3it}dt + \int_1^2 dt + 2i\int_0^{\pi} e^{3it}dt$$

$$= 1 + \frac{2}{3} + 1 - \frac{4}{3} = \frac{4}{3}$$

問 題

1. 다음과 같이 주어지는 곡선의 매개변수식을 구하여라.

(a) $z=i$ 에서 $z=1-i$ 까지의 선분

(b) 오른쪽 반평면상에 있는 원 $|z-1|=2$ 의 부분

(풀이) (a) $z(t)=t+i(1-2t)$, $(0\leq t\leq 1)$

(b) $z(t)=1+2\cos t+i2\sin t$, $\left(-\frac{2\pi}{3}\leq t\leq\frac{2\pi}{3}\right)$

2. C가 -1, 1, $1+i$, $-1+i$ 를 꼭지점으로 갖는 직사각형이라고 할 때 $\int_C |z|dz$ 의 값을 구하여라.

(풀이) $C_1 : z_1(t)=t$, $(-1\leq t\leq 1)$
$C_2 : z_2(t)=1+it$, $(0\leq t\leq 1)$
$C_3 : z_3(t)=-t+i$, $(-1\leq t\leq 1)$
$C_4 : z_4(t)=-1+(-i)t$, $(-1\leq t\leq 0)$
라고 하면, $C=C_1+C_2+C_3+C_4$ 이다.

$$\int|z|dz=\int_{C_1}|z|dz+\int_{C_2}|z|dz+\int_{C_3}|z|dz+\int_{C_4}|z|dz$$
$$=\int_{-1}^{1}|t|dt+i\int_0^1\sqrt{1+t^2}dt-\int_{-1}^{1}\sqrt{t^2+1}dt-i\int_{-1}^{0}\sqrt{1+t^2}dt$$
$$=\int_{-1}^{1}(|t|-\sqrt{t^2+1})dt=2\int_0^1(t-\sqrt{t^2+1})dt$$

여기서 $t=\tan\theta$ 라고 두면 $\sqrt{t^2+1}=\sec\theta$, $dt=\sec^2\theta\, d\theta$ 이므로

$\int_0^1\sqrt{t^2+1}dt=\int_0^{\frac{\pi}{4}}\sec^3\theta\, d\theta$ 가 되는데, 부분적분법에 의하여

$$\int\sec^3\theta\, d\theta=\int\sec\theta(1+\tan^2\theta)d\theta=\int\sec\theta\, d\theta+\int\tan\theta\cdot\sec\theta\tan\theta\, d\theta$$
$$=\int\frac{\sec\theta(\tan\theta+\sec\theta)}{\sec\theta+\tan\theta}d\theta+\sec\theta\cdot\tan\theta-\int\sec^3\theta\, d\theta$$

이 되므로 결국

$$2\int_0^{\frac{\pi}{4}}\sec^3\theta\, d\theta=\mathrm{Log}(\sec\theta+\tan\theta)\Big|_0^{\frac{\pi}{4}}+\sec\theta\cdot\tan\theta\Big|_0^{\frac{\pi}{4}}$$

에서

$$\int_0^{\frac{\pi}{4}}\sec^3\theta\, d\theta=\frac{1}{2}[\mathrm{Log}(\sqrt{2}+1)+\sqrt{2}]$$

를 얻는다. 따라서

$$\int_C|z|dz=2\left(\frac{1}{2}-\int_0^1\sqrt{t^2+1}dt\right)=1-\sqrt{2}-\mathrm{Log}(\sqrt{2}+1)$$

3. C가 시계방향과 반대방향으로 도는 단위원(unit circle)의 위의 반쪽이라고 할 때

$$\left|\int_C \frac{e^z}{z} dz\right| \le \pi e$$

임을 밝혀라.

(**풀이**) $C : z(t)=e^{it},\ 0 \le t \le \pi$ 이고, $z'(t)=ie^{it},\ |z'(t)|=1$ 이므로 C의 길이 L은

$$L=\int_0^{\pi}|z'(t)|dt=\pi$$

이다. 또한 $\cos t \le 1$ 이므로 C상의 z에 대해서

$$\left|\frac{e^z}{z}\right|=\left|\frac{e^{\cos t+i\sin t}}{e^{it}}\right|=\frac{e^{\cos t}}{1}\le e$$

이 성립한다. 따라서

$$\left|\int_C \frac{e^z}{z}dz\right| \le \int_C \left|\frac{e^z}{z}\right||dz| \le e\int_C |dz|=\pi e$$

4. C가 다음 곡선을 나타낼 때

$$\int_C x\,dz,\ \int_C y\,dz,\ \int_C \bar{z}\,dz$$

의 값을 구하여라.

(a) C는 원점에서 $1-i$ 까지의 선분

(b) 원 $|z|=1$

(**풀이**) (a) $C : z(t)=t-it,\ 0 \le t \le 1$ 이므로

$$\int_C x\,dz=\int_0^1 t(1-i)dt=(1-i)\frac{t^2}{2}\Big|_0^1=\frac{1-i}{2}$$

$$\int_C y\,dz=\int_0^1(-t)(1-i)dt=-\frac{1-i}{2}$$

$$\int_C \bar{z}\,dz=\int_0^1(t+it)(1-i)dt=(1+i)(1-i)\frac{t^2}{2}\Big|_0^1=1$$

5. 다음의 적분값을 구하여라.

$$\int_{|z|=1}\frac{dz}{z},\ \int_{|z|=1}\frac{dz}{|z|},\ \int_{|z|=1}\frac{|dz|}{z},\ \int_{|z|=1}\frac{|dz|}{|z|}$$

(**풀이**) C가 $|z|=1$ 일 때 $C : z(t)=e^{it},\ 0 \le t \le 2\pi$ 이므로

$$\int_{|z|=1}\frac{dz}{z}=\int_0^{2\pi}\frac{ie^{it}}{e^{it}}dt=it\Big|_0^{2\pi}=2\pi i$$

$$\int_{|z|=1}\frac{dz}{|z|}=\int_0^{2\pi}\frac{ie^{it}}{1}dt=e^{it}\Big|_0^{2\pi}=e^{2\pi i}-1=0$$

$$\int_{|z|=1}\frac{|dz|}{z}=\int_0^{2\pi}\frac{|ie^{it}|dt}{e^{it}}=\int_0^{2\pi}e^{-it}dt=\frac{1}{(-i)}e^{-it}\Big|_0^{2\pi}$$

$$=i(e^{-2\pi i}-1)=0$$

$$\int_{|z|=1}\frac{|dz|}{|z|}=\int_0^{2\pi}\frac{|ie^{it}|}{1}dt=t\Big|_0^{2\pi}=2\pi$$

연습 문제 4.1

1. 시점이 $z=-1-i$이고, 종점이 $z=2+5i$이며, 포물선 $y=2x^2-3$을 따르는 곡선 C의 매개방정식을 구하여라.

2. C가 다음 곡선일 때 $\int_C \bar{z}\,dz$의 값을 구하여라.

(a) $z(t)=e^{2it}$, $(-\pi\le t\le\pi)$ (b) $z(t)=e^{it}-1$, $(-\pi\le t\le\pi)$

3. n이 정수일 때 $\int_{|z|=r} z^n dz$의 값을 구하여라.

4. C가 다음 곡선을 나타낼 때

$$\int_C z\,dz,\quad \int_C |z|\,dz,\quad \int_C z|dz|,\quad \int_C |z|\,|dz|$$

의 값을 구하여라.

(a) C는 원점에서 $1+i$까지의 선분

(b) 원 $|z|=1$

5. 다음 적분값을 구하여라.

(a) $\int_C e^z\,dz$, 단, C는 원점에서 $2+2i$까지의 선분

(b) $\int_C (e^z+z+1)dz$, 단, C는 $-1+i$에서 $1-i$까지의 선분

(c) $\int_C \cos z\,dz$, 단, C는 원점에서 $1+i$까지의 선분

4.2 線積分의 計算

函數 $f(z)=u(x, y)+iv(x, y)$가 적분경로(contour) $C: z=z(t)=x(t)+iy(t)$, $(a\le t\le b)$ 위에서 연속일 때

$$\int_C f(z)dz=\int_a^b f[z(t)]z'(t)dt$$
$$=\int_a^b \{u[z(t)]+iv[z(t)]\}\ \{x'(t)+iy'(t)\}\,dt$$

여기서 $u=u[z(t)]$, $v=v[z(t)]$라고 표시하면, 윗식은

$$\int_C f(z)dz=\int_a^b (ux'-vy')dt+i\int_a^b (uy'+vx')dt$$
$$=\int_C (udx-vdy)+i\int_C (udy+vdx) \tag{4.5}$$

과 같이 표시된다.

이 때 $\int_C P(x,y)dx+Q(x,y)dy$ 인 형태의 적분을 **실선적분**(real line integral)이라고 부르는데, 식 (4.5)는 복소적분 $\int_C f(z)dz$ 가 두 개의 실선적분들에 의해서 표시될 수 있음을 보여 준다.

(例) $C: z(t)=t^2+it$, $(0\leq t\leq 1)$에 따라서 $\int_C z^2dz$ 를 구해 보자.

$x=x(t)=t^2$, $y=y(t)=t$ 라고 놓으면 식 (4.5)로부터

$$\int_C z^2dz=\int_C[(x^2-y^2)dx-2xydy]+i\int_C[2xydx+(x^2-y^2)dy]$$
$$=\int_0^1[(t^4-t^2)(2t)-2t^2t]dt+i\int_0^1[2t^2t(2t)+(t^4-t^2)]dt$$
$$=\int_0^1(2t^5-4t^3)dt+i\int_0^1(5t^4-t^2)dt=-\frac{2}{3}+\frac{2}{3}i$$

함수 $f(x)$가 구간 $[a,b]$에서 연속이라고 하자. 미적분학의 기본정리에 의하면 $[a,b]$ 내의 모든 x에 대하여 $F'(x)=f(x)$이 되는 함수 $F(x)$가 존재하여

$$F(b)-F(a)=\int_a^b f(x)dx$$

이 성립한다. 이와 유사한 내용을 이차원의 입장에서 다음과 같이 얘기할 수 있다.

〔**定理 4.3**〕 (Green 의 정리) R 을 單一連結閉領域(simply connected closed domain)이라 하고, 그의 경계를 C라고 하자. $P(x,y)$와 $Q(x,y)$가 R 내에서 연속인 편도함수를 갖는 연속함수라고 할 때

$$\oint_C P\,dx+Q\,dy=\iint_R\left(\frac{\partial Q}{\partial x}-\frac{\partial P}{\partial y}\right)dxdy \tag{4.6}$$

이 성립한다.

(증명) 여기서는 그림 4-5와 같이 R이 좌표축에 평행한 변을 갖는 직사각형인 경우를 증명하고, 일반적인 경우에 대해서는 참고문헌 Apostol [27]을 참조하기로 한다.

그림에서 $C=C_1+C_2+C_3+C_4$이고, C_1과 C_3 위에서는 $dy=0$, C_2와 C_4 위에서는 $dx=0$이다. 따라서

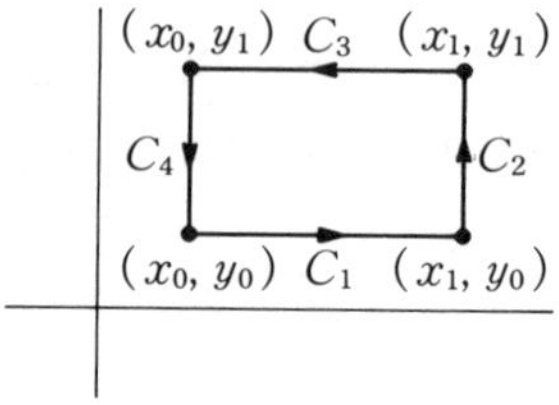

그림 4-5

$$\begin{aligned}
&\int_C P(x, y)dx+Q(x, y)dy\\
&=\int_{x_0}^{x_1} P(x, y_0)dx+\int_{y_0}^{y_1} Q(x_1, y)dy\\
&\quad+\int_{x_1}^{x_0} P(x, y_1)dx+\int_{y_1}^{y_0} Q(x_0, y)dy\\
&=\int_{x_0}^{x_1} \{P(x, y_0)-P(x, y_1)\}\,dx\\
&\quad+\int_{y_0}^{y_1} \{Q(x_1, y)-Q(x_0, y)\}\,dy
\end{aligned} \tag{4.7}$$

위의 식 (4.7)에 미적분학의 기본정리를 적용하면,

$$\begin{aligned}
\int_C P\,dx+Q\,dy&=\int_{x_0}^{x_1}\int_{y_0}^{y_1}\left(-\frac{\partial P}{\partial y}\right)dydx+\int_{y_0}^{y_1}\int_{x_0}^{x_1}\frac{\partial Q}{\partial x}dxdy\\
&=\int_{y_0}^{y_1}\int_{x_0}^{x_1}\left(\frac{\partial Q}{\partial x}-\frac{\partial P}{\partial y}\right)dxdy\\
&=\iint_R\left(\frac{\partial Q}{\partial x}-\frac{\partial P}{\partial y}\right)dxdy
\end{aligned}$$

이다.

〔**定理 4.4**〕 만일 $f(z)$가 단일연결영역(simply connected domain)인 D 내에서 연속인 도함수를 가지면서 해석적(analytic)이라고 하고, C가 D내에 있는 한 폐곡선(closed contour)이라고 하면

$$\int_C f(z)dz=0$$

이 성립한다.

(증명) $f(z)=u(x, y)+iv(x, y)$라 하면 해석함수의 Cauchy-Riemann 방정식에 의하여 D 내의 모든 점에 대해서

$$f'(z)=\frac{\partial u}{\partial x}+i\frac{\partial v}{\partial x}=\frac{\partial v}{\partial y}-i\frac{\partial u}{\partial y}$$

이다. $f'(z)$가 연속이라고 가정했으므로 $\frac{\partial u}{\partial x}$, $\frac{\partial u}{\partial y}$, $\frac{\partial v}{\partial x}$, $\frac{\partial v}{\partial y}$들도 연속이

어야 한다. 가령 C가 단일폐곡선(simple closed contour)이라고 하고 식 (4.5)에 Green의 정리를 적용하면

$$\int_C f(z)dz=\int_C(udx-vdy)+i\int_C(vdx+udy)$$
$$=\iint_R\left(-\frac{\partial v}{\partial x}-\frac{\partial u}{\partial y}\right)dxdy+i\iint_R\left(\frac{\partial u}{\partial x}-\frac{\partial v}{\partial y}\right)dxdy$$

이 된다. 단, R은 폐곡선 C에 의해서 둘러싸인 영역을 표시한다. 그런데 D 내의 모든 점에 대해서 $\frac{\partial u}{\partial x}=\frac{\partial v}{\partial y}$, $\frac{\partial v}{\partial x}=-\frac{\partial u}{\partial y}$이 성립하므로

$$\int_C f(z)dz=0$$

이 되어 C가 단일폐곡선일 때 정리가 증명된다. C가 일반적인 폐곡선인 경우에는 Green정리의 일반적인 경우의 증명과 비슷한 방법으로 증명되는데 참고문헌 Apostol [27]을 참조하기를 바란다.

〔**系**〕 위 정리의 조건하에서 만일 C_1과 C_2가 영역 D내에서 같은 시점과 종점을 갖는 두 개의 적분경로(contour)라고 하면

$$\int_{C_1} f(z)dz=\int_{C_2} f(z)dz$$

이 성립한다.

(증명) 그림 4-6과 같이 C_1과 C_2가 시점 z_0와 종점 z_1을 갖는 곡선들이라고 하면, $C=C_1-C_2$는 한 폐곡선이 된다.

$$\int_C f(z)dz=\int_{C_1-C_2} f(z)dz$$
$$=\int_{C_1} f(z)dz+\int_{-C_2} f(z)dz$$
$$=\int_{C_1} f(z)dz-\int_{C_2} f(z)dz$$

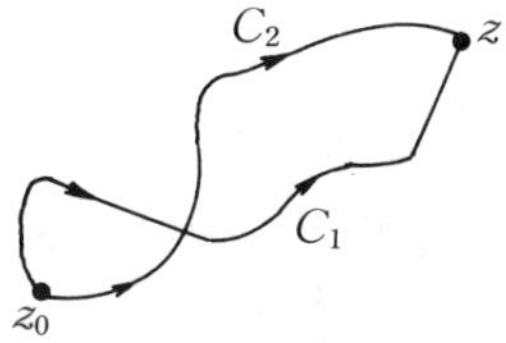

그림 4-6

그런데, 정리 4.4에 의해서 $\int_C f(z)dz=0$이므로

$$\int_{C_1} f(z)dz=\int_{C_2} f(z)dz$$

이다.

이제 多重連結領域(multiply connected domain)에 대해서도 정리 4.4가 성립하는가를 알아보자. 우리는

$$\int_{|z|=1}\frac{1}{z}dz=\int_0^{2\pi}\frac{ie^{i\theta}}{e^{i\theta}}d\theta=2\pi i$$

임을 알고 있다. 이와 같이 함수 $\frac{1}{z}$은 단위원 위에서 해석적인데도 불구하고 $\int_{|z|=1}\frac{1}{z}dz$는 0이 아닌 $2\pi i$가 되는데, 이것은 $z=0$을 제외한 원반(disk)은 단일연결영역이 아니기 때문에 정리 4.4가 적용되지 않는 것이다. 그러나 가령 두 원으로 구성되는 다중연결영역 $0<r_0<|z|<r_1$의 경계 C에 따라서 $\frac{1}{z}$을 적분할 때, 그림 4-7과 같이 적분경로의 양의 방향에 따라 적분한다면

$$\begin{aligned}\int_C \frac{1}{z}dz &= \oint_{|z|=r_1}\frac{1}{z}dz+\oint_{|z|=r_0}\frac{1}{z}dz\\ &=\int_0^{2\pi}\frac{ir_1e^{i\theta}}{r_1e^{i\theta}}d\theta\\ &\quad+\int_0^{-2\pi}\frac{ir_0e^{i\theta}}{r_0e^{i\theta}}d\theta\\ &=2\pi i-2\pi i=0\end{aligned}$$

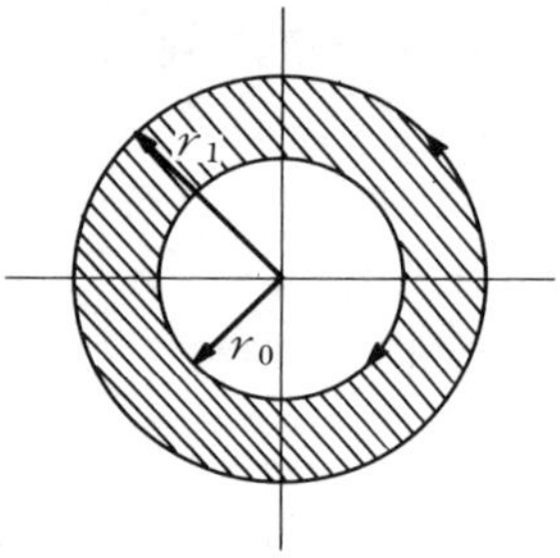

그림 4-7

이다. 이 적분값이 0이 된다는 것은 다중연결영역에 대한 다음 정리의 결과라고 볼 수 있다.

〔**定理 4.5**〕 만일 $f(z)$가 다중연결영역(multiply connected domain)인 D 내에서 연속인 도함수를 가지면서 해석적이고 D의 경계인 C 위에서도 해석적이라고 하면

$$\int_C f(z)dz=0$$

이다. 단, 적분경로 C는 양의 방향으로 회전한다.

(**증명**) 우선 그림 4-8과 같은 다중연결영역을 생각하자.

바깥경계 C_1과 안의 경계 C_2를 연결하는 선분 AB를 그린다. 그러면, 곡선 C_1, 선분 AB, 곡선 C_2 그리고 선분 BA에 의해서 유계되는 영역은 단일연결영역이다. 이제 C를 이 영역의 경계라고 하면, 정리 4.4에 의하여

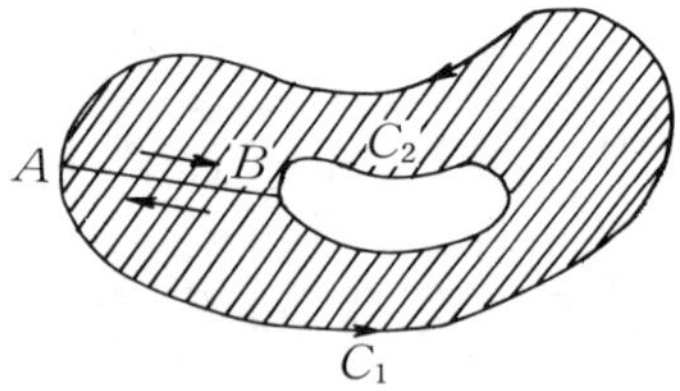

그림 4-8

$$\int_C f(z)dz=\oint_{C_1}f(z)dz+\int_{AB}f(z)dz+\oint_{C_2}f(z)dz+\int_{BA}f(z)dz$$
$$=0$$

그런데 $\int_{AB}f(z)dz=-\int_{BA}f(z)dz$이므로

$$\int_{C_1+C_2} f(z)dz = \oint_{C_1} f(z)dz + \oint_{C_2} f(z)dz = 0$$

이것은 그림 4-8과 같은 다중 연결영역에 대해서 정리 4.5가 증명되었음을 말해 준다. 일반으로 그림 4-9와 같이 $n-1$개의 구멍(hole)을 갖는 영역에 대해서도 $n-1$개의 선분들로 연결시키고 위와 같은 방법을 적용하면

$$\int_{C_1+C_2+\cdots+C_n} f(z)dz = 0 \tag{4.8}$$

를 얻는다. 따라서

$$\int_C f(z)dz = 0$$

임이 증명되었다.

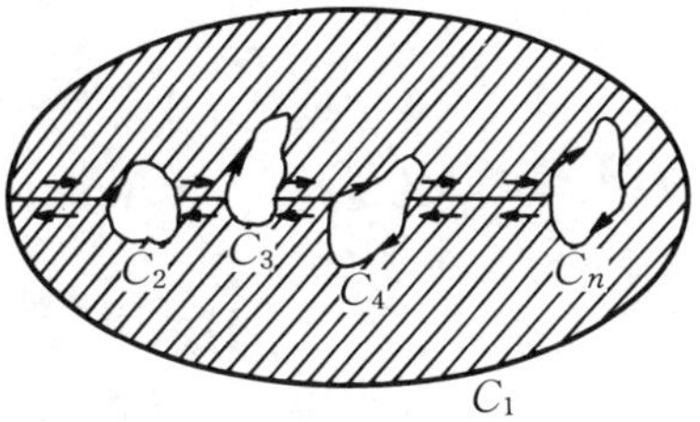

그림 4-9

위의 식 (4.8)로부터

$$\oint_{C_1} f(z)dz = -\left[\oint_{C_2} f(z)dz + \cdots + \oint_{C_n} f(z)dz\right]$$
$$= \oint_{-C_2} f(z)dz + \cdots + \oint_{-C_n} f(z)dz$$

을 얻는데, 이것은 바깥경계 C_1에 따르는 적분값은 $n-1$개의 안에 있는 경계들의 적분의 합과 같다는 것을 말해 준다. 이 때 C_1과 $-C_2, -C_3, \cdots, -C_n$은 같은 방향으로 회전하고 있는 것에 주목하자.

〔**例題**〕

1. C가 정사각형 $0\le x\le 1$, $0\le y\le 1$의 경계일 때

$$\int_C xydx + (x^2+y^2)dy$$

의 값을 Green의 정리를 이용하여 구하여라.

(**解**) Green의 정리에 의해서

$$\int_C xydx + (x^2+y^2)dy = \iint_R \left[\frac{\partial}{\partial x}(x^2+y^2) - \frac{\partial}{\partial y}(xy)\right]dxdy$$
$$= \int_0^1\int_0^1 (2x-x)dxdy = \int_0^1 \frac{1}{2}dy = \frac{1}{2}$$

2. C가 단일폐곡선(simple closed contour)으로서 면적 A를 갖는 영역 R의 경계라고 하면

$$A=\frac{1}{2}\int_C(-y)dx+xdy=-\int_C ydz=-i\int_C xdz=-\frac{i}{2}\int_C \bar{z}dz$$

임을 증명하여라.

(解) Green의 정리에 의하여

$$\frac{1}{2}\int_C(-y)dx+xdy=\frac{1}{2}\iint_R(1+1)dxdy=\iint_R dxdy=A$$

$$-\int_C ydz=-\int_C y(dx+idy)=\int_C(-y)dx-iydy$$

$$=\iint_R(0+1)dxdy=A$$

$$-i\int_C xdz=-i\int_C x(dx+idy)=\int_C(-ix)dx+xdy$$

$$=\iint_R(1+0)dxdy=A$$

$$-\frac{i}{2}\int_C \bar{z}dz=-\frac{i}{2}\int_C(x-iy)(dx+idy)$$

$$=\frac{1}{2}\int_C(-ix-y)dx+(x-iy)dy$$

$$=\frac{1}{2}\iint_R(1+1)dxdy=A$$

3. 반지름 $r=2$인 원에서 제 1 상한에 있는 원을 C라고 할 때

$$\int_C xydx+(x^2+y^2)dy$$

의 값을 구하여라.

(解) $C: z(t)=2\cos t+i2\sin t,\ 0\le t\le\frac{\pi}{2}$이므로

$$\int_C xydx+(x^2+y^2)dy$$

$$=\int_0^{\frac{\pi}{2}}2\cos t\cdot 2\sin t(-2\sin t)dt+\int_0^{\frac{\pi}{2}}(4\cos^2 t+4\sin^2 t)2\cos tdt$$

$$=-8\int_0^{\frac{\pi}{2}}\sin^2 t\cos tdt+8\int_0^{\frac{\pi}{2}}\cos t\,dt$$

$$=-8\cdot\frac{1}{3}\sin^3 t\Big|_0^{\frac{\pi}{2}}+8\sin t\Big|_0^{\frac{\pi}{2}}=-\frac{8}{3}+8=\frac{16}{3}$$

4. C가 꼭지점 $(1,0)$, $(1,-1)$, $(2,-1)$ 그리고 $(2,0)$를 갖는 정사각형 R의 경계일 때

$$\int_C x^2ydx+(2x+1)y^2dy$$

의 값을 Green 의 정리를 이용하여 구하여라.

(解) Green 의 정리에 의하여

$$\int_C x^2ydx+(2x+1)y^2dy=\int_{-1}^{0}\int_{1}^{2}(2y^2-x^2)dxdy$$

$$=\int_{-1}^{0}\left(2y^2-\frac{7}{3}\right)dy=-\frac{5}{3}$$

5. $\int_{-\pi i}^{\pi i}e^z dz$ 의 값을 구하여라.

(解) 함수 e^z 는 해석함수이므로 점 $-\pi i$ 에서 πi 까지 어떤 적분경로를 잡더라도 적분값은 오직 시점 $-\pi i$ 와 종점 πi 에 의존한다. 가령 $C : z(t)=it,\ (-\pi\leq t \leq\pi)$라고 하면

$$\int_{-\pi i}^{\pi i}e^z dz=\int_C e^z dz=\int_{-\pi}^{\pi}e^{it}idt=e^{it}\Big|_{-\pi}^{\pi}=e^{\pi i}-e^{-\pi i}$$

$$=-1-(-1)=0$$

問 題

1. $\int_{1-i}^{2+i}(z^2+3z-2)dz$ 의 값을 구하여라.

(풀이) 피적분함수(Integrand) $f(z)=z^2+3z-2$ 는 다항식으로 해석적이므로 정리 4.4 의 계에 의하여 $1-i$ 에서 $2+i$ 까지의 적분경로는 어느 길을 택하나 관계없이 적분값은 시점과 종점에만 의존한다.

$$\int_{1-i}^{2+i}(z^2+3z-2)dz=\left(\frac{1}{3}z^3+\frac{3}{2}z^2-2z\right)\Big|_{1-i}^{2+i}=\frac{23}{6}+\frac{28}{3}i$$

2. C 를 직선 $x=0,\ x=3,\ y=0,\ y=2$ 로 둘러싸인 직사각형이라고 할 때

$$\int_C \frac{dz}{z-2-i}=2\pi i$$

임을 증명하여라.

(풀이) 피적분함수 $f(z)=\dfrac{1}{z-2-i}$ 는 점 $z=2+i$ 를 제외한 모든 점에서 解析的이므로 원 $|z-2-i|=\dfrac{1}{2}$ 을 C_0 라고 하면 $f(z)$는 원 C_0 와 직사각형 C 사이의 영역에서 解析的이다. 따라서 정리 4.5 에 의해서

$$\oint_C \frac{dz}{-2-i}=\oint_{C_0}\frac{dz}{z-2-i}$$

이다. z 가 C_0 상에 있을 때는 $z-2-i=\dfrac{1}{2}e^{i\theta},\ dz=\dfrac{1}{2}ie^{i\theta}d\theta$ 이므로

$$\int_{C_0}\frac{dz}{z-2-i}=i\int_0^{2\pi}d\theta=2\pi i$$

즉
$$\int_C\frac{dz}{z-2-i}=2\pi i$$

3. 2가함수 $z^{\frac{1}{2}}$의 分枝 $z^{\frac{1}{2}}=\sqrt{r}\,e^{\frac{1}{2}i\theta}$, $(0<\theta<2\pi)$에 대해서

$$\int_{-1}^{1}z^{\frac{1}{2}}dz$$

의 값을 적분경로가 각각 z-평면의 上半面, 下半面에 놓여 있을 경우로 나누어서 계산하여라.

(풀이) (i) 먼저 적분경로가 x축 위에 있을 경우를 생각해 보자. 주어진 分枝 $z^{\frac{1}{2}}=\sqrt{r}\,e^{\frac{1}{2}i\theta}$, $(0<\theta<2\pi)$는 양의 x축 $\theta=0$ 상의 점, 특히 $z=1$에서는 해석적이 아니다. 그러나 다른 分枝

$$f_1(z)=\sqrt{r}\,e^{\frac{1}{2}i\theta},\ \left(-\frac{\pi}{2}<\theta<\frac{3\pi}{2}\right)$$

는 반직선 $\theta=-\frac{\pi}{2}$위만 제외하고 모든 점에서 해석적이다. 그리고 z-평면의 上半面$(0\leq\theta\leq\pi)$에서는 $f_1(z)$의 값과 주어진 분지의 값이 일치하므로 피적분함수를 $f_1(z)$로 대치할 수 있다. $f_1(z)$의 한 부정적분은

$$\frac{2}{3}z^{\frac{3}{2}}=\frac{2}{3}r^{\frac{3}{2}}e^{3i\theta/2},\ \left(-\frac{\pi}{2}<\theta<\frac{3\pi}{2}\right)$$

이므로

$$\int_{-1}^{1}z^{\frac{1}{2}}dz=\frac{2}{3}r^{\frac{3}{2}}e^{3i\theta/2}\Big|_{z=-1=e^{\pi i}}^{z=1=e^{0}}=\frac{2}{3}(e^0-e^{3i\pi/2})=\frac{2}{3}(1+i)$$

(ii) 다음에 적분경로가 x축 밑에 있을 경우를 알아 보자.

분지

$$f_2(z)=\sqrt{r}\,e^{\frac{1}{2}i\theta},\ \left(\frac{\pi}{2}<\theta<\frac{5\pi}{2}\right)$$

는 주어진 분지와 z-평면의 下半面$(\pi\leq\theta\leq2\pi)$에서 일치하고 $f_2(z)$의 부정적분은

$$\frac{2}{3}z^{\frac{3}{2}}=\frac{2}{3}r^{\frac{3}{2}}e^{3i\theta/2},\ \left(\frac{\pi}{2}<\theta<\frac{5\pi}{2}\right)$$

이므로 피적분함수를 $f_2(z)$로 대치하면

$$\int_{-1}^{1}z^{\frac{1}{2}}dz=\frac{2}{3}r^{\frac{3}{2}}e^{3i\theta/2}\Big|_{z=-1=e^{\pi i}}^{z=1=e^{2\pi i}}=\frac{2}{3}(e^{3\pi i}-e^{3\pi/2})=\frac{2}{3}(-1+i)$$

4. C가 점 $z=\frac{1}{2}\pi$, $z=\frac{1}{2}\pi+i$, $z=-\frac{1}{2}\pi+i$, $z=-\frac{1}{2}\pi$ 들을 주어진 순서로 연

결한 다각선(polygonal line)이라고 할 때

$$\int_C \sin z\,dz$$

의 값을 구하여라.

(풀이) $C_1 : z(t)=\frac{\pi}{2}+it,\ \ (0\le t\le 1)$

$C_2 : z(t)=-t+i,\ \ \left(-\frac{\pi}{2}\le t\le \frac{\pi}{2}\right)$

$C_3 : z(t)=-\frac{\pi}{2}-it,\ \ (-1\le t\le 0)$

이라고 하면 $C=C_1+C_2+C_3$이다. 따라서

$$\begin{aligned}\int_C \sin z\,dz&=\int_{C_1}\sin z\,dz+\int_{C_1}\sin z\,dz+\int_{C_2}\sin z\,dz+\int_{C_3}\sin z\,dz\\&=\int_0^1\sin\left(\frac{\pi}{2}+it\right)idt+\int_{-\frac{\pi}{2}}^{\frac{\pi}{2}}\sin(-t+i)(-1)dt\\&\quad+\int_{-1}^0\sin\left(-\frac{\pi}{2}-it\right)(-i)dt\\&=-\cos\left(\frac{\pi}{2}+it\right)\Big|_0^1-\cos(-t+i)\Big|_{-\frac{\pi}{2}}^{\frac{\pi}{2}}-\cos\left(-\frac{\pi}{2}-it\right)\Big|_{-1}^0\\&=-\cos\left(\frac{\pi}{2}+i\right)+\cos\left(\frac{\pi}{2}\right)-\cos\left(-\frac{\pi}{2}+i\right)+\cos\left(\frac{\pi}{2}+i\right)\\&\quad-\cos\left(-\frac{\pi}{2}\right)+\cos\left(-\frac{\pi}{2}+i\right)\\&=0\end{aligned}$$

5. z-평면의 右半平面 $\operatorname{Re} z>0$에 놓여 있으면서 두 점 $z=-2i,\ z=2i$를 연결하는 임의의 곡선에 대하여

$$\int_{-2i}^{2i}\frac{dz}{z}=\pi i$$

임을 밝혀라.

(풀이) 함수 $\frac{1}{z}$은 영역 $\operatorname{Re}z>0$에서 해석적이며, 또한 $\frac{1}{z}$의 부정적분 $\log z\ (r>0,\ -\pi<\theta<\pi)$은 원점을 제외한 영역 $\operatorname{Re}z\ge 0$에서 해석적이다. 따라서

$$\int_{-2i}^{2i}\frac{dz}{z}=\log z\Big|_{z=-2i}^{z=2i}=\left(\log|2i|+\frac{\pi}{2}i\right)-\left(\log|-2i|-\frac{\pi}{2}i\right)=\pi i$$

연습 문제 4.2

1. 다음 선적분을 구하여라.

(a) $\int_C y^2dx+x^2dy$, 단, $C : z(t)=a\cos^3 t+ia\sin^3 t$, $(0\leq t\leq 2\pi)$

(b) $\int_C \frac{xy^2}{x^2+y^2}dy$, 단, $C : |z|=r$

2. C가 점 $(-2, 4)$에서 $(2, 4)$까지 포물선 $y=x^2$을 따르는 곡선일 때

$$\int_C (x^2+xy)dy$$

의 값을 구하여라.

3. C가 아래에 주어진 적분경로일 때

$$\int_C e^z dz$$

의 값을 구하여라.

(a) C는 $z=\pi i$와 $z=1$을 연결하는 선분

(b) C는 $z=\pi i$에서 $z=1$까지의 좌표축의 부분

4. C가 단위원 $|z|=1$일 때

$$\int_C z^{-1+i}\, dz$$

의 값을 구하여라. 단, 피적분함수는 분지(branch)

$$z^{-1+i}=\exp[(-1+i)\log z],\ \ (|z|>0,\ 0<\arg z<2\pi)$$

를 표시한다.

5. C가 점 $z=0$, $z=1$, $z=1+i$, $z=i$를 꼭지점으로 갖는 정사각형일 때

$$\int_C \pi\exp(\pi\bar{z})dz$$

의 값을 구하여라.

6. 적분경로 $C : |z|=1$이 시계방향과 반대방향으로 움직일 때

$$\int_C |z-1|\,|dz|$$

의 값을 구하여라.

4. 3 Cauchy-Goursat 定理

이 절에서는 Cauchy 정리(또는 Cauchy-Goursat 정리라고도 불려짐)의 여러 가지 형태의 증명을 기하학적으로 그리고 위상적으로 공부해 보려고 한다. Goursat는 원래 Cauchy가 증명한 정리 4.4를 $f'(z)$의 연속성에 대한 가정이 없이 증명을 하였다.

〔**定理 4.6**〕 함수 $f(z)$가 직사각형 C와 그의 내부를 포함하는 한 영역(domain)에서 해석적이면

$$\int_C f(z)dz=0$$

이다.

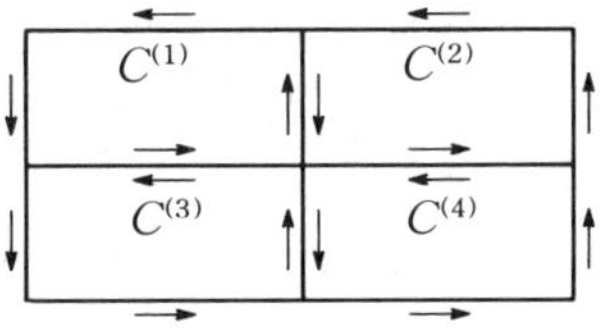

그림 4-10

(증명) 그림 4-10과 같이 C를 서로 합동인 4개의 직사각형 $C^{(1)}$, $C^{(2)}$, $C^{(3)}$, $C^{(4)}$로 나눈다. 그러면 내부의 공통변위에서의 적분은 방향이 반대가 되므로 서로 상쇄된다. 따라서

$$\int_C f(z)dz=\int_{C^{(1)}} f(z)dz+\int_{C^{(2)}} f(z)dz +\int_{C^{(3)}} f(z)dz+\int_{C^{(4)}} f(z)dz$$

이 되고,

$$\left|\int_C f(z)dz\right| \le \left|\int_{C^{(1)}} f(z)dz\right| + \left|\int_{C^{(2)}} f(z)dz\right| + \left|\int_{C^{(3)}} f(z)dz\right| + \left|\int_{C^{(4)}} f(z)dz\right|$$

이제 윗식의 우변의 적분 중 어느 하나를 $\int_{C_1} f(z)dz$로 표시하면,

$$\left|\int_{C_1} f(z)dz\right| \ge \frac{1}{4}\left|\int_C f(z)dz\right|$$

을 얻는다. 또 다시 위와 같이 직사각형 C_1을 또 4개의 합동인 직사각형으로 나누고, 그 중의 어느 하나를 C_2로 표시하면,

$$\left|\int_{C_2} f(z)dz\right| \ge \frac{1}{4}\left|\int_{C_1} f(z)dz\right| \ge \frac{1}{4^2}\left|\int_C f(z)dz\right|$$

이 된다.

이 과정을 계속하면 직사각형들의 수열 $\{C_n\}$을 얻어서 작은 직사각형 C_n에 대하여

$$\left|\int_{C_n} f(z)dz\right| \geq \frac{1}{4}\left|\int_{C_{n-1}} f(z)dz\right|$$
$$\geq \frac{1}{4^n}\left|\int_C f(z)dz\right|$$

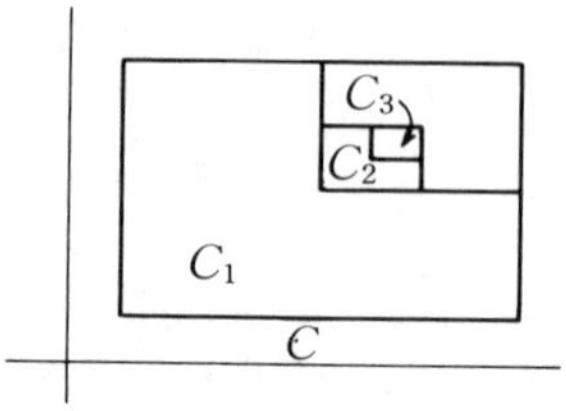

그림 4-11

이 성립한다. 이 때 모든 직사각형들에 공통으로 속하는 한 점 z_0가 존재하고, 각각의 n에 대하여 z_0는 직사각형 C_n의 내부 또는 선상에 있게 된다. 특히 $f(z)$는 z_0에서 해석적이므로 주어진 $\varepsilon>0$에 대해서 $\delta>0$가 존재하여

$$f'(z_0)=\frac{f(z)-f(z_0)}{z-z_0}-\eta(z) \tag{4.9}$$

로 쓸 수 있다. 단, $|z-z_0|<\delta$일 때마다 $|\eta(z)|<\varepsilon$이다. 식 (4.9)을 $f(z)$에 관하여 풀고 적분경로 C_n에 따라서 적분하면 각 n에 대하여

$$\int_{C_n} f(z)dz=\int_{C_n}\{f(z_0)+f'(z_0)(z-z_0)+\eta(z)(z-z_0)\}dz$$
$$=\int_{C_n}\{f(z_0)+f'(z_0)(z-z_0)\}dz$$
$$+\int_{C_n}\eta(z)(z-z_0)dz \tag{4.10}$$

이 성립한다. 식 (4.10)의 우변의 첫번째 피적분함수는 연속인 도함수를 가지므로 정리 4.4를 적용하여

$$\int_{C_n}\{f(z_0)+f'(z_0)(z-z_0)\}dz=0$$

을 얻는다 그러므로 식 (4.10)는

$$\int_{C_n} f(z)dz=\int_{C_n}\eta(z)(z-z_0)dz$$

이 되는데 $C_n\subset N(z_0\,;\,\delta)$이 되도록 n을 충분히 크게 잡으면

$$\left|\int_{C_n} f(z)dz\right|=\left|\int_{C_n}\eta(z)(z-z_0)dz\right|$$
$$\leq\int_{C_n}|\eta(z)||z-z_0||dz|\leq\varepsilon\int_{C_n}|z-z_0||dz|$$

이다. 여기서 직사각형 C_n의 대각선과 둘레의 길이를 각각 D_n, L_n으로 표시하면 C_n 위의 모든 z에 대해서 $|z-z_0|\leq D_n$이므로

$$\left|\int_{C_n} f(z)dz\right|\leq\varepsilon D_nL_n=\varepsilon\frac{D}{2^n}\,\frac{L}{2^n}=\frac{\varepsilon DL}{4^n}$$

이다. 단, 여기서 D와 L은 주어진 직사각형 C의 대각선과 둘레의 길이를 나타낸다. 따라서

$$\left|\int_C f(z)dz\right|\leq 4^n\cdot\frac{\varepsilon DL}{4^n}=\varepsilon DL$$

이고, ε은 임의의 수이므로 $\left|\int_C f(z)dz\right|=0$이 되어서 증명이 완료되었다.

앞절의 정리 4.4에서는 한 영역내에서 연속인 도함수를 갖는 함수는 그 영역에서의 임의의 폐곡선에 따르는 적분값이 0이 된다는 것을 보였다. 그것은 다시 말해서 그 영역내의 임의의 적분경로(contour)에 따르는 적분은 오직 그 적분경로의 시점과 종점에 의존한다는 것을 알 수 있다. 방금 증명한 정리 4.6에서는 적분경로가 직사각형인 경우에 함수가 연속인 도함수를 가져야 한다는 조건이 없다.

이제 한 영역내의 임의의 폐곡선에 대해서도 정리 4.6의 결과를 얘기할 수 있는가를 알아 보자. 우선 어떤 영역에서 不定積分을 갖는 모든 연속함수의 적분은 적분경로에 관계없이 종점들에만 의존한다는 것을 다음 정리에서 밝히고, 다음에 한 원반(disk)에서 해석적인 함수는 한 부정적분을 가진다는 것과 단일연결영역에서 해석적인 함수도 한 부정적분을 가진다는 것을 밝힘으로써 Cauchy 정리를 증명하려고 한다.

〔**定理 4.7**〕 함수 $f(z)$는 한 영역 D내에서 연속이고, D내에서 $F'(z)=f(z)$이 되는 한 미분가능인 함수 $F(z)$가 존재한다고 하자. 그러면 D내에 있는 임의의 곡선 $C: z(t)$, $(a \le t \le b)$에 대해서

$$\int_C f(z)dz = F[z(b)] - F[z(a)]$$

이다.

(**증명**) $F(z)$는 D내에서 연속인 도함수를 가지므로

$$\int_C f(z)dz = \int_C F'(z)dz = \int_a^b F'[z(t)]z'(t)dt$$
$$= \int_a^b \frac{d}{dt}\{F[z(t)]\}dt = F[z(b)] - F[z(a)]$$

만일 곡선 C가 폐곡선(closed contour)이면, $z(a)=z(b)=z_0$이고,

$$\int_C f(z)dz = \int_{z_0}^{z_0} f(z)dz = F(z_0) - F(z_0) = 0$$

이 된다. 위의 정리 4.7은 얼핏보아서는 미적분학의 기본정리와 유사한 것 같으나 중요한 차이가 있다. 미적분학의 기본정리(fundamental theorem of integral calculus)는 $[a, b]$에서 정의된 한 연속함수 $f(x)$는

$$\int_{x_0}^{x_1} f(t)dt = F(x_1) - F(x_0), \quad (a \le x_0 < x_1 \le b)$$

를 만족하는 부정적분(antiderivative) $F(x)$를 갖는다는 것을 말해 주고 있고, 정리 4.7은 단지 연속함수 $f(z)$가 한 부정적분을 가진다고 하면

$$\int_{z_0}^{z_1} f(z)dz = F(z_1) - F(z_0)$$

이 성립한다는 것을 보여주고 있다. 이 때 함수의 연속성이 한 부정적분의 존재성에 대한 충분조건이 되지 못한다.

(例) 함수 $f(z)=\bar{z}$는 복소평면 전체에서 연속이다. 가령 $f(z)=\bar{z}$가 한 부정적분을 갖는다고 가정하면, 폐곡선 $|z|=1$에 대해서 정리 4.7의 결론이 성립해서 적분값이 0이 될 것이다. 그러나

$$\int_{|z|=1} \bar{z}\, dz = \int_{-\pi}^{\pi} e^{-it} i e^{it} dt = 2\pi i \neq 0$$

이다.

이제 부정적분과 해석함수(analytc function) 사이의 관계를 검토해 보자.

〔**定理 4.8**〕 함수 $f(z)$가 닫힌 원반(closed disk) $|z-z_0| \le r$를 포함하는 한 영역에서 해석적이면

$$\int_{|z-z_0|=r} f(z)dz = 0$$

이다.

(증명) 정리 4.7을 이용하기 위해서는 $|z-z_0| \le r$인 모든 z에 대하여 $F'(z)=f(z)$이 성립하는 함수 $F(z)$를 찾으면 충분하다. 원반 내에 임의의 한 점 $z=x+iy$를 택하고, C_1을 $z_0=x_0+iy_0$에서 $x+iy_0$까지의 수평선과 $x+iy_0$에서 $x+iy$까지의 수직선으로 되는 적분경로라 하고, C_2는 $z_0=x_0+iy_0$에서 x_0+iy까지의 수직선과 x_0+iy에서 $x+iy$까지의 수평선으로 되는 적분경로라고 하자.

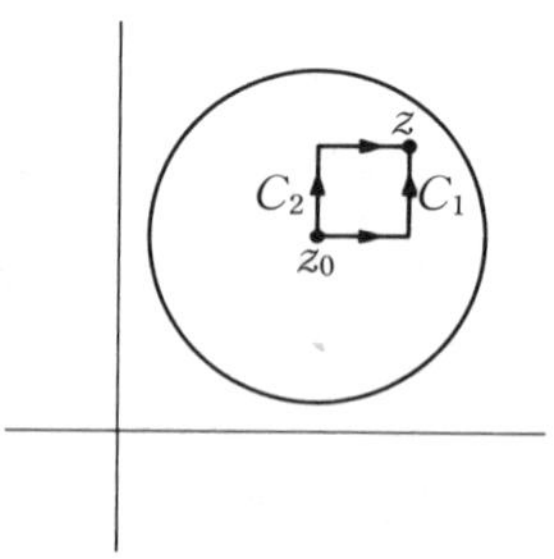

그림 4-12

지금

$$F(z) = \int_{C_1} f(z)dz$$

$$=\int_{x_0}^{x} f(t+iy_0)dt+\int_{y_0}^{y} f(x+it)idt \tag{4.11}$$

라고 정의하면, 정리 4.6에 의해서

$$\int_{C_1-C_2} f(z)dz=\int_{C_1} f(z)dz+\int_{-C_2} f(z)dz$$

$$=\int_{C_1} f(z)dz-\int_{C_2} f(z)dz=0$$

이므로

$$F(z)=\int_{C_2} f(z)dz$$

$$=\int_{y_0}^{y} f(x_0+it)idt+\int_{x_0}^{x} f(t+iy)dt \tag{4.12}$$

와 같이 표시할 수 있다. 식 (4.11)에서 y에 관한 $F(z)$의 편미분은

$$\frac{\partial F}{\partial y}=\frac{\partial}{\partial y}\left(\int_{y_0}^{y} f(x+it)idt\right)=if(x+iy)=if(z) \tag{4.13}$$

마찬가지로 식 (4.12)에서 x에 관한 $F(z)$의 편미분은

$$\frac{\partial F}{\partial x}=\frac{\partial}{\partial x}\left(\int_{x_0}^{x} f(t+iy)dt\right)=f(x+iy)=f(z) \tag{4.14}$$

이 된다. 따라서 식 (4.13)와 식 (4.14)으로부터

$$\frac{\partial F}{\partial x}=-i\frac{\partial F}{\partial y}=f(z)$$

을 얻는데, 이것은 $F(z)$에 대한 Cauchy-Riemann 방정식이고, $f(z)$의 연속성으로부터 $\dfrac{\partial F}{\partial x}$와 $\dfrac{\partial F}{\partial y}$가 연속임을 알게 되어서 z에서 $F(z)$가 해석적이라는 것을 알 수 있다. 한편 z는 $|z-z_0|\leq r$ 내의 임의의 점이었으므로 $F(z)$는 원반 $|z-z_0|\leq r$에서 해석적이고, $F'(z)=\dfrac{\partial F}{\partial x}=f(z)$이며, 또한 $|z-z_0|=r$은 폐곡선이므로 정리 4.7에 의해서

$$\int_{|z-z_0|=r} f(z)dz=0$$

이 증명되었다.

〔**定理 4.9**〕 (Cauchy's Theorem) 함수 $f(z)$가 단일연결영역(simply connected domain) D에서 해석적이고, C를 D내에 있는 한 폐곡선(closed contour)이라고 하면

$$\int_{C} f(z)dz=0$$

이다.

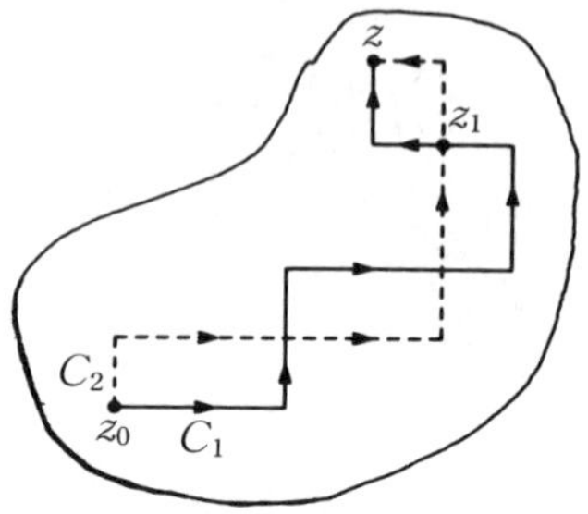

그림 4-13

(증명) 정리 4.7에 따라서 단일연결영역 D내에서 $F'(z)=f(z)$이 성립하는 함수 $F(z)$만 찾으면 충분하다. D내에서 한 점 z_0를 고정시키고, D내의 임의의 점 z를 잡아서 그림 4-13과 같이 z_0에서 z까지의 두 개의 좌표축에 나란한 다각선으로 구성되는 적분 경로를 C_1, C_2라고 하자.

이제 $F(z)$를

$$F(z)=\int_{C_1} f(z)dz$$

라고 정의하면, 정리 4.6에 의하여 각 직사각형을 도는 적분이 0이 되기 때문에

$$\int_{C_1-C_2} f(z)dz=\int_{C_1} f(z)dz-\int_{C_2} f(z)dz=0$$

이 되어 역시

$$F(z)=\int_{C_2} f(z)dz$$

이다. z_0와 $z=x+iy$ 사이의 C_1과 C_2의 마지막 교점을 $z_1=x_1+iy_1$이라고 하자. 그리고 z_0에서 z_1까지의 $f(z)$의 적분값은 적분경로 C_1이나 C_2에 따르던 값이 같으므로 그 값을 K라고 표시하면,

$$\begin{aligned} F(z)&=\int_{C_1} f(z)dz \\ &=K+\int_{x_1}^{x} f(t+iy_1)dt+\int_{y_1}^{y} f(x+it)idt \end{aligned} \tag{4.15}$$

이고, 또한

$$\begin{aligned} F(z)&=\int_{C_2} f(z)dz \\ &=K+\int_{y_1}^{y} f(x_1+it)idt+\int_{x_1}^{x} f(t+iy)dt \end{aligned} \tag{4.16}$$

이 된다. 위의 식 (4.15)로부터

$$\frac{\partial F}{\partial y}=\frac{\partial}{\partial y}\left(\int_{y_1}^{y} f(x+it)idt\right)=if(x+iy)=if(z) \tag{4.16}$$

를 얻고, 식(4.16)로부터

$$\frac{\partial F}{\partial x}=\frac{\partial}{\partial x}\left(\int_{x_1}^{x} f(t+iy)dt\right)=f(x+iy)=f(z)$$

를 얻는다. 따라서

$$\frac{\partial F}{\partial x}=-i\frac{\partial F}{\partial y}=f(z)$$

이 되는데, 이것은 $F(z)$에 대한 Cauchy-Riemann 방정식을 의미하고, 한편

$f(z)$이 연속이라는 사실에서 $F(z)$의 편도함수들은 연속이다. 그러므로 $F(z)$는 D에서 $F'(z)=\frac{\partial F}{\partial x}=f(z)$을 가지면서 해석적이다. 또한 C는 폐곡선이므로 정리 4.7에 의하여

$$\int_C f(z)dz=0$$

이 되므로 증명이 완료되었다.

(備考) 앞절의 정리 4.4의 단일연결영역을 정리 4.5의 다중연결영역으로 일반화시킬 때의 증명에서는 단순히 위상적인 면을 생각하고, 편도함수의 연속성은 사용하지 않았다. 따라서 정리 4.9의 Cauchy 정리는 역시 다중연결영역에 대해서도 성립한다. 증명은 정리 4.5에서와 마찬가지로 다중연결영역을 단일연결영역으로 전환시켜서 증명한다. 그러나 다중연결영역에 대한 Cauchy 정리는 단일연결영역에 대해서 사용한 것과 같은 방법으로 직접 증명이 되지는 않는다. 왜냐하면 다중연결영역에서는 해석함수가 반드시 단가의 해석적인 부정적분을 가질 필요는 없기 때문이다. 이를테면 $\log(z-z_0)$는 어떤 한 分枝에 국한될 때에 한해서 $1/(z-z_0)$의 해석적인 부정적분이 된다.

단일연결영역에서의 해석적인 대수(analytic logarithm)의 이러한 개념은 다음 정리에서 명백해진다.

〔**定理 4.10**〕 만일 $f(z)$가 단일연결영역 D에서 해석적이고, $f(z)\neq 0$이면, D에서 해석적인 함수 $g(z)$가 존재해서

$$e^{g(z)}=f(z)$$

이 성립한다.

(증명) D에서 $f(z)\neq 0$이므로 함수 $f'(z)/f(z)$는 D에서 해석적이다. 또한 D내의 임의의 두 점 사이의 $f'(z)/f(z)$의 적분은 단일연결영역인 D내의 어느 적분경로를 택하든 일정하다. 이제 z_0를 D내의 한 고정된 점이라 하고, D내의 임의의 한 점 z까지의 임의의 적분경로에 대해서 $g(z)$를

$$g(z)=\int_{z_0}^{z}\frac{f'(\zeta)}{f(\zeta)}d\zeta+\operatorname{Log}f(z_0)$$

로 정의하자. 그리고

$$h(z)=f(z)e^{-g(z)}$$

라고 놓으면

$$\begin{aligned}h'(z)&=f'(z)e^{-g(z)}-f(z)g'(z)e^{-g(z)}\\&=f'(z)e^{-g(z)}-f(z)\frac{f'(z)}{f(z)}e^{-g(z)}=0\end{aligned}$$

이므로 $h(z)$는 D에서 한 상수함수이다. 특히 $z=z_0$라고 두면

$$h(z_0)=f(z_0)e^{-g(z_0)}=f(z_0)e^{-\mathrm{Log}f(z_0)}=1$$

이 되므로 D내의 모든 z에 대해서 $f(z)e^{-g(z)}\equiv 1$ 곧 $e^{g(z)}=f(z)$이다.

〔**系**〕 만일 $f(z)$가 단일연결영역 D에서 해석적이고, $f(z)\neq 0$이면, n이 양의 정수일 때 $(f(z))^{1/n}$의 해석적 분지(analytic branch)는 D내에서 정의된다.

(**증명**) 정리 4.10에 의해서 $g(z)$가 D에서 해석적이고, $f(z)=e^{g(z)}$로 표시할 수 있다. 이 때 $(f(z))^{1/n}$을

$$(f(z))^{1/n}=e^{(1/n)g(z)}$$

에 의해서 정의하면, $(f(z))^{1/n}$의 한 해석적 분지가 정의된다. 일반적으로 n개의 함수 $e^{[g(z)+2k\pi i]/n}$, $(k=0, 1, 2, \cdots, n-1)$의 각각은 $(f(z))^{1/n}$의 한 해석적 분지이다.

〔**例 題**〕

1. 만일 $f(z)$가 한 영역에서 해석적이고, C가 그 영역에 있는 한 폐곡선이라고 하면

$$\int_C |f(z)|\,dz=0$$

이 되는가?

(**解**) 반드시 그렇지는 않다. 왜냐하면 $|f(z)|$은 해석적이 아니기 때문이다.

2. 함수 $f(z)$가 한 적분경로(contour) 위에서 해석적일 때

$$\int_C f(z)dz=0$$

이라고 할 수 있는가?

(**解**) 반드시 그렇지는 않다. 예를 들어 $f(z)=\dfrac{1}{z}$은 $|z|=1$인 원 위에서 해석적이나

$$\int_{|z|=1}\frac{1}{z}dz\neq 0$$

이다.

3. $z=0$를 한 내점으로 갖는 한 단일폐곡선(simple closed contour) C에 따라서

$$\int_C \frac{1}{z-z_0}dz$$

의 값을 구하여라.

(解) 적당히 작은 양수 ε에 대하여 원 $C_1 : |z-z_0|=\varepsilon$이 폐곡선 C의 내부에 있도록 잡으면, 함수 $f(z)=1/(z-z_0)$은 C와 원 C_1 사이의 다중연결영역에서 해석적이다. 따라서

$$0=\int_{C+C_1}\frac{1}{z-z_0}dz$$

$$=\oint_C\frac{1}{z-z_0}dz+\oint_{C_1}\frac{1}{z-z_0}dz$$

곧

$$\oint_C\frac{1}{z-z_0}dz=-\oint_{C_1}\frac{1}{z-z_0}dz$$

$$=\oint_{-C_1}\frac{dz}{z-z_0}$$

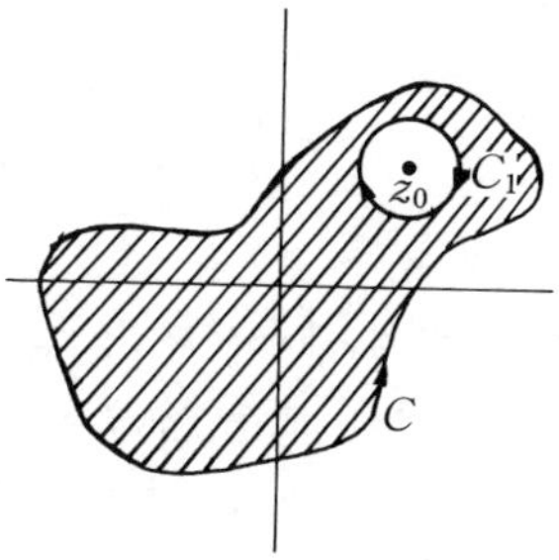

그림 4-14

이다. 여기서 C_1의 양의 방향은 시계방향과 같으므로 $-C_1$의 방향은 시계방향과 반대의 방향이 된다.

$$-C_1 : z(t)=\varepsilon e^{it},\ \ (0\leq t\leq 2\pi)$$

이라 하면

$$\oint_C\frac{1}{z-z_0}dz=\oint_{-C_1}\frac{1}{z-z_0}dz=\int_0^{2\pi}\frac{z'(t)}{z(t)}dt=\int_0^{2\pi}\frac{i\varepsilon e^{it}}{\varepsilon e^{it}}dt=2\pi i$$

4. 만일 C가 단일곡선(simple curve)이 아닌 한 폐곡선이라고 하면

$$\int_C\frac{1}{z}dz$$

의 값은 어떻게 되는가?

(解) $2\pi i$의 임의의 정수배(integral multiple)가 된다.

5. 정리 4.10에서 함수 $g(z)$는 유일하게 존재하는가?

(解) 만일 $g_0(z)$가 $e^{g(z)}=f(z)$가 되는 한 解라고 하면

$$g_0(z)+2k\pi i,\ \ (k\text{는 정수})$$

도 또한 해가 된다.

問 題

1. $f(z)$는 어느 곳에서도 해석적이 아니면서 각각의 $r>0$에 대해서

$$\int_{|z|=r}f(z)dz=0$$

이 성립하는 한 함수의 例를 들어 보라.

(풀이) $f(z)=\dfrac{1}{z^2}$

2. 영역 D가 $1\leq|z|\leq 2$이고, D의 경계곡선을 C라 할 때

$$\int_C \frac{dz}{z^2(z^2+9)}=0$$

임을 밝혀라.

(풀이) $f(z)=1/z^2(z^2+9)$는 점 $z=0$, $z=\pm 3i$를 제외한 모든 점에서 해석적이므로 $f(z)$는 영역 D내와 경계선 C상에서 해석적이다. 따라서 Cauchy의 정리에 의하여

$$\int_C f(z)dz=\int_C \frac{dz}{z^2(z^2+9)}=0$$

이다.

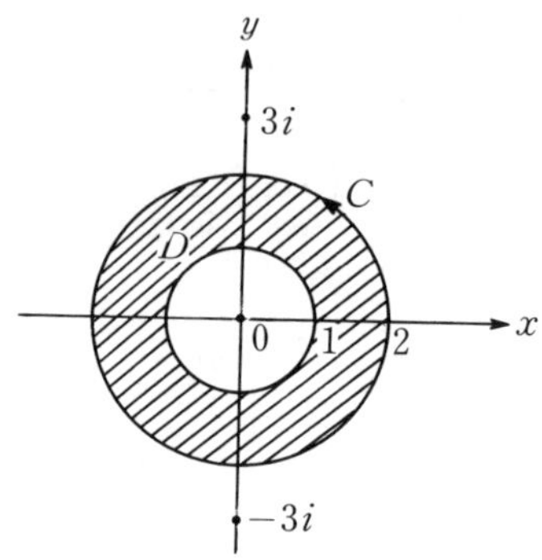

그림 4-15

3. C가 원 $|z|=1$일 때 다음에 주어진 함수 $f(z)$에 대하여

$$\oint_C f(z)dz=0$$

임을 밝혀라.

(a) $f(z)=\tan z$

(b) $f(z)=\log(z+2)$의 主分枝

(풀이) (a) $f(z)=\tan z$는 $z=\pm\dfrac{2n+1}{2}\pi$, $(n=0, 1, 2, \cdots)$를 제외한 모든 점에서 해석적이므로 원 $|z|=1$의 내부 및 둘레에서 해석적이다. 따라서 Cauchy 정리에 의하여

$$\int_{|z|=1}\tan z\,dz=0$$

이다.

(b) $f(z)=\log(z+2)$의 主合枝에서는 $z+2=re^{i\theta}$라 놓을 때 $r>0$, $-\pi<\theta\leq\pi$이므로 $f(z)$는 分枝點 $z=-2$와 分枝線(branch cut) $\theta=\pi$를 제외한 모든 점에서 해석적이다. 따라서 $f(z)$는 圓 $|z|=1$의 내부 및 둘레 위에서 해석적이므로 Cauchy 정리에 의하여

$$\int_{|z|=1}\log(z+2)dz=0$$

이다.

4. 그림 4-16과 같은 영역 D의 양의 방향이 붙여진 경계곡선을 C라 할 때

$$\int_C \frac{z}{1-e^z}dz=0$$

임을 밝혀라.

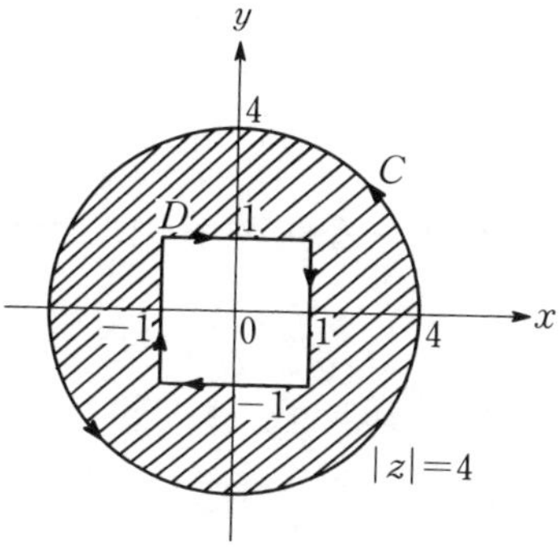

그림 4-16

(풀이) $f(z)=\dfrac{z}{1-e^z}$는 $z=2n\pi i$, $(n=0, \pm1, \pm2, \cdots)$를 제외한 모든 점에서 해석적이므로 $f(z)$는 영역 D 및 경계선 C 위에서 해석적이다. 따라서 Cauchy 정리에 의하여

$$\int_C f(z)dz=\int_C \frac{z}{1-e^z}dz=0$$

이다.

5. 함수 $f(z)$가 한 단일연결영역(simply connected domain) D에서 연속이고, a와 z가 D내의 두 점이라고 할 때

$$F(z)=\int_a^z f(\zeta)d\zeta$$

는 D에서 解析的이고, $F'(z)=f(z)$임을 증명하여라.

(풀이)
$$\frac{F(z+\Delta z)-F(z)}{\Delta z}-f(z)$$
$$=\frac{1}{\Delta z}\left\{\int_a^{z+\Delta z}f(\zeta)d\zeta-\int_a^z f(\zeta)d\zeta\right\}-f(z)$$
$$=\frac{1}{\Delta z}\int_z^{z+\Delta z}[f(\zeta)-f(z)]d\zeta$$

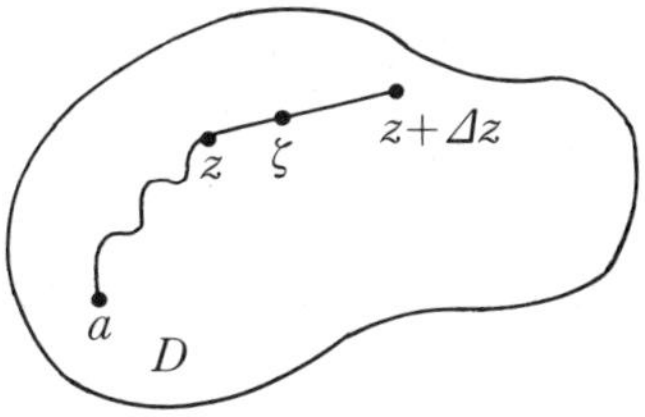

그림 4-17

인데, 위의 마지막 적분은 z에서 $z+\Delta z$까지의 경로에 관계 없으므로 z와 $z+\Delta z$를 연결하는 선분에 따라 적분하고 $|\Delta z|$를 충분히 작게 잡는다. 그러면 $f(z)$의 연속성에 의하여 주어진 $\varepsilon>0$에 대하여 만일 $|\Delta z|<\delta$되게 하면 $|\zeta-z|<\delta$일 때마다

$$|f(\zeta)-f(z)|<\varepsilon$$

이 된다. 따라서

$$\left|\int_z^{z+\Delta z}[f(\zeta)-f(z)]d\zeta\right|<\varepsilon\int_z^{z+\Delta z}|d\zeta|=\varepsilon|\Delta z|$$

이므로 $|\Delta z|<\delta$되게 하면

$$\left|\frac{F(z+\Delta z)-F(z)}{\Delta z}-f(z)\right|=\frac{1}{|\Delta z|}\left|\int_z^{z+\Delta z}[f(\zeta)-f(z)]d\zeta\right|<\varepsilon$$

이 된다. 즉 $\lim\limits_{\Delta z\to0}\dfrac{F(z+\Delta z)-F(z)}{\Delta z}=f(z)$이고, z는 D내의 임의의 점이므로 $F(z)$는 D에서 해석적이고, $F'(z)=f(z)$이다.

연습 문제 4.3

1. C가 다음의 원을 나타낼 때

$$\int_C \frac{1}{1+z^2} dz$$

의 값을 구하여라.

(a) $C : |z-i|=1$ (b) $|z|=2$

2. 함수 $f(z)=\dfrac{e^z}{z}$를 실부분과 허부분으로 나누어서

$$\int_C f(z)dz$$

의 값을 계산하여라. 단, C는

(a) 원 $|z|=1$ (b) 원 $|z-2|=1$

3. $f(z)=\dfrac{1}{1+z^2}$이고 C가 다음과 같을 때 $\int_C f(z)dz$의 값을 구하여라.

(a) $|z+i|=1$ (b) $|z-1|=1$

4. C가 꼭지점 $\pm 1 \pm i$를 갖는 정사각형일 때

$$\int_C \frac{e^z}{z} dz$$

의 값을 구하여라.

5. $|a| \neq \rho$인 조건하에서

$$\int_{|z|=\rho} \frac{|dz|}{|z-a|^2}$$

의 값을 구하여라.

〈4장 보충 문제〉

1. 곡선 $C : z(t)=e^{it}$, $(-\pi \leq t \leq \pi)$에 따라서 $f(z)$가 다음과 같을 때 $\int_C f(z)dz$의 값을 구하여라.

(a) $f(z)=z^2$ (b) $f(z)=\frac{1}{z}$

(c) $f(z)=\frac{1}{z^2}$ (d) $f(z)=2\bar{z}-i\left(z+\frac{1}{z}\right)$

2. 다음을 증명하여라.

(a) $\left|\int_{|z|=1}\frac{dz}{3+5z^2}\right|\le\pi$ (b) $\left|\int_{|z|=1}\frac{2z+1}{5+z^2}dz\right|\le\frac{3\pi}{2}$

3. 꼭지점이 $\pm1\pm i$ 인 정사각형을 C라고 할 때

$$\int_C\frac{1}{z}dz$$

의 값을 구하여라.

4. C가 단위원일 때 $\int_C z\sin z^2dz$ 의 값을 구하여라.

5. C가 단위원일 때

$$\left|\int_C\frac{\sin z}{z^2}dz\right|\le2\pi e$$

임을 증명하여라.

6. 다음에 주어진 함수 $f(z)$와 적분경로 C에 대하여

$$\int_C f(z)dz$$

의 값을 구하여라.

(a) $f(z)=z^3$; C는 점 $z=0$에서 $z=2+i$까지의 선분

(b) $f(z)=\bar{z}$; C는 원 $|z|=1$

(c) $f(z)=(z+2)/z$; C는 반원 $z(t)=2e^{it}$, $(0\le t\le\pi)$

(d) $f(z)=\begin{cases}4y, & (y>0)\\ 1, & (y<0)\end{cases}$; C는 $z=-1-i$에서 $z=1+i$까지의 곡선 $y=x^3$

7. C가 꼭지점 $\pm1\pm i$를 갖는 정사각형일 때 다음 함수들에 대하여 Cauchy 정리를 설명하여라.

(a) $f(z)=3z-2$ (b) $f(z)=z^2+3z-1$

8. 가령 $\mathrm{Re}z_0>0$이고 $\mathrm{Re}z_1>0$이라 할 때 우측에 있는 半平面 안의 적분 경로에 따라서

$$\int_{z_0}^{z_1} \frac{1}{z} dz$$

의 값을 구하여라.

9. 어떤 단일폐곡선(simple closed contour) C에 대하여

$$\int_C \frac{dz}{z^2+z+1} = 0$$

이 성립하는가?

10. C가 원 $|z|=3$일 때

$$\int_C \frac{2z^2-15z+30}{z^3-10z^2+32z-32} dz$$

의 값을 구하여라.

5장 Cauchy 의 積分公式과 그 應用

이 章에서는 Cauchy 의 積分公式을 유도하고, 이것을 활용하여 한 領域에서 解析的인 函數는 그 영역의 내부에 있는 원반에서 수렴하는 하나의 멱급수(power series)로 나타낼 수 있다는 것을 증명한다.

또한 Cauchy 정리의 역과 같은 Morera 의 定理를 다루고, Cauchy 의 不等式을 이용하여 Liouville 의 정리, 대수학의 기본정리, 최대치 정리, 편각원리 등을 공부하기로 한다.

5.1 Cauchy 의 積分公式과 Morera 定理

$f(z)$가 단일연결영역 D내에서 해석적인 함수일 때, D내에 있는 모든 閉曲線 C에 따라서 $\int_C f(z)dz=0$이 됨은 알고 있다. 또한 4장에서 z_0가 C의 내부에 있는 한 점이라고 할 때

$$\int_C \frac{1}{z-z_0}dz=2\pi i$$

임을 알았다.

〔**定理 5.1**〕 $f(z)$가 단일폐곡선(simple closed contour) C를 포함하는 단일연결영역(simply connected domain) D내에서 해석적인 함수라 하자. 만일 z_0가 C의 내부에 있는 한 점이라고 하면,

$$f(z_0)=\frac{1}{2\pi i}\int_C \frac{f(z)}{z-z_0}dz \tag{5.1}$$

이다.

(증명) 주어진 $\varepsilon>0$에 대해서 C의 내부에 원 $C_1: |z-z_0|=r$을 충분히 작게 그려서 C_1 위의 모든 z에 대하여 $|f(z)-f(z_0)|<\varepsilon$이 성립하도록 C_1을 그린다 다중연결영역(multiply connected domain)에 대한 Cauchy 정리에 따라서

$$\int_C \frac{f(z)}{z-z_0}dz=\int_{C_1}\frac{f(z)}{z-z_0}dz \tag{5.2}$$

이다. 곧

$$\begin{aligned}\int_{C_1}\frac{f(z)}{z-z_0}dz&=\int_{C_1}\frac{f(z_0)+[f(z)-f(z_0)]}{z-z_0}dz\\&=\int_{C_1}\frac{f(z_0)}{z-z_0}dz+\int_{C_1}\frac{f(z)-f(z_0)}{z-z_0}dz\\&=2\pi if(z_0)+\int_{C_1}\frac{f(z)-f(z_0)}{z-z_0}dz\end{aligned}$$

이다. 그런데

$$\begin{aligned}\left|\int_{C_1}\frac{f(z)-f(z_0)}{z-z_0}dz\right|&\leq\int_{C_1}\frac{|f(z)-f(z_0)|}{|z-z_0|}|dz|\\&<\frac{\varepsilon}{r}\int_{C_1}|dz|=\frac{\varepsilon}{r}(2\pi r)=2\pi\varepsilon\end{aligned}$$

이고, ε은 임의의 수이므로 $\displaystyle\int_{C_1}\frac{f(z)-f(z_0)}{z-z_0}dz=0$이 된다. 따라서 식 (5.2)로부터 식 (5.1)이 증명된다.

(備考) 우리는 정리 5.1을 통하여 다음 사실을 알 수 있다. 즉, 만일 $f(z)$가 단일영역의 내부 및 그 경계상에서 해석적이고, 그 경계 위에서 $f(z)$의 값을 알고 있으면, 그 경계의 내부에 있는 점 z_0에서의 함수치 $f(z_0)$를 결정할 수 있다. 그러나 실변수함수에서는 이것이 적용되지 않는다.

〔**定理 5.2**〕 (Cauchy의 積分公式) $f(z)$가 단일폐곡선 C를 포함하는 단일연결영역에서 해석적이면, $f(z)$는 C내의 각 점 z_0에서 모든 階(order)의 도함수를 가지며,

$$f^{(n)}(z_0)=\frac{n!}{2\pi i}\int_C\frac{f(z)}{(z-z_0)^{n+1}}dz \tag{5.3}$$

와 같이 표시된다.

(증명) 수학적 귀납법에 의해서 식 (5.3)을 증명한다. 우선 $n=0$일 때 식 (5.1)에 의해 (5.3)이 성립한다.

$n=1$ 일 때

$$f'(z_0)=\frac{1}{2\pi i}\int_C \frac{f(z)}{(z-z_0)^2}dz \qquad (5.4)$$

이 됨을 증명하자. C의 내부에 한 원 $C_1: |z-z_0|=r$을 그리고, $|h|\le\frac{r}{2}$이 되도록 h를 충분히 작게 잡아서, 점 z_0+h가 C내부에 있도록 하자.

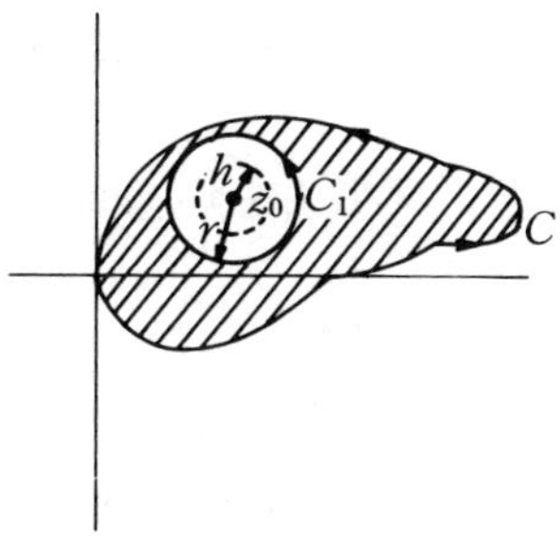

그림 5-1

$$f(z_0+h)=\frac{1}{2\pi i}\int_C \frac{f(z)}{z-(z_0+h)}dz$$

이므로

$$\frac{f(z_0+h)-f(z_0)}{h}=\frac{\frac{1}{2\pi i}\int_C\left(\frac{1}{z-z_0-h}-\frac{1}{z-z_0}\right)f(z)dz}{h}$$

$$=\frac{1}{2\pi i}\int_C \frac{f(z)}{(z-z_0-h)(z-z_0)}dz$$

이제, $h\to 0$일 때의 극한치가 식 (5.4)와 같게 됨을 밝히면 된다. $f(z)$은 C_1 상에서 연속이므로 M이 존재하여 $|f(z)|\le M$이 되고 다중연결영역에 대한 Cauchy 정리를 적용하면,

$$\left|\frac{1}{2\pi i}\int_C \frac{f(z)}{(z-z_0)(z-z_0-h)}dz-\frac{1}{2\pi i}\int_C \frac{f(z)}{(z-z_0)^2}dz\right|$$

$$=\left|\frac{h}{2\pi i}\int_C \frac{f(z)}{(z-z_0)^2(z-z_0-h)}dz\right|$$

$$=\left|\frac{h}{2\pi i}\int_{C_1} \frac{f(z)}{(z-z_0)^2(z-z_0-h)}dz\right|$$

$$\le\frac{|h|}{2\pi}\int_{C_1}\frac{|f(z)|}{|z-z_0|^2|z-z_0-h|}|dz|$$

$$\le\frac{|h|M}{2\pi r^2}\int_{C_1}\frac{|dz|}{|z-z_0|-|h|}$$

$$\le\frac{|h|M}{\pi r^3}\int_{C_1}|dz|=|h|\left(\frac{2M}{r^2}\right)$$

이다. 따라서 $h\to 0$일 때

$$f'(z_0)=\lim_{h\to 0}\frac{1}{2\pi i}\int_C \frac{f(z)}{(z-z_0-h)(z-z_0)}dz$$

$$=\frac{1}{2\pi i}\int_C \frac{f(z)}{(z-z_0)^2}dz$$

식 (5.4)에서 보여주는 것은 곡선 C위에서의 $f(z)$의 값을 가지고 C의 내부의 임의의 점 z_0에서의 $f'(z_0)$의 값을 나타낼 수 있다는 것이다. 또, 가정에서 $f(z)$는 C의 내부의 모든 점에서 미분가능하므로 위의 과정을 반복할 수 있다.

즉, 식 (5.4)로부터

$$\frac{f'(z_0+h)-f'(z_0)}{h}=\frac{1}{2\pi i}\int_C \frac{\{2(z-z_0)-h\}f(z)}{(z-z_0)^2(z-z_0-h)^2}dz \qquad (5.5)$$

이고, 위와 비슷한 방법으로 $h\to 0$일 때의 극한값을 구하면

$$f''(z_0)=\frac{2}{2\pi i}\int_C \frac{f(z)}{(z-z_0)^3}dz \qquad (5.6)$$

이다. 식 (5.6)으로부터 우리는 C의 내부에 있는 모든 점에서의 $f''(z)$의 존재성을 알고, 그 값은 C 위에서의 $f(z)$의 값으로 나타낼 수 있다는 것을 알았다. 이 과정을 계속 반복하므로서 귀납법에 의하여 n번째의 도함수

$$f^{(n)}(z_0)=\frac{n!}{2\pi i}\int_C \frac{f(z)}{(z-z_0)^{n+1}}dz$$

을 얻는다.

따라서 곡선 C의 각 내점에서의 모든 階의 導函數는 C의 경계위에서의 함수치 $f(z)$을 가지고 표시할 수 있다.

(備考) 정리 5.2의 Cauchy의 積分公式은 多重連結領域에 대해서도 성립한다. 우선 그림 5-2와 같은 다중연결영역에 대해서 식 (5.1)이 성립함을 보이자.

가령 $f(z)$가 곡선 $C=C_1\cup C_2$를 경계로 갖는 다중연결영역 R에서 해석적이라 하고, z_0를 중심으로 R내에 포함되는 한 원 Γ를 그린다. 그러면 다중연결영역에 대한 Cauchy 정리에 의해서

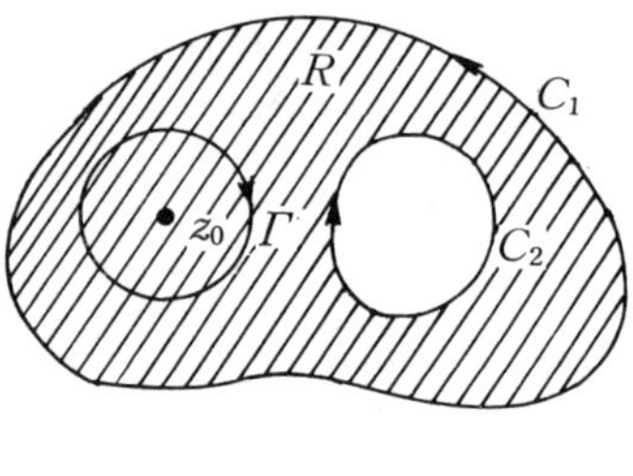

그림 5-2

$$\frac{1}{2\pi i}\oint_{C_1}\frac{f(z)}{z-z_0}dz+\frac{1}{2\pi i}\oint_{C_2}\frac{f(z)}{z-z_0}dz+\frac{1}{2\pi i}\int_\Gamma \frac{f(z)}{z-z_0}dz=0$$

따라서 정리 5.1에 의해서

$$f(z_0)=\frac{1}{2\pi i}\int_\Gamma \frac{f(z)}{z-z_0}dz \text{ (단, } \Gamma \text{는 시계방향과 반대방향임)}$$

$$=\frac{1}{2\pi i}\oint_{C_1}\frac{f(z)}{z-z_0}dz-\frac{1}{2\pi i}\oint_{C_2}\frac{f(z)}{z-z_0}dz$$

$$=\frac{1}{2\pi i}\int_C \frac{f(z)}{z-z_0}dz$$

이므로 다중연결영역에 대해서도 정리 5.1이 성립한다.

〔**定理 5.3**〕 $\{f_n(z)\}$은 곡선 C 위에서 연속인 함수열이고, $\{f_n(z)\}$이 C 위에서 $f(z)$에 평등수렴한다고 하면,

$$\lim_{n\to\infty}\int_C f_n(z)dz=\int_C(\lim_{n\to\infty} f_n(z))dz=\int_C f(z)dz \tag{5.7}$$

이 성립한다.

(**증명**) 정리 4.4에 의해서 $f(z)$는 C에서 연속이므로 $\int_C f(z)dz$이 존재한다 주어진 $\varepsilon>0$에 대해서 정수 $N=N(\varepsilon)$이 존재해서 C 위의 모든 z에 대하여

$$n>N \Longrightarrow |f_n(z)-f(z)|<\varepsilon$$

이다. 곡선 C의 길이를 L이라고 하면 $n>N$인 모든 n에 대하여

$$\left|\int_C f_n(z)dz-\int_C f(z)dz\right|=\left|\int_C[f_n(z)-f(z)]dz\right|$$
$$\leq\int_C|f_n(z)-f(z)||dz|<\varepsilon L$$

이 되고, ε은 임의의 수이므로 식 (5.7)이 증명되었다.

〔**系**〕 $\{f_n(z)\}$은 C에서 연속인 함수열이고, $\sum_{n=0}^{\infty}f_n(z)$이 C 위에서 평등수렴하면

$$\sum_{n=0}^{\infty}\left(\int_C f_n(z)dz\right)=\int_C\left(\sum_{n=0}^{\infty}f_n(z)\right)dz$$

이 성립한다.

(**증명**) $S_n(z)=\sum_{k=0}^{n}f_k(z)$라고 놓으면

$$\sum_{n=0}^{\infty}\left(\int_C f_n(z)dz\right)=\lim_{n\to\infty}\left(\sum_{k=0}^{n}\int_C f_k(z)dz\right)=\lim_{n\to\infty}\int_C S_n(z)dz$$

이다. 정리 5.3에 의해서

$$\lim_{n\to\infty}\int_C S_n(z)dz=\int_C(\lim_{n\to\infty}S_n(z))dz=\int_C\left(\sum_{n=0}^{\infty}f_n(z)\right)dz$$

〔**定理 5.4**〕 $f(z)$가 경계 C를 갖는 영역 D에서 해석적이고, z_0가 D내의 한 점이면 $f(z)$은 다음과 같이 급수로 표시된다.

$$f(z)=f(z_0)+f'(z_0)(z-z_0)+\frac{f''(z_0)}{2!}(z-z_0)^2+\cdots$$
$$+\frac{f^{(n)}(z_0)}{n!}(z-z_0)^n+\cdots$$

단, z_0에서 C의 가장 가까운 점까지의 거리를 δ로 나타낼 때, 위 급수는 $|z-z_0|<\delta$에 대해서 수렴한다.

(**증명**) z_0를 중심으로 반지름 ρ $(\rho<\delta)$인 원 C_1을 C의 내부에 그린다. 지금 z

를 원 C_1 내부의 임의의 점이라고 하면, Cauchy의 적분공식에 의하여

$$f(z)=\frac{1}{2\pi i}\int_{C_1}\frac{f(\zeta)}{\zeta-z}d\zeta$$

이다. 여기서 $|z-z_0|=r$이라고 놓으면

$$r=|z-z_0|<|\zeta-z_0|=\rho$$

이므로

$$\frac{1}{\zeta-z}=\frac{1}{\zeta-z_0-(z-z_0)}$$

$$=\frac{1}{(\zeta-z_0)\left[1-\dfrac{z-z_0}{\zeta-z_0}\right]}=\sum_{n=0}^{\infty}\frac{(z-z_0)^n}{(\zeta-z_0)^{n+1}}$$

은 C_1 위에서 평등수렴한다. 따라서 정리 5.3의 系를 이용하여, 양변에 $\dfrac{f(\zeta)}{2\pi i}$를 곱하고, 항별로 적분하면

$$f(z)=\frac{1}{2\pi i}\int_{C_1}\frac{f(\zeta)}{\zeta-z}d\zeta=\frac{1}{2\pi i}\int_{C_1}\left(\sum_{n=0}^{\infty}\frac{(z-z_0)^n}{(\zeta-z_0)^{n+1}}\right)f(\zeta)d\zeta$$

$$=\sum_{n=0}^{\infty}(z-z_0)^n\left(\frac{1}{2\pi i}\int_{C_1}\frac{f(\zeta)}{(\zeta-z_0)^{n+1}}d\zeta\right)$$

$$=\sum_{n=0}^{\infty}\frac{f^{(n)}(z_0)}{n!}(z-z_0)^n$$

이다.

만일 z_0를 내점으로 갖는 모든 단일폐곡선 C를 따라서 $\int_C f(z)dz=0$이 된다고 하면 $f(z)$는 z_0에서 해석적일까? 이러한 Cauchy 정리의 역은 반드시 성립하지는 않는다. 이를테면, $z=0$를 내점으로 갖는 모든 단일폐곡선 C에 대하여

$$\int_C\frac{1}{z^2}dz=\int_{|z|=\varepsilon}\frac{1}{z^2}dz=\int_0^{2\pi}\frac{i\varepsilon e^{i\theta}}{\varepsilon^2e^{2i\theta}}d\theta=\frac{i}{\varepsilon}\int_0^{2\pi}e^{-i\theta}d\theta=0$$

이지만 $\dfrac{1}{z^2}$은 $z=0$에서 해석적이 아니다.

〔**定理 5.5**〕 (Morera의 정리) $f(z)$가 한 영역 D에서 연속이라고 하자. 만일 D 내의 모든 단일폐곡선 C에 대하여

$$\int_C f(z)dz=0$$

이 성립한다고 하면, $f(z)$은 D에서 해석적이다.

(**증명**) D내에 한 점 z_0를 고정시키고, z를 D내의 임의의 점이라 하면 함수

$$F(z)=\int_{z_0}^{z}f(\zeta)d\zeta$$

는 가정에 의해서 z_0에서 z까지의 적분경로에 관계없이 적분값이 일정하다. 지금 h를 충분히 작게 잡아 z에서 $z+h$까지의 선분이 D내에 있도록 하면,

$$\frac{F(z+h)-F(z)}{h}=\frac{1}{h}\left[\int_{z_0}^{z+h}f(\zeta)d\zeta-\int_{z_0}^{z}f(\zeta)d\zeta\right]$$
$$=\frac{1}{h}\int_{z}^{z+h}f(\zeta)d\zeta$$

이고

$$\frac{F(z+h)-F(z)}{h}-f(z)=\frac{1}{h}\int_{z}^{z+h}[f(\zeta)-f(z)]d\zeta$$

이다. 한편 $f(z)$는 z에서 $z+h$까지의 선분 위에서 연속이므로 $|h|$을 충분히 작게 하여 $|f(\zeta)-f(z)|<\varepsilon$이 되게 할 수 있다. 따라서

$$\left|\frac{F(z+h)-F(z)}{h}-f(z)\right|<\frac{1}{|h|}\varepsilon|h|=\varepsilon$$

이 되고, ε은 임의의 수이므로 $F(z)$는 D에서 $F'(z)=f(z)$를 가지면서 해석적인 함수이다. 더우기 $F(z)$는 모든 계의 도함수를 가지고, 특히 D내의 모든 점에서 $F''(z)=f'(z)$이므로 $f(z)$는 D에서 해석적이다.

〔**系**〕 $f(z)$가 단일연결영역 D에서 해석적이고, z_0가 D내의 한 점이면,

$$F(z)=\int_{z_0}^{z}f(\zeta)d\zeta$$

는 D에서 해석적인 함수이다.

(증명) Cauchy 정리에 의하여 D내에 있는 모든 폐곡선 C에 대하여 $\int_C f(z)dz=0$이다. 따라서 Morera 정리의 가설이 만족되므로 정리 5.5의 증명에서와 같이 $F(z)$는 D에서 해석적이다.

〔**定理 5.6**〕 $\{f_n(z)\}$은 한 영역 D에서 해석함수들의 수열이고, D의 모든 compact인 부분집합에서 $\{f_n(z)\}$이 $f(z)$에 평등수렴한다고 하면, $f(z)$는 D에서 해석적이다.

(증명) z_0를 D내의 임의의 점이라 하고 $f(z)$가 z_0에서 해석적임을 증명하자. D내에 포함되는 z_0의 한 근방 D'를 그리면 정리 4.4에 의해서 $f(z)$는 D'에서 연속이다. 따라서 정리 5.3에 의하여 D'내에 포함되는 모든 단일폐곡선 C에 대해서

$$\lim_{n\to\infty}\int_C f_n(z)dz=\int_C f(z)dz \tag{5.8}$$

이 성립한다. $f_n(z)$는 D'에서 해석적이므로 각각의 n과 단일폐곡선 C에 대해서 $\int_C f_n(z)dz=0$이고, 식 (5.8)에 의해서 $\int_C f(z)dz=0$을 얻는다. 따라서

Morera의 정리를 적용하여 $f(z)$는 D'에서 해석적이고, 특히 $f(z)$는 z_0에서 해석적이다.

(備考) 정리 5.6의 내용을 급수에 관하여 서술하면 다음과 같다. 만일 $\{f_n(z)\}$이 해석함수들의 수열이고 $\sum_{k=0}^{\infty} f_k(z)$이 D의 compact인 부분집합에서 $f(z)$에 평등수렴하면 $f(z)$는 D에서 해석적이다. 이것은 D내에 포함되는 각 단일폐곡선 C에 대해서

$$\sum_{k=0}^{\infty}\left(\int_C f_k(z)dz\right)=\int_C\left(\sum_{k=0}^{\infty} f_k(z)\right)dz=\int_C f(z)dz=0$$

임을 주목하면 쉽게 할 수 있다.

〔系〕 $\{f_n(z)\}$은 D에서 해석함수들의 수열이고, $f(z)=\sum_{n=0}^{\infty} f_n(z)$은 D의 모든 compact인 부분집합에서 평등수렴한다고 하자. 그러면 D내의 모든 z에 대해서

$$f'(z)=\sum_{n=0}^{\infty} f_n'(z)$$

이다.

(증명) 정리 5.6에 따라서 $f(z)$는 D에서 해석적이다. 정리 5.2에 의하여 D내에 포함되는 z의 한 근방 D'에서 임의의 단일폐곡선 C를 잡으면

$$f'(z)=\frac{1}{2\pi i}\int_C \frac{f(\zeta)}{(\zeta-z)^2}d\zeta$$

이다. 또한 각 n에 대하여

$$f_n'(z)=\frac{1}{2\pi i}\int_C \frac{f_n(\zeta)}{(\zeta-z)^2}d\zeta$$

그런데 C위의 ζ에 대해서 $\sum_{n=0}^{\infty}[f_n(\zeta)/(\zeta-z)^2]$은 $f(\zeta)/(\zeta-z)^2$에 평등수렴하므로

$$f'(z)=\frac{1}{2\pi i}\int_C \frac{f(\zeta)}{(\zeta-z)^2}d\zeta=\frac{1}{2\pi i}\int_C\left(\sum_{n=0}^{\infty}\frac{f_n(\zeta)}{(\zeta-z)^2}\right)d\zeta$$
$$=\sum_{n=0}^{\infty}\left(\frac{1}{2\pi i}\int_C \frac{f_n(\zeta)}{(\zeta-z)^2}d\zeta\right)=\sum_{n=0}^{\infty} f_n'(z)$$

이다.

(備考) 가령 $f(z)$가 복소평면 전체에서 解析的인 함수라고 하면, 정리 5.4에 의해서, 모든 z에 대한 $f(z)$는 멱급수로 표시할 수가 있다. 즉

$$f(z)=\sum_{n=0}^{\infty} a_n z^n=\sum_{n=0}^{\infty}\frac{f^{(n)}(0)}{n!}z^n$$

다시 정리 5.6의 系에 의해서 $f'(z)=\sum_{n=1}^{\infty} na_n z^{n-1}$이 되는데, 역시 정리 5.3의 系에 의해서 항별로 적분이 가능하다. 곧

$$F(z)=\int_0^z f(\zeta)d\zeta=\int_0^z\left(\sum_{n=0}^{\infty} a_n\zeta^n\right)d\zeta=\sum_{n=0}^{\infty}\frac{a_n}{n+1}z^{n+1}$$

인데, 여기서 0에서 z까지의 적분경로는 어떤 contour라도 좋다.

〔**例　題**〕

1. $\displaystyle\int_{|z|=2}\frac{z-3\cos z}{(z-\pi/2)^2}dz$의 값을 구하여라.

(**解**) $f(z)=z-3\cos z$라 놓으면, $z=\dfrac{\pi}{2}$는 $|z|=2$ 내에 있으므로

$$\int_{|z|=2}\frac{z-3\cos z}{\left(z-\dfrac{\pi}{2}\right)^2}dz=2\pi i f'\left(\frac{\pi}{2}\right)=8\pi i$$

2. C가 양의 방향으로 도는 원 $|z|=2$일 때

$$\int_C\frac{zdz}{(9-z^2)(z+i)}$$

의 값을 구하여라.

(**解**) $f(z)=z/(9-z^2)$이라 놓으면, $f(z)$는 C의 내부 및 선상에서 해석적이고 $z_0=-i$는 C의 내부에 있으므로

$$\int_C\frac{z}{(9-z^2)(z+i)}dz=\int_C\frac{z/(9-z^2)}{z-(-i)}dz=2\pi i\left(\frac{-i}{10}\right)=\frac{\pi}{5}$$

3. 만일 $f(z)$이 한 단일폐곡선 C의 내부 및 그 선상에서 연속이고, $\displaystyle\int_C f(z)dz=0$이라고 하면, $f(z)$는 C의 내부에서 解析的일까?

(**解**) $\displaystyle\int_{|z|=1}|z|^2dz=0$이지만, $|z|^2$은 해석함수가 아니다. 즉 $\displaystyle\int_C f(z)dz=0$이 영역내의 모든 단일폐곡선 C에 대해서 0이 되어야 Morera의 정리가 적용된다

4. $|z|<1$일 때 $f(z)=\text{Log}(1+z)$를 Maclaurin 급수로 전개하여라.

(**解**) $f(z)=\text{Log}(1+z)$에서

$$f'(z)=\frac{1}{1+z}=1-z+z^2-z^3+\cdots=\sum_{n=0}^{\infty}(-1)^n z^n$$

이다. 따라서

$$f(z)=\text{Log}(1+z)=\int_0^z f'(\zeta)d\zeta+f(0)=\sum_{n=0}^{\infty}\int_0^z(-1)^n\zeta^n d\zeta$$
$$=\sum_{n=0}^{\infty}\frac{(-1)^n z^{n+1}}{n+1}=z-\frac{z^2}{2}+\frac{z^3}{3}-\frac{z^4}{4}+\cdots$$

위에서는 $\text{Log}1=0$이 되도록 $\log(1+z)$의 主分枝(principal branch)를 택하였으나, 만일 $\log 1=2k\pi i$이면

$$f(z)=\log(1+z)=\int_0^z f'(\zeta)d\zeta+f(0)=2k\pi i+z-\frac{z^2}{2}+\frac{z^3}{4}-\frac{z^4}{4}+\cdots$$

5. $f(z)=\sum_{n=0}^{\infty} a_n z^n$ 일 때 한 점 z_0에서 $f'(z_0)$는 존재하지만,

$$f'(z_0)\neq\sum_{n=1}^{\infty} na_n z_0^{n-1}$$

이 되는 함수의 예를 들어 보라.

(解) $|z|<1$일 때 $f(z)=\sum_{n=0}^{\infty} z^n=\frac{1}{1-z}$이다. 여기서

$$f'(2)=1\neq\sum_{n=1}^{\infty} nz^{n-1},\quad (z=2)$$

즉 $z=2$에서 $\frac{1}{1-z}$은 $\sum_{n=0}^{\infty} z^n$로 정의되지 않는다.

問 題

1. $\sin z$의 Maclaurin 급수전개를 알고, $f(z)=\sin^2 z$의 Maclaurin 급수전개를 구하여라.

(풀이) $\sin z=\sum_{n=1}^{\infty}[(-1)^{n+1}/(2n-1)!]z^{2n-1}$이므로 $f(z)=\sin^2 z$에서

$$f'(z)=2\sin z\cos z=\sin 2z=\sum_{n=1}^{\infty}\frac{(-1)^{n+1}}{(2n-1)!}(2z)^{2n-1}$$

따라서

$$f(z)=\sin^2 z=\int_0^z f'(\zeta)d\zeta+f(0)=\sum_{n=1}^{\infty}\left(\int_0^z\frac{(-1)^{n+1}}{(2n-1)!}(2\zeta)^{2n-1}\,d\zeta\right)$$
$$=\sum_{n=1}^{\infty}\frac{(-1)^{n+1}2^{2n-1}}{(2n)!}z^{2n}$$

2. 만일 $P(z)$가 n차의 다항식이면

$$\int_{|z|=2}\frac{P(z)}{(z-1)^{n+2}}dz=0$$

임을 증명하라.

(풀이) $P(z)=a_0+a_1z+\cdots+a_nz^n$, $(a_n\neq 0)$이라고 하면 $P^{(n+1)}(z)=0$이다. Cauchy의 적분공식에 의하여, $z_0=1$은 원 $|z|=2$의 내부에 있으므로

$$\int_{|z|=2}\frac{P(z)}{(z-1)^{n+2}}dz=\frac{2\pi i}{(n+1)!}P^{(n+1)}(1)=0$$

3. C가 $|z|=3$일 때 $\int_C \frac{3z^4+2z-6}{(z-2)^3}dz$의 값을 구하여라.

(풀이) $f(z)=3z^4+2z-6$이라 두면, $f'(z)=12z^3+2$, $f''(z)=36z^2$이다. $z_0=2$는 원 $|z|=3$의 내부에 있으므로 Cauchy의 적분공식에 의하여

$$\int_C \frac{3z^4+2z-6}{(z-2)^3}dz=\frac{2\pi i}{2!}f''(2)=\pi i 36(2)^2=144\pi i.$$

4. $\int_C \frac{z}{(16-z^2)(z+i)}dz$의 값을 구하여라. 단, $C: |z-4|=2$이다.

(풀이) $$\int_C \frac{z}{(16-z^2)(z+i)}dz=\int_C \frac{-z}{(z^2-16)(z+i)}dz$$
$$=\int_C \frac{-z}{(z-4)(z+4)(z+i)}dz$$

그런데 C의 내부에는 $z=4$만 있으므로

$$\int_C \frac{z}{(16-z^2)(z+i)}dz=\int_C \frac{\overline{\left(\frac{-z}{(z+4)(z+i)}\right)}}{z-4}dz$$
$$=2\pi i\left(\frac{-4}{(4+4)(4+i)}\right)=\frac{-\pi-4\pi i}{17}$$

5. $f(z)$와 $g(z)$가 단일연결영역 D에서 解析的이면 D내에 있는 z_0에서 z_1까지의 임의의 적분경로에 따라서

$$\int_{z_0}^{z_1} f(z)g'(z)dz=f(z_1)g(z_1)-f(z_0)g(z_0)-\int_{z_0}^{z_1} g(z)f'(z)dz$$

임을 증명하라.

(풀이) D내의 각 점에서 $f'(z)$와 $g'(z)$가 존재하고,

$$(f(z)g(z))'=f(z)g'(z)+g(z)f'(z)$$

이므로

$$\int_{z_0}^{z_1} f(z)g'(z)dz=f(z)g(z)\Big|_{z_0}^{z_1}-\int_{z_0}^{z_1} g(z)f'(z)dz$$
$$=f(z_1)g(z_1)-f(z_0)g(z_0)-\int_{z_0}^{z_1} g(z)f'(z)dz$$

연습 문제 5.1

1. C가 선 $x=\pm2$와 $y=\pm2$를 변으로 하는 정사각형의 둘레이고 양의 방향으로 돌고 있을 때 다음 적분값을 구하여라.

(a) $\int_C \frac{e^{-z}}{z-(\pi i/2)}dz$ (b) $\int_C \frac{\cos z}{z(z^2+8)}dz$

(c) $\int_C \frac{z}{2z+1}dz$ (d) $\int_C \frac{\tan(z/2)}{(z-x_0)^2}dz$

(단, $-2<x_0<2$)

2. C가 원 $|z|=3$일 때 다음 적분을 계산하라.

(a) $\int_C \frac{e^z}{z-2}dz$ (b) $\int_C \frac{e^{z^2}}{z-2}dz$

(c) $\int_C \frac{e^z}{(z-2)^2}dz$ (d) $\int_C \frac{e^z \sin z}{(z-2)^2}dz$

3. 부분분수를 이용하여 다음 적분값을 구하여라.

(a) $\int_{|z|=2} \frac{1}{z^2-1}dz$ (b) $\int_{|z|=2} \frac{1}{z^2+1}dz$

(c) $\int_{|z|=2} \frac{1}{z^4-1}dz$ (d) $\int_{|z|=3} \frac{z^3+3z-1}{(z-1)(z+2)}dz$

4. 다음 함수의 Maclaurin 급수전개에서 처음 5차 계수까지를 구하여라.

(a) $e^z \sin z$ (b) e^{z+z^2}

5. 가령 $f(z)$와 $g(z)$가 z_0에서 해석적이고,

$$f(z_0)=f'(z_0)=\cdots=f^{(n-1)}(z_0)=0$$
$$g(z_0)=g'(z_0)=\cdots=g^{(n-1)}(z_0)=0$$

이고, 또한 $g^{(n)}(z_0)\neq 0$이라고 하면,

$$\lim_{z\to z_0}\frac{f(z)}{g(z)}=\frac{f^{(n)}(z_0)}{g^{(n)}(z_0)}$$

임을 밝혀라. 그리고 이 사실을 이용하여 다음 극한값을 구하여라.

(a) $\lim_{z\to 0}\frac{e^z-1-z}{z^2}$ (b) $\lim_{z\to 0}\frac{\sin z}{z-z^3}$

(c) $\lim_{z\to 0}\frac{\sin z}{e^z-1}$ (d) $\lim_{z\to 0}\frac{\sin z-z}{\cos z-1}$

5.2 Cauchy 의 不等式과 그 應用

〔**定理 5.7**〕 $f(z)$가 z_0를 중심으로 반지름이 r인 원 C의 내부 및 그 선상에서 解析的이고, C 위에서 $|f(z)|\leq M$이라고 하면, 부등식

$$|f^{(n)}(z_0)|\leq Mn!/r^n$$

이 성립한다.

(증명) Cauchy 의 적분공식에서

$$f^{(n)}(z_0)=\frac{n!}{2\pi i}\int_C\frac{f(z)}{(z-z_0)^{n+1}}dz$$

이므로

$$\begin{aligned}|f^{(n)}(z_0)|&\leq\frac{n!}{2\pi}\int_C\frac{|f(z)|}{|z-z_0|^{n+1}}|dz|\\&\leq\frac{n!M}{2\pi r^{n+1}}\int_C|dz|=\frac{n!M}{2\pi r^{n+1}}(2\pi r)=\frac{n!M}{r^n}\end{aligned}$$

〔**定理 5.8**〕 (Liouville 의 정리) 有界이면서 복소평면 전체에서 解析的인 함수는 상수함수이다.

(증명) $f(z)$가 복소평면에서 해석적이고, 모든 z에 대하여 $|f(z)|\leq M$이라 하자. 주어진 임의의 복소수 z_0와 모든 양의 실수 r에 대하여 Cauchy 의 부등식

$$|f'(z_0)|\leq M/r$$

이 성립한다. 이 때 $r\to\infty$되게 하면 $f'(z_0)=0$를 얻고, z_0는 임의의 점이었으므로 모든 z에 대하여 $f'(z)\equiv 0$, 즉 $f(z)$는 常數函數이다.

Liouville 의 정리는 $f(z)$가 상수함수가 아니고 복소평면에서 해석적이면 $f(z_n)\to\infty$가 되도록 하는 수열 $\{z_n\}$이 존재한다는 것을 암시해 주고 있다.

〔**定理 5.9**〕 $f(z)$가 상수가 아니고, 복소평면에서 해석적인 함수이면 모든 복소수에 임의로 접근시킬 수 있다.

(증명) 먼저 $f(z)$는 복소평면에서 해석적이고, 모든 z에 대해서 복소수 a가 존재하여

$$|f(z)-a|\geq\varepsilon$$

라고 가정하자.

그러면 함수 $g(z)=1/[f(z)-a]$은 복소평면 전체에서 해석적이고, $|g(z)|=1/|f(z)-a|\leq 1/\varepsilon$이 되어서 $g(z)$는 Liouville 의 정리에 의하여 상수함수가 된

다. 따라서 $f(z)=1/g(z)+a$ 도 역시 상수가 되므로 가설에 모순이 된다.

〔**系**〕 $f(z)$가 상수함수가 아니고, 복소평면에서 해석적이면, 임의의 주어진 복소수 a에 대하여 $f(z_n)\to a$이 성립하는 한 수열 $\{z_n\}$이 존재한다.

(**증명**) 정리 5.9에 의해서 각 n에 대하여 $f(z_n)\in N(a\,;1/n)$이 되도록 점 z_n을 잡을 수 있다. 그런데 $1/n\to 0$이므로 $f(z_n)\to a$이 된다.

(**備考**) 정리 5.9에서 비상수함수로서 복소평면에서 해석적이면 모든 복소수에 임의로 접근시킬 수 있다고 하였는데, 그것은 모든 복소수가 되도록 한다는 것은 아니다. 예를 들어 $f(z)=e^z$는 모든 z에 대해서 결코 0이 되지 않는다. 그러나 $f(-n)=e^{-n}$은 $n\to\infty$일 때 0에 접근한다.

〔**定理 5.10**〕 $f(z)$는 복소평면에서 해석함수이고 음이 아닌 실수 λ에 대하여 $|f(z)|\le Mr^\lambda(|z|=r\ge r_0)$이라고 가정하면, $f(z)$는 기껏해야 차수가 λ인 다항식이다.

(**증명**) $f(z)=\sum_{n=0}^{\infty}a_nz^n=\sum_{n=0}^{\infty}\frac{f^{(n)}(0)}{n!}z^n$이라 하자. 원 $|z|=r$ 위에서 Cauchy 부등식을 적용하면

$$|a_n|=\frac{|f^{(n)}(0)|}{n!}\le\frac{Mr^\lambda}{r^n}=\frac{M}{r^{n-\lambda}}$$

으로 $r\to\infty$되게 하면 $n>\lambda$인 모든 n에 대하여 $a_n=0$이다. 따라서 $f(z)$는 차수가 λ보다는 높지 않은 다항식이다.

〔**定理 5.11**〕 다항식 $P(z)=a_0+a_1z+\cdots+a_nz^n$, $(a_n\neq 0)$이라 하면, 충분히 큰 $|z|=r$에 대해서

$$\frac{|a_n|}{2}r^n\le|P(z)|\le\frac{3|a_n|}{2}r^n$$

이 성립한다.

(**증명**) $P(z)=z^n\left(a_n+\frac{a_{n-1}}{z}+\frac{a_{n-2}}{z^2}+\cdots+\frac{a_0}{z^n}\right)$에서 삼각부등식을 적용하면

$$r^n\left(|a_n|-\left|\frac{a_{n-1}}{z}+\cdots+\frac{a_0}{z^n}\right|\right)\le|P(z)|\le r^n\left(|a_n|+\left|\frac{a_{n-1}}{z}+\cdots+\frac{a_0}{z^n}\right|\right)$$

이다. $r>1$일 때

$$\left|\frac{a_{n-1}}{z}+\frac{a_{n-2}}{z^2}+\cdots+\frac{a_0}{z^n}\right|\le\frac{|a_{n-1}|+|a_{n-2}|+\cdots+|a_0|}{r}=\frac{K}{r}$$

이므로

$$r^n\left(|a_n|-\frac{K}{r}\right) \le |P(z)| \le r^n\left(|a_n|+\frac{K}{r}\right)$$

따라서 $\frac{K}{r}<|a_n|/2$ 일 때, 곧 $r>2K/|a_n|$인 충분히 큰 r에 대하여 정리의 결론이 성립한다.

〔**定理 5.12**〕 (代數學의 기본정리) 상수가 아닌 모든 다항식은 적어도 하나의 根(zero)을 갖는다.

(**증명**) $P(z)=a_0+a_1z+\cdots+a_nz^n$, $(a_n\neq 0)$이라 하고 모든 z에 대하여 $P(z)\neq 0$이라고 가정하면, $1/P(z)$는 복소평면 전체에서 해석적이다. 정리 5.11에 의해서 $z\to\infty$일 때 $1/P(z)\to 0$이므로 $|z|\ge R$인 z에 대해서 $|1/P(z)|<1$이 되게 할 수 있다. 그런데 $1/P(z)$는 compact 집합인 $|z|\le R$에서 연속이므로 $|z|\le R$에서 유계이다. 결국, $1/P(z)$는 복소평면 전체에서 유계이고 해석적이므로 Liouville의 정리에 의하여 상수가 되지 않으면 안 되는데, 이것은 $P(z)$도 역시 상수라는 말이 되어 가설에 모순이 된다.

〔**定理 5.13**〕 $f(z)$는 원반 $|z-z_0|<R$에서 해석적이고, 서로 다른 점으로 구성되는 수열 $\{z_n\}$이 z_0에 수렴한다고 하자. 만일 각 n에 대하여 $f(z_n)=0$이면 $|z-z_0|<R$ 내의 모든 z에 대해서 $f(z)\equiv 0$이 된다.

(**증명**) $f(z)$는 $|z-z_0|<R$에서 해석적이므로 $f(z)=a_0+\sum_{k=1}^{\infty}a_k(z-z_0)^k$로 표시할 수 있다. 또한 $f(z)$는 z_0에서 연속이므로 $z_n\to z_0$일 때 $f(z_n)\to f(z_0)$이 된다. 그러므로

$$\lim_{n\to\infty}f(z_n)=0=f(z_0)=a_0$$

즉, $f(z)$는 상수항이 0이므로

$$f(z)=(z-z_0)\left(a_1+\sum_{k=2}^{\infty}a_k(z-z_0)^{k-1}\right)$$

로 쓸 수 있다. 여기서 $z=z_n$이라 놓고 z_n-z_0로 양변을 나누면,

$$\lim_{n\to\infty}\frac{f(z_n)}{z_n-z_0}=0=a_1$$

이다. 같은 방법으로

$$f(z)=(z-z_0)^2\left(a_2+\sum_{k=3}^{\infty}a_k(z-z_0)^{k-2}\right)$$

에서

$$\lim_{n\to\infty}\frac{f(z_n)}{(z_n-z_0)^2}=0=a_2$$

따라서 수학적 귀납법에 의하여 각 k에 대하여 $a_k=0$이 되므로 정리가 증명되었다.

〔**系**〕 함수 $f(z)$가 $z=z_0$에서 해석적이라고 하자. 그러면 z_0의 어떤 근방에서 $f(z)\equiv 0$이거나 혹은 z_0가 제외된 원반 $0<|z-z_0|\le r$에서 $f(z)\ne 0$이 되는 실수 r이 존재한다.

(**증명**) 가령 그러한 r이 존재하지 않는다고 가정하자. 그러면 z_0가 빠진 각 원반 $0<|z-z_0|\le\dfrac{1}{n}$에서 $f(z_n)=0$이 되는 한 점 z_n이 존재한다. 그런데 $z_n\to z_0$이므로 정리 5.13을 적용하면 z_0의 어떤 근방에서 $f(z)\equiv 0$이 되지 않으면 안 된다.

(**備考**) 정리 5.13은 실변수함수에 대해서는 성립하지 않는다. 예를 들어 함수

$$f(x)=\begin{cases} x^2\sin\dfrac{\pi}{x}, & x\ne 0 \\ 0, & x=0 \end{cases}$$

은 모든 실변수 x에 대하여 미분가능하고, 각 n에 대하여 $f(1/n)=0$이다. 그러나 원점을 중심으로 하는 임의의 근방에서 $f(x)\ne 0$이다.

〔**定理 5.14**〕 함수 $f(z)$는 한 영역 D에서 해석적이고, D내에 있는 서로 다른 점들로 구성되는 수열 $\{z_n\}$은 D내의 한 점 z_0에 수렴한다고 하자. 만일 각 n에 대하여 $f(z_n)=0$이면, D내의 모든 z에 대하여

$$f(z)\equiv 0$$

이다.

(**증명**) 다음 두 집합을 생각하자.

$A=\{a\in D\,;\, a$의 어떤 근방에서 $f(z)\equiv 0$ 임$\}$

$B=\{a\in D\,;\, a$가 제거된 a의 어떤 근방내의 모든 z에 대해서 $f(z)\ne 0$ 임$\}$

정리 5.13의 系에 의해서 D내의 모든 점은 A에 있거나 혹은 B에 있고, A와 B는 개집합이며, $A\cap B=\phi$이다. 그런데 영역 $D=A\cup B$는 연결집합(connected set)이므로 A와 B의 둘 중에서 어느 하나는 공집합이 되어야 한다. 정리 5.13에 의해서 점 z_0는 A에 있으므로 $B=\phi$이다. 이것은 $A=D$임을 의미하고, 결국 D에서 $f(z)\equiv 0$이다.

〔**定理 5.15**〕 (항등정리) 수열 $\{z_n\}$은 한 영역 D내에 하나의 극한점 z_0을 갖는 점열이라 하고, $f(z)$와 $g(z)$는 D에서 해석적이고, 각 n에 대하여 $f(z_n)=g(z_n)$

이라고 하면, D내의 모든 점 z에 대해서 $f(z)\equiv g(z)$이다.

(증명) z_0가 $\{z_n\}$의 극한점이라고 하면 z_0에 수렴하는 $\{z_n\}$의 한 부분수열 $\{z_{n_k}\}$이 존재한다. $h(z)=f(z)-g(z)$라고 놓으면, 수열 $\{z_{n_k}\}$의 모든 점에 대해서 $h(z_{n_k})=0$이다. 따라서 정리 5.14를 적용하여 D에서 $h(z)\equiv 0$, 곧 $f(z)\equiv g(z)$이 된다.

〔**例 題**〕

1. 상수가 아니고 복소평면에서 해석적인 함수를 半平面에서 有界로 되게 할 수 있는가?

(解) $f(z)=e^z$는 $\mathrm{Re}\,z\leq 0$에 대해서 有界가 된다.

2. 만일 두 함수가 복소평면에서 해석적이고 무한히 많은 점들에서 일치한다고 하면, 그 두 함수는 같다고 할 수 있는가?

(解) 반드시 그렇지 않다. $\sin\pi z$와 0은 z가 정수들일 때 일치한다.

3. $|z|<1$에서 해석적이고, $n=1, 2, 3, \cdots$일 때

$$f\left(\frac{1}{2n}\right)=f\left(\frac{1}{2n+1}\right)=\frac{1}{2n} \tag{5.9}$$

을 만족하는 함수는 존재하는가?

(解) 함수 $f(z)=z$는 $|z|<1$에서 해석적이고, $f(1/2n)=1/2n$이 성립한다. 이것이 성립하는 것은 항등정리(정리 5.15)에 의해서 $f(z)=z$뿐이다. 그러나

$$f\left(\frac{1}{2n+1}\right)\neq\frac{1}{2n} \tag{5.9}$$

이므로 식 (5.9)를 만족하는 해석함수는 존재하지 않는다. 한편 $|z|<1$에서 해석적이고

$$f\left(\frac{1}{2n+1}\right)=\frac{1}{2n} \tag{5.10}$$

을 만족하는 함수는 만들 수 있다. $n=1, 2, 3, \cdots$일 때 $z=1/(2n+1)$이라 놓으면 $1/2n=z/(1-z)$이므로 $f(z)=z/(1-z)$는 식 (5.10)을 만족한다.

問 題

1. 정리 5.15에서 $\{z_n\}$의 극한점 z_0가 $f(z)$가 해석적이 되는 영역 D내에 반드시 있어야 하는가?

(풀이) z_0는 D내에 있어야 한다. 예를 들어 $|z|<1$에서 상수함수가 아닌 $f(z)$

$=e^{1/(1-z)}$는 해석적이지만, $z_n=1-1/2n\pi i$에 대해서

$$e^{1/(1-z_n)}=e^{2n\pi i}=1$$

이 되고, $\{z_n\}$은 $f(z)$가 해석적이 아닌 점 1에 수렴한다.

2. 만일 $f(z)=u(x,y)+iv(x,y)$가 영역 D에서 해석적이고, $r,k=0,\ 1,2,\cdots,n$에 대해서 $r+k=n$이고 $z\in D$이라고 하면

$$i^k f^{(n)}(z)=\frac{\partial^n f(z)}{\partial x^r \partial y^k}=\frac{\partial^n u(x,y)}{\partial x^r \partial y^k}+i\frac{\partial^n v(x,y)}{\partial x^r \partial y^k} \tag{5.11}$$

임을 증명하여라.

(풀이) 수학적 귀납법으로 증명하는데 $n=m$일 때 식 (5.11)이 성립한다고 가정하고, $n=m+1$일 때 공식

$$f'(z)=\frac{\partial f(z)}{\partial x}=u_x+iv_x,\quad if'(z)=\frac{\partial f(z)}{\partial y}=u_y+iv_y$$

를 해석함수 $i^k f^{(m)}(z)$에 적용하면 된다.

3. $f(z)$는 영역 D에서 해석적이고, z_0를 D내의 한 점이라 하자. 모든 n에 대해서 $z_n\neq\zeta_n$인 D내의 두 수열 $\{z_n\}$와 $\{\zeta_n\}$이

$$\lim_{n\to\infty} z_n=z_0,\quad \lim_{n\to\infty}\zeta_n=z_0$$

이 된다고 할 때

$$\lim_{n\to\infty}\frac{f(\zeta_n)-f(z_n)}{\zeta_n-z_n}=f'(z_0)$$

이 됨을 증명하라.

(풀이) z_0를 중심으로 하는 D내에 있는 한 원을 C라 하고 z_n과 ζ_n을 C의 내점이라고 하자. Cauchy의 적분공식을 적용하여

$$\begin{aligned}\frac{f(\zeta_n)-f(z_n)}{\zeta_n-z_n}&=\frac{1}{\zeta_n-z_n}\,\frac{1}{2\pi i}\int_C\left(\frac{1}{z-\zeta_n}-\frac{1}{z-z_n}\right)f(z)dz\\&=f'(z_0)+\lambda_n\end{aligned}$$

을 얻는데 단,

$$\lambda_n=\frac{1}{2\pi i}\int_C\left[\frac{1}{(z-\zeta_n)(z-z_n)}-\frac{1}{(z-z_0)^2}\right]f(z)dz$$

이다. 여기서 $n\to\infty$일 때 $\lambda_n\to 0$임을 보이면 된다.

연습 문제 5.2

1. $f(z)$는 복소평면에서 해석적이고 모든 z에 대해서

$$|f(z)| \leq A|z| \quad (\text{단, } A\text{는 양의 실수})$$

이 성립한다고 하자. 이 때 a_1이 한 복소상수이면 $f(z)=a_1 z$임을 증명하라.

2. $f(z)$와 $g(z)$는 영역 D내의 각 점에서 0이 아닌 연속인 복소함수라 하고, D 내의 모든 z와 어떤 정수 $k \neq 0$에 대해서

$$[f(z)]^k = [g(z)]^k$$

이 성립한다고 하면,

$$f(z) = e^{(2\pi i m)/k} g(z)$$

이 되는 정수 m이 존재함을 증명하여라.

3. $f(t)$와 $g(t)$는 구간 $0 \leq t \leq 1$에서 연속인 함수이고, $f(t) \geq 0$이지만 $g(t)$는 복소치를 갖는다고 가정하면, $0 \leq t_0 \leq 1$이고 $|\lambda| \leq 1$일 때

$$\int_0^1 g(t) f(t) dt = \lambda g(t_0) \int_0^1 f(t) dt$$

임을 증명하라.

5.3 最大値定理와 偏角原理

$f(x)$가 구간 $[a, b]$에서 정의된 연속인 실함수이고, $[a, b]$내의 모든 x에 대해서 $F'(x) = f(x)$인 $F(x)$가 존재하면 $[a, b]$에서 $f(x)$의 평균치는

$$\frac{\int_a^b f(x) dx}{b-a} = \frac{F(b)-F(a)}{b-a} \tag{5.12}$$

로 주어진다. 실제로 평균치정리에 의하여 위의 식 (5.12)는 $a < \xi < b$인 어떤 ξ에 대하여 $F'(\xi)$와 같다는 것을 알고 있다.

다음 정리는 한 원의 내부 및 그 선상에서 해석적인 함수의 원주상에서의 함수치의 평균값은 그 원의 중심에서의 함수치와 같게 됨을 보여준다.

〔**定理 5.16**〕 (Gauss의 평균치정리) $f(z)$가 닫힌 원반 $|z-z_0|\leq r$에서 해석적이면

$$f(z_0)=\frac{1}{2\pi}\int_0^{2\pi}f(z_0+re^{i\theta})d\theta$$

(**증명**) Cauchy의 적분공식에 의하여

$$f(z_0)=\frac{1}{2\pi i}\int_{|z-z_0|=r}\frac{f(z)}{z-z_0}dz$$

여기서, $z=z_0+re^{i\theta}$라 두면,

$$f(z_0)=\frac{1}{2\pi i}\int_0^{2\pi}\frac{f(z_0+re^{i\theta})}{re^{i\theta}}ire^{i\theta}d\theta$$

$$=\frac{1}{2\pi}\int_0^{2\pi}f(z_0+re^{i\theta})d\theta$$

만일 $f(z)=K$ (상수)라고 하면

$$f(z_0)=\frac{1}{2\pi}\int_0^{2\pi}f(z_0+re^{i\theta})d\theta=K$$

이다.

〔**定理 5.17**〕 (첫번째 Maximum Modulus정리) 만일 $f(z)$가 한 영역 D에서 解析的이면 $|f(z)|$의 최대치는 $f(z)$가 상수함수가 아닌 한 D내에서 일어날 수가 없다.

(**증명**) 가령 D내의 한 점 z_0에서 $|f(z)|$가 최대치를 갖는다고 가정하자. D내에 포함되는 한 원반 $|z-z_0|\leq R$을 택하고, $0\leq r\leq R$인 각각의 r에 대해서 Gauss의 평균치정리를 이용하면

$$f(z_0)=\frac{1}{2\pi}\int_0^{2\pi}f(z_0+re^{i\theta})d\theta$$

인데 가정에 의하여 $|f(z_0+re^{i\theta})|\leq|f(z_0)|$이다. 이 때 어떤 점 $z=z_0+r_1e^{i\theta_1}$, $(r_1\leq R)$에 대해서 부등식

$$|f(z_0+r_1e^{i\theta_1})|<|f(z_0)| \tag{5.13}$$

이 성립한다고 가정하면, $|f(z)|$는 연속이므로 원 $|z-z_0|=r_1$의 어떤 弧 위에서도 역시 식 (5.13)이 성립해야 한다. 따라서

$$|f(z_0)|\leq\frac{1}{2\pi}\int_0^{2\pi}|f(z_0+r_1e^{i\theta})|d\theta$$

$$<\frac{1}{2\pi}\int_0^{2\pi}|f(z_0)|d\theta=|f(z_0)|$$

곧 $|f(z_0)|<|f(z_0)|$이므로 모순이다.

한편 만일 $|f(z)|$이 $|z-z_0|\leq R$에서 상수라고 하면 $f(z)$는 이 원반에서 상수가 되고, 정리 5.15에 의하여 $f(z)$는 영역 D에서 상수가 된다. 그러므로

$f(z)$가 상수가 아닌 한 $|f(z)|$는 D내의 한 점에서 최대값을 가질 수가 없다.

〔**定理 5.18**〕(두번째 Maximum Modulus 정리) 만일 $f(z)$가 有界인 영역 D에서 해석적이고, D의 閉包(closure)인 $\bar{D}$에서 연속이면 $|f(z)|$는 D의 경계위에서 최대치가 일어난다.

(**증명**) D가 유계이기 때문에 $\bar{D}$는 compact 집합이다. 따라서 $|f(z)|$은 $\bar{D}$내의 어떤 점에서 최대치를 갖는다. 그런데 정리 5.17에 의하여 $f(z)$가 상수가 아니면 D의 내부의 점에서 $|f(z)|$의 최대치를 갖지 못하므로 $|f(z)|$의 최대치는 D의 경계선상에서 일어나지 않으면 안 된다.

〔**定理 5.19**〕(Minimum Modulus 정리) 만일 $f(z)$가 영역 D에서 해석적이고, $f(z) \neq 0$이라고 하면, $|f(z)|$는 $f(z)$가 상수가 아닌 한 D내에서 최소치를 가질 수가 없다. 그러나 만일 $f(z)$가 compact 집합인 D에서 연속이면 $|f(z)|$는 D의 경계상에서 최소치를 갖는다.

(**증명**) 만일 D에서 $f(z) \neq 0$이라고 하면 $1/f(z)$는 D에서 해석적이다. $|f(z)|$이 D내의 한 점 z_0에서 최소치를 갖기 위한 필요충분조건은 $|1/f(z)|$이 z_0에서 최대치를 갖는 것이므로 정리 5.18을 적용함으로써 $|f(z)|$가 D의 경계 위에서 최소치를 갖는다.

$f(z)$는 $f(z_0)=0$인 점 z_0에서 해석적인 비상수함수라고 하자. 그러면 정리 5.13의 系에 의해서 $f(z)$의 z_0이외의 다른 根은 포함하지 않는 z_0의 근방이 존재하여

$$f(z)=(z-z_0)^k F(z), \quad (k\text{는 양의 정수})$$

와 같이 표시할 수 있다. 단, $F(z)$는 z_0에서 해석적이고, z_0근방의 내부 및 경계 C상에서 $F(z) \neq 0$이다.

$$f'(z)=k(z-z_0)^{k-1}F(z)+(z-z_0)^k F'(z)$$

$$\frac{f'(z)}{f(z)}=\frac{k}{z-z_0}+\frac{F'(z)}{F(z)}$$

$$\int_C \frac{f'(z)}{f(z)}dz=\int_C \frac{k}{z-z_0}dz+\int_C \frac{F'(z)}{F(z)}dz$$

여기서, $F'(z)/F(z)$는 C의 내부 및 그 선상에서 해석적이므로 Cauchy 정리에 의하여

$$\int_C (F'(z)/F(z))dz=0$$

이다. 따라서

$$\int_C \frac{f'(z)}{f(z)} dz = \int_C \frac{k}{z-z_0} dz = \int_0^{2\pi} \frac{k}{\varepsilon e^{i\theta}} i\varepsilon e^{i\theta} d\theta = 2\pi ik$$

즉,

$$\frac{1}{2\pi i} \int_C \frac{f'(z)}{f(z)} dz = k$$

는 $f(z)$의 근의 位數가 된다. 여기서 $f'(z)/f(z)$를 $f(z)$의 **로그함수의 도함수** (logarithmic derivative of $f(z)$)라고 부른다.

이와 같이

$$\frac{1}{2\pi i} \int_C (f'(z)/f(z)) dz$$

는 C내에 있는 $f(z)$의 근의 갯수를 표시해 주고 있는 것으로 생각할 수 있다

만일 $f(z)$가 z_0의 제거된 근방에서 해석적이고

$$\lim_{z \to z_0} (z-z_0)^n f(z) = A (\neq 0, \ \infty)$$

이 되는 양의 정수 n이 있을 때 $f(z)$는 z_0에서 **位數**(order)가 n인 **極**(pole)을 갖는다고 한다. 이 경우에 $f(z)$는 다음과 같이 표시된다.

$$f(z) = \frac{F(z)}{(z-z_0)^n}$$

단, $F(z)$는 $z=z_0$에서 해석적이고, $F(z_0) \neq 0$이다.

〔**定理 5.20**〕 C를 단일폐곡선(simple closed contour)이라 하고, $f(z)$는 C의 내부에서 유한개의 極點들을 제외하고는 해석적인 함수이고 C상에서는 $f(z) \neq 0$이라고 하자. 만일 N과 P를 각각 C의 내부에 있는 根 (zeros)과 極 (poles)들의 갯수라고 하면,

$$\frac{1}{2\pi i} \int_C \frac{f'(z)}{f(z)} dz = N - P \tag{5.14}$$

이다.

(**증명**) $f(z)$는 가설에 의해

$$f(z) = \frac{(z-z_1)^{\alpha_1}(z-z_2)^{\alpha_2} \cdots (z-z_n)^{\alpha_n}}{(z-w_1)^{\beta_1}(z-w_2)^{\beta_2} \cdots (z-w_m)^{\beta_m}} F(z),$$

(단, $F(z)$는 C의 내부 및 선상에서 根이나 極을 갖지 않는 해석함수임)

와 같이 나타낼 수 있다. 양변에 로그를 취하고 z에 관해서 미분하면

$$\frac{f'(z)}{f(z)} = \sum_{i=1}^{n} \frac{\alpha_i}{z-z_i} - \sum_{i=1}^{m} \frac{\beta_i}{z-w_i} + \frac{F'(z)}{F(z)}$$

인데, 이것을 C에 따라서 적분하면 $\int_C \frac{F'(z)}{F(z)} dz = 0$이므로

$$\frac{1}{2\pi i}\int_C \frac{f'(z)}{f(z)}dz=\sum_{i=1}^{n}\left(\frac{1}{2\pi i}\int_C \frac{\alpha_i}{z-z_i}dz\right)$$
$$-\sum_{i=1}^{m}\left(\frac{1}{2\pi i}\int_C \frac{\beta_i}{z-w_i}dz\right) \tag{5.15}$$

을 얻는다.

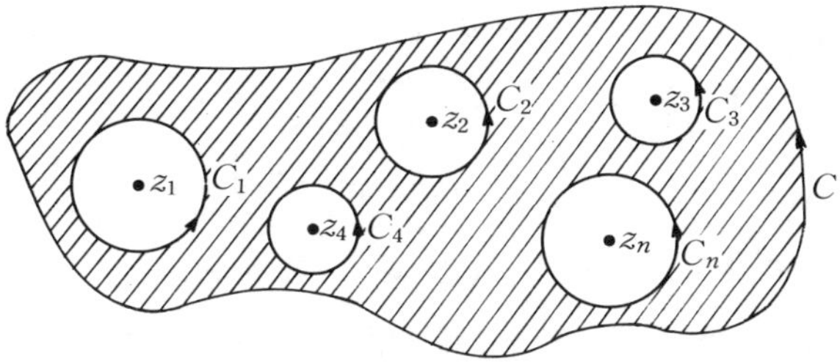

그림 5-3

다음에 그림 5-3와 같이 $f(z)$의 각 根과 極들을 중심으로 서로 떨어진 작은 원 C_i를 C내부에, 그리고 그 작은 원들 속에는 다른 根이나 極이 포함되지 않게 하고 C와 같은 방향으로 적분해 주면,

$$\frac{1}{2\pi i}\oint_C \frac{\alpha_i}{z-z_i}dz=\frac{1}{2\pi i}\oint_{C_i} \frac{\alpha_i}{z-z_i}dz=\boldsymbol{\alpha_i}$$

$$\frac{1}{2\pi i}\oint_C \frac{\beta_j}{z-w_i}dz=\frac{1}{2\pi i}\oint_{C_i} \frac{\beta_i}{z-w_i}dz=\beta_i$$

따라서 식 (5.15)으로부터

$$\frac{1}{2\pi i}\int_C \frac{f'(z)}{f(z)}dz=\sum_{i=1}^{n}\alpha_i-\sum_{i=1}^{m}\beta_i=N-P$$

(備考) 식 (5.14)의 기하학적 의미를 알아보자. 가령 $f(z)$는 단일폐곡선 C위에서 해석적이고 $f(z)\neq 0$이라고 하면,

$$\log f(z)=\mathrm{Log}|f(z)|+i\arg f(z)$$

인데, 여기서 다가함수 $\log f(z)$의 한 고정된 分枝함수를 택한다.

$$\int_C \frac{f'(z)}{f(z)}dz=\int_C\left(\frac{d}{dz}\log f(z)\right)dz=\mathrm{Log}|f(z)|\Big|_C+i\arg f(z)\Big|_C \tag{5.16}$$

이 때 폐곡선 C는 시점과 종점이 같으므로 $\mathrm{Log}|f(z)|\Big|_C=0$이다. 따라서 식 (5.16)은

$$\int_C \frac{f'(z)}{f(z)}dz=i\arg f(z)\Big|_C \tag{5.17}$$

이 되는데, 이것은 $f'(z)/f(z)$의 C에 따르는 적분값은 z가 C를 따라서 돌 때

$f(z)$의 편각이 변하는 양에 의존한다는 것을 말해주고 있다.

지금 함수 $f(z)$에 의한 단일폐곡선 C의 像(image)을 C'라고 하면, C'는 폐곡선이지만 반드시 단일곡선(simple contour)일 필요는 없다. 만일 $f(z)$가 C내부에 根(zeros)을 갖고 있지 않으면 C'는 w-평면에서 원점주위를 돌지 않는다. 그러므로 $\arg f(z)$는 $f(z)$가 C' 위를 회전할 때 그의 처음값에 돌아오게 된다. 이것은 z가 곡선 C 위를 한번 돌 때

$$\int_C \frac{f'(z)}{f(z)} dz = i \arg f(z) \Big|_C = 0$$

임을 뜻한다. 한편, 만일 $f(z)$가 C내부에 根들을 가지고 있으면 C'는 $w=0$의 주위를 돌게 된다. C'가 $w=0$의 주위를 양의 방향으로 한번씩 돌 때마다 $f(z)$의 편각은 2π 만큼씩 증가한다.

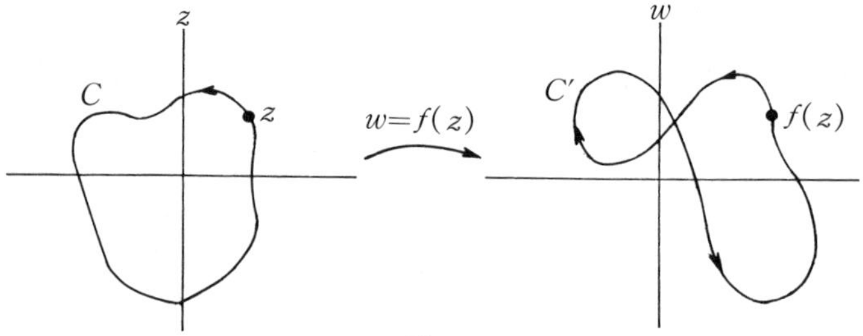

그림 5-4

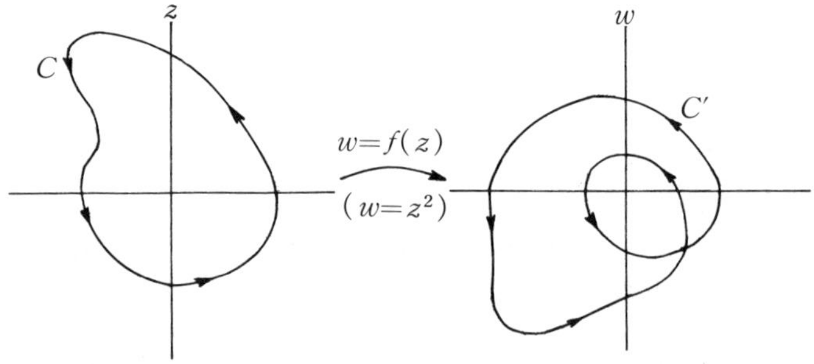

그림 5-5

그림 5-5는 함수 $f(z)=z^2$에 의해서 단일폐곡선 C가 $w=0$ 주위로 두번 도는 폐곡선 C'에로 사상되는 것을 보여 주고 있다. 즉 z가 C 위를 돌아서 시점에 다시 돌아올 때 $\arg f(z)$는 C'를 따라서 4π 만큼 증가한다. 여기서 z-평면상의 폐곡선 C가 원점 $z=0$를 품고 있는지 아닌지는 관계없고, 다만 w-평면상의 폐곡선 C'가 원점 $w=0$를 내부에 두고 도느냐 아니냐에 관심이 있다.

z가 폐곡선 C 위를 한바퀴 회전할 때 $\arg f(z)$의 변화량을 **C에 따르는 $\arg f(z)$의 변량**(variation of $\arg f(z)$ along C)라고 부른다. 이것을 $\triangle_C \arg f(z)$로 표시하고 식 (5.17)로 부터

$$\int_C \frac{f'(z)}{f(z)}dz = i\triangle_C \arg f(z)$$

와 같이 쓸 수 있다. 이것을 정리 5.20의 결과와 비교하면

$$\frac{1}{2\pi}\triangle_C \arg f(z) = \frac{1}{2\pi i}\int_C \frac{f'(z)}{f(z)}dz = N - P \tag{5.18}$$

인데, 이 식 (5.18)가 **편각원리**(argument principle)로 알려져 있다.

다음은 편각원리의 두 성질을 이용하여 Rouche의 정리를 연구하고, 그 응용을 알아보기로 한다.

[**補助定理 1**] 두 함수 $f(z)$와 $g(z)$는 단일폐곡선 C의 내부 및 그 선상에서 해석적이고, C 위에서는 $f(z)\neq 0$, $g(z)\neq 0$이라고 하면

$$\triangle_C \arg f(z)g(z) = \triangle_C \arg f(z) + \triangle_C \arg g(z)$$

(**증명**) C의 내부에서 $f(z)$는 N_1개의 근을, $g(z)$는 N_2개의 근을 갖는다고 하면 편각원리에 의하여

$$\frac{1}{2\pi}\triangle_C \arg f(z) = N_1, \quad \frac{1}{2\pi}\triangle_C \arg g(z) = N_2$$

이다. 그런데 C의 내부에서 $f(z)g(z)$는 N_1+N_2개의 근을 가지므로

$$\frac{1}{2\pi}\triangle_C \arg f(z)g(z) = N_1 + N_2$$

[**補助定理 2**] 함수 $h(z)$가 단일폐곡선 C위에서 해석적이고 $|h(z)|<1$이면

$$\triangle_C \arg[1+h(z)] = 0$$

이다.

(**증명**) 단일폐곡선 C는 함수 $w=F(z)=1+h(z)$에 의해서 원반 $|w-1|<1$에 포함되는 한 폐곡선 C'에 사상된다. 그런데 이 원반 $|w-1|<1$은 오른쪽 반평면에 있어서 $F(z)$가 C'를 한바퀴 돌 때 $\arg F(z)$의 값은 최초의 값에 돌아오게 되므로

$$\triangle_C \arg F(z) = \triangle_C \arg[1+h(z)] = 0$$

이 된다.

〔**定理 5.21**〕 (Rouché의 정리) $f(z)$와 $g(z)$는 단일폐곡선 C의 내부 및 그 선상에서 해석적이고 C위에서 $|g(z)|<|f(z)|$이라고 하면, $f(z)+g(z)$와 $f(z)$는 C의 내부에서 같은 수의 근(zeros)을 갖는다.

(**증명**) $f(z)+g(z)=f(z)\left(1+\dfrac{g(z)}{f(z)}\right)$로 쓰고 보조정리 1을 적용하면

$$\triangle_C\arg[f(z)+g(z)]=\triangle_C\arg f(z)+\triangle_C\arg\left(1+\frac{g(z)}{f(z)}\right)$$

이다. C 위에서 $|g(z)/f(g)|<1$이므로 보조정리 2를 적용하여

$$\triangle_C\arg\left(1+\frac{g(z)}{f(z)}\right)=0$$

을 얻는다. C내부의 $f(z)+g(z)$의 근의 갯수를 N이라고 하면, 편각 원리에 의해서

$$\frac{1}{2\pi}\triangle_C[f(z)+g(z)]=\frac{1}{2\pi}\triangle_C\arg f(z)=N$$

이 되어 $f(z)$의 C내부에서의 근의 갯수도 N이 된다.

Rouche의 정리의 첫번째 응용으로 다음 정리를 얻는다.

〔**定理 5.22**〕 (Hurwitz의 정리) $\{f_n(z)\}$은 단일폐곡선 C의 내부 및 선상에서 해석적인 함수열이고, C의 내부 및 그 선상에서 $\{f_n(z)\}$이 $f(z)$에 평등수렴한다고 하자. 만일 $f(z)$가 C위에서는 근을 갖지 않는다고 하면, C의 내부에 있는 $f(z)$의 근의 갯수는 충분히 큰 n에 대해서 C내부에서의 $f_n(z)$의 근의 갯수와 같다.

(**증명**) 정리 5.6에 의해서 극한함수 $f(z)$는 C의 내부 및 선상에서 해석적이다. C 위에서의 $|f(z)|$의 최소값을 $m>0$이라고 하면, C 위에서 $\{f_n(z)\}$이 $f(z)$에 평등수렴하므로 $n>N(m)$인 n에 대해서 부등식

$$|f_n(z)-f(z)|<m\leq|f(z)|$$

이 성립한다. 따라서 Rouche의 정리에 의해서 C 내부에서의 $f(z)$의 근의 갯수는

$$f(z)+(f_n(z)-f(z))=f_n(z),\quad(n>N),$$

의 갯수와 같게 된다.

Rouche의 정리의 두번째 응용으로 다음 정리를 얻는다.

〔**定理 5.23**〕 (Open Mapping Theorem) 非常數인 解析函數는 開集合을 開集合에

사상한다.

(**증명**) $f(z)$가 $z=z_0$에서 해석적이라고 하자. 이제 z-평면에서의 z_0의 모든 작은 근방의 像(image)이 w-평면에서 $w_0=f(z_0)$의 한 근방을 포함하고 있다는 것을 보이면 된다. 함수 $f(z)-w_0$는 $|z-z_0|\le\delta$에서 해석적이고, $|z-z_0|=\delta$ 위에서는 근이 없도록 $\delta>0$를 택하자. 이것은 정리 5.13의 系에 의해서 가능하다. 원 $|z-z_0|=\delta$ 위에서의 $|f(z)-w_0|$의 최소값을 m이라고 하고 $w=f(z)$ 하에서의 $|z-z_0|<\delta$의 像이 $|w-w_0|<m$을 포함한다는 것을 보이도록 한다.

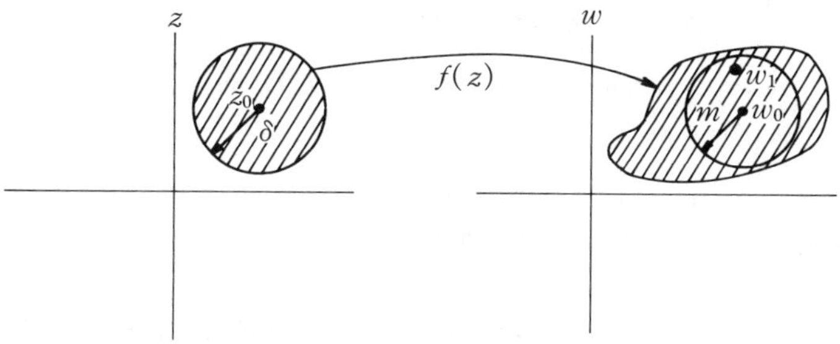

그림 5-6

$|w-w_0|<m$ 내에서 한 점 w_1을 택하면 원 $|z-z_0|=\delta$ 위에서

$$|w_0-w_1|<m\le|f(z)-w_0|$$

이 성립한다. 따라서 Rouche의 정리에 의하여

$$(f(z)-w_0)+(w_0-w_1)=f(z)-w_1$$

은 $|z-z_0|<\delta$에서 함수 $f(z)-w_0$와 같은 수의 근을 갖는다. 그런데 $f(z)-w_0$는 z_0에서 적어도 한 근을 가지므로 $f(z)-w_1$도 적어도 한 근을 갖는다. 즉 $f(z)=w_1$이 적어도 한번 일어난다. w_1은 임의의 점이므로 $|z-z_0|<\delta$의 像은 $|w-w_0|<m$의 모든 점을 포함하지 않으면 안 된다.

〔**例 題**〕

1. 대수학의 기본정리, 곧 상수가 아닌 모든 다항식은 적어도 하나의 근을 갖는다는 것을 Maximum Modulus 정리를 적용하여 증명하여라.

(**解**) 가령 $P(z)=a_0+a_1z+\cdots+a_nz^n$, $(a_n\neq0)$가 근을 갖지 않는다고 가정하자. 그러면 $1/P(z)$는 근을 갖지 않으면서 복소평면 전체에서 해석적이고, $z\to\infty$일 때 $1/P(z)\to0$이 된다. $|z|=r$인 r을 충분히 크게 잡았을 때

$$\left|\frac{1}{P(z)}\right|<\left|\frac{1}{P(0)}\right|=\frac{1}{|a_0|}$$

이므로 연속함수인 $|1/P(z)|$은 compact 집합인 $|z|\le r$의 경계위에서 최대값

을 갖지 못한다. 따라서 $|1/P(z)|$은 $|z|\leq r$의 내부의 점에서 최대값을 갖지 않으면 안 되는데, 이것은 Maximum Modulus 정리에 모순이 된다. 그러므로 $P(z)$는 $|z|\leq r$에서 적어도 하나의 근은 가져야 한다.

2. 가령 $f(z)$가 단일폐곡선 C의 내부 및 그 선상에서 해석적일 때, $|f(z)|$는 C 위에서 상수이고, $f(z)$는 상수가 아닌 함수가 있는가?

(解) $f(z)=z^n$을 $|z|=r$ 위에서 생각하면 된다.

3. $f(z)$는 $|z|\leq r$에서 해석적이라 하자. $|z|<r$인 모든 z에 대해서 $|f(z)|\leq|f(z_0)|$와 $|f(z)|\leq|f(z_1)|$이 되는 두 개의 서로 다른 점 $z_0=re^{i\theta_0}$와 $z_1=re^{i\theta_1}$은 항상 존재하는가?

(解) 반드시 그렇지는 않다. 만일 $f(z)=e^z$라고 하면 $\theta_1\neq 2k\pi$일 때마다 어떤 $|z|<r$에 대해서 $|e^{re^{i\theta_1}}|<|e^z|$이다.

4. 다항식 $P(z)=z^5+6z^3+2z+10$의 5개의 모든 근은 $1<|z|<3$ 내에 존재함을 증명하라.

(解) $g(z)=z^5+6z^3+2z$, $f(z)=10$이라고 놓으면, 원 $|z|=1$ 위에서

$$|g(z)|=|z^5+6z^3+2z|\leq|z|^5+6|z|^3+2|z|=9<10=|f(z)|$$

이 성립한다. 따라서 Rouche의 정리에 의하여 $P(z)=g(z)+f(z)$와 $f(z)=10$은 $|z|<1$에서 같은 수의 근을 갖는데, $f(z)=10$이 근이 없으므로 $P(z)$는 $|z|<1$에서 근을 갖지 않는다.

다음에 $g(z)=6z^3+2z+10$, $f(z)=z^5$이라 놓으면, 원 $|z|=3$ 위에서

$$\begin{aligned}|g(z)|&\leq 6|z|^3+2|z|+10=6\cdot 3^3+2\cdot 3+10\\&=178<243=3^5=|f(z)|\end{aligned}$$

이 성립하므로 $P(z)=g(z)+f(z)$는 $f(z)=z^5$와 $|z|<3$에서 같은 수의 근을 갖는다. 따라서 $P(z)$는 $1<|z|<3$에서 5개의 근을 갖는다.

5. 非常數함수 $f(z)$가 한 영역 D 내에서 해석적이면, $|f(z)|$은 D 내에서 최대값을 갖지 못한다는 Maximum Modulus 정리를 정리 5.23인 Open Mapping 정리를 이용하여 증명하여라.

(解) $f(z)$가 D 내의 임의의 한 점 z_0에서 해석적이라 하면, $w=f(z)$에 의한 어떤 원반 $|z-z_0|<\delta$의 像은 w-평면에서 한 원반 $|w-f(z_0)|<m$을 포함한다. 여기서 m은 $|z-z_0|=\delta$ 위에서의 $|f(z)-w_0|$의 최소값을 나타내고 있다. 만일 $f(z_0)=\mathrm{R}e^{i\theta_0}$이라 하면, 각 $\varepsilon(0<\varepsilon<m)$에 대해서

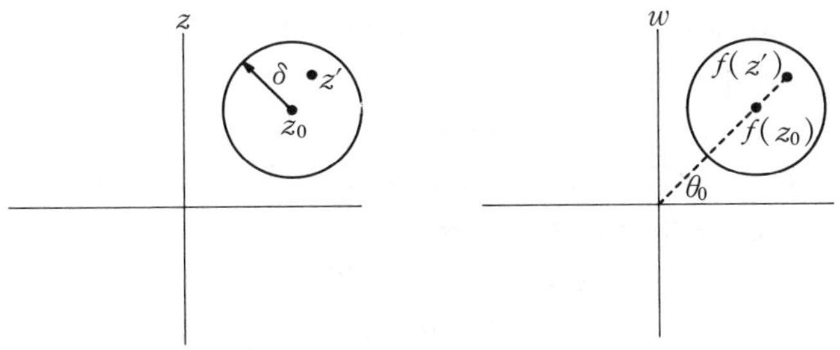

그림 5-7

$$f(z')=(R+\varepsilon)e^{i\theta_0}$$

이 되는 점 z'가 원반 $|z-z_0|<\delta$ 내에 대응한다. 즉

$$|f(z')|=R+\varepsilon>|f(z_0)|=R$$

이 성립하는데, 이것은 D 내부의 점 z_0에서는 $|f(z)|$의 최대값이 일어날 수 없다는 것을 보여주고 있다.

問 題

1. 비상수인 다항식은 반드시 적어도 하나의 근을 갖는다는 것을 Rouche의 정리를 이용하여 증명하여라.

(풀이) $P_n(z)=a_0+a_1z+\cdots+a_{n-1}z^{n-1}+a_nz^n$, $(a_n\neq 0)$
$=P_{n-1}(z)+a_nz^n$

이라고 하면, $|z|=r>1$에 대해서

$$\left|\frac{P_{n-1}(z)}{a_nz^n}\right|\le\frac{(|a_0|+|a_1|+\cdots+|a_{n-1}|)r^{n-1}}{|a_n|r^n}=\frac{|a_0|+|a_1|+\cdots+|a_{n-1}|}{|a_n|r}$$

이다. 이 때 $r>\max\{(|a_0|+|a_1|+\cdots+|a_{n-1}|)/|a_n|,\ 1\}$ 되게 r을 잡으면, 원 $|z|=r$ 위에서

$$|P_{n-1}(z)|<|a_nz^n|$$

이 성립한다. 따라서 Rouche의 정리에 의하여 a_nz^n이 $|z|<r$에서, 즉 $z=0$에서 n개 근을 갖기 때문에 $P_n(z)=P_{n-1}(z)+a_nz^n$도 $|z|<r$에서 n개의 근을 갖는다.

2. Rouche의 정리, 곧 $f(z)$와 $g(z)$가 단일폐곡선 C의 내부 및 그 선상에서 해석적이고, C 위에서 $|g(z)|<|f(z)|$이 성립하면, $f(z)+g(z)$와 $f(z)$는 C의 내부

에서 같은 수의 근을 갖는다는 것을 해석적인 방법으로 증명하여라.

(풀이) $\{\phi_t(z)\}$를 $\phi_t(z)=f(z)+tg(z)$, $(0\leq t\leq 1)$로 정의된 함수열이라 하자. 폐곡선 C 위에서

$$|\phi_t(z)|=|f(z)+tg(z)|\geq|f(z)|-|g(z)|>0$$

이고, $|f(z)|-|g(z)|$은 compact 집합 C 위에서 연속이므로 한 최소값 m을 갖는다. 즉 C 위의 모든 z에 대해서

$$|\phi_t(z)|\geq m>0,\quad (0\leq t\leq 1)$$

이 성립한다. 지금

$$h(t)=\frac{1}{2\pi i}\int_C\frac{\phi_t'(z)}{\phi_t(z)}dz$$

라고 정의하면, $h(t)$는 C내부에서 $\phi_t(z)$의 근의 갯수를 나타내고, 특히 $h(0)$는 $\phi_0(z)=f(z)$의 근의 갯수를, 그리고 $h(1)$은 $\phi_1(z)=f(z)+g(z)$의 근의 갯수를 나타내고 있다. 따라서 $h(0)=h(1)$임을 증명하면 되는데, $h(t)$는 계단함수(step function)이므로 $h(t)$가 연속함수임을 증명하면 충분하다. 왜냐하면 연속인 계단함수는 오직 상수함수이기 때문이다.

이제 $[0,1]$에서 임의의 두 점 t_1과 t_2가 주어졌다고 하면,

$$\begin{aligned}h(t_2)-h(t_1)&=\frac{1}{2\pi i}\int_C\left(\frac{f'+t_2g'}{f+t_2g}-\frac{f'+t_1g'}{f+t_1g}\right)dz\\&=\frac{1}{2\pi i}\int_C\left[\frac{(t_2-t_1)(g'f-f'g)}{(f+t_2g)(f+t_1g)}\right]dz\end{aligned}$$

이고, $f(z)$, $g(z)$, $f'(z)$, $g'(z)$는 C위에서 해석적이므로 이들은 有界이다. 따라서

$$|f(z)|,\quad |g(z)|,\quad |f'(z)|,\quad |g'(z)|\leq M$$

이라 가정하고, C의 길이를 L로 표시하면,

$$|h(t_2)-h(t_1)|\leq\frac{1}{2\pi}\,\frac{|t_2-t_1|2M^2L}{m^2}=K|t_2-t_1|$$

이다. 단, K는 t_1, t_2에 독립인 한 상수이다. 그러므로 임의의 주어진 $\varepsilon>0$에 대해서 $|t_2-t_1|<\frac{\varepsilon}{K}$일 때마다 $|h(t_2)-h(t_1)|<\varepsilon$이 되므로 $h(t)$는 $[0,1]$에서 연속인 함수이다.

3. 다항식 $P(z)=z^7-5z^3+12$의 모든 근은 $1<|z|<2$ 내에 존재함을 증명하라.

(풀이) $g(z)=z^7-5z^3$, $f(z)=12$라 두면, 원 $|z|=1$ 위에서

$$|g(z)|=|z^7-5z^3|=|z|^7+5|z|^3=6<12=|f(z)|$$

이다. 그런데, $f(z)=12$는 $|z|<1$에서 근이 없으므로 $P(z)=f(z)+g(z)$도 $|z|<1$에서 근을 갖지 않는다.

한편, $g(z)=-5z^3+12$, $f(z)=z^7$라 놓으면 원 $|z|=2$ 위에서

$$|g(z)|=|-5z^3+12|\le 5|z|^3+12=52<2^7=|f(z)|$$

이 성립하고, $f(z)=z^7$ 이 $|z|<2$ 에서 7개의 근을 가지므로 $P(z)=f(z)+g(z)$ 는 결국 $1<|z|<2$ 에서 7개의 근을 갖는다.

4. 한 해석함수 $w=f(z)$는 폐집합(closed set)을 항상 폐집합으로 사상하는가?

(풀이) 복소평면 전체에서 해석적인 함수 $f(z)=e^z$ 는 폐집합인 z-평면을 폐집합이 아닌 원점이 빠진 평면(punctured plane)으로 사상한다.

5. 非常數인 연속함수는 반드시 開集合을 開集合으로 사상하는가?

(풀이) $f(z)=|z|$은 연속함수인데, $f(z)=u(z)+iv(z)$라고 할 때, $w=f(z)=|z|$은 z-평면을 개집합이 아닌 반직선 Re $u\ge 0$, $v=0$에로 사상한다.

연습 문제 5.3

1. $M(r,f)=\max_{|z|=r}|f(z)|$, $m(r,f)=\min_{|z|=r}|f(z)|$이라 할 때 다음 함수들에 대하여 $M(r,f)$와 $m(r,f)$가 $|z|=r$ 위의 어느 점에서 일어나는가를 말하고 그 값을 구하여라.

(a) $f(z)=e^z$ (b) $f(z)=z^n$

(c) $f(z)=z^2+1$ (d) $f(z)=z^2-z+1$

2. 다항식 $P(z)=a_0+a_1z+\cdots+a_{n-1}z^{n-1}+z^n$ 을 생각하자. 충분히 큰 모든 r에 대해서 원 $|z|=r$ 위에 두 점 z_0와 z_1이 있어서

$$|e^{P(z_0)}|=e^{(1/2)r^n},\quad |e^{P(z_1)}|=e^{(-1/2)r^n}$$

이 됨을 밝혀라.

3. 다항식 $P(z)=z^4+4z-1$ 은 $|z|<1/3$ 에서는 한 근을 갖고, 나머지 근은 $1/3<|z|<2$ 내에 있음을 증명하라.

4. $\{f_n(z)\}$은 한 영역 D의 모든 compact인 부분집합에서 $f(z)$에 평등수렴하는 해석함수들의 수열이라 하고, D 내에 속하는 각 z_n에 대하여 $f_n(z_n)=0$ 이라고 할 때 D에 속하는 $\{z_n\}$의 모든 극한점은 $f(z)$의 한 근이 됨을 증명하라.

〈5장 보충문제〉

1. $f(z)$는 한 폐곡선 C 위에서 연속이지만, 해석적이 아닌 함수라고 할 때, 함수

$$F(z)=\int_C \frac{f(\zeta)}{\zeta-z}d\zeta$$

는 C 위에 있지 않은 각 z에서 해석적이고, 그 때

$$F'(z)=\int_C \frac{f(\zeta)}{(\zeta-z)^2}d\zeta$$

임을 증명하여라.

2. $f(z)$는 복소평면 전체에서 해석적이고 모든 z에 대해서

$$|f(z)|\le|e^z|$$

이라고 하면 $f(z)=Ke^z$, $(|K|\le 1)$임을 증명하여라.

3. $f(z)=\sum_{n=0}^{\infty}a_n z^n$은 $|z|\le 1$에 대해서 해석적이고, $|f(z)|\le 1$이라고 하자. Cauchy 부등식을 이용하여 다음을 증명하여라.

(a) $\left|\sum_{n=k}^{\infty}a_n z^n\right|\le\frac{|z|^k}{1-|z|}$, $(|z|<1)$

(b) 만일 $|z_1|\le r$, $|z_2|\le r$, $0<r<1$이고 $z_1\ne z_2$이면

$$\left|\frac{f(z_2)-f(z_1)}{z_2-z_1}\right|\le\frac{1}{(1-r)^2}$$

4. $f(z)$는 $|z|<1$에서 해석적이고, $f(z)\ne 0$이라고 하면, $0<r<1$인 r에 대해서

$$\exp\left(\frac{1}{2\pi}\int_0^{2\pi}\log|f(re^{i\theta})|\,d\theta\right)=|f(0)|$$

임을 밝혀라.

5. $f(z)$는 단일폐곡선 C의 내부 및 선상에서 해석적이고, C위에서는 $f(z)\ne a$이라고 하면, C내부에서 $f(z)$가 a값을 갖는 빈도수는

$$\frac{1}{2\pi i}\int_C \frac{f'(z)}{f(z)-a}dz$$

에 의해서 주어짐을 밝혀라.

6. $f(z)$는 단일폐곡선 C내부에 있는 유한 개의 極들을 제외하고는 C의 내부 및 선상에서 해석적이라 하자. C 위에는 있지 않은 $f(z)$의 根들을 $z_1, z_2, \cdots, z_n$이라 하고, 極들을 $w_1, w_2, \cdots, w_m$이라 하자. 만일 $g(z)$가 C의 내부 및 선상에서 해석적인 함수이면

$$\frac{1}{2\pi i}\int_C g(z)\frac{f'(z)}{f(z)}dz=\sum_{i=1}^{n} g(z_i)-\sum_{i=1}^{m} g(w_i)$$

임을 증명하라(단, 각 根과 極은 重根에 의해서 표시된 만큼 생긴다고 가정한다).

7. $P(z)=a_0+a_1z+\cdots+a_nz^n$일 때 충분히 큰 R의 값에 대해서

$$\frac{1}{2\pi i}\int_{|z|=R}\frac{zP'(z)}{P(z)}dz$$

의 값을 구하여라.

6 장 特異點과 Laurent 級數

이 章에서는 함수 $f(z)$가 解析的이 아닌 點들에 대한 함수의 성질을 조사해 보자. 해석적이 아닌 점에서는 함수 $f(z)$를 Taylor 의 급수전개로 표시할 수 없으므로 Laurent 급수전개로 가능하다는 것을 보이고자 한다. 또한 단일폐곡선 C의 내부에 $f(z)$가 해석적이 아닌점들이 유한개 있을 때 Residue 정리를 적용하여 $\int_C f(z)dz$ 의 값을 구하는 방법을 연구하기로 한다.

6. 1 特異點의 分類

단가함수인 $f(z)$가 한 점 z_0에서 解析的이 아닐 때 $f(z)$는 한 **특이점**(特異點, singularity) z_0를 갖는다고 한다. 특히 $f(z)$가 z_0에서는 해석적이 아니지만, z_0의 제거된 어떤 근방에서 해석적이면, z_0를 $f(z)$의 **고립된 특이점**(isolated singularity)이라고 한다.

고립된 특이점 z_0의 근방의 점 z에 대한 $f(z)$의 성질을 다음 세 가지로 분류하여 서술할 수 있다.

(i) $f(z)$는 z_0의 제거된 근방(deleted neighborhood of z_0)에서 有界가 된다. 例를 들어, $f(z)=(\sin z)/z$, $(z\neq 0)$, 는 원점 $z=0$의 제거된 근방에서 有界이다. 이때 $f(0)=\lim_{z\to 0}(\sin z)/z=1$로 정의함으로써 $f(z)$를 $z=0$에서 해석적이 되도록 할 수 있다.

이와 같이 $f(z)$는 z_0에서 고립된 특이점을 갖지만, 만일 $\lim_{z\to z_0} f(z)$가 존재할 때,

z_0를 $f(z)$의 **除去可能한 特異點**(removable singularity)이라고 한다.

(ii) $f(z)$는 $z \to z_0$일 때 ∞에 접근시킬 수 있다. 例를 들어 $f(z)=1/z, (z \neq 0)$이면 $f(z)$는 $z=0$를 고립된 특이점으로 갖고, $z \to 0$일 때 $1/z \to \infty$이다.

이와 같이 $f(z)$가 z_0의 제거된 근방에서 해석적이고, 만일

$$\lim_{z \to z_0}(z-z_0)^k f(z) = A \neq 0, \quad \infty$$

이 성립할 때 $f(z)$는 $z=z_0$에서 k **位의 極** (pole of order k)을 갖는다고 한다.

(iii) $f(z)$는 위의 (i)과 (ii)의 어느 것도 만족하지 않는다. 例를 들어 $f(z)=e^{1/z}$, $z \neq 0$, 일 때, $z=x$ (x는 실수)이면

$$\lim_{x \to 0^+} e^{1/x} = \infty, \quad \lim_{x \to 0^-} e^{1/x} = 0$$

이다. 곧 원점의 근방에서 $e^{1/z}$는 有界도 아니고, $z \to 0$일 때, $e^{1/z}$가 ∞에 접근하지도 않는다.

이와 같이 제거가능한 특이점도 아니고 極도 아닌 고립된 특이점을 **진성 특이점**(眞性特異點, essential singularity)이라고 한다.

다음 정리들은 위에서 서술한 세가지 특이점의 중요한 특성을 얘기해 주는 것이다.

〔**定理 6.1**〕 (Riemann의 정리) 만일 $f(z)$가 $z=z_0$에서 고립된 특이점을 가지고, z_0의 어떤 제거된 근방에서 有界가 된다고 하면 $f(z)$는 z_0에서 解析的이 되도록 z_0에서의 함수치를 정의할 수 있다.

(증명) 어떤 $R>0$에 대해서 $f(z)$는 $0<|z-z_0| \leq R$에서 해석적이다. 이 원반 내의 주어진 한 점 z_1에 대하여 $r<|z_1-z_0|<R$이 되도록 $r>0$을 택한다.

그림 6-1과 같이 두 원 $C:|z-z_0|=R$과 $C_1:|z-z_0|=r$에 의해서 둘러싸인 영역에서 $f(z)$는 해석적이다. 따라서 Cauchy의 적분공식에 의하여

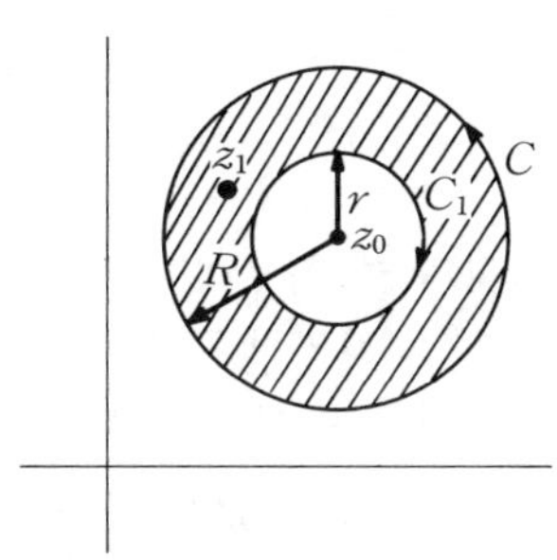

그림 6-1

$$f(z_1) = \frac{1}{2\pi i}\oint_C \frac{f(\zeta)}{\zeta - z_1}d\zeta - \frac{1}{2\pi i}\oint_{C_1} \frac{f(\zeta)}{\zeta - z_1}d\zeta \qquad (6.1)$$

이다. 그런데, 식 (6.1)의 값은 r의 선택에 관계없으므로 r을 충분히 작게 잡으면, C_1 위에서 $f(z)$는 有界이다. 이제 $|f(z)| \leq M$이라고 하면,

$$\left| \frac{1}{2\pi i}\int_{C_1} \frac{f(\zeta)}{\zeta - z_1}d\zeta \right| \leq \frac{M}{2\pi}\int_{C_1} \frac{|d\zeta|}{|\zeta - z_1|}$$

$$\leq \frac{M}{2\pi} \frac{2\pi r}{|z_1 - z_0| - r} \tag{6.2}$$

이 되어 $r \to 0$일 때 식 (6.2)는 0에 접근한다. 그러므로 식 (6.1)은

$$f(z_1) = \frac{1}{2\pi i} \int_C \frac{f(\zeta)}{\zeta - z_1} d\zeta \tag{6.3}$$

이 되고, z_1은 $0 < |z - z_0| < R$에서 임의의 점이었으므로 식 (6.3)은 $0 < |z - z_0| < R$ 내의 모든 z에 대하여

$$f(z) = \frac{1}{2\pi i} \int_C \frac{f(\zeta)}{\zeta - z} d\zeta \tag{6.4}$$

이 된다. 그런데 정리 5.2의 증명에서 본 바와 같이 식 (6.4)의 우측 적분은 $|z - z_0| < R$에 대해서 해석함수를 나타낸다. 따라서

$$f(z_0) = \frac{1}{2\pi i} \int_C \frac{f(\zeta)}{\zeta - z_0} d\zeta$$

라고 정의함으로써 함수 $f(z)$는 $|z - z_0| < R$에서 해석적이 된다.

〔**定理 6.2**〕 만일 $f(z)$가 $z = z_0$에서 고립된 특이점을 가지고, $z \to z_0$일 때 $f(z) \to \infty$이라고 하면, $f(z)$는 $z = z_0$에서 한 極(pole)을 갖는다.

(**증명**) $z \to z_0$일 때 $f(z) \to \infty$이라고 하면, $g(z) = 1/f(z)$는 z_0의 어떤 제거된 근방에서 有界이다. 정리 6.1에 의하여 $g(z)$는 z_0에서 제거가능한 특이점을 가지므로

$$g(z) = \frac{1}{f(z)} = a_0 + a_1(z - z_0) + a_2(z - z_0)^2 + \cdots$$

와 같이 쓸 수 있다. 그러므로

$$\lim_{z \to z_0} g(z) = \lim_{z \to z_0} \frac{1}{f(z)} = a_0 = 0$$

그런데 여기서 $g(z)$의 계수는 모두 0이 될 수가 없다. 왜냐하면, $g(z)$의 계수가 모두 0이라고 하면 z_0의 어떤 제거된 근방에서 $f(z) \equiv \infty$가 되기 때문이다. 이제 $g(z)$의 첫번째 0이 아닌 계수를 a_k라고 하면,

$$g(z) = \frac{1}{f(z)} = a_k(z - z_0)^k + a_{k+1}(z - z_0)^{k+1} + \cdots$$

이고,

$$\frac{1}{f(z)(z - z_0)^k} = a_k + a_{k+1}(z - z_0) + \cdots \tag{6.5}$$

이므로

$$\lim_{z \to z_0} \frac{1}{f(z)(z - z_0)^k} = a_k \neq 0$$

즉

$$\lim_{z \to z_0} (z-z_0)^k f(z) = \frac{1}{a_k}$$

이 되어 $f(z)$는 $z=z_0$에서 k位의 極을 갖는다.

[**系**] 만일 $f(z)$가 $z=z_0$에서 한 極을 갖고 k가 그 極의 位數(order)일 때

$$f(z) = \sum_{n=-k}^{\infty} b_n(z-z_0)^n$$

과 같이 표시된다.

(**증명**) 식 (6.5)에 의해서 함수

$$\frac{1}{f(z)(z-z_0)^k} = a_k + a_{k+1}(z-z_0) + \cdots, \quad (a_k \neq 0),$$

은 $z=z_0$에서 해석적이다. $a_k \neq 0$이므로 함수의 연속성의 성질을 적용하면, z_0의 한 근방이 있어서

$$\frac{1}{f(z)(z-z_0)^k} \neq 0$$

이 된다. 따라서 $f(z)(z-z_0)^k$은 z_0에서 해석적이고, z_0의 어떤 근방에서

$$f(z)(z-z_0)^k = \sum_{m=0}^{\infty} c_m(z-z_0)^m \qquad \left(c_0 = \frac{1}{a_k} \neq 0\right)$$

즉

$$f(z) = \sum_{m=0}^{\infty} c_m(z-z_0)^{m-k} \tag{6.6}$$

와 같이 표시할 수 있는데 식 (6.6)에서 $n=m-k$, $b_n=c_{m+k}$라 놓으면

$$f(z) = \sum_{m=0}^{\infty} c_m(z-z_0)^{m-k} = \sum_{n=-k}^{\infty} b_n(z-z_0)^n$$

이 된다.

〔**定理 6.3**〕 (Casorati-Weierstrass의 정리) 만일 $f(z)$가 $z=z_0$에서 한 眞性特異點을 갖는다고 하면, $f(z)$는 z_0의 각 제거된 근방에서 모든 복소수에 임의로 접근할 수 있다.

(**증명**) 어떤 복소수 a에 대하여 가령 $0<|z-z_0|<\delta$ 내의 모든 z에 대해서 $|f(z)-a| \geq \varepsilon > 0$이라고 가정하자. $g(z)=1/(f(z)-a)$이라 놓으면, $0<|z-z_0|<\delta$에 대해서

$$|g(z)| = \left|\frac{1}{f(z)-a}\right| \leq \frac{1}{\varepsilon}$$

이므로 정리 6.1에 의해서 $g(z)$는 $z=z_0$에서 제거가능한 특이점을 갖는다. 그러므로

$$g(z)=\frac{1}{f(z)-a}=a_0+a_1(z-z_0)+a_2(z-z_0)^2+\cdots$$

이고, $\lim_{z\to z_0} 1/(f(z)-a)=a_0$ 이다. 여기서 만일 $a_0\neq 0$ 이면

$\lim_{z\to z_0} f(z)=\frac{1}{a_0}+a$ 가 되어 $f(z)$는 $z=z_0$에서 제거가능한 특이점을 갖는다.

만일 $a_0=0$ 이면 a_k를 첫번째 0이 아닌 $g(z)$의 계수라고 할 때

$$\frac{1}{(f(z)-a)(z-z_0)^k}=a_k+a_{k+1}(z-z_0)+\cdots$$

이므로

$$\lim_{z\to z_0}(z-z_0)^k(f(z)-a)=\lim_{z\to z_0}(z-z_0)^k f(z)=\frac{1}{a_k}$$

이 되어 $f(z)$는 $z=z_0$에서 k位의 極을 갖는다. 그런데 가정에서 $f(z)$가 $z=z_0$에서 진성특이점을 갖는다는 것은, $z=z_0$에서 제거가능한 특이점도 아니고, 극도 아닌 것이므로 부등식 $|f(z)-a|\geq\varepsilon>0$이 성립할 수가 없다. 따라서 $0<|z-z_0|<\delta$에서 $f(z)\to a$이다.

[**系**] $f(z)$가 $z=z_0$에서 眞性特異點을 갖는다고 하면, 주어진 임의의 복소수 a에 대하여 $z_n\to z_0$이고 $f(z_n)\to a$이 되는 한 수열 $\{z_n\}$이 존재한다.

(증명) 각 n의 값에 대해서 $\delta_n>0$이고 $\lim\delta_n=0$이 되도록 한수열 $\{\delta_n\}$을 잡는다. 정리 6.3에 의해서 $0<|z_n-z_0|<\delta_n$에 대해서

$$|f(z_n)-a|<1/n$$

이 되는 점열 $\{z_n\}$을 잡을 수있으므로 $z_n\to z_0$일 때 $f(z_n)\to a$이다.

複素平面전체에서 解析的인 entire 函數는 ∞에서 한 고립된 特異點을 갖는다고 할 수 있다.

$$z\to\infty\Longleftrightarrow\frac{1}{z}\to 0$$

이므로 만일 우리가 $g(z)=f(1/z)$라고 놓으면, f가 ∞에서 한 特異點을 갖기 위한 필요충분조건은 g가 0에서 한 特異點을 갖는 것이다.

〔**定理 6.4**〕 entire 함수 f가 ∞에서 位數 m인 極(pole)을 갖기 위한 必要充分條件은 f가 m次 多項式인 것이다.

(증명) (←) $f(z)=z^m+a_1z^{m-1}+\cdots+a_m=z^m\left(1+\frac{a_1}{z}+\cdots+\frac{a_m}{z^m}\right)$가 주어졌다고 하고, $g(z)=f(1/z)$라고 놓자. 그러면

$$g(z)=\frac{1}{z^m}(1+a_1z+\cdots+a_mz^m)$$

에 대해서 $\lim_{z\to 0} z^m g(z)=1\neq 0$ 이고, $k>m$ 에 대하여 $\lim_{z\to 0} z^k g(z)=0$ 이므로 g 는 0에서 位數 m인 極을 갖는다. 곧 f 는 ∞에서 位數 m인 極을 갖는다.

(→) 가령 f가 ∞에서 位數 m인 極을 갖는다고 하면, g 는 0에서 位數 m인 極을 갖는데, m을 $\lim_{z\to 0} z^m g(z)=c$(c 는 0이 아닌 상수)이 되는 가장 작은 양의 정수라고 하자. 즉

$$\lim_{z\to\infty}\frac{1}{z^m}f(z)=c$$

이면, $|z|>M$에 대해서

$$|f(z)|\leq(|c|+1)|z|^m$$

이 되는 $M>0$이 존재한다. 따라서 f는 차수가 m보다 작거나 같은 多項式이므로 $f(z)$는 次數가 m인 다항식이 된다.

[**例 題**]

1. 다음 함수들에 대한 特異點을 모두 찾고, 그 특이점들을 분류하여라.

(a) $f(z)=\dfrac{1}{e^{1/z}+1}$ (b) $f(z)=e^{z+1/z}$ (c) $f(z)=\dfrac{(z-1)^{1/2}}{z+1}$

(**解**) (a) $z=1(2k+1)\pi i$ 에서 $f(z)$는 位數가 1인 極을 갖고, $z=0$에서 고립이 아닌 眞性特異點(nonisolated essential singularity)을 갖는다.

(b) $z=0$ 와 $z=\infty$ 에서 고립된 眞性特異點을 갖는다.

(c) $z=1$ 에서 $f(z)$의 分枝點(branch point), $z=-1$ 에서 simple pole 을 갖는다.

2. 임의의 서로 다른 3복소수 z_0, z_1, z_2 가 주어졌을 때, $z=z_0$ 에서는 除去可能한 特異點을, $z=z_1$ 에서는 k位의 極을, 그리고 $z=z_2$ 에서는 眞性特異點을 갖는 한 函數를 만들어 보아라.

(**解**) $f(z)=\dfrac{(z-z_0)}{(z-z_0)(z-z_1)^k}e^{1/(z-z_2)}$

3. 複素平面上의 한 compact 集合에서 어떤 함수가 무한히 많은 고립된 특이점들을 가질 수 있을까?

(**解**) $f(z)=1/\sin(1/z)$는 compact 집합인 $|z|\leq 1$ 에서 무한히 많은 특이점을 갖는데, $z=0$ 을 제외하고는 모두가 고립된 특이점들이다.

問 題

1. 함수 $h(z)=(\tan z)/z$ 의 根(zeros)과 極(poles)은 어디에서 갖는가를 결정하여라. 또 그들의 位數를 구하여라.

(풀이) $f(z)=\sin z$, $g(z)=z\cos z$ 라 두면 $h(z)=\dfrac{f(z)}{g(z)}$ 이다. $f(z)=\sin z$ 의 根은 점 $z=n\pi$(n 을 정수)에서 일어나고 $f'(n\pi)=\cos(n\pi)\neq 0$ 이므로 $f(z)$의 根은 一次이다. 또 $g(z)=z\cos z$ 는 $z=0$ 와 $z=\left(n+\dfrac{1}{2}\right)\pi$ 에서 각각 一次인 根을 가지므로 결국 $h(z)=\dfrac{f(z)}{g(z)}$는 $n=\pm 1, \pm 2, \cdots$일 때 $z=n\pi$ 에서 一次인 근을 가지고, n 이 정수일 때 $z=\left(n+\dfrac{1}{2}\right)\pi$ 에서 一位인 極을 갖는다.

2. 함수 $g(z)=1/(5z^4+26z^2+5)$의 특이점을 구하여라.

(풀이) 이차방정식 $5Z^2+26Z+5=0$ 의 근은 $Z_1=-5$, $Z_2=-1/5$ 이다. $Z=z^2$ 을 이용하면, 함수 $g(z)$는 $\pm i\sqrt{5}$ 와 $\pm i/\sqrt{5}$ 에서 simple pole 을 갖는다.

3. 함수 $g(z)=(\pi\cot(\pi z))/z^2$ 의 특이점을 구하여라.

(풀이) 함수 $z^2\sin(\pi z)$와 $f(z)=(z^2\sin(\pi z))/(\pi\cos(\pi z))$는 $z=0$ 에서 3 차의 근과 $z=\pm 1, \pm 2, \cdots$에서 일차의 근을 갖는다. 따라서 함수 $g(z)$는 $z=0$ 에서 3 位인 極을 갖고 $z=\pm 1, \pm 2, \cdots$에서 1 位인 極을 갖는다.

연습 문제 6.1

1. 다음 함수는 어디에서 極을 갖는가? 또 그들의 位數는 어떠한가?

(a) $(z^2+1)^{-3}(z-1)^{-4}$ (b) $(z^6+1)^{-1}$ (c) $(3z^4+10z^2+3)^{-1}$

2. 다음 함수들이 極을 갖는 점들과 그 位數를 구하여라.

(a) $z\cot z$ (b) $(z^2\sin z)^{-1}$ (c) $(1-\exp z)^{-1}$

3. 다음 함수들의 특이점을 구하고 그것을 분류하여라.

(a) $z^{-2}(z-\sin z)$ (b) $z\exp(1/z)$

4. 다음 함수는 어떤 종류의 특이점을 갖는가.

(a) $(z^2+z)^{-1}\sin z$ (b) $(\exp z-1)/z$

5. 다음 함수들에 대하여 $z=\infty$ 에서의 特異點을 분류하여라.

(a) $\dfrac{2z^2+1}{3z^2-10}$ (b) $\dfrac{z^2}{z+1}$ (c) $\dfrac{z^2+10}{e^z}$

(d) $\dfrac{e^z}{z^2+10}$ (e) $\tan z-z$ (f) $\dfrac{1}{z}+\sin z$

6.2 Laurent 級數

만일 $f(z)$가 한 점 z_0에서 解析的이면, z_0의 어떤 근방에서 $f(z)$는 한 멱 급수 $f(z)=\sum_{n=0}^{\infty} a_n(z-z_0)^n$로 표시된다. 또, 정리 6.2에 系에 따라서 만일 $f(z)$가 $z=z_0$에서 k位의 極을 가지면 z_0의 어떤 제거된 근방에서

$$f(z)=\sum_{n=-k}^{\infty} a_n(z-z_0)^n, \quad (a_{-k}\neq 0)$$

와 같이 표시된다는 것을 알았다. 다음에는

$$\sum_{n=-\infty}^{\infty} a_n(z-z_0)^n$$

와 같이 표시되는 급수에 대하여 연구하여 보자.

급수 $\sum_{n=1}^{\infty}\dfrac{b_n}{(z-z_0)^n}$이 $\dfrac{1}{|z-z_0|}<R$에서, 곧 $|z-z_0|>R_1=\dfrac{1}{R}$에서 절대수렴한다고 하면, 그 급수 $\sum_{n=1}^{\infty} b_n(z-z_0)^{-n}$은 원 $|z-z_0|=R_1$의 밖에서 한 解析函數 $f_1(z)$를 나타낸다. 역시 $\sum_{n=0}^{\infty} a_n(z-z_0)^n$이 수렴반경 R_2를 갖는다고 하면 $f_2(z)=\sum_{n=0}^{\infty} a_n(z-z_0)^n$은 $|z-z_0|<R_2$에서 해석적이다. 만일 $R_2>R_1$이면 $f_1(z)$와 $f_2(z)$는 두 원의 사이인 $R_1<|z-z_0|<R_2$에서 둘다 解析的이다. 따라서 함수

$$f(z)=f_1(z)+f_2(z)=\sum_{n=1}^{\infty} b_n(z-z_0)^{-n}+\sum_{n=0}^{\infty} a_n(z-z_0)^n$$

은 $R_1<|z-z_0|<R_2$ 내의 모든 z에 대해서 해석적이다. 여기서 $a_{-n}=b_n$로 놓으면

$$f(z)=\sum_{n=-\infty}^{\infty} a_n(z-z_0)^n \tag{6.7}$$

이고, 이 식 (6.7)의 형태를 **Laurent 급수**라고 부른다.

〔**定理 6.5**〕 (Laurent 의 정리) $f(z)$가 $R_1<|z-z_0|<R_2$에서 解析的이라고 하면, 그 영역에서 $f(z)$는

$$f(z)=\sum_{n=-\infty}^{\infty}a_n(z-z_0)^n$$

와 같이 표시되고, 이 때 계수 a_n은

$$a_n=\frac{1}{2\pi i}\int_C\frac{f(\zeta)}{(\zeta-z_0)^{n+1}}d\zeta$$

이다. 단 C는 $R_1<|z-z_0|<R_2$ 내에 포함되는 임의의 단일폐곡선이고, 방향은 시계방향과 반대의 방향이다.

(증명) $R_1<R_1'<|z-z_0|<R_2'<R_2$이 되도록 R_1'와 R_2'를 택하면, $f(z)$는 두원

$$C_1 : |z-z_0|=R_1' \text{ 와 } C_2 : |z-z_0|=R_2'$$

에 의해서 둘러싸인 폐집합에서 해석적이다. 지금 z를 그 집합의 내부의 한 점이라고 하면 Cauchy의 적분공식에 의하여

$$f(z)=\frac{1}{2\pi i}\oint_{C_2}\frac{f(\zeta)}{\zeta-z}d\zeta-\frac{1}{2\pi i}\oint_{C_1}\frac{f(\zeta)}{\zeta-z}d\zeta \tag{6.8}$$

이다.

먼저 식 (6.8)의 첫번째 적분을 생각하자. C_2 위의 ζ와 $R_1'<|z-z_0|<R_2'$ 내의 z에 대해서

$$\begin{aligned}\frac{1}{\zeta-z}&=\frac{1}{\zeta-z_0-(z-z_0)}\\&=\frac{1}{(\zeta-z_0)[1-(z-z_0)/(\zeta-z_0)]}\\&=\frac{1}{(\zeta-z_0)}\sum_{n=0}^{\infty}\left(\frac{z-z_0}{\zeta-z_0}\right)^n\\&=\sum_{n=0}^{\infty}\frac{1}{(\zeta-z_0)^{n+1}}(z-z_0)^n\end{aligned}$$

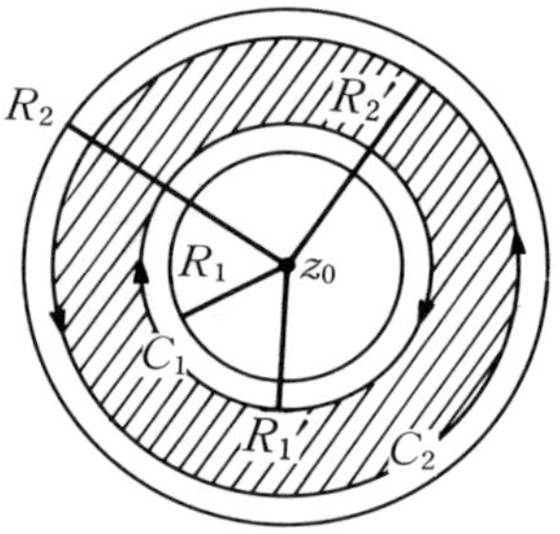

그림 6-2

이다. 이 급수는 C_2 위에서 평등수렴하므로 정리 5.3의 系에 의해서, $f(\zeta)/2\pi i$를 곱하고 항별로 적분하면

$$\begin{aligned}\frac{1}{2\pi i}\int_{C_2}\frac{f(\zeta)}{\zeta-z}d\zeta&=\sum_{n=0}^{\infty}\left(\frac{1}{2\pi i}\int_{C_2}\frac{f(\zeta)}{(\zeta-z_0)^{n+1}}(z-z_0)^n d\zeta\right)\\&=\sum_{n=0}^{\infty}\left(\frac{1}{2\pi i}\int_{C_2}\frac{f(\zeta)}{(\zeta-z_0)^{n+1}}d\zeta\right)(z-z_0)^n\\&=\sum_{n=0}^{\infty}a_n(z-z_0)^n,\end{aligned} \tag{6.9}$$

$$\text{단, } a_n=\frac{1}{2\pi i}\int_{C_2}\frac{f(\zeta)}{(\zeta-z_0)^{n+1}}d\zeta,\quad (n=0, 1, 2, \cdots)$$

이다. 여기서 $f(z)$는 C_2 내부의 모든 점에서 해석적이 아니기 때문에 a_n이

일반적으로 $f^{(n)}(z_0)/n!$ 과 같지는 않다.

다음에 식 (6.8)의 두번째 적분을 생각하자. C_1 위의 ζ에 대해서

$$-\frac{1}{\zeta-z}=\frac{1}{(z-z_0)[1-(\zeta-z_0)/(z-z_0)]}$$
$$=\sum_{m=0}^{\infty}\frac{(\zeta-z_0)^m}{(z-z_0)^{m+1}}$$

이다. 이 급수는 C_1 위에서 평등수렴하므로

$$-\frac{1}{2\pi i}\int_{C_1}\frac{f(\zeta)}{\zeta-z}d\zeta=\sum_{m=0}^{\infty}\left(\frac{1}{2\pi i}\int_{C_1}\frac{f(\zeta)(\zeta-z_0)^m}{(z-z_0)^{m+1}}d\zeta\right)$$
$$=\sum_{m=0}^{\infty}\left(\frac{1}{2\pi i}\int_{C_1}f(\zeta)(\zeta-z_0)^m d\zeta\right)\frac{1}{(z-z_0)^{m+1}} \qquad (6.10)$$

이다. 여기서 $n=m+1$ 로 놓으면, 식 (6.10)은

$$-\frac{1}{2\pi i}\int_{C_1}\frac{f(\zeta)}{\zeta-z}d\zeta=\sum_{n=1}^{\infty}a_{-n}(z-z_0)^{-n} \qquad (6.11)$$

단,

$$a_{-n}=\frac{1}{2\pi i}\int_{C_1}\frac{f(\zeta)}{(\zeta-z_0)^{-n+1}}d\zeta,\quad (n=1, 2, \cdots)$$

따라서 식 (6.9)와 식 (6.11)을 식 (6.8)에 대입하면,

$$f(z)=\sum_{n=-\infty}^{\infty}a_n(z-z_0)^n$$

단,

$$a_n=\frac{1}{2\pi i}\int_{C_2}\frac{f(\zeta)}{(\zeta-z_0)^{n+1}}d\zeta,\quad (n=0, 1, 2, \cdots)$$
$$a_n=\frac{1}{2\pi i}\int_{C_1}\frac{f(\zeta)}{(\zeta-z_0)^{n+1}}d\zeta,\quad (n=-1, -2, \cdots) \qquad (6.12)$$

이제 $R_1'<|z-z_0|<R_2'$ 내에 포함되는 임의의 단일폐곡선 C를 택하여 z_0에 대해서 반시계방향으로 완전히 한바퀴 돌게 한다면, $f(\zeta)/(\zeta-z_0)$는 폐곡선 C_1과 C (또는 C_2와 C)에 의해서 유계가 되는 영역에서 해석적이므로 Cauchy의 적분공식에 의하여 식 (6.12)의 계수는 C_1과 C_2 대신에 C로 바꾸어서 계산할 수 있다. 그러므로 식 (6.12)는

$$f(z)=\sum_{n=-\infty}^{\infty}a_n(z-z_0)^n$$

단,

$$a_n=\frac{1}{2\pi i}\int_{C}\frac{f(\zeta)}{(\zeta-z_0)^{n+1}}d\zeta\,(n=0, \pm1, \pm2, \cdots) \qquad (6.13)$$

로 쓸 수 있다. 한편 R_1'와 R_2'는 임의로 R_1과 R_2에 접근하도록 택할 수 있으므로 결국 식 (6.13)은 $R_1<|z-z_0|<R_2$ 내의 모든 z에 대해서 성립한다.

(備考) Laurent 정리에서 $z-z_0$의 양의 멱수들의 급수는 원 $|z-z_0|=R_2$의 내부 전체에서 수렴하지만, $z-z_0$의 음의 멱수들로 구성되는 급수는 원 $|z-z_0|=R_1$의 밖에서 수렴한다. 여기서 $f(z)$의 Laurent 급수전개에 있어서 $z-z_0$의 음의 멱수들의 급수를 Laurent 급수의 **주부분**(主部分, principal part)이라 하고, $z-z_0$의 양의 멱수들로 되는 부분을 **해석부분**(解析部分, analytic part)이라고 부른다. 특히 $R_1=0$인 경우에는 점 z_0는 $f(z)$의 고립된 특이점이 된다. 따라서 Laurent 급수전개의 主部分이 0이 되는 것은 z_0가 $f(z)$의 제거가능한 특이점일 때에 한하고, 主部分이 유한개의 항을 갖는 것은 z_0가 $f(z)$의 한 極일 때에 한하여 일어난다. 만일 Laurent 급수전개의 主部分이 무한히 많은 항을 갖는 것은 z_0가 $f(z)$의 眞性特異點일 때에 한한다.

[**例 題**]

1. 만일 $f(z)$의 Laurent 급수가 영역 $R_1<|z-z_0|<R_2$의 경계위에서 수렴한다고 하면, $f(z)$는 그 경계위에서 반드시 해석적이 되는가?

(解) 아니다. $\sum_{n=1}^{\infty}(z^n/n^2)$은 $\frac{1}{2}\leq|z|\leq 1$의 경계위에서 평등수렴하지만, $|z|=1$ 위에서는 해석적이 아니다.

2. $f(z)=\dfrac{\sin z}{z^2}$를 Laurent 급수로 전개하라.

(解) $\sin z$의 Maclaurin 급수전개를 이용하여

$$f(z)=\frac{\sin z}{z^2}=\frac{1}{z^2}\left(z-\frac{z^3}{3!}+\frac{z^5}{5!}-\cdots\right)=\frac{1}{z}-\frac{z}{3!}+\frac{z^3}{5!}-\cdots$$

따라서 $f(z)$는 $z=0$에서 1位의 極을 갖는다.

3. 함수 $f(z)=\dfrac{1}{z^2+1}$을 $0<|z-i|<2$인 영역에서 $z-i$에 관한 Laurent 급수로 전개하여라.

(解) $f(z)=\dfrac{1}{z^2+1}=\dfrac{1}{(z+i)(z-i)}$은 $z=\pm i$에서 極을 갖는다.

$0<|(z-i)/2i|=|z-i|/2<1$에 대해서

$$\frac{1}{z+i}=\frac{1}{2i+(z-i)}=\frac{1}{2i[1+(z-i)/2i]}$$

$$=\frac{1}{2i}\sum_{n=0}^{\infty}(-1)^n\left(\frac{z-i}{2i}\right)^n$$

이므로

$$f(z)=\frac{1}{(z-i)(z+i)}=\frac{1}{2i(z-i)}\sum_{n=0}^{\infty}\left(\frac{-1}{2i}\right)^n(z-i)^n$$
$$=-\sum_{n=-1}^{\infty}\left(\frac{-1}{2i}\right)^{n+2}(z-i)^n$$
$$=-\sum_{n=-1}^{\infty}\left(\frac{i}{2}\right)^{n+2}(z-i)^n$$

4. $1<|z|<2$ 인 영역에서 함수 $f(z)=1/(z-1)(z-2)$을 Laurent 급수로 전개하여라.

(**解**) $|z/2|<1$, $|1/z|<1$ 이므로

$$f(z)=\frac{1}{z-2}-\frac{1}{z-1}=-\frac{1}{2(1-z/2)}-\frac{1}{z(1-1/z)}$$
$$=-\frac{1}{2}\sum_{n=0}^{\infty}\left(\frac{z}{2}\right)^n-\frac{1}{z}\sum_{n=0}^{\infty}\left(\frac{1}{z}\right)^n$$
$$=-\sum_{n=-\infty}^{-1}z^n-\sum_{n=0}^{\infty}\frac{1}{2^{n+1}}z^n$$

5. 함수 $f(z)=z/(z^2+4)$에 대하여, $z=2i$ 의 제거된 근방에서 $z-2i$ 에 관한 Laurent 급수전개의 主部分(principal part)을 구하여라.

(**解**) $\displaystyle\lim_{z\to 2i}(z-2i)f(z)=\lim_{z\to 2i}\frac{(z-2i)z}{(z+2i)(z-2i)}=\frac{1}{2}$

이므로 $f(z)$는 $z=2i$ 에서 1位의 極을 가지며 主部分은 $\frac{1}{2}[1/(z-2i)]$이 된다. 그러므로 $g(z)$를 $z=2i$ 에서 해석적인 함수라고 할 때

$$f(z)=\frac{1}{2}[1/(z-2i)]+g(z)$$

로 표시된다.

問　題

1. z_0 를 함수 $f(z)$의 한 고립된 특이점이라 하고 $P(z)$를 $f(z)$의 Laurent 급수의 主部分이라고 하자. 이 때 z_0 에서의 $f(z)$의 고립된 특이점이

(i) 제거가능한 특이점이기 위한 필요충분조건은 $P(z)\equiv 0$ 이다.

(ii) 한 極이기 위한 필요충분조건은 $P(z)$가 오직 유한개의 영이 아닌 항을 갖는 것이다.

(iii) 진성특이점이기 위한 필요충분조건은 $P(z)$가 영이 아닌 무한히 많은 項을 갖는 것이다.

(풀이) (i) 만일 z_0가 제거가능한 특이점이라면 $\lim_{z \to z_0} f(z) = a_0$가 존재한다. $f(z_0) = a_0$라고 정의하므로서 f는 $|z-z_0|<R$에서 해석적이고 Taylor 급수전개를 갖는다. 급수의 唯一性에 의해서 그것은 $0<|z-z_0|<R$에서 Laurent 급수이므로 $P(z) \equiv 0$이다. 逆으로 만일 $0<|z-z_0|<R$에서

$$P(z)=0, \quad f(z)=\sum_{n=0}^{\infty} a_n (z-z_0)^n$$

이라고 하면, $\lim_{z \to z_0} f(z) = a_0$이므로 z_0에서의 특이점은 제거가능한 것이다.

(ii) 가령 f가 z_0에서 m位의 極을 갖는다고 하면, 함수

$$g(z)=(z-a)^m f(z)$$

는 z_0에서 기껏해야 제거가능한 특이점을 갖는다. 따라서 $g(z_0)$를 적당히 정의해 주면 $g(z)$는 $|z-z_0|<R$에서 해석적이 되게 할 수 있다. f의 Laurent 급수전개 $\sum_{n=-\infty}^{\infty} a_n (z-z_0)^n$에서 계수 a_n은 모든 n에 대하여

$$a_n = \frac{1}{2\pi i} \int_C \frac{f(\zeta) d\zeta}{(\zeta - z_0)^n}$$

이다. 따라서 $n<-m$에 대해서 $n=-k$이라 두면 $k>1$이므로 $k-1 \geq m$에 대해서

$$a_n = \frac{1}{2\pi i} \int_C \frac{f(\zeta)}{(\zeta - z_0)^{n+1}} d\zeta = \frac{1}{2\pi i} \int_C (\zeta - z_0)^{k-1} f(\zeta) d\zeta = 0$$

이 된다. 逆은 極의 정의에 의하여 명백하다.

(iii) (i)과 (ii)로부터 그리고 진성특이점의 정의에 의하여 명백하다.

2. $|z|>2$인 영역에서 함수 $f(z)=1/(z-1)(z-2)$의 Laurent 급수를 구하여라.

(풀이) $|z|>2$이므로 $\left|\frac{2}{z}\right|<1$, $\left|\frac{1}{z}\right|<1$이다. 따라서

$$\begin{aligned} f(z) = \frac{1}{(z-1)(z-2)} &= \frac{1}{z-2} - \frac{1}{z-1} = \frac{1}{z(1-2/z)} - \frac{1}{z(1-1/z)} \\ &= \frac{1}{z} \sum_{n=0}^{\infty} \left(\frac{2}{z}\right)^n - \frac{1}{z} \sum_{n=0}^{\infty} \left(\frac{1}{z}\right)^n \\ &= \sum_{n=-\infty}^{-1} \left(\frac{1}{2^{n+1}} - 1\right) z^n \end{aligned}$$

3. $z=e^{\pi i/4}$의 제거된 근방에서 함수 $f(z)=1/(z^4+1)$을 Laurent 급수로 전개할 때 主部分(principal part)을 구하여라.

(풀이) $\lim_{z \to e^{\pi i/4}} \frac{z-e^{\pi i/4}}{z^4+1}$를 구하는데, 분모를 인수분해하여 구할 수도 있으나, L'Hospital rule을 적용하면,

$$\lim_{z\to e^{\pi i/4}} \frac{z-e^{\pi i/4}}{z^4+1} = \frac{1}{4(e^{\pi i/4})^3} = \frac{-(1+i)\sqrt{2}}{8}$$

이다. 따라서

$$f(z) = \frac{-(1+i)\sqrt{2}}{8(z-e^{\pi i/4})} + g(z)$$

단, $g(z)$는 $z=e^{\pi i/4}$에서 해석적인 함수이다.

4. $f(z)=(\cos z-1)/z^4$에 대하여 z의 멱수를 포함하는 Laurent 급수전개를 구하여라.

(**풀이**) $\cos z-1$에 대한 Maclaurin 급수를 이용하면,

$$f(z) = \frac{1}{z^4}\left[\frac{-1}{2!}z^2 + \frac{1}{4!}z^4 - \frac{1}{6!}z^6 + \cdots\right]$$

$$= \frac{-1}{2z^2} + \frac{1}{24} - \frac{z^2}{720} + \cdots, \quad (z \neq 0)$$

5. 함수 $f(z)=3/(2+z-z^2)$을 세가지 영역, $|z|<1$, $1<|z|<2$, $|z|>2$에서 유효한 z의 멱수를 품는 Laurent 급수를 구하여라.

(**풀이**) f를 부분분수로 나누면,

$$f(z) = \frac{3}{(1+z)(2-z)} = \frac{1}{1+z} + \frac{1}{2}\frac{1}{1-(z/2)}$$

인데, $|z|<1$인 경우에는 $\dfrac{1}{1+z} = \sum_{n=0}^{\infty}(-1)^n z^n$

$|z|>1$인 경우에는 $\dfrac{1}{1+z} = \sum_{n=1}^{\infty}\dfrac{(-1)^{n+1}}{z^n}$

$|z|<2$인 경우에는 $\dfrac{1/2}{1-(z/2)} = \sum_{n=0}^{\infty}\dfrac{z^n}{2^{n+1}}$

$|z|>2$인 경우에는 $\dfrac{1/2}{1-(z/2)} = \sum_{n=1}^{\infty}\dfrac{-2^{n-1}}{z^n}$

따라서 구하는 $f(z)$의 Laurent 급수는

$$f(z) = \sum_{n=0}^{\infty}\left[(-1)^n + \frac{1}{2^{n+1}}\right]z^n, \quad (|z|<1)$$

$$f(z) = \sum_{n=1}^{\infty}\frac{(-1)^{n+1}}{z^n} + \sum_{n=0}^{\infty}\frac{z^n}{2^{n+1}}, \quad (1<|z|<2)$$

$$f(z) = \sum_{n=1}^{\infty}\frac{(-1)^{n+1}-2^{n-1}}{z^n}, \quad (|z|>2)$$

연습 문제 6.2

1. $|z|<1$ 인 영역에서 $f(z)=1/(z-1)(z-2)$를 Laurent 급수로 전개하여라.

2. $|z|>0$에 대해서 $f(z)=e^{z^2}+e^{1/z^2}$을 Laurent 급수로 전개하여라.

3. $z=0$의 제거된 근방에서 $f(z)=(\pi\cot\pi z)/z^4$를 Laurent 급수로 전개할 때 主部分(principal part)을 구하여라.

4. $0<|a|<|b|$일 때, 다음 영역에 대하여 $f(z)=1/(z-a)(z-b)$의 Laurent 급수 전개를 구하여라.

(a) $|z|>|b|$ (b) $0<|z-a|<|a-b|$

5. 다음 함수들을 준 영역에서 Laurent 급수로 전개할 때 主部分을 구하여라.

(a) $\dfrac{z^2}{z^4-1}$ $(0<|z-i|<\sqrt{2})$ (b) $\dfrac{\sin z}{z^4}$ $(|z|>0)$

6. 다음 함수들에 대한 준 영역에서의 Laurent 급수전개를 구하여라.

(a) $z^n e^{1/z}$ $(|z|>0)$ (b) $e^{1/(z-1)}$ $(|z|>1)$

7. 함수 $f(z)=1(z^3-z^4)$에 대해서 $|z|<1$와 $|z|>1$인 경우의 Laurent 급수를 구하여라.

8. $f(z)=(\sin 2z)/z^4$의 원점에 관한 Laurent 급수전개를 구하여라.

9. 함수 $f(z)=(\cos hz-\cos z)/z^5$에 대한 Laurent 급수전개를 구하여라.

10. $|z|<4$인 영역에서 $z^{-1}(4-z)^{-2}$를 Laurent 급수로 전개하여라.

6.3 Residue 定理

函數 $f(z)$가 한 점 z_0의 제거된 근방에서 解析的이면, Laurent 정리에 의해서 $f(z)$는

$$f(z)=\sum_{n=-\infty}^{\infty} a_n(z-z_0)^n$$

와 같이 표시된다. C가 그 근방에 포함되면서 z_0의 주위를 반 시계방향으로 한바퀴 도는 단일폐곡선이면, 계수 a_n은

$$a_n=\frac{1}{2\pi i}\int_C \frac{f(\zeta)}{(\zeta-z_0)^{n+1}}\,d\zeta$$

로 주어진다. 특히 $n=-1$일 때, 계수

$$a_{-1}=\frac{1}{2\pi i}\int_C f(\zeta)\,d\zeta \tag{6.14}$$

을 z_0에서의 $f(z)$의 **유수**(留數, residue)라고 부른다. 식 (6.14)에서 알 수 있는 것은 $f(z)$의 단일폐곡선 C에 따르는 적분은 $f(z)$의 Laurent 급수전개에서 a_{-1}을 구하면 된다는 것이다. 例를 들어 $\int_C e^{1/z}\,dz$의 값을 구하는데, $e^{1/z}=\frac{1}{z}+\frac{1}{2!z^2}+\cdots$의 $z=0$에서의 留數는 $\frac{1}{z}$의 계수인 1이므로

$$\int_C e^{1/z}\,dz=2\pi i\cdot 1=2\pi i$$

이다.

〔**定理 6.6**〕 (Residue 정리) $f(z)$가 단일폐곡선 C의 내부에 있는 고립된 특이점 $z_1, z_2, z_3, \cdots, z_n$을 제외하고는 C의 내부 및 선상에서 해석적이라 하자. 이 때, $z_1, z_2, \cdots, z_n$에서의 $f(z)$의 留數(residue)들을 각각 $\alpha_1, \alpha_2, \cdots, \alpha_n$이라고 하면

$$\int_C f(z)\,dz=2\pi i\sum_{i=1}^{n}\alpha_i$$

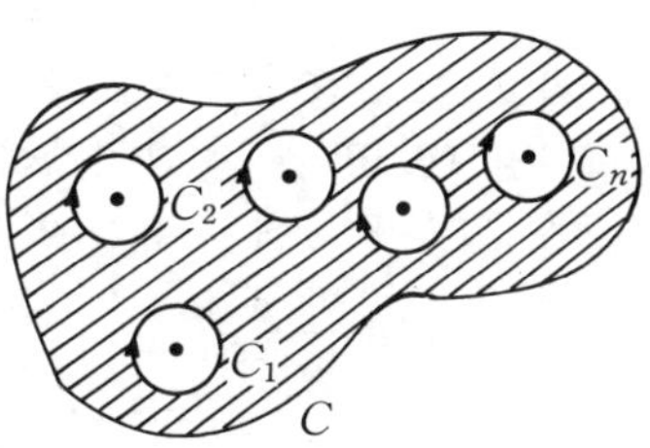

그림 6-3

(증명) 각 특이점 z_i를 중심으로 하고, C에 포함되면서 $i\neq j$일 때 $C_i\cap C_j=\phi$이 되도록 원 C_i를 그린다.

만일 C의 내부에 있는 각 원의 방향을 C의 방향과 같게 반시계방향으로 적분하면, Cauchy의 적분공식에 의하여,

$$\int_C f(z)\,dz=\int_{C_1} f(z)\,dz+\int_{C_2} f(z)\,dz+\cdots+\int_{C_n} f(z)\,dz$$

이다. 여기서 각 i에 대해서 식 (6.14)의 정의를 적용하면,

$$\frac{1}{2\pi i}\int_{C_i} f(z)\,dz=\alpha_i$$

이므로

$$\int_C f(z)dz = 2\pi i(\alpha_1 + \alpha_2 + \cdots + \alpha_n)$$

함수 $f(z)$가 점 z_0에서 한 고립된 특이점을 가질 때, z_0에서의 f의 유수 a_{-1}을

$$\text{Res}[f, z_0] = a_{-1}$$

로 표시하기로 하자. 만일 z_0가 f의 제거가능한 특이점이면

$$\text{Res}[f, z_0] = 0$$

이다. 함수 f가 z_0에서 極을 가질 때, 유수를 구하는 공식을 유도하여 보자.

〔**定理 6.7**〕 (i) 만일 f가 z_0에서 1位의 極(simple pole)을 가지면

$$\text{Res}[f, z_0] = \lim_{z \to z_0} (z - z_0) f(z) \tag{6.15}$$

(ii) 만일 f가 z_0에서 2位의 極을 가지면

$$\text{Res}[f, z_0] = \lim_{z \to z_0} \frac{d}{dz}(z - z_0)^2 f(z) \tag{6.16}$$

(iii) 만일 f가 z_0에서 k位의 極을 가지면

$$\text{Res}[f, z_0] = \frac{1}{(k-1)!} \lim_{z \to z_0} \frac{d^{k-1}}{dz^{k-1}}(z - z_0)^k f(z) \tag{6.17}$$

(**증명**) 만일 f가 z_0에서 1位의 極을 가지면, 함수 $f(z)$는

$$f(z) = \frac{a_{-1}}{z - z_0} + a_0 + a_1(z - z_0) + a_2(z - z_0)^2 + \cdots$$

와 같이 쓸 수 있다. 양변에 $z - z_0$를 곱하고 $z \to z_0$일 때의 극한을 취하면,

$$\lim_{z \to z_0} (z - z_0) f(z) = \lim_{z \to z_0} [a_{-1} + a_0(z - z_0) + a_1(z - z_0)^2 + \cdots]$$
$$= a_{-1} = \text{Res}[f, z_0]$$

이므로 식 (6.15)가 증명되었다.

식 (6.16)은 식 (6.17)의 한 특별한 경우이므로 식 (6.17)만을 증명한다. 가령 f가 z_0에서 k位의 極을 갖는다고 하면, 함수 $f(z)$는

$$f(z) = \frac{a_{-k}}{(z - z_0)^k} + \frac{a_{-k+1}}{(z - z_0)^{k+1}} + \cdots + \frac{a_{-1}}{z - z_0} + a_0 + a_1(z - z_0) + \cdots$$

와 같이 쓸 수 있다. 이 식의 양변에 $(z - z_0)^k$을 곱하면,

$$(z - z_0)^k f(z) = a_{-k} + \cdots + a_{-1}(z - z_0)^{k-1} + a_0(z - z_0)^k + \cdots$$

으로, 이것을 $k-1$번 미분하면,

$$\frac{d^{k-1}}{dz^{k-1}}(z - z_0)^k f(z) = (k-1)!\,a_{-1} + k!\,a_0(z - z_0) + \frac{(k+1)!}{2!}a_1(z - z_0)^2 + \cdots$$

을 얻고, $z \to z_0$일 때의 극한을 취하면

$$\lim_{z \to z_0} \frac{d^{k-1}}{dz^{k-1}}(z - z_0)^k f(z) = (k-1)!\,a_{-1} = (k-1)!\,\text{Res}[f, z_0]$$

이므로 식 (6.17)이 증명되었다.

[例 題]

1. $\int_C \sin(1/z^2)dz$ 의 값을 구하여라(단, C는 $z=0$를 품는 단일폐곡선).

(解) $z=0$의 한 제거된 근방에서

$$\sin\frac{1}{z^2}=\frac{1}{z^2}-\frac{1}{3!}\left(\frac{1}{z^2}\right)^3+\frac{1}{5!}\left(\frac{1}{z^2}\right)^5-\cdots$$

로 쓸 수 있고, $\frac{1}{z}$의 계수 $a_{-1}=0$이므로

$$\int_C \sin\frac{1}{z^2}dz=0$$

이다.

2. C가 원 $|z|=4$일 때, 양의 방향에 따라서

$$\int_C \frac{dz}{z(z-3)}$$

의 값을 구하여라.

(解) $f(z)=1/z(z-3)$은 C의 내부에서 1위의 극 $z=0$와 $z=3$을 갖는다. $z=0$에서의 $f(z)$의 유수는

$$\lim_{z\to 0} zf(z)=\lim_{z\to 0}\frac{1}{z-3}=-\frac{1}{3}$$

이고, $z=3$에서의 $f(z)$의 유수는

$$\lim_{z\to 3}(z-3)f(z)=\lim_{z\to 3}\frac{1}{z}=\frac{1}{3}$$

따라서, Residue 정리에 의하여

$$\int_C \frac{1}{z(z-3)}dz=2\pi i\left(-\frac{1}{3}+\frac{1}{3}\right)=0$$

3. C가 원 $|z|=4$일 때, 양의 방향에 따라서

$$\int_C \frac{dz}{z^4+z^3-2z^2}$$

의 값을 구하여라.

(解) $f(z)=\dfrac{1}{z^4+z^3-2z^2}=\dfrac{1}{z^2(z+2)(z-1)}$은 C의 내부에서 1과 -2에서 1位의 極을 갖고, 원점에서 2位의 極을 갖는다.

$$\text{Res}[f,0]=\lim_{z\to 0}\frac{d}{dz}z^2f(z)=\lim_{z\to 0}\frac{-2z-1}{(z^2+z-2)^2}=\frac{-1}{4}$$

$$\mathrm{Res}[f, 1] = \lim_{z\to 1}(z-1)f(z) = \lim_{z\to 1}\frac{1}{z^2(z+2)} = \frac{1}{3}$$

$$\mathrm{Res}[f, -2] = \lim_{z\to -2}(z+2)f(z) = \lim_{z\to -2}\frac{1}{z^2(z-1)} = \frac{-1}{12}$$

따라서 Residue 정리에 의하여

$$\int_C \frac{dz}{z^4+z^3-2z^2} = 2\pi i\left[\frac{-1}{4}+\frac{1}{3}-\frac{1}{12}\right] = 0$$

이다.

問 題

1. $\int_C z^2\sin(1/z)dz$ 의 값을 구하여라. 단 C는 $z=0$를 포함하는 단일폐곡선이다.

(풀이) $z\neq 0$에 대해서

$$f(z) = z^2\sin\frac{1}{z} = z^2\left(\frac{1}{z}-\frac{1}{3!\,z^3}+\frac{1}{5!\,z^5}-\cdots\right)$$

$$= z-\frac{1}{6z}+\frac{1}{120z^3}-\cdots$$

이므로 $z=0$에서의 $f(z)$의 留數는 $-\frac{1}{6}$이다. 따라서

$$\int_C z^2\sin\frac{1}{z}dz = 2\pi i\left(-\frac{1}{6}\right) = -\frac{\pi i}{3}$$

2. C가 $z=1$을 포함하는 한 단일폐곡선일 때

$$\int_C \frac{z^4-z^3-17z+2}{(z-1)^3}dz$$

의 값을 구하여라.

(풀이) $f(z) = \dfrac{z^4-z^3-17z+2}{(z-1)^3}$, $z_0=1$, $k=3$일 때 식 (6.17)을 이용하여

$$a_{-1} = \mathrm{Res}[f, 1] = \frac{1}{2!}\lim_{z\to 1}\frac{d^2}{dz^2}(z-1)^3 f(z)$$

$$= \frac{1}{2}\lim_{z\to 1}\frac{d^2}{dz^2}(z^4-z^3-17z+2) = 3$$

이다. 따라서

$$\int_C \frac{z^4-z^3-17z+2}{(z-1)^3}dz = 2\pi i a_{-1} = 6\pi i$$

3. 함수 $f(z) = \dfrac{3z+2}{z(z-1)(z-2)}$를 部分分數로 나타내어라.

(**풀이**) 식 (6. 15)에 의해서 유수를 계산하면

$$\text{Res}[f, 0]=1,\ \ \text{Res}[f, 1]=-5,\ \ \text{Res}[f, 2]=4$$

이므로

$$\frac{3z+2}{z(z-1)(z-2)}=\frac{1}{z}-\frac{5}{z-1}+\frac{4}{z-2}$$

이다.

연습 문제 6. 3

1. 다음 함수들의 각 특이점에서 留數(residue)를 구하여라.

(a) $\dfrac{1}{\cos z}$ (b) $\dfrac{z}{(z-1)^2(z-2)}$ (c) $z^n\cos\dfrac{1}{z}$

2. 다음 함수들에 대하여 Res$[f, 0]$을 구하여라.

(a) $z^{-1}\exp z$ (b) $z^{-3}\cosh 4z$

(c) $z^{-3}\cos z$ (d) $(z^2+4z+5)/(z^2+z)$

(e) $\exp\left(1+\dfrac{1}{z}\right)$ (f) $z^4\sin(1/z)$

3. C가 $|z+1-i|=1$일 때 $\displaystyle\int_C\frac{dz}{z^4+4}$의 값을 구하여라.

4. C가 원 $|z-i|=2$일 때 $\displaystyle\int_C\frac{dz}{z(z^2-2z+2)}$의 값을 구하여라.

5. C가 $|z|=2$일 때 $\displaystyle\int_C\frac{\exp z}{z^3+z}dz$의 값을 구하여라.

6. C가 $|z|=2$일 때 $\displaystyle\int_C\frac{\sin z}{4z^2-\pi^2}dz$의 값을 구하여라.

7. C가 $|z|=2$일 때 $\displaystyle\int_C\frac{\sin z}{z^2+1}dz$의 값을 구하여라.

8. C가 다음 곡선일 때 $\displaystyle\int_C(z-1)^{-2}(z^2+4)^{-1}dz$의 값을 구하여라.

(a) $|z|=4$ (b) $|z-1|=1$

9. 유수를 사용하여 다음 함수들을 부분분수로 나타내어라.

(a) $\dfrac{1}{z^2+3z+2}$ (b) $\dfrac{3z-3}{z^2-z-2}$

(c) $\dfrac{z^2-7z+4}{z^2(z+4)}$ (d) $\dfrac{10z}{(z^2+4)(z^2+9)}$

10. 다음 적분을 계산하여라.

(a) n을 독자의 연령에 가장 가까운 정수라고 할 때

$$\int_{|z|=1/2}\frac{\sin z}{1+z+z^2+\cdots+z^n}dz$$

(b) $$\int_{|z|=5/2}e^{z^2}\,\pi\cot\pi z\,dz$$

6.4 實積分 計算

어떤 實積分의 計算은 Residue 정리를 이용하여 폐곡선에 따르는 복소적분을 가지고 계산할 수 있다.

$f(x)$가 실변수 x의 연속함수라고 할 때

$$\int_{-\infty}^{\infty}f(x)dx=\lim_{R\to\infty}\int_{-R}^{R}f(x)dx$$

를 계산하는 방법을 알아보자.

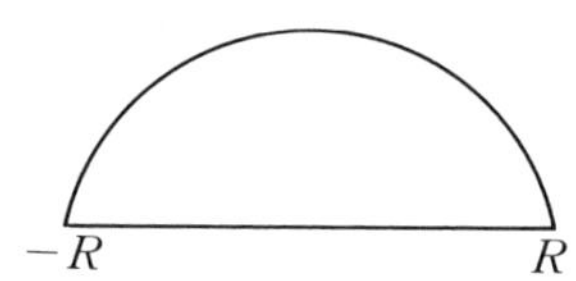

그림 6-4

지금 J_R을 $-R$에서 R까지의 실선상의 선분, S_R을 上部의 半平面에 있는 반지름이 R인 반원이라고 하면,

$$C=J_R+S_R$$

은 한 폐곡선이다. 가령 $f(z)$가 C의 내부에서 오직 유한개의 極을 갖는 함수이고, $f(x)$가 $f(z)$의 실선상에서 제한된 함수라고 하자. 이제

$$\lim_{R\to\infty}\int_{S_R}f(z)dz=0$$

이 된다는 것을 증명할 수만 있다면, Residue 정리를 이용하여

$$\int_{-\infty}^{\infty}f(x)dx=2\pi i[\text{上部의 반평면에서의 } f(z)\text{의 유수의 합}]$$

으로 구할 수 있다. 물론 위의 방법에 따르려면, $|z|$가 아주 커질 때 $f(z)$는 충분

히 빠르게 0으로 가야만 반원 S_R 위에서의 적분값이 $R\to\infty$ 일 때 0으로 가게 된다.

〔**定理 6.8**〕 만일 $|z|$가 충분히 클 때 $|f(z)|\leq B/|z|^2$이 성립하는 양수 B가 존재한다고 하면,

$$\lim_{R\to\infty}\int_{S_R} f(z)dz=0$$

이 성립하고, 위의 공식이 유효하게 된다.

(**증명**) $|z|=R$이 충분히 크면

$$\left|\int_{S_R} f(z)dz\right|\leq\int_{S_R}|f(z)||dz|\leq\frac{B}{R^2}\cdot\pi R$$

이고 $R\to\infty$ 일 때 $\dfrac{\pi B}{R}\to 0$ 이므로 정리가 증명된다.

다음에는 $F(u, v)$가 두 실변수 u와 v의 함수일 때

$$\int_0^{2\pi} F(\cos\theta,\ \sin\theta)d\theta$$

를 계산하여 보자. C를 단위원 $|z|=1$이라고 하면,

$$C: z=\cos\theta+i\sin\theta,\ \ 0\leq\theta\leq 2\pi$$

이고, $dz=(-\sin\theta+i\cos\theta)d\theta$ 이다. $1/z=\cos\theta-i\sin\theta$ 이므로

$$\cos\theta=\frac{1}{2}\left(z+\frac{1}{z}\right),\ \ \sin\theta=\frac{1}{2i}\left(z-\frac{1}{z}\right),\ \ d\theta=\frac{dz}{iz}$$

를 얻는다. 이것을 이용하면

$$\int_0^{2\pi} F(\cos\theta,\ \sin\theta)d\theta=\int_C f(z)dz,$$

단
$$f(z)=\frac{1}{iz}\left[F\left\{\frac{1}{2}\left(z+\frac{1}{z}\right),\ \frac{1}{2i}\left(z-\frac{1}{z}\right)\right\}\right]$$

으로, 구하고자 하는 실적분이 폐곡선 적분으로 변화된 것이다.

가령 $f(z)$가 C의 내부에 있는 $z_1, z_2, \cdots, z_n$을 제외하고 $|z|\leq 1$에서 解析的이면, Residue 정리에 의하여

$$\int_0^{2\pi} F(\cos\theta,\ \sin\theta)d\theta=2\pi i\sum_{k=1}^{n}\mathrm{Res}[f, z_k]$$

이다.

그 밖의 여러가지 형태의 실적분계산은 예제나 문제를 통하여 알아 보기로 한다.

[例 題]

1. 폐곡선에 따르는 적분을 이용하여

$$\int_{-\infty}^{\infty}\frac{dx}{x^2+1}=\pi$$

임을 증명하라.

(解) 복소함수 $f(z)=1/(z^2+1)$을 생각하면, $f(z)$는 $z=\pm i$에서 특이점을 갖는다.

폐곡선 C를 그림 6-4와 같이 $-R$에서 $R(R>1)$까지의 실선과 위의 반원으로 구성된 곡선이라고 하면, C의 내부에 있는 $f(z)$의 특이점은 $z=i$뿐이고, 그의 留數(residue)는

$$\lim_{z\to i}(z-i)f(z)=\frac{1}{2i}$$

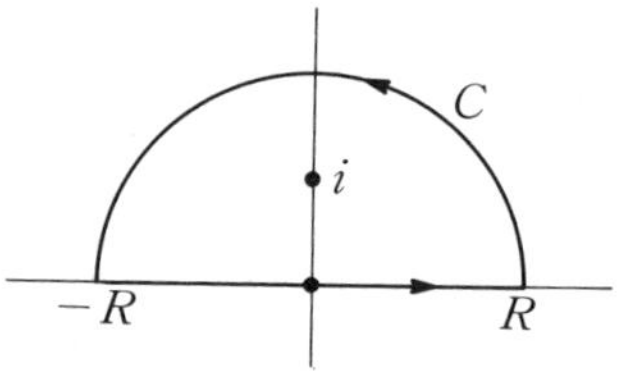

그림 6-5

이다. 따라서

$$\int_C\frac{dz}{z^2+1}=2\pi i\cdot\frac{1}{2i}=\pi \tag{6.18}$$

그런데

$$\int_C\frac{dz}{z^2+1}=\int_{-R}^{R}\frac{dx}{x^2+1}+\int_0^{\pi}\frac{iRe^{i\theta}}{R^2e^{2i\theta}+1}d\theta$$

이고,

$$\left|\int_0^{\pi}\frac{iRe^{i\theta}}{R^2e^{2i\theta}+1}d\theta\right|\le\int_0^{\pi}\frac{R}{R^2-1}d\theta=\frac{\pi R}{R^2-1}$$

이므로 $R\to\infty$일 때

$$\int_0^{\pi}\frac{iRe^{i\theta}}{R^2e^{2i\theta}+1}d\theta\to 0$$

이 된다. 그러므로 식 (6.18)로부터

$$\lim_{R\to\infty}\int_C\frac{dz}{z^2+1}=\int_{-\infty}^{\infty}\frac{dx}{x^2+1}=\pi$$

2. $\displaystyle\int_0^{2\pi}\frac{d\theta}{1+3\cos^2\theta}=\pi$ 임을 증명하라.

(解) $\cos\theta=\dfrac{1}{2}\left(z+\dfrac{1}{z}\right)$, $d\theta=\dfrac{dz}{iz}$를 이용하면,

$$f(z)=\frac{1}{iz\left[1+\frac{3}{4}(z+z^{-1})^2\right]}=\frac{-i4z}{3z^4+10z^2+3}$$

이고, f의 특이점은 $3(z^2)^2+10z^2+3=0$이 되는 점들

$$z^2=(-10\pm\sqrt{100-36})/6=(-5\pm4)/3$$

인데 $C:|z|=1$의 내부에 있는 f의 특이점은

$$z_1=i/\sqrt{3},\quad z_2=-i/\sqrt{3}$$

에서의 1位의 極뿐이다. $k=1, 2$ 라 하고 z_k 에서의 f 의 유수를 구하는데 L'Hopital 의 법칙을 사용하면,

$$\operatorname{Res}[f, z_k]=\lim_{z\to z_k}\frac{-i4z(z-z_k)}{3z^4+10z^2+3}=\lim_{z\to z_k}\frac{-i4(2z-z_k)}{12z^3+20z}$$

$$=\frac{-i4z_k}{12{z_k}^3+20z_k}=\frac{-i}{3{z_k}^2+5}$$

$z_k=\pm i/\sqrt{3}$ 이므로 ${z_k}^2=-1/3$ 이다. 따라서

$$\operatorname{Res}[f, z_k]=-i/3(-1/3)+5)=-i/4,\quad (k=1, 2)$$

그러므로

$$\int_0^{2\pi}\frac{d\theta}{1+3\cos^2\theta}=2\pi i\left(\frac{-i}{4}+\frac{-i}{4}\right)=\pi$$

3. $\displaystyle\int_0^\infty\frac{\sin x}{x}dx=\frac{\pi}{2}$ 임을 증명하여라.

(解) 우선 실선상에서 허부분이 $\dfrac{\sin x}{x}$ 가 되는 복소함수 e^{iz}/z 를 생각하고, 폐곡선 C 는 그림 6-5 와 같이 ε 에서 R 까지의 실선, R 에서 $-R$ 까지 가는 반원, $-R$ 에서 $-\varepsilon$ 까지의 실선, 그리고 $-\varepsilon$ 에서 ε 까지 가는 반원으로 구성된 곡선을 생각한다.

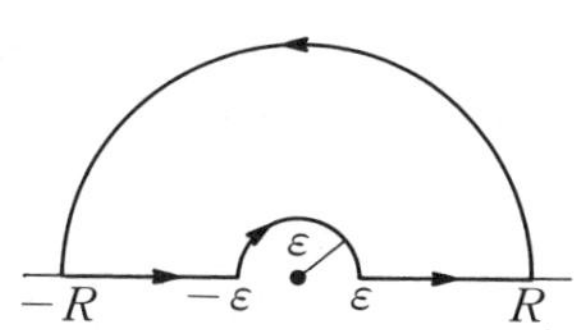

그림 6-6

함수 e^{iz}/z 는 C 의 내부 및 그 선상에서 해석적이므로

$$\int_C\frac{e^{iz}}{z}dz=0$$

이고, 이것은

$$\int_C\frac{e^{iz}}{z}dz=\int_\varepsilon^R\frac{e^{ix}}{x}dx+\int_0^\pi\frac{e^{iRe^{i\theta}}}{Re^{i\theta}}iRe^{i\theta}\,d\theta+\int_{-R}^{-\varepsilon}\frac{e^{ix}}{x}dx$$

$$+\int_\pi^0\frac{e^{i\varepsilon e^{i\theta}}}{\varepsilon e^{i\theta}}i\varepsilon e^{i\theta}\,d\theta$$

인데, 우측의 세번째 적분에서 x 를 $-x$ 로 바꾸고 첫번째 적분과 합치면

$$\int_C\frac{e^{iz}}{z}dz=\int_\varepsilon^R\frac{e^{ix}-e^{-ix}}{x}dx+i\int_0^\pi e^{iRe^{i\theta}}\,d\theta-i\int_0^\pi e^{i\varepsilon e^{i\theta}}d\theta=0$$

여기서 등식 $e^{ix}-e^{-ix}=2i\sin x$ 를 사용하면

$$2i\int_\varepsilon^R\frac{\sin x}{x}dx+i\int_0^\pi e^{iRe^{i\theta}}\,d\theta=i\int_0^\pi e^{i\varepsilon e^{i\theta}}\,d\theta \tag{6-19}$$

이다.

위의 식 (6.19)의 좌측의 두번째 적분이 $R\to\infty$ 일 때 0에 접근한다는 것을

보이기 위하여, 우선 $\sin(\pi-\theta)=\sin\theta$와 $0<\theta\leq\pi/2$일 때

$$\frac{\sin\theta}{\theta}\geq\frac{\pi}{2} \tag{6.20}$$

임을 이용하고자 한다. 식 (6.20)를 증명하기 위하여는 구간 $[0,\pi/2]$에서 $f(\theta)=\sin\theta/\theta$이 감소함수임을 보이면 된다. $f(0)=\lim_{\theta\to0}f(\theta)=1$, $f(\pi/2)=2/\pi$ 이므로 평균치정리를 적용해서

$$f'(\theta)=\frac{\theta\cos\theta-\sin\theta}{\theta^2}=\frac{\cos\theta-(\sin\theta)/\theta}{\theta}$$

$$=\frac{\cos\theta-\cos\xi}{\theta},\quad(0<\xi<\theta)$$

을 얻는데, $[0,\pi/2]$에서 $\cos\theta$는 감소함수이므로 $f'(\theta)<0$이 되므로 식 (6.20)가 증명되었다. 한편

$$\left|i\int_0^\pi e^{iRe^{i\theta}}\,d\theta\right|\leq\int_0^\pi|e^{iRe^{i\theta}}|\,d\theta=\int_0^\pi e^{-R\sin\theta}\,d\theta$$

$$=2\int_0^{\pi/2}e^{-R\sin\theta}\,d\theta\leq2\int_0^{\pi/2}e^{-(2R/\pi)\theta}\,d\theta$$

$$=\frac{\pi}{R}(1-e^{-R})$$

에서 $R\to\infty$일 때 $i\int_0^\pi e^{iRe^{i\theta}}\,d\theta\to0$임이 증명되었다. 그러므로 식 (6.19)에서 $R\to\infty$일 때

$$2\int_\varepsilon^R\frac{\sin x}{x}dx=\int_0^\pi e^{i\varepsilon e^{i\theta}}\,d\theta \tag{6.21}$$

을 얻는다. $0<\varepsilon<\frac{1}{2}$에 대해서 $e^{i\varepsilon e^{i\theta}}$를 멱급수로 전개하면, $0\leq\theta\leq\pi$인 모든 θ에 대해서

$$|e^{i\varepsilon e^{i\theta}}-1|<2\varepsilon$$

이 됨을 알 수 있다. 식 (6.21)에서 $\varepsilon\to0$ 되게 하면,

$$\int_0^\pi e^{i\varepsilon e^{i\theta}}\,d\theta=\int_0^\pi(e^{i\varepsilon e^{i\theta}}-1)d\theta+\int_0^\pi d\theta$$

은 π에 접근하므로, 결국

$$\int_0^\infty\frac{\sin x}{x}dx=\frac{\pi}{2}$$

를 얻는다. 독자는 그림 6-6과 같은 폐곡선 C에 대해서도 비슷하게 같은 결과를 증명할 수 있음을 보이기 바란다.

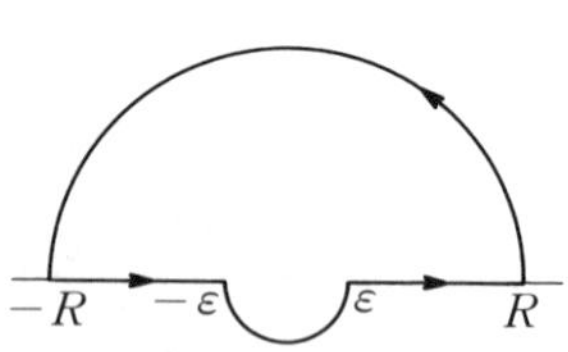

그림 6-7

問 題

1. $\int_{-\infty}^{\infty}\frac{1}{x^4+1}dx$ 를 계산하여라.

(풀이) 함수 $g(z)=z^4+1$ 의 極은

$$e^{\pi ik/4},\quad (k=1,\ -1,\ 3,\ -3)$$

이고, $z\neq 0$ 이면 $g'(z)=4z^3\neq 0$ 이므로 g 의 모든 근은 1 차이다. 따라서 함수 $f(z)=1/(z^4+1)$의 上部의 반평면내에 있는 極은

$$z_1=e^{\pi i/4} \text{ 와 } z_2=e^{3\pi i/4}$$

뿐이고, 이들 점에서의 $f(z)$의 留數는 각각 $1/g'(z_1)$, $1/g'(z_2)$이다. 단,

$$g'(z_1)=4z_1{}^3=4e^{3\pi i/4},\quad g'(z_2)=4z_2{}^3=4e^{\pi i/4}$$

또 $|z|=R$ 일 때 어떤 상수 B에 대하여

$$\left|\frac{1}{z^4+1}\right|\leq B/R^4$$

이 만족되므로 정리 6.8이 적용된다. 그러므로

$$\begin{aligned}\int_{-\infty}^{\infty}\frac{1}{x^4+1}dx&=2\pi i\left(\frac{1}{4}e^{-3\pi i/4}+\frac{1}{4}e^{-\pi i/4}\right)\\&=\frac{\pi i}{2}e^{-\pi i/4}(e^{-2\pi i/4}+1)\\&=\frac{\pi i}{2}\left(\frac{1-i}{\sqrt{2}}\right)(1-i)\\&=\frac{\pi}{\sqrt{2}}\end{aligned}$$

2. a, b 가 실수이고, $|b|<|a|$일 때

$$\int_0^{2\pi}\frac{d\theta}{a+b\cos\theta}=\frac{2\pi}{\sqrt{a^2-b^2}}$$

임을 밝혀라.

(풀이) $z=e^{i\theta}$, $0\leq\theta\leq 2\pi$ 라 두면, $dz=ie^{i\theta}\,d\theta=iz\,d\theta$ 이고,

$$\cos\theta=\frac{e^{i\theta}+e^{-i\theta}}{2}=\frac{z+1/z}{2}$$

이므로 C를 단위원이라고 하면,

$$\begin{aligned}\int_0^{2\pi}\frac{d\theta}{a+b\cos\theta}&=\int_C\frac{dz/iz}{a+(b/2)(z+1/z)}\\&=\frac{2}{bi}\int_C\frac{dz}{z^2+(2a/b)z+1}\end{aligned}\tag{6.22}$$

이다. 함수

$$f(z)=\frac{1}{z^2+(2a/b)z+1}$$

은 $z_1=\dfrac{-a+\sqrt{a^2-b^2}}{b}$ 과 $z_2=\dfrac{-a-\sqrt{a^2-b^2}}{b}$

에서 1위의 극을 갖는데, z_1 은 C의 내부에, z_2는 C의 외부에 있다. z_1 에서의 $f(z)$의 留數는

$$\lim_{z\to z_1}(z-z_1)f(z)=\frac{b}{2\sqrt{a^2-b^2}}$$

이므로 식 (6.22)로 부터

$$\int_0^{2\pi}\frac{d\theta}{a+b\cos\theta}=2\pi i\frac{2}{bi}\,\frac{b}{2\sqrt{a^2-b^2}}=\frac{2\pi}{\sqrt{a^2-b^2}}$$

3. $\displaystyle\int_0^{\infty}\sin x^2\,dx=\int_0^{\infty}\cos x^2\,dx=\frac{1}{2}\sqrt{\pi/2}$ 임을 증명하여라.

(풀이) 복소함수 e^{iz^2} 을 생각하고, 폐곡선 C는 그림 6-7과 같이 0에서 R까지의 실선, R에서 $Re^{\pi i/4}$ 까지의 호, 그리고 $Re^{\pi i/4}$ 에서 0까지의 선분으로 구성되는 곡선을 생각하자. Cauchy 정리에 의하여

$$\int_C e^{iz^2}\,dz=\int_0^R e^{ix^2}\,dx+\int_0^{\pi} e^{iR^2e^{2i\theta}}\,iRe^{i\theta}\,d\theta+\int_R^0 e^{i(te^{\pi i/4})^2}\,e^{\pi i/4}\,dt=0$$

이므로

$$\int_0^R e^{ix^2}\,dx+\int_0^{\pi} e^{iR^2e^{2i\theta}}\,iRe^{i\theta}\,d\theta=e^{\pi i/4}\int_0^R e^{-t^2}\,dt \tag{6.23}$$

가 된다. 이제 $R\to\infty$ 일 때 식 (6.23)의 좌측의 두번째 적분값이 0에 접근한다는 것을 보이도록 하자.

$$\begin{aligned}&\left|\int_0^{\pi} e^{iR^2e^{2i\theta}}\,iRe^{i\theta}\,d\theta\right|\\ &\le\int_0^{\pi}\left|e^{iR^2e^{2i\theta}}\,iRe^{i\theta}\right|d\theta\\ &=\int_0^{\pi} e^{-R^2\sin 2\theta}\,R\,d\theta\\ &=\frac{1}{2}\int_0^{\pi/2} e^{-R^2\sin\theta}\,R\,d\theta\\ &\le\frac{1}{2}R\int_0^{\pi/2} e^{-(2R^2/\pi)\theta}\,d\theta=\frac{\pi}{4R}(1-e^{-R^2})\end{aligned}$$

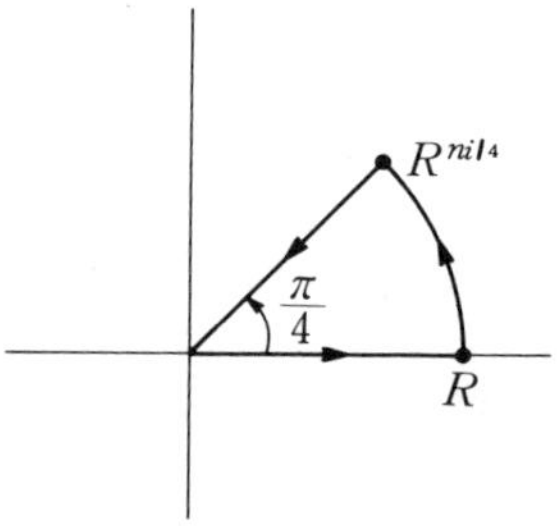

그림 6-8

이므로 식 (6.23)에서 $R\to\infty$ 되게 하면

$$\int_0^{\infty} e^{ix^2}\,dx=\int_0^{\infty}\cos x^2\,dx+i\int_0^{\infty}\sin x^2\,dx=e^{\pi i/4}\int_0^{\infty} e^{-t^2}\,dt \tag{6.24}$$

을 얻는다. 여기서 $\int_0^{\infty} e^{-t^2}$ 의 값을 구하기 위해서 $I=\int_0^R e^{-t^2}\,dt$ 라고 놓으면,

$$I^2=\left(\int_0^R e^{-x^2}\,dx\right)\left(\int_0^R e^{-y^2}\,dy\right)$$
$$=\int_0^R\int_0^R e^{-(x^2+y^2)}\,dx\,dy$$

이것을 그 사분면에서 한변의 길이가 R 인 정사각형 S에 따라서 계산한다고 하자.

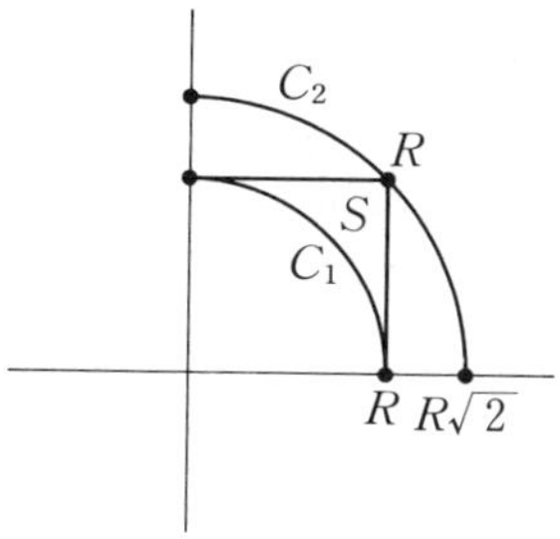

그림 6-9

지금 C_1과 C_2를 원점을 중심으로 하고, 각각 반지름이 R, $R\sqrt{2}$ 인 제 1 사분면에 있는 1/4 원이라고 하면, 그 6-8에서 보는 바와 같이

$$\int_0^{\pi/2}\int_0^R e^{-r^2}r\,dr\,d\theta<\int_0^R\int_0^R e^{-(x^2+y^2)}\,dx\,dy<\int_0^{\pi/2}\int_0^{R\sqrt{2}} e^{-r^2}r\,dr\,d\theta$$

가 성립한다. 곧

$$\frac{\pi}{4}(1-e^{-R^2})<\left(\int_0^R e^{-t^2}\,dt\right)^2<\frac{\pi}{4}(1-e^{-2R^2})$$

에서 $R\to\infty$ 되게 하면 $\left(\int_0^\infty e^{-t^2}\,dt\right)^2=\frac{\pi}{4}$ 를 얻는다. 그러므로 식 (6.24)로부터

$$\int_0^\infty \cos x^2\,dx+i\int_0^\infty \sin x^2\,dx=e^{\pi i/4}\frac{\sqrt{\pi}}{2}=\frac{1}{2}\sqrt{\frac{\pi}{2}}+i\frac{1}{2}\sqrt{\frac{\pi}{2}}$$

이다.

4. $0<\lambda<1$에 대해서

$$\int_0^\infty \frac{x^{\lambda-1}}{1+x}dx=\frac{\pi}{\sin\pi\lambda}$$

임을 증명하여라.

(풀이) 복소함수 $f(z)=z^{\lambda-1}/(1+z)$, $0<\arg z<2\pi$ 를 생각하면 $f(z)$는 $z=-1=e^{\pi i}$에서 극을 가지고, 그 점에서 $f(z)$의 留數는

$$\lim_{z\to-1}(1+z)f(z)=e^{\pi i(\lambda-1)}$$

이다. 또한 $f(z)$는 $z=0$에서 한 分枝點 (branch point)을 갖는다. Residue 정리는 一價函數에만 적용되므로 적분하려는 단일 폐곡선 C의 내부에 원점이 포함되어서는 안 된다.

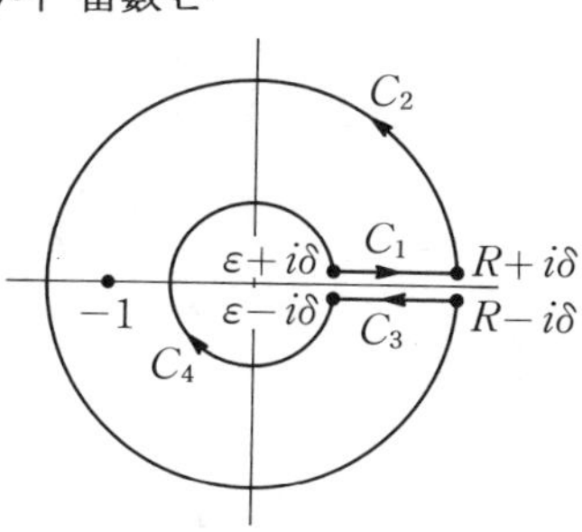

그림 6-10

이제 C를 그림 6-9에서 보는 바와 같이 $\varepsilon+i\delta$에서 $R+i\delta$까지의 선분 C_1과 원점을

중심으로 $R+i\delta$에서 $R-i\delta$까지 반시계방향으로 도는 원 C_2, $R-i\delta$에서 $\varepsilon-i\varrho$까지의 선분 C_3, 그리고 원점을 중심으로 $\varepsilon-i\delta$에서 $\varepsilon+i\delta$까지 시계방향으로 도는 원 C_4 등으로 구성되었다고 하자. 여기서 $f(z)$의 分枝線(branch cut)으로 양의 실선을 택한 것이다. C의 내부에 있는 $f(z)$의 특이점은 $z=-1$뿐이다. 따라서 Residue 정리에 의하여

$$\int_C \frac{z^{\lambda-1}}{1+z}dz=2\pi ie^{\pi i(\lambda-1)}=-2\pi ie^{\pi i\lambda} \tag{6.25}$$

또한

$$\int_C \frac{z^{\lambda-1}}{1+z}dz=\int_{C_1}\frac{z^{\lambda-1}}{1+z}dz+\int_{C_2}\frac{z^{\lambda-1}}{1+z}dz$$
$$+\int_{C_3}\frac{z^{\lambda-1}}{1+z}dz+\int_{C_4}\frac{z^{\lambda-1}}{1+z}dz \tag{6.26}$$

인데, 식 (6.25)의 적분값은 δ, R, ε에는 관계없이 일정하고, 오직 $z=-1$이 C의 내부에 있다는 사실에만 의존하고 있으므로 식 (6.26)에서 $\delta\to0$, $R\to\infty$, $\varepsilon\to0$이 되도록 하여 식 (6.25)로부터 구하는 결과를 얻고자 한다.

$$\int_{C_1}\frac{z^{\lambda-1}}{1+z}dz=\int_\varepsilon^R\frac{(x+i\delta)^{\lambda-1}}{1+(x+i\delta)}dx$$

이므로 주어진 $\eta>0$에 대해서

$$\left|\int_{C_1}\frac{z^{\lambda-1}}{1+z}dz-\int_\varepsilon^R\frac{x^{\lambda-1}}{1+x}dx\right|<\eta$$

이 되도록 δ를 충분히 작게 취할 수 있다. 따라서,

$$\lim_{\delta\to0}\int_{C_1}\frac{z^{\lambda-1}}{1+z}dz=\int_\varepsilon^R\frac{x^{\lambda-1}}{1+x}dx \tag{6.27}$$

을 얻는다. z가 원점의 주위를 완전히 한 바퀴 회전할 때 그의 편각은 2π만큼 증가한다. 따라서 C_3에 따르는 적분은

$$\int_{C_3}\frac{z^{\lambda-1}}{1+z}dz=\int_R^\varepsilon\frac{(xe^{2\pi i}-\delta)^{\lambda-1}}{1+(xe^{2\pi i}-\delta)}dx$$

와 같이 쓸 수 있다. 주어진 $\eta>0$에 대해서

$$\left|\int_{C_3}\frac{z^{\lambda-1}}{1+z}dz-\int_R^\varepsilon\frac{(xe^{2\pi i})^{\lambda-1}}{1+x}dx\right|<\eta$$

이 되도록 δ를 충분히 작게 취할 수 있으므로

$$\lim_{\delta\to0}\int_{C_3}\frac{z^{\lambda-1}}{1+z}dz=e^{2\pi i(\lambda-1)}\int_R^\varepsilon\frac{x^{\lambda-1}}{1+x}dx$$
$$=-e^{2\pi i\lambda}\int_\varepsilon^R\frac{x^{\lambda-1}}{1+x}dx \tag{6.28}$$

을 얻는다.

위의 식 (6.27)과 식 (6.28)에서 극한을 택한 후에 얻은 값을 가지고 보면, 선분 C_1과 C_3는 分枝線의 위와 아래에 있으면서 x축에서 일치한 것과 같은

것으로 생각할 수 있다. 식 (6.27)과 식 (6.28)을 더하여

$$\lim_{\delta\to 0}\left(\int_{C_1}\frac{z^{\lambda-1}}{1+z}dz+\int_{C_3}\frac{z^{\lambda-1}}{1+z}dz\right)=(1-e^{2\pi i\lambda})\int_{\varepsilon}^{R}\frac{x^{\lambda-1}}{1+x}dx \qquad (6.29)$$

을 얻는다.

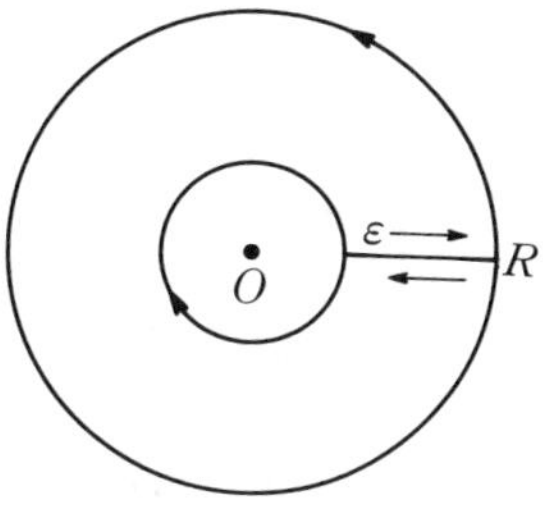

그림 6-11

한편, C_2와 C_4에 따르는 적분에 대해서는

$$\left|\int_{C_2}\frac{z^{\lambda-1}}{1+z}dz\right|\le\int_0^{2\pi}\left|\frac{(Re^{i\theta})^{\lambda-1}iRe^{i\theta}}{1+Re^{i\theta}}\right|d\theta\le\int_0^{2\pi}\frac{R^\lambda}{R-1}d\theta=\frac{2\pi R^\lambda}{R-1},$$

$$\left|\int_{C_4}\frac{z^{\lambda-1}}{1+z}dz\right|\le\int_0^{2\pi}\left|\frac{(\varepsilon e^{i\theta})^{\lambda-1}i\varepsilon e^{i\theta}}{1+\varepsilon e^{i\theta}}d\theta\right|\le\frac{2\pi\varepsilon^\lambda}{1-\varepsilon}$$

이 되고, $0<\lambda<1$이므로

$$\lim_{R\to\infty}\int_{C_2}\frac{z^{\lambda-1}}{1+z}dz=0,\quad \lim_{\varepsilon\to 0}\int_{C_4}\frac{z^{\lambda-1}}{1+z}dz=0 \qquad (6.30)$$

을 얻는다. 식 (6.29)에서 $R\to\infty$, $\varepsilon\to 0$되게 하면,

$$\lim_{\substack{\delta\to 0\\ R\to\infty\\ \varepsilon\to 0}}\left(\int_{C_1}\frac{z^{\lambda-1}}{1+z}dz+\int_{C_3}\frac{z^{\lambda-1}}{1+z}dz\right)=(1-e^{2\pi i\lambda})\int_0^\infty\frac{x^{\lambda-1}}{1+x}dx \qquad (6.31)$$

이다. 위의 식 (6.30)와 식 (6.31)의 결과를 가지고 식 (6.25)와 식 (6.26)에 극한을 취한 것으로 생각하면,

$$\int_0^\infty\frac{x^{\lambda-1}}{1+x}dx=\frac{2\pi ie^{\pi\lambda i}}{e^{2\pi\lambda i}-1}=\frac{2i\pi}{e^{\pi\lambda i}-e^{-\pi\lambda i}}=\frac{\pi}{\sin\pi\lambda}$$

연습 문제 6.4

1. $\int_{-\infty}^{\infty}\frac{1}{1+x^{2n+1}}dx$ 형태의 적분을 계산하는 것보다 $\int_{-\infty}^{\infty}\frac{1}{1+x^{2n}}dx$ 형태의 적분을 계산하기가 더 쉬운 이유는 무엇인가?

2. 적분 $\int_{-\infty}^{\infty}\frac{1}{x^6+1}dx$의 값을 구하여라.

3. 다음 적분값을 구하여라.

(a) $\int_{-\infty}^{\infty}\frac{x^2}{x^4+1}dx$ (b) $\int_0^\infty\frac{x^2}{x^6+1}dx$

4. 다음 적분값을 구하여라.

(a) $\displaystyle\int_0^{2\pi}\frac{d\theta}{4\sin\theta+5}$ (b) $\displaystyle\int_0^{2\pi}\frac{d\theta}{5\cos^2\theta+4}$

5. 留數를 사용하여 다음 적분을 계산하여라.

(a) $\displaystyle\int_0^{2\pi}\frac{\sin^2\theta}{5-3\cos\theta}d\theta$ (b) $\displaystyle\int_0^{2\pi}\frac{d\theta}{(5+4\cos\theta)^2}$

6. $a>0$일 때 $\displaystyle\int_{-\infty}^{\infty}\frac{e^{iax}}{x^2+1}dx=\pi e^{-a}$임을 밝혀라.

<6장 보충 문제>

1. 다음 영역에 대하여 $1/(z+1)(z^2+2)$을 Laurent 급수로 전개하여라.

(a) $1<|z|<\sqrt{2}$ (b) $|z|>\sqrt{2}$ (3) $|z|<1$

2. $z=0$의 근방에서 함수 $e^z/(1-\cos z)^2$에 대한 主部分(principal part)을 구하여라.

3. $f(z)$는 $|z_0|=1$인 한 점 z_0에서 1位의 極(simple pole)을 갖는 것을 제외하고는 원반 $|z|<R$ $(R>1)$에서 解析的이고,

$$f(z)=a_0+a_1z+a_2z^2+\cdots$$

이라고 하면,

$$\lim_{n\to\infty}(a_n/a_{n+1})=z_0$$

임을 증명하여라.

(Hint : $f(z)=A/(1-z/z_0)+F(z)$라 놓고 푼다. 단, A는 상수이고, $F(z)$는 $|z|<R$에서 해석적이다.)

4. $z=0$의 한 근방에서 다가함수 $(1+z)^{1/z}$를 생각하자.

(a) 다가함수 중에서 어느 한 함수 $f_0(z)$는 $|z|<1$에서 해석적이 됨을 밝혀라.

(Hint : $(1+z)^{1/z}=e^{(1/z)\log(1+z)}=e^{(1/z)[\log(1+z)+2k\pi i]}$라 두고 생각한다.)

(b) $f_0(z)=a_0+a_1z+a_2z^2+\cdots$라 놓을 때, a_0, a_1, a_2의 값을 결정하여라.

(c) $f(z)$를 $f_0(z)$와 다른 $(1+z)^{1/z}$ 중의 어느 한 단가함수라고 할 때 $g(z)=f(z)/f(z_0)$의 성질을 찾아보고, $|z|>0$에 대해서 그의 Laurent 급수전개를 구하여라.

5. 폐곡선에 따르는 적분을 이용하여 다음을 증명하여라.

(a) $\displaystyle\int_0^\infty \frac{dx}{1+x^6}=\frac{\pi}{3}$　　　(b) $\displaystyle\int_0^\infty \frac{x^2}{1+x^4}dx=\frac{\pi}{2\sqrt{2}}$

(c) $\displaystyle\int_{-\infty}^\infty \frac{dx}{x^2+x+1}=\frac{2\pi}{\sqrt{3}}$　　　(d) $\displaystyle\int_{-\infty}^\infty \frac{x}{(x^2+2x+2)^2}=-\frac{\pi}{2}$

6. C는 0, R, $R+iy$, iy를 꼭지점으로 갖는 직사각형이라 하고, 적분 $\int_C e^{-z^2}dz$를 생각하여

$$\int_0^\infty e^{-x^2}\cos 2xy\,dx$$

를 계산하여라. (Hint : y를 고정시키고 $R\to\infty$ 되게 한다)

7. 다음을 증명하여라.

(a) $\displaystyle\int_0^{2\pi} \frac{\cos\theta}{5+4\cos\theta}d\theta=-\frac{\pi}{3}$　　　(b) $\displaystyle\int_0^{\pi/2} \frac{d\theta}{1+\sin^2\theta}=\frac{\pi}{2\sqrt{2}}$

(c) $\displaystyle\int_0^{2\pi} \frac{d\theta}{a^2\sin^2\theta+b^2\cos^2\theta}=\frac{2\pi}{ab}$　　$(a, b>0)$

8. 꼭지점이 $-R$, R, $R+2\pi i$, $-R+2\pi i$인 직사각형에 따라서 $e^{\lambda z}/(1+e^z)$, $0<\lambda<1$을 적분함으로써

$$\int_{-\infty}^\infty \frac{e^{\lambda x}}{1+e^x}dx=\frac{\pi}{\sin\pi\lambda}$$

을 증명하여라. 또한 이 결과를 이용하여

$$\int_0^\infty \frac{x^{\lambda-1}}{1+x}dx=\frac{\pi}{\sin\pi\lambda}\qquad(0<\lambda<1)$$

임을 증명하여라.

7장 等角寫像

複素函數論의 幾何學的硏究에 있어서 등각사상(conformal mapping)의 문제는 매우 중요한 역할을 한다. 우리는 제 1 장에서 기본적인 복소함수를 통하여 z-평면상의 한 영역이 w-평면상의 한 영역으로 어떻게 사상되는가를 살펴보았다. 이제 全單射이며 解析的인 함수 $w=f(z)$에 의해서 주어진 한 영역이 다른 주어진 영역에 어떻게 사상되는가를 알아보자.

等角寫像의 이론은 Riemann 의 사상정리와 관련이 있으나 그 증명이 복잡하므로 그것은 이 책의 9 장에서 다루기로 한다. 이 章에서는 일차분수변환을 가지고 단위원반 $|z|<1$ 을 단위원반 $|w|<1$ 로 사상하는 함수라든가 단위원반을 양의 실부분을 갖는 반평면으로 사상하는 함수 등을 찾아내고, 이들의 성질에 대하여 연구한다.

7.1 等角寫像의 基本性質

복소평면에서 한 점 z_0 를 지나고 실선과 각 α 를 이루는 직선의 매개방정식은

$$\sigma(s)=z_0+se^{i\alpha}, \quad (s \text{ 는 실수})$$

와 같이 표시할 수 있다.

이제 한 함수 $f(z)$가 한 매끄러운 곡선 $z(t)$ 위에서 解析的이라고 하면, $w=f(z)$에 의한 $z(t)$의 像은 도함수가 $f'(z(t))z'(t)$에 의해서 주어지는 한 매끄러운 곡선이다. 여기서 매끄러운 곡선(smooth curve)이란 각 점에서 한 접선을 갖는 것으로 특징지을 수 있다. 지금 해석함수 $w=f(z)$에 의해서 한 매끄러운 곡선을

사상할 때, 한 점 $z=z_0$에서의 그 곡선의 접선이 이루는 편각과 그 점의 像 $f(z_0)$에서의 곡선의 접선이 이루는 편각과를 비교해 보자.

$z_0=z(t_0)$를 곡선 $z=z(t)$ 위의 한 점이라 하고, $w=w(t)=f(z(t))$에 의한 z_0의 像을 $w_0=f(z_0)$라고 하자. $z\neq z_0$인 곡선 위의 점 z에 대해서

$$w-w_0=\frac{f(z)-f(z_0)}{z-z_0}(z-z_0)$$

라 쓰고, $f(z)\neq f(z_0)$이라고 가정하면,

$$\arg(w-w_0)=\arg\frac{f(z)-f(z_0)}{z-z_0}+\arg(z-z_0)\ \ (\mathrm{mod}\ 2\pi) \tag{7.1}$$

이다. 여기서 $\arg(z-z_0)$는 z-평면에서 x축과 z와 z_0를 잇는 직선이 이루는 角이고, $\arg(w-w_0)$는 w-평면에서 u축과 w와 w_0를 잇는 직선이 이루는 角이다. 따라서 z가 곡선 $z(t)$를 따라서 z_0에 접근할 때 $\arg(z-z_0)$는 z_0에서의 곡선 $z(t)$의 접선이 x축과 이루는 角 θ에 접근한다. 마찬가지로 $\arg(w-w_0)$는 w_0에서의 곡선 $f(z(t))$의 接線이 u축과 이루는 角 ϕ에 접근한다.

$f'(z_0)\neq 0$이라 가정하여 $\arg f'(z_0)$가 의미를 갖도록 하고 식 (7.1)에서 극한을 취하면

$$\phi=\arg f'(z_0)+\theta \tag{7.2}$$

를 얻는다.

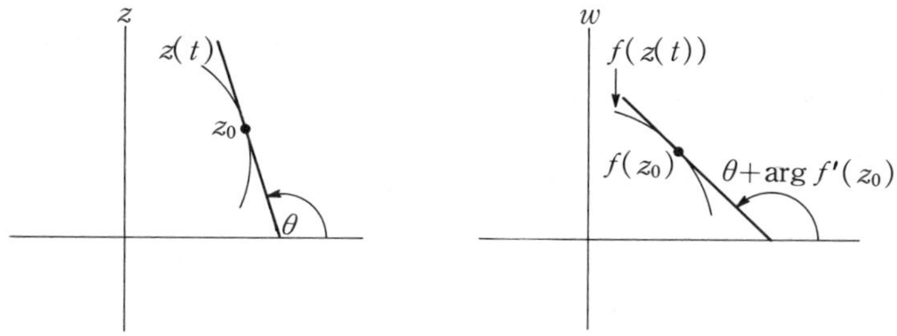

그림 7-1

즉 그림 7-1에서 보는 바와 같이 $f(z_0)$에서의 접선이 이루는 각과 z_0에서의 접선이 이루는 각의 차이는 오직 z_0에서의 도함수에 의존하고 있다는 것을 알 수 있다.

〔**定理 7.1**〕 $f(z)$는 z_0에서 解析的이고, $f'(z_0)\neq 0$이라고 하자. C_1과 C_2를 점 z_0

에서 교차하는 z-평면에서의 두 매끄러운 곡선이라 하고, C_1'와 C_2'를 각각 $w=f(z)$에 의한 C_1과 C_2의 像들이라고 하면, C_1과 C_2 사이의 角은 C_1'와 C_2'가 이루는 角과 같다.

(**증명**) z_0에서 C_1과 C_2에 그린 접선들이 x축과 이루는 角을 각각 θ_1, θ_2라 하면, C_1과 C_2 사이의 角은 $\theta_2-\theta_1$이다. 식 (7.2)에 의해서 C_1'와 C_2'가 이루는 角은

$$(\theta_2+\arg f'(z_0))-(\theta_1+\arg f'(z_0))=\theta_2-\theta_1$$

이므로 정리가 증명되었다.

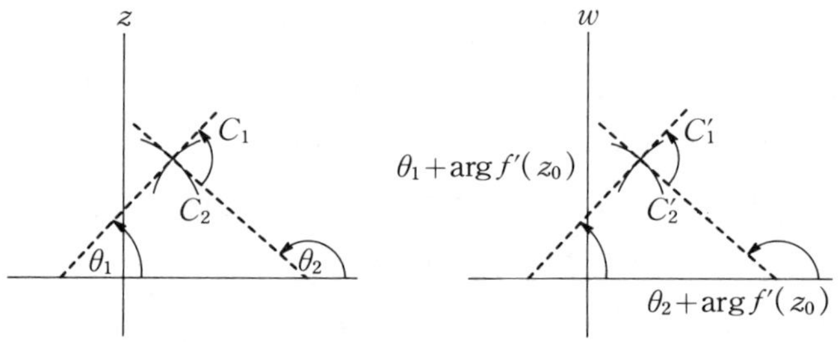

그림 7-2

함수 $w=f(z)$가 각의 크기와 방향을 보존하는 사상일 때 그 함수를 **등각사상**(等角寫像, conformal mapping)이라고 한다. 정리 7.1에서 解析函數는 그 導函數가 0이 아닌 모든 점에서 등각사상이라는 것을 알 수 있다. 함수 $w=f(z)$가 角의 크기만 보존하고, 方向은 보존하지 않을 때 그 함수를 Isogonal mapping이라고 한다. 이를테면 $f(z)=\bar{z}$는 isogonal 사상이다.

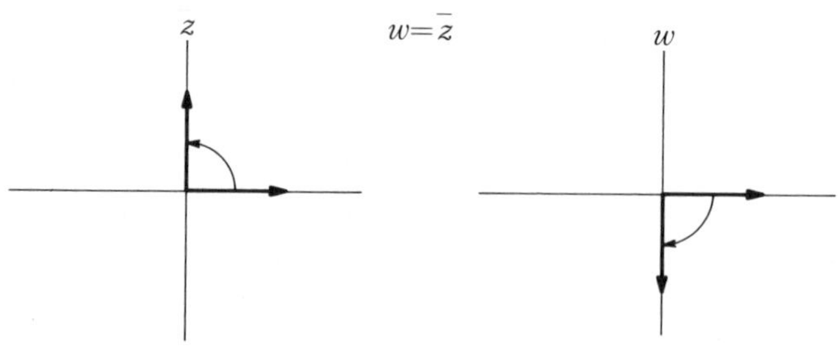

그림 7-3

$f(z)$는 z_0에서 0이 아닌 도함수를 갖는 解析函數라고 한다. z가 z_0의 근방에 있을 때 z와 z_0 사이의 거리와 $f(z)$와 $f(z_0)$ 사이의 거리 관계를 알아보자.

$$|f'(z_0)|=\lim_{z\to z_0}\frac{|f(z)-f(z_0)|}{|z-z_0|}$$

이므로 z가 z_0에 가까이 있을 때

$$|f(z)-f(z_0)|\approx|f'(z_0)||z-z_0| \tag{7.3}$$

이다. 이것은 z가 z_0에 가까이 있을 때 $f(z)$의 값은 일차함수

$$f(z_0)+f'(z_0)(z-z_0)$$

의 근사값으로 대신할 수 있다는 것을 말해 준다. 식 (7.3)에서 볼 때 z_0의 작은 근방은 $|f'(z_0)|$에 의해서 크기가 정해지는 거의 같은 형상으로 사상된다.

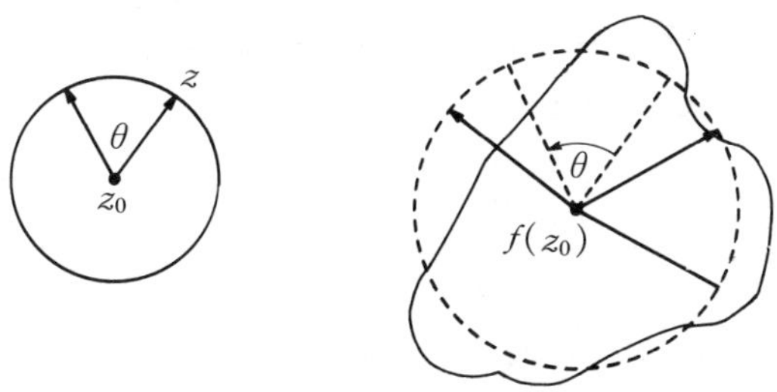

그림 7-4

따라서 $f'(z_0)$는 $w=f(z)$에 의한 像(image)의 幾何學的 性質을 결정하는 데 있어서 두 가지 역할을 한다. 식 (7.2)에 의해서 $\arg f'(z_0)$는 회전을 측정하고, 식 (7.3)에 의해서 $|f'(z_0)|$는 像의 크기나 혹은 비틀림을 측정한다. 微分可能한 實函數에 대해서는 도함수가 0이 아니라는 사실이 그 함수가 구간에서 일대일(one to-one)이라는 것을 보장하는 데 충분하다. 그러나 이것은 한 영역 위에서 정의된 복소함수에 대해서는 성립하지 않는다. 실제로 e^z의 도함수는 결코 0이 안 되지만, 모든 z에 대해서 $e^z=e^{z+2\pi i}$이다.

〔**定理 7.2**〕 만일 $f(z)$가 z_0에서 解析的이고 $f'(z_0)\neq 0$이라고 하면, $f(z)$는 z_0의 어떤 근방에서 일대일(one-to-one)이다.

(**증명**) $f'(z_0)\neq 0$이므로 함수

$$f(z)-f(z_0)=f'(z_0)(z-z_0)+\frac{f''(z_0)}{2!}(z-z_0)^2+\cdots$$

은 $z=z_0$에서 단일 根을 갖는다. 따라서 $f(z)-f(z_0)$가 한번만 값을 갖도록 하는 z_0의 한 근방이 존재한다. 즉 $f(z)$는 $z=z_0$의 어떤 근방에서 일대일이 된다.

실함수 $f(x)=x^3$의 도함수는 원점에서 0이지만, 이 함수는 실선상에서 일대일이다. 이러한 것은 복소함수에 대해서는 성립하지 않는다.

〔**定理 7.3**〕 만일 $f(z)$가 한 영역 $\mathscr{D}$에서 解析的이고 일대일(one-to-one)이면, $\mathscr{D}$내에서 $f'(z)\neq 0$이다.

(**증명**) 만일 $\mathscr{D}$내의 어떤 점 z_0에서 $f'(z_0)=0$이라고 가정하면,

$$f(z)-f(z_0)=\frac{f''(z_0)}{2!}(z-z_0)^2+\cdots$$

은 z_0에서 적어도 2보다 큰 k에 대하여 k位의 根을 갖는다. 정리 5.13의 系에 의하여 $f(z)-f(z_0)$는 $0<|z-z_0|\leq r$ 내에서 根을 갖지 않는 한 원 $|z-z_0|=r$이 존재한다. 이제

$$m=\min_{|z-z_0|=r}|f(z)-f(z_0)|$$

이라 하고, $0<|a|<m$인 a에 대하여

$$g(z)=f(z)-f(z_0)-a$$

라 하자. $g(z_0)=-a\neq 0$이고, $0<|z-z_0|\leq r$에 대해서 $g'(z)=f'(z)\neq 0$이므로 $|z-z_0|\leq r$ 내에서 $g(z)$는 單一根을 갖는다. 한편 $|z-z_0|=r$ 위에서

$$|f(z)-f(z_0)|\geq m>|a|$$

이므로 Rouche의 정리에 의하여 $g(z)=f(z)-f(z_0)-a$는 $f(z)-f(z_0)$와 $|z-z_0|\leq r$에서 같은 수의 根을 갖게 된다. 그런데 $f(z)-f(z_0)$가 $k\geq 2$인 k位의 根을 가지므로 $f(z)=f(z_0)+a$가 되는 $|z-z_0|\leq r$ 내의 서로 다른 k개의 점이 존재하지 않으면 안 된다. 이것은 가정에 모순이므로 $\mathscr{D}$내에서 $f'(z)\neq 0$이어야 한다.

복소함수 $f(z)$의 도함수가 한 영역 $\mathscr{D}$에서 0이 아니라는 사실은 그 함수가 그 영역 $\mathscr{D}$에서 일대일이 되기 위한 필요조건이지 충분조건은 아니었다. 실제로 解析函數가 단일연결영역에서 일대일이 되기 위한 충분조건은 그 함수가 그 영역의 경계 위에서 일대일이 되는 것이다. 다음 정리를 통하여 구체적으로 연구해 보자.

〔**定理 7.4**〕 $f(z)$는 단일연결영역 $\mathscr{D}$와 그의 경계인 단일폐곡선 C위에서 解析的이라 하자. 만일 $f(z)$가 C위에서 일대일(one-to-one)이라고 하면 $f(z)$는 $\mathscr{D}$에서 일대일이 된다.

(**증명**) C위의 점 z에 대해서 $w_0=f(z_0)\neq f(z)$가 되도록 $\mathscr{D}$내의 한 점 z_0를 취한다. 偏角原理에 의하여 $\mathscr{D}$내에서의 $f(z)-f(z_0)$의 根의 수는

$$\frac{1}{2\pi}\Delta_C\{f(z)-f(z_0)\}$$

에 의해서 주어진다. 가정에 의하여 $w=f(z)$에 의한 C의 像 C'는 단일폐곡선이어야 한다. 따라서 $w=f(z)$가 폐곡선 C' 위를 돌 때 $w-w_0=f(z)-f(z_0)$의 偏角의 변화는 시계방향과 반대로 도느냐, 같은 방향으로 도느냐에 따라서 $+2\pi$이거나 혹은 -2π이다. 그러므로

$$\frac{1}{2\pi}\Delta_C\{f(z)-f(z_0)\}=\frac{1}{2\pi}\Delta_C\{w-w_0\}=1$$

이 되므로 $f(z)$는 D내에서 $f(z_0)$의 값을 꼭 한번 갖는다. 즉 $f(z)$는 D에서 일대일이다.

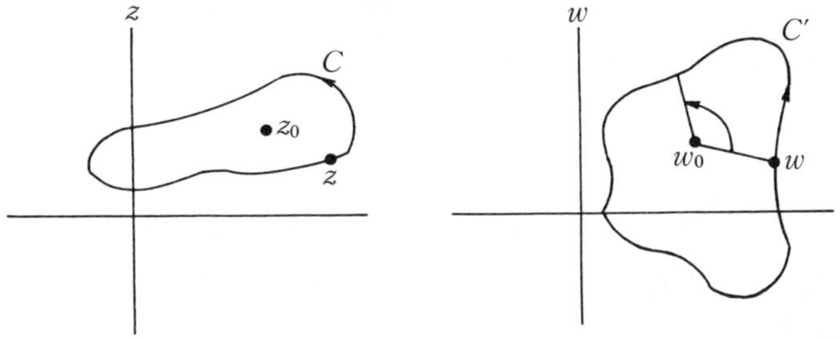

그림 7-5

만일 解析函數 $f(z)$의 導函數가 $z=z_0$에서 $(k-1)$位의 根을 갖는다고 하면,

$$f(z)=f(z_0)+\frac{f^{(k)}(z_0)}{k!}(z-z_0)^k+\frac{f^{(k+1)}(z_0)}{(k+1)!}(z-z_0)^{k+1}+\cdots$$

로 쓸 수 있다. 따라서

$$\begin{aligned}\arg[f(z)-f(z_0)]&=k\arg(z-z_0)\\&\quad+\arg\left[\frac{f^{(k)}(z_0)}{k!}+\frac{f^{(k+1)}(z_0)}{(k+1)!}(z-z_0)+\cdots\right]\end{aligned} \tag{7.4}$$

이다. θ를 z_0에서의 곡선의 접선이 x축과 이루는 角이라 하고, ϕ를 $f(z_0)$에서의 곡선의 접선이 u축과 이루는 角이라 하자. 곡선을 따라서 z가 z_0에 접근할 때 식 (7.4)에 의해서

$$\phi=k\theta+\arg\frac{f^{(k)}(z_0)}{k!} \tag{7.5}$$

가 된다. 식 (7.5)에서 $k=1$인 경우가 식 (7.2)이다. 식 (7.5)로부터 다음 정리를 얻는다.

〔**定理 7.5**〕 $f(z)$는 z_0에서 解析的이고, $f'(z)$는 z_0에서 $(k-1)$位의 根을 갖는다고

하자. 만일 z-평면에서 두 개의 매끄러운 곡선이 角 θ를 이루며 교차하고 있다고 하면, w-평면에서 그들의 像은 角 $k\theta$를 이루면서 교차한다.

(증명) 두 곡선들의 접선이 x축에 관해서 角 θ_1과 θ_2를 이루고 있다고 하면, $\theta=\theta_2-\theta_1$은 두 곡선 사이의 角이다. 식 (7.5)에 의하여 그들의 像이 이루는 角 ϕ는

$$\phi=\left(k\theta_2+\arg\frac{f^{(k)}(z_0)}{k!}\right)-\left(k\theta_1+\arg\frac{f^{(k)}(z_0)}{k!}\right)=k\theta$$

이다.

정리 7.1과 정리 7.5를 통해서 볼 때 解析函數가 한 점에서 等角寫像이 되기 위한 必要充分條件은 그 점에서 0이 아닌 導函數를 갖는 것이다.

〔**例 題**〕

1. 解析函數가 아닌 함수도 等角寫像(conformal mapping)이 될 수 있는가?

(解) 만일 그 함수의 편도함수가 연속이 되어도 解析函數가 아니면 등각사상이 될 수 없다.

2. 等角寫像과 一對一의 성질 사이에는 어떤 관계가 있는가?

(解) 만일 함수가 解析的이고 一對一 사상이면 등각사상이 되고, 일반적으로 등각 사상은 국소적으로 일대일(locally one-to-one)이 된다.

3. 두 개의 등각사상이 주어졌을 때 그 合과 곱, 그리고 合成函數도 등각사상이 되는가?

(解) 두 등각사상들의 합이나 곱은 반드시 등각사상이 되지 않는다. 두 등각사상들의 합성함수는 등각사상이 된다.

問 題

1. 多重連結領域(multiply connected domains)으로부터 다중연결영역에로 보내는 等角寫像이 존재하는가?

(풀이) 함수 $f(z)=az$, $(a>0)$는 다중연결영역 $r<|z|<R$을 다중연결영역 $ar<|w|<aR$ 위로 등각사상한다.

2. 복소평면 전체는 오직 그 자신과 等角的으로 同等함을 밝혀라.

(풀이) 가령 복소평면 전체가 그 자신이 아닌 한 단일연결영역 D와 等角的으로 同等하다고 가정하면, D는 한 有界인 영역과 등각적으로 동등하므로 有界인 영역에 사상하는 복소평면 전체에서 解析的인 함수가 존재하게 된다. 그런데 Liouville의 정리에 의해서 이 함수는 상수함수가 되므로 모순이다.

3. 함수 $w=f(z)=\cos z$는 점 $z_1=i$, $z_2=1$, $z_3=\pi+i$에서 등각사상임을 밝혀라. 그리고 이 주어진 점들에서의 회전각 $\alpha=\arg f'(z)$를 구하여라.

(풀이) $f'(z)=-\sin z$이므로 함수 $w=\cos z$는 $z=n\pi$ (n는 정수)를 제외한 모든 점들에서 등각사상이 된다. 또한

$$f'(i)=-i\sin h1,\quad f'(1)=-\sin 1,\quad f'(\pi+i)=i\sin h1$$

이므로 구하는 회전각은

$$\alpha_1=\arg f'(i)=-\frac{\pi}{2}$$

$$\alpha_2=\arg f'(1)=\pi$$

$$\alpha_3=\arg f'(\pi+i)=\frac{\pi}{2}$$

이다.

연습 문제 7.1

1. 주어진 복소수 z_0와 $\varepsilon>0$에 대해서 $f(z)$는 z_0에서 解析的이며 $f'(z_0)\neq 0$이고, 또한 $|z-z_0|<\varepsilon$에 대해서 $f(z)$가 일대일이 아닌 함수 $f(z)$가 존재하는가?

2. 단위원반 $|z|<1$에서 원점이 빠진 단위원반 $0<|w|<1$에 사상하는 일대일인 等角寫像이 존재하는가?

3. 다음 함수들은 어디에서 등각사상이 되는가?

(a) $w=\sin z$ (b) $w=\exp(z^2+1)$ (c) $w=\dfrac{z+1}{z-1}$

4. 함수 $w=f(z)=1/z$에 대하여 점 $z=1,\ 1+i,\ i$에서의 $|f'(z)|$와 $\alpha=\arg f'(z)$를 구하여라.

5. 함수 $w=f(z)=\log r+i\theta$, 단 $-\pi/2<\theta<3\pi/2$에 대하여 점들

$$i,\ 1+i,\ i,\ -1$$

에서의 회전각 $\alpha=\arg f'(z)$와 scale factor $|f'(z)|$의 값을 구하여라.

7.2 一次分數變換

a, b, c, d가 複素常數일 때 函數

$$w=\frac{az+b}{cz+d} \tag{7.6}$$

를 **일차분수변환**(一次分數變換, linear fractional transformation)이라고 한다. 식 (7.6)을 다시 쓰면

$$w=\frac{a}{c}+\frac{b-\dfrac{ad}{c}}{cz+d} \tag{7.7}$$

으로, 만일 $bc-ad=0$이면 $w=\dfrac{a}{c}$가 되어서 식 (7.6)은 상수함수(constant function)가 되므로 앞으로 $bc-ad\neq0$이라고 가정한다. 또한 $c=0$일 때는 식 (7.6)은 $w=\dfrac{1}{d}(az+b)$와 같이 一次函數의 변환이 되므로 역시 $c\neq0$이라고 가정한다.

따라서 變換

$$w=T(z)=\frac{az+b}{cz+d}, \quad (bc-ad\neq0) \tag{7.8}$$

는 확장된 복소평면상에서 一對一(one-to-one)이고, 全射(onto)函數이다. 그러므로 식 (7.8)은 逆變換 $T^{-1}(w)$를 갖는다. 즉, 식 (7.8)을 z에 관해서 풀면

$$z=T^{-1}(w)=\frac{dw-b}{-cw+a} \tag{7.9}$$

으로 식 (7.9)도 一次分數變換이다.

실제로 식 (7.8)의 변환은 $z=-\dfrac{d}{c}$를 $w=\infty$에 사상하고 $z=\infty$를 $w=\dfrac{a}{c}$에 사상하는 확장된 복소평면에서의 單射(one-to-one)이고 連續인 寫像(mapping)을 나타낸다. $c\neq0$일 때 식 (7.8)의 변환은 식 (7.7)에서 보는 바와 같이 세개의 변환

$$z'=cz+d, \quad z''=\frac{1}{z'}, \quad w=\frac{a}{c}+\left(b-\frac{ad}{c}\right)z''$$

들의 결합으로 생각할 수 있다. 위의 첫번째 것은 1차변환으로 z-平面上의 원을 z'-平面上의 원으로 사상하고, 또한 z-平面上의 직선은 z'-平面上의 직선에 사상한다. 둘째는 전도변환으로 z'-平面上의 원이나 직선을 z''-平面上의 원이나 직선에 사상한다. 세번째는 다시 1차函數 변환으로 z''-平面上의 원은 w-平面上의 원으로, 그리고 z''-平面上의 직선은 w-平面上의 직선으로 사상한다. 한편 $c=0$일

때는 식 (7.8)의 변환은 一次변환이 되므로 결국 다음과 같이 요약할 수 있다.

식 (7.8)의 일차분수변환은 원과 직선을 원과 직선에 사상한다.

轉倒變換에서와 마찬가지로

$$w=\frac{az+b}{cz+d}, \quad (ad-bc\neq 0)$$

는 만일 원이나 직선이 點 $z=-\frac{d}{c}$를 지나면 직선에 사상되고, 點 $z=-\frac{d}{c}$를 지나지 않는 원이나 직선은 원에 사상된다.

(例) $|z|<1$ 일 때 $\text{Re}\left\{\frac{z}{1-z}\right\}>-\frac{1}{2}$ 임을 밝혀라.

함수 $w=\frac{z}{1-z}$는 一次分數變換이고, $z=1$ 일 때 $w=\infty$이므로 $z=1$을 지나는 단위원은 w-平面上의 한 직선에 사상된다. 따라서 단위원 위에서 서로 다른 임의의 두 점을 취하여 이 직선을 결정할 수 있다. $z=-1$과 $z=i$는 각각 $w=-\frac{1}{2}$과 $w=-\frac{1}{2}+\frac{i}{2}$에 사상이 되므로 원 $|z|=1$의 像(image)은 직선 $\text{Re}\ w=-\frac{1}{2}$이 된다.

한편 一次分數變換의 連續性에 의해서 連結集合(connected set)은 연결집합에 사상되고, 또한 一對一 사상이므로 $|z|<1$의 像은

$$\text{Re}\ w>-\frac{1}{2}\text{이거나 또는 Re}\ w<-\frac{1}{2}$$

의 둘 중에서 어느 하나이다. 그런데 $|z|<1$의 내부의 한점 $z=0$는 $w=0$에 사상되므로 $|z|<1$의 像은 $\text{Re}\ w>-\frac{1}{2}$임을 알 수 있다. 곧

$$\text{Re}\left\{\frac{z}{1-z}\right\}>-\frac{1}{2}$$

이다.

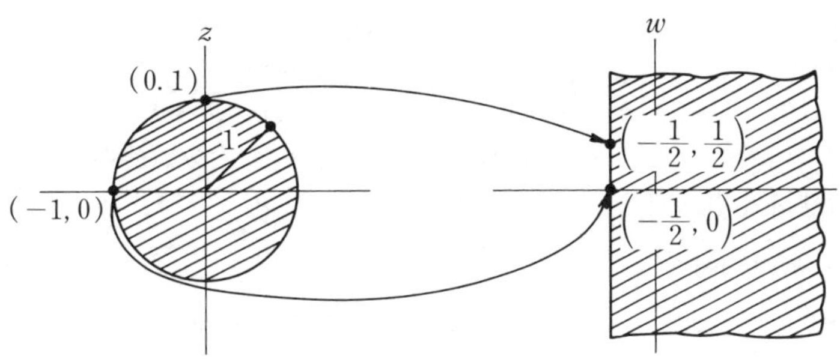

그림 7-6

지금까지는 주어진 한 일차분수변환하에서 集合의 像을 결정하는 문제를 생각하였다. 이제 이 문제를 반대로 생각해 보자. 즉 두 개의 集合이 주어졌을 때, 어떤 상황하에서 한 집합에서 다른 집합으로 사상되는 一次分數變換이 존재할 것인가? 우리는 세 점이 일직선상에 있느냐 그렇지 않느냐에 따라서 직선을 결정하든가 아니면 원을 결정한다는 것을 알고 있다. 임의의 一次分數變換은 이러한 세 점에 의해서 결정되는 원이나 직선을 원이나 혹은 직선에 사상한다.

이제 z-平面上의 주어진 세 점이 w-平面上의 세 점에 사상되도록 하는 一次分數變換이 존재한다는 것을 다음 정리에서 살펴보자.

〔**定理 7.6**〕 확장된 z-平面上에 서로 다른 세 점 z_1, z_2, z_3가 주어졌고, 확장된 w-平面上에 서로 다른 세 점 w_1, w_2, w_3가 주어졌다고 하자. 그러면

$$f(z_1)=w_1,\quad f(z_2)=w_2,\quad f(z_3)=w_3$$

가 되도록 하는 유일한 一次分數變換 $w=f(z)$가 존재한다.

(**증명**) 우선 6개의 점들 중 어느 한점도 ∞가 아니라고 가정하자. 구하는 변환을

$$w=\frac{az+b}{cz+d},\quad (ad-bc\neq 0)$$

라 놓고, $z_1\to w_1$, $z_2\to w_2$, $z_3\to w_3$이 되도록 상수 a, b, c, d를 결정하면 된다. $k=1, 2, 3$에 대해서

$$w-w_k=\frac{az+b}{cz+d}-\frac{az_k+b}{cz_k+d}=\frac{(ad-bc)(z-z_k)}{(cz+d)(cz_k+d)} \tag{7.10}$$

이 되는데, 식 (7.10)에서

$$\frac{w-w_1}{w-w_3}=\left(\frac{cz_3+d}{cz_1+d}\right)\left(\frac{z-z_1}{z-z_3}\right) \tag{7.11}$$

을 얻는다. 식 (7.11)에서 $z=z_2$, $w=w_2$를 대입하고, 역수를 취하면

$$\frac{w_2-w_3}{w_2-w_1}=\left(\frac{cz_1+d}{cz_3+d}\right)\left(\frac{z_2-z_3}{z_2-z_1}\right) \tag{7.12}$$

이 되고, 식 (7.11)과 식 (7.12)를 곱하면

$$\frac{(w-w_1)(w_2-w_3)}{(w-w_3)(w_2-w_1)}=\frac{(z-z_1)(z_2-z_3)}{(z-z_3)(z_2-z_1)} \tag{7.13}$$

이다. 식 (7.13)을 w에 관하여 풀면, 구하는 一次分數變換 $w=f(z)$가 된다. 만일 주어진 6개의 점들 중에서 어느 하나가, 예를 들어 $z_3=\infty$라고 하면, 위의 식 (7.13)에서 z_3 대신에 $\dfrac{1}{z_3'}$을 대입하여 식을 간단히 한 다음 $z_3'=0$를 대입하여 계산하면 된다. 식 (7.13)이 구하는 변환을 유일하게 결정해 준다는 것은 $w=\dfrac{az+b}{cz+d}$가 單射函數라는 사실에서 분명하다.

(備考) 식 (7.13)의 좌변과 우변을 각각 w, w_1, w_2, w_3 그리고 z, z_1, z_2, z_3의 cross ratio 라고 부르며,

$$[w, w_1, w_2, w_3],\ [z, z_1, z_2, z_3] \tag{7.14}$$

과 같이 표시한다. 즉, $z\to w_1$, $z_2\to w_2$, $z_3\to w_3$이 되는 一次分數變換 $w=f(z)$를 구하려면, 식 (7.14)와 같이 써 놓고 식 (7.13)과 같은 식을 얻기 위하여

$$[w, w_1, w_2, w_3],\ [z, z_1, z_2, z_3]$$

와 같은 암기요령을 이용하면 편리하다.

〔例 題〕

1. 點 $z=i$, $2, -2$를 $w=i$, $1, -1$로 각각 사상하는 一次分數變換을 구하라.

(解) $[w, i, 1, -1]=[z, i, 2, -2]$라 놓고, 암기요령을 이용하면

$$\frac{(w-i)(1+1)}{(w+1)(1-i)}=\frac{(z-i)(2+2)}{(z+2)(2-i)}$$

를 얻는다. 이것은 w에 관하여 풀면

$$2(2-i)(z+2)(w-i)=4(1-i)(z-i)(w+1)$$

$$\therefore\ w[(4-2i)(z+2)-(4-4i)(z-i)]=(4-4i)(z-i)+(4i+2)(z+2)$$

간단히 하여

$$w(2iz+12)=6z+4i$$

그러므로

$$w=\frac{3z+2i}{iz+6}$$

을 얻는다.

2. $z_1=1-i$, $z_2=1+i$, $z_3=-1+i$를 각각 $w_1=0$, $w_2=1$, $w_3=\infty$로 사상하는 一次分數變換을 구하여라.

(解) $w_3=\infty$이므로 w_3 대신에 $\dfrac{1}{w_3'}$을 대입하면

$$\left[w,\ 0,\ 1,\ \frac{1}{w'}\right]=[z, 1-i, 1+i, -1+i]$$

따라서, $$\frac{(w-0)\left(1-\dfrac{1}{w_3'}\right)}{\left(w-\dfrac{1}{w_3'}\right)(1-0)}=\frac{(z-1+i)(1+i+1-i)}{(z+1-i)(1+i-1+i)}$$

즉, $$\frac{w(w_3'-1)}{ww_3'-1}=\frac{2(z-1+i)}{2i(z+1-i)}$$

이제 $w_3'=0$을 대입하면

$$w=\frac{z-(1-i)}{iz+(1+i)}$$

를 얻는다.

3. $w_1=w_1(z)=\dfrac{a_1z+b_1}{c_1z+d_1}$, $w_2=w_2(z)=\dfrac{a_2z+b_2}{c_2z+d_2}$

일 때 $w_1w_2(z)=w_1[w_2(z)]$도 역시 一次分數變換임을 증명하라.

(解) $$w_1w_2(z)=w_1[w_2(z)]=\frac{a_1\dfrac{a_2z+b_2}{c_2z+d_2}+b_1}{c_1\dfrac{a_2z+b_2}{c_2z+d_2}+d_1}$$
$$=\frac{(a_1a_2+b_1c_2)z+(a_1b_2+b_1d_2)}{(a_2c_1+c_2d_1)z+(b_2c_1+d_1d_2)}$$
$$=\frac{\alpha z+\beta}{\gamma z+\delta}$$

여기서 α, β, γ, δ도 역시 복소상수이기 때문에 두 함수 w_1, w_2의 곱을 合成函數(composite function)로 정의하면, 역시 $w_1w_2(z)=w_1[w_2(z)]$도 一次分數變換임을 알 수 있다.

4. 集合 $M=\left\{w=T(z) : w=T(z)=\dfrac{az+b}{cz+d},\ ad-bc\neq 0\right\}$라 하고, M내의 두 원소 w_1, w_2의 곱연산을 $w_1w_2(z)=w_1[w_2(z)]$와 같이 合成函數로 정의한다고 하면 모든 一次分數變換의 集合 M은 그 연산 하에서 群(group)을 형성함을 밝혀라.

(解) 예제 3에서 w_1, w_2가 두 개의 一次分數變換이면 $w_1w_2(z)=w_1[w_2(z)]$도 역시 一次分數變換이므로 곱연산에 의해서 M은 닫혀 있다(closed). 지금

$$w_1=T_1(z)=\frac{a_1z+b_1}{c_1z+d_1},\quad w_2=T_2(z)=\frac{a_2z+b_2}{c_2z+d_2},\quad w_3=T_3(z)=\frac{a_3z+b_3}{c_3z+d_3}$$

라고 놓으면, $w_1(w_2w_3)(z)=(w_1w_2)w_3(z)$

즉, 결합법칙이 성립함을 쉽게 알 수 있다. 또한 $w=T_0(z)=z$는 임의의 一次分數變換 $T(z)$에 대해서

$$TT_0(z)=T_0T(z)=T(z)$$

이 되는 恒等變換(identity transformation)이다. 한편 $w=T(z)=\dfrac{az+b}{cz+d}$의 역변환 $z=T^{-1}(w)=\dfrac{-dw+b}{cw-a}$도 역시 一次分數變換이므로

$$TT^{-1}=T^{-1}T=T_0$$

가 성립한다. 따라서, M은 곱연산 하에서 群을 이룬다.

5. 一次分數變換이 아니면서 확장된 복소평면에서 확장된 복소평면으로 사상하는 一對一(one-to-one) 函數가 존재하는가?

(解)

$$f(z)=\begin{cases}0, & z=\infty \\ \infty, & z=0 \\ z, & 0\text{과 }\infty\text{를 제외한 모든 }z\end{cases}$$

그러나 만일 연속을 요구한다면 그 함수는 一次分數變換이 되어야 한다.

問 題

1. 상단의 半平面(upper half plane)을 단위원의 내부(interior of the unit circle)로 사상하는 모든 一次分數變換을 구한다.

(풀이)

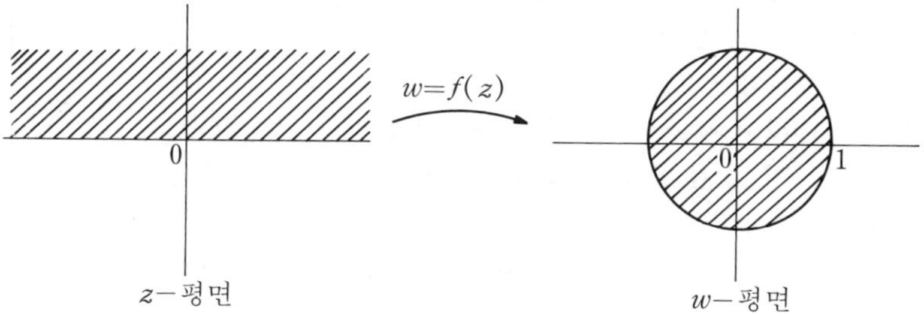

그림 7-7

구하는 一次分數變換들은 물론 실선 $\operatorname{Im} z=0$를 단위원 $|w|=1$에 사상한다.

$$w=\frac{az+b}{cz+d},\quad ad-bc\neq 0$$

라고 놓자. $z=0$와 $z=\infty$일 때 $|w|=1$이므로 $\left|\frac{b}{a}\right|=1$, $\left|\frac{a}{c}\right|=1$을 얻는다. 이것에서

$$\left|\frac{b}{a}\right|=\left|\frac{d}{c}\right|$$

이 됨을 알 수 있으므로

$$w=\frac{az+b}{cz+d}=\frac{a}{c}\,\frac{z+\dfrac{b}{a}}{z+\dfrac{d}{c}}=A\frac{z-z_0}{z-z_1},\tag{7.15}$$

(단, $|A|=1$, $|z_0|=|z_1|$)

이 된다. 위에서 z_0와 z_1과의 관계를 얻기 위해서 식 (7.15)에 $z=1$을 대입하면

$$|w|=|A|\frac{|1-z_0|}{|1-z_1|}=1$$

즉

$$|1-z_0|=|1-z_1| \tag{7.16}$$

을 얻는다. 식 (7.16)을 제곱하고, 간단히 하면 $\mathrm{Re}z_0=\mathrm{Re}z_1$ 이 되는데, $|z_1|=|z_0|$이므로 $z_1=z_0$ 이거나 혹은 $z_1=\bar{z}_0$ 이다. 만일 $z_1=z_0$ 이라고 하면 식 (7.15)는 상수함수가 되므로 $z_1=\bar{z}_0$ 이어야 한다. 그러므로 實線을 單位圓에 사상하는 가장 일반적인 一次分數變換은

$$w=A\frac{z-z_0}{z-\bar{z}_0}, \ (\text{단}, \ |A|=1) \tag{7.17}$$

로 주어진다. 식 (7.17)에서 $z=z_0$ 이면 $w=0$, $z=\bar{z}_0$ 이면 $w=\infty$가 되므로 만일에 $\mathrm{Im}\, z_0>0$ 이면 식 (7.17)은 상단의 반평면을 단위원의 내부로 사상하고, 만일 $\mathrm{Im}\, z_0<0$ 이면 단위원의 외부로 사상한다.

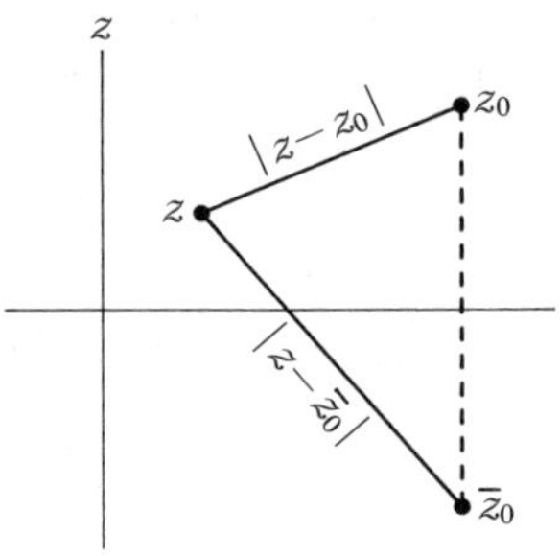

그림 7-8

이것을 幾何學的으로 확인하기 위해서 상단의 半平面에서 임의의 한 점 z를 잡고, $\mathrm{Im}\, z_0>0$인 점 z_0를 취하면 그림에서 보는 바와 같이

$$|z-z_0|<|z-\bar{z}_0|$$

이고

$$|w|=|A|\left|\frac{z-z_0}{z-z_0}\right|<1, \ \mathrm{Im}\, z_0>0, \ \mathrm{Im}\, z>0$$

이 되므로 구하는 일차분수변환은

$$w=A\frac{z-z_0}{z-\bar{z}_0}, \ |A|=1, \ \mathrm{Im}\, z_0>0$$

이다.

2. 상단의 半平面 $\mathrm{Im}\, z>0$을 상단의 半平面 $\mathrm{Im}\, w>0$에 사상하는 모든 一次分數變換을 구하여라.

(풀이)

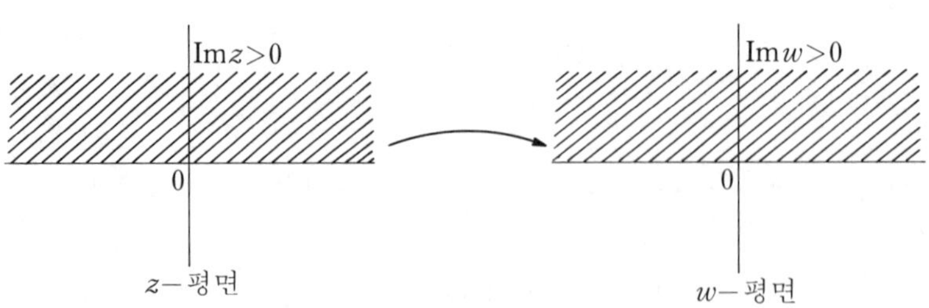

그림 7-9

$$w=\frac{az+b}{cz+d},\quad ad-bc\neq 0$$

라 놓고, z-平面上의 영역 $\mathrm{Im}\,z>0$ 의 경계인 實線이 w-平面上의 영역 $\mathrm{Im}w>0$ 의 경계인 實線에 사상이 되도록 계수 a, b, c, d 를 결정해 보자. $\mathrm{Im}z=0$ 에서 $\mathrm{Im}\,w=0$ 으로 가는 사상은 z-平面의 실선상의 세 점이 w-平面의 실선상의 세 점에 사상되는 일차분수변환을 찾으면 된다. 지금 $z=z_1, z_2, z_3$ 가 각각 $w=0, 1, \infty$에 사상된다고 하자. 즉

$$\left[w,\ 0,\ 1,\ \frac{1}{w_3'}\right]=[z, z_1, z_2, z_3]$$

에서
$$\frac{w(w_3'-1)}{ww_3'-1}=\frac{(z-z_1)(z_2-z_3)}{(z-z_3)(z_2-z_1)}$$

$w_3'=0$ 를 대입하면

$$w=\frac{(z-z_1)(z_2-z_3)}{(z-z_3)(z_2-z_1)}$$

을 얻는다. 그런데 z_1, z_2, z_3 는 모두 實數이므로 $w=\dfrac{az+b}{cz+d}$ 의 계수는 모두 실수이어야 한다.

한편 $z=x+iy,\ (y>0)$를 취하면, a, b, c, d 가 모두 실수이므로

$$w=\frac{a(x+iy)+b}{c(x+iy)+d}=\frac{(ax+b)(cx+d)+acy^2}{(cx+d)^2+(cy)^2}+i\frac{y(ad-bc)}{(cx+d)^2+(cy)^2}$$

이다. 따라서 $\mathrm{Im}\,w=v=\dfrac{y(ad-bc)}{(cx+d)^2+(cy)^2}>0$ 이기 위한 필요충분조건은 $ad-bc>0$ 이다. 따라서 구하는 일반적인 일차분수변환은

$$w=\frac{az+b}{cz+d},\ (\text{단},\ a, b, c, d \text{ 는 실수이고},\ ad-bc>0)$$

이다.

3. 單位圓盤 $|z|<1$ 을 單位圓盤 $|w|<1$ 로 사상하는 모든 一次分數變換을 구하여라.

(**풀이**) 우선 單位圓 $|z|=1$ 을 單位圓 $|w|=1$ 로 사상하는 변환을 찾아보자. 앞

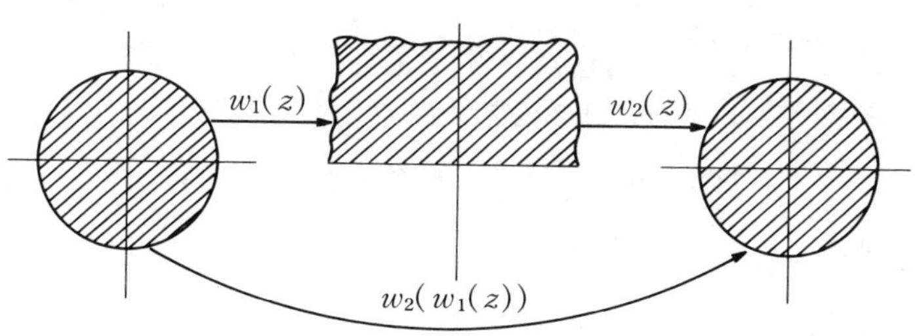

그림 7-10

의 예제 3에서 두 개의 一次分數變換의 結合(composition)도 역시 一次分數變換임을 알았다. 물론 $w=az$, $(|a|=1)$도 이 문제의 한 解가 된다. 그러나 더 일반적인 一次分數變換을 구하여 보자.

문제 1에서 상단의 반평면을 단위원의 내부로 보내는 변환은

$$w=A\frac{z-z_0}{z-\bar{z}_0},\ (\text{단, } |A|=1,\ \mathrm{Im}\, z_0>0) \tag{7.18}$$

임을 알았다. 따라서 단위원의 내부를 상단의 반평면에 사상하는 변환은 식 (7.18)에서 z와 w를 바꾸어 놓고 w에 관해서 풀면

$$w=\frac{z\bar{z}_0-Az_0}{z-A},\ (\text{단, } |A|=1,\ \mathrm{Im} z_0>0) \tag{7.19}$$

이다. 가령 일차분수변환 $w_1(z)$가 단위원의 내부를 상단의 반평면에 사상하고, 다른 일차분수변환 $w_2(z)$가 상단의 반평면을 단위원의 내부로 사상한다고 하면 그 合成函數 $w_2[w_1(z)]$는 단위원의 내부를 단위원의 내부로 사상하는 한 一次分數變換이 된다.

지금 식 (7.19)에서 $z_0=i$, $A=-1$이라 두면 아주 간단한 변환식으로

$$w=-i\frac{z-1}{z+1} \tag{7.20}$$

을 얻는다. 역시 식 (7.20)은 단위원의 내부를 상단의 반평면에 사상하는 가장 간단하고 멋있는 변환이다. 만일 구하고자 하는 변환을 $w^*(z)$라 하면

$$w^*(z)=w_2\left(-i\frac{z-1}{z+1}\right)$$

로 표시되고, 여기서 $w_2(z)$는 식 (7.18)의 한 변환이다. 따라서 (7.18)식로부터

$$w^*(z)=A\frac{(z_0+i)z+(z_0-i)}{(\bar{z}_0+i)z+(\bar{z}_0-i)},\ (\mathrm{Im} z_0>0,\ |A|=1)$$

이고, 이것을 다시 쓰면

$$w^*(z)=A\frac{\alpha z+\beta}{\bar{\beta}z+\bar{\alpha}},\ (|A|=1,\ |\beta|<|\alpha|)$$

이다. 윗식의 우변에서 분모, 분자를 α로 나누고 $\gamma=-\dfrac{\beta}{\alpha}$로 놓으면

$$w^*(z)=A\frac{z-\gamma}{-\bar{\gamma}(\bar{\alpha}/\alpha)z+(\bar{\alpha}/\alpha)}=-A\frac{\alpha}{\bar{\alpha}}\ \frac{z-\gamma}{\bar{\gamma}z-1}$$

을 얻는다. 따라서 구하는 一次分數變換은

$$w^*(z)=K\frac{z-\gamma}{\bar{\gamma}z-1},\ (|K|=1,\ |\gamma|<1) \tag{7.21}$$

로 표시된다.

(備考) 식 (7.21)에서 만일 $|\gamma|>1$이면, 식 (7.21)은 단위원의 내부를 단위원의 外部로 사상하는 모든 一次分數變換을 나타낸다. 한 영역(region)에서 다른 영역으로 보내는 하나의

寫像(mapping)은 幾何學的으로 한 평면의 점들로부터 다른 평면의 點들로 보내는 사상으로 생각할 수 있으므로 식 (7.21)은 $|z|<1$에서 $|w|<1$로 보내는 한 사상을 나타낸다.

연습 문제 7.2

1. 점 $z_1=\infty$, $z_2=i$, $z_3=0$를 각각 점 $w_1=0$, $w_2=i$, $w_3=-\infty$로 사상하는 一次分數變換을 구하여라.

2. 다음 세 점을 세 점으로 사상하는 一次分數變換을 구하여라.

(a) 점 $z_1=0$, $z_2=i$, $z_3=-i$를 점 $w_1=i$, $w_2=-i$, $w_3=0$에 사상

(b) 점 $z_1=2$, $z_2=\infty$, $z_3=i$를 점 $w_1=\infty$, $w_2=-1$, $w_3=1$에 사상

3. 變換 $w=\dfrac{iz}{z-1}$하에서 다음 영역의 像(image)을 구하여라.

(a) 단위원반 $|z|\le 1$ (b) 우측半平面 $\mathrm{Re}z\ge 0$

4. 一次分數變換 $w=f(z)=\dfrac{az+b}{cz+d}$에서 $f(z)=z$로 되는 점 z를 그 변환의 不動

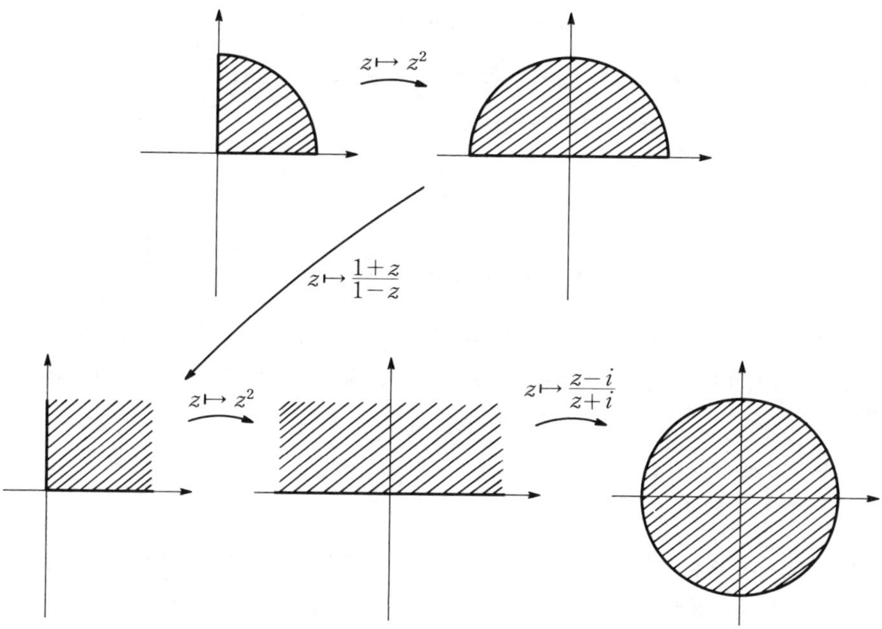

그림 7-11

點(fixed point)이라 한다. 다음 변환의 不動點을 구하여라.

(a) $w=\dfrac{z-1}{z+1}$ (b) $w=\dfrac{6z-9}{z}$

5. 허축(imaginary axis) $\mathrm{Re}z=0$를 단위원 $|w|=1$로 사상하는 모든 一次分數變換을 구하여라.

6. 앞의 그림 7-11을 참조하여 集合 $A=\{z : 0<\arg z<\pi/2, 0<|z|<1\}$를 集合 $D=\{z : |z|<1\}$로 사상하는 한 등각사상을 구하여라.

7.3 基本函數의 等角寫像

이 절에서는 함수 $w=e^z$, $w=\log z$ 그리고 $w=\frac{1}{2}\left(z+\frac{1}{z}\right)$의 사상성질에 대하여 알아보자.

$z=x+iy$를 0이 아닌 한 複素數라고 하자. 그러면

$$|z|=\sqrt{x^2+y^2},\ \tan(\arg z)=\frac{y}{x}$$

이다. w-平面上에서 $w=e^z$의 점의 위치를 결정하는 데 있어서 $z=x+iy$의 실부분과 허부분은 각각 독립된 역할을 한다.

$$w=e^z=u+iv=e^x \cos y+i\ e^x \sin y$$

로부터

$$|e^z|=e^x,\ \tan(\arg\ e^z)=\frac{v}{u}=\tan y$$

을 얻는데, 이 관계에서 e^z의 絕對値(modulus)는 z의 실부분 x에만 의존하고 e^z의 偏角(argument)은 z의 허부분 y에만 의존한다는 것을 알 수 있다. 즉

$$\arg\ e^z=y+2k\pi,\ (k\text{는 정수})$$

이다. 모든 z에 대해서

$$e^{z+2\pi i}=e^z$$

이므로 점들 $x_0+i(y_0+2k\pi)$는 모든 整數 k에 대해서 같은 像(image)을 갖는다. 따라서 우리는 그 영역을 $-\pi<\mathrm{Im}\, z\le\pi$로 제한해도 좋다. 즉 이 띠(strip)에서 일어나는 것은 무엇이든지 띠 $-\pi+2k\pi<\mathrm{Im}z\le\pi+2k\pi$에서도 일어난다. 그러므로

$$\arg e^z = y, \quad (\text{단}, \ -\pi < y \leq \pi)$$

로 한하여 생각하기로 한다.

線分(line segment) $x=x_0$, $-\pi<y\leq\pi$ 는 원점을 중심으로 반지름이 e^{x_0} 인 w-平面에서의 원에 全單射로 사상된다. y 가 $-\pi$ 에서 π 까지 증가하면 원은 시계방향과 반대방향으로 한바퀴 돈다.

$x>0$ 일 때에 한하여 $|e^z|=e^x>1$ 이 되므로 한쪽으로만 무한히 나가는 띠(semi-infinite strip) $\mathrm{Re}z>0$, $-\pi<\mathrm{Im}\,z\leq\pi$ 는 單位圓의 外部에 全單射로 사상되고, 한편 띠 $\mathrm{Re}z<0$, $-\pi<\mathrm{Im}\,z\leq\pi$ 는 원점 $z=0$ 를 제외하고 단위원의 내부에 사상된다.

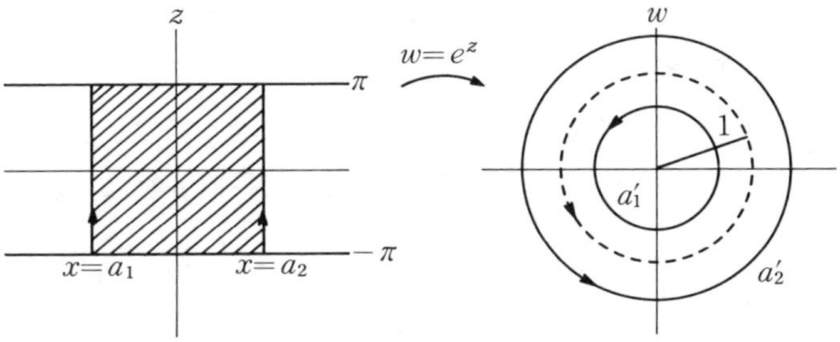

그림 7-12

물론 선분 $x=0$, $-\pi<y\leq\pi$ 는 단위원에 사상된다.

$\mathrm{Re}\,z$ 은 e^z 의 편각을 결정하는 데 있어서는 아무런 역할도 못하므로 같은 허부분(imaginary part)을 갖는 점들은 같은 편각을 갖는 점들에 사상이 될 것이다. y_0 가 $-\pi<y_0\leq\pi$ 인 직선 $y=y_0$ 에 대해서

$$w=e^z=e^{x+iy_0}=e^x(\cos y_0+i\sin y_0)$$

인데 e^x 는 양의 실수를 나타내므로 직선 $y=y_0$ 는 半直線 $\mathrm{Arg}\,w=y_0$ 에 全單射(one-to-one & onto)로 사상된다.

그러므로 양쪽으로 뻗는 무한띠(infinite strip) $0<y<\pi$ 는 상단의 半平面에 全單射로 사상되고, 한편 무한띠 $-\pi<y<0$ 은 하단의 半平面에 全單射로 사상된다. 여기서 x 軸, $y=0$ 은 w-평면의 양의 실축에 사상되고, 직선 $y=\pi$ 는 w-평면의 음의 실축에 사상된다.

따라서 결국 띠 $-\pi<\mathrm{Im}\,z\leq\pi$ 는 원점을 뺀 w-平面에 全單射로 사상된다는 것을 알 수 있다.

函數 $w=e^z$ 에 대해서 직사각형

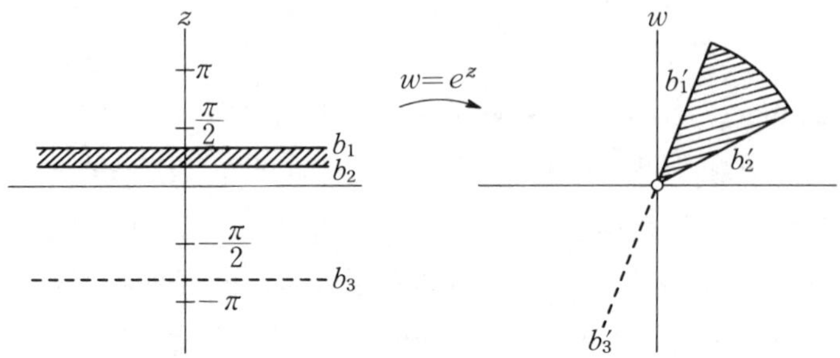

그림 7-13

$$A \leq x \leq B, \qquad -\pi < C \leq y \leq D \leq \pi$$

의 像을 극좌표로 표시하면, 영역

$$Re^{i\theta}, \quad e^A \leq R \leq e^B, \quad C \leq \theta \leq D$$

으로 그림 7-14와 같이 호와 반직선들로 유계된 영역이 됨을 알 수 있다.

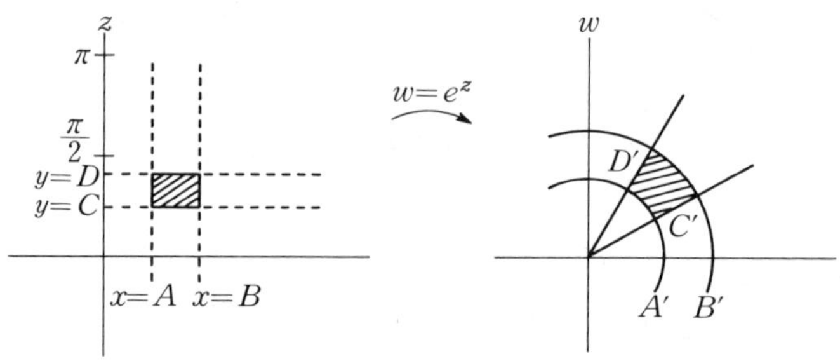

그림 7-14

다음에는 함수 $w=\log z$의 主分枝(principal branch)

$$w=\text{Log}\, z=\text{Log}|z|+i\theta, \quad (-\pi<\theta\leq\pi)$$

의 사상성질을 알아보자.

函數 $w=\text{Log}\, z$는 음의 실선상의 어느 점에서도 연속(continuous)이 아니다. 왜냐하면, z_0를 음의 실선상의 한 점이라고 하고, z_0의 한 근방을 생각할 때 그 근방내의 한 점 z가 실선 위쪽에서 z_0에 접근하면 $\lim\limits_{z\to z_0} \text{Arg}\, z=\pi$이고, 점 z가 실선의 아래에서 z_0에 접근하면 $\lim\limits_{z\to z_0} \text{Arg}\, z=-\pi$이 되므로 $\lim\limits_{z\to z_0} \text{Log}\, z=\lim\limits_{z\to z_0} (\text{Log}|z|+i\,\text{Arg}\, z)$의 극한치가 $\text{Log}\, z_0=\text{Log}\, r_0+i\pi$와 같지 않기 때문이다.

지금 $w=\log z$의 主分枝인 $w=\text{Log}\, z$가 음의 실선상에서 연속이 아님을 보였지만, 이것은 모든 단가함수 $\log^* z$가 음의 실선상에서 연속이 아니라는 것을 의미

하지는 않는다. 이를테면,

$$w=\log z=\operatorname{Log}|z|+i\operatorname{Arg} z,\quad \left(-\frac{\pi}{2}<\operatorname{Arg} z\leq\frac{3\pi}{2}\right)$$

와 같은 단가함수는 음의 실선상에서 연속이지만, 半直線 $\operatorname{Arg} z=\frac{3\pi}{2}$ 위에서는 연속이 아니다.

즉 주어진 $z_0\neq 0$에 대해서

$$\lim_{z\to z_0}\log z=\log z_0$$

가 되는 하나의 分枝가 존재한다는 의미에서 $w=\log z$가 $z\neq 0$에서 연속이라고 말할 수 있다. 그러나 모든 0이 아닌 複素數 z에 대해서 $\log z$가 연속이 되도록 하

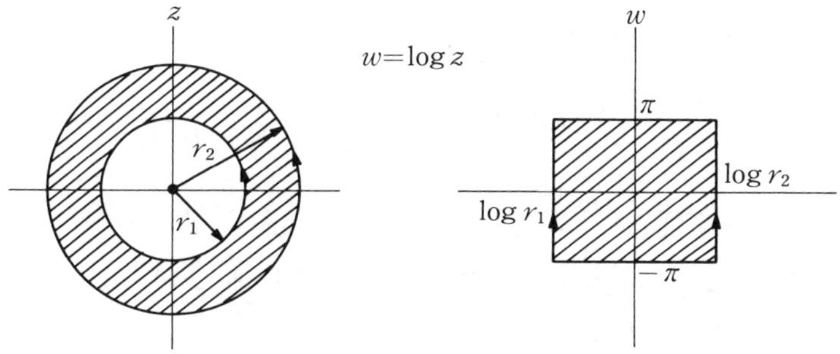

그림 7-15

는 하나의 分枝는 존재하지 않는다.

$$w=\operatorname{Log} z=\operatorname{Log}|z|+i\operatorname{Arg} z=\operatorname{Log} r+i\theta,\quad(-\pi<\theta\leq\pi)$$

에서 函數 $w=\operatorname{Log} z$에 대한 원 $|z|=r$의 像은 선분(line segment)

$$u=\operatorname{Log} r,\quad(-\pi<v\leq\pi)$$

이다. 역시 半直線 $\operatorname{Arg} z=\theta$ $w=\operatorname{Log} z$에 의해서 직선 $v=\theta$에 사상된다.

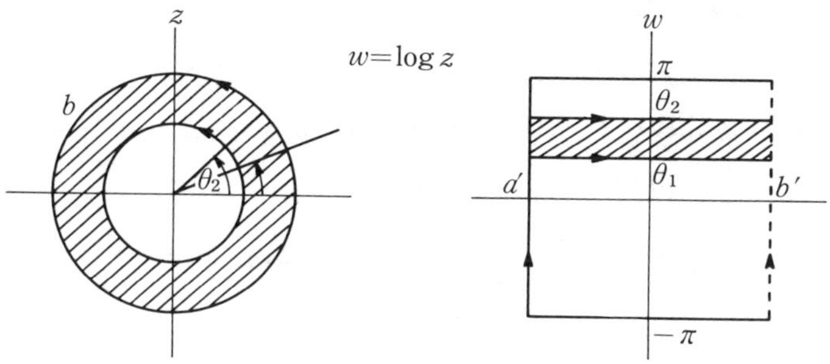

그림 7-16

어떤 정수 k에 대해서 각 함수

$$w=\text{Log}\, z+2k\pi i,$$

$$[\text{단}, \ \text{Log}\, z=\text{Log}|z|+i\,\text{Arg}\, z, \ \ (-\pi<\text{Arg}\, z\leq\pi)]$$

는 $z=0$를 제외한 z-平面을 무한띠(infinite strip) $(2k-1)\pi<\text{Im}\, w\leq(2k+1)\pi$에 사상한다. 물론 지수함수 $w=e^z$는 각 띠(strip) $(2k-1)\pi<\text{Im}\, z\leq(2k+1)\pi$를 원점을 제외한 平面에 사상함을 알고 있다.

이제 끝으로 함수 $w=\frac{1}{2}\left(z+\frac{1}{z}\right)$를 생각하자. 두 一次分數函數의 合成函數(composite function)는 다시 一次分數函數가 되지만, 두 일차분수함수의 合(sum)은 반드시 일차분수함수가 아니다.

$$\begin{aligned} w=u+iv&=\frac{1}{2}\left(z+\frac{1}{z}\right) \\ &=\frac{1}{2}\left[r(\cos\theta+i\sin\theta)+\frac{1}{r(\cos+i\sin\theta)}\right] \\ &=\frac{1}{2}\left(r+\frac{1}{r}\right)\cos\theta+i\left(\frac{1}{2}\right)\left(r-\frac{1}{r}\right)\sin\theta \end{aligned}$$

이므로 단위원 $r=1$은 $w=u=\cos\theta$에 사상된다. 이 때, θ가 $[0,\pi]$에서 움직인다고 하면, u는 1에서 -1까지 계속적으로 감소하고, θ가 구간 $[\pi, 2\pi]$에서 움직이면 구간 $[-1, 1]$에서 움직인다. 따라서 함수 $w=\frac{1}{2}\left(z+\frac{1}{z}\right)$에 의해서 단위원의 위의 반쪽과 아래의 반쪽이 각각 폐구간 $[-1, 1]$에 사상된다. 위에서

$$u=\frac{1}{2}\left(r+\frac{1}{r}\right)\cos\theta, \ \ v=\frac{1}{2}\left(r-\frac{1}{r}\right)\sin\theta \qquad (7.22)$$

인 관계를 이용하면, $r>1$에 대해서

$$\left(\frac{u}{\frac{1}{2}\left(r+\frac{1}{r}\right)}\right)^2+\left(\frac{v}{\frac{1}{2}\left(r-\frac{1}{r}\right)}\right)^2=\cos^2\theta+\sin^2\theta=1$$

을 얻는다. 즉 원 $|z|=r>1$은 主軸(major axis)을 u축으로 갖는 타원(ellipse)에 사상된다. r이 증가할수록 타원은 점점 원에 가깝게 되고 r이 1에 다가가게 되면, 타원은 구간 $[-1, 1]$에 가까와진다.

다음에는 반직선 $\text{Arg}\, z=\theta$가 $w=\frac{1}{2}\left(z+\frac{1}{z}\right)$에 의해서 어떻게 사상되는가를 보자. $r\geq1$에 대해서 식 (7.22)로부터 반직선 $\text{Arg}\, z=0$와 $\text{Arg}\, z=\pi$들은 비록 점 $(1, 0)$와 $(-1, 0)$은 고정되어 있지만, $\text{Arg}\, w=0$와 $\text{Arg}\, w=\pi$에 사상된다는 것을

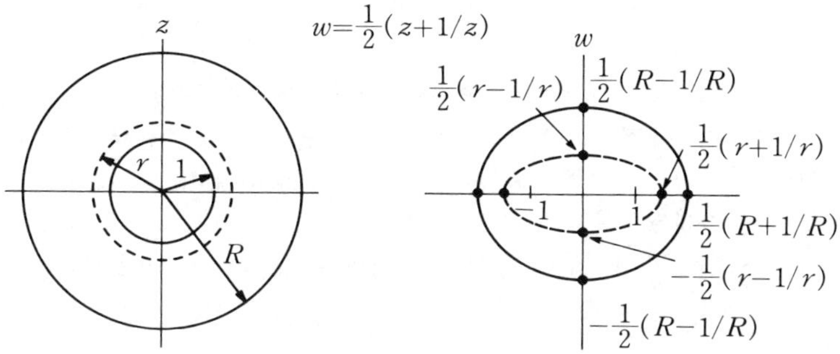

그림 7-17

알 수 있다. 비슷하게 $\text{Arg}\,z=\frac{\pi}{2}(r>1)$은 $\text{Arg}\,w=\frac{\pi}{2}(r>0)$에 사상되고, $\text{Arg}\,z=-\frac{\pi}{2}(r>1)$은 $\text{Arg}\,w=-\frac{\pi}{2}(r>0)$에 사상된다. 기타의 모든 θ에 대해서는

$$\left(\frac{u}{\cos\theta}\right)^2-\left(\frac{v}{\sin\theta}\right)^2=\frac{1}{4}\left[\left(r+\frac{1}{r}\right)^2-\left(r-\frac{1}{r}\right)^2\right]=1$$

인 쌍곡선(hyperbola)의 방정식을 얻는다. $r>1$에 대해서 이 쌍곡선의 각호(arc)는 반직선 $\text{Arg}\,z=\theta$와 같은 사분면(quadrant)에 속한다.

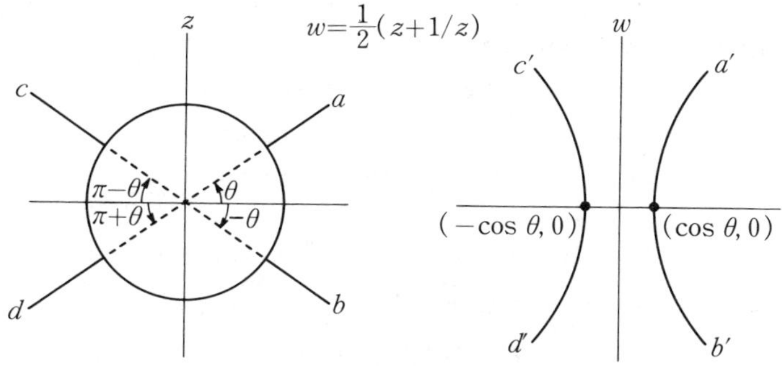

그림 7-18

〔例　題〕

1. $w=e^{iz}$의 사상성질을 $w=e^z$의 사상성질과 비교하여 설명하여라.

(解) iz의 편각은 z의 편각과 $\frac{\pi}{2}$만큼 차이가 있으므로 우리는 함수 $w=e^{iz}$가 y축(또는 x축)에 나란한 線을 $w=e^z$가 x축(또는 y축)에 나란한 線을 사상할 때 생기는 모양과 같은 것에 사상할 것으로 기대할 수 있다.

$$w=e^{iz}=e^{i(x+iy)}=e^{-y+ix}$$

에서

$$|e^{ix}|=e^{-y},\ \arg e^{iz}=x+2k\pi,\ (k\text{는 정수})$$

이 된다. 따라서 線分 $-\pi<x\leq\pi$, $y=b$는 원점을 중심으로 반지름이 e^{-b}가 되는 원에 사상된다. 한쪽으로 나가는 무한띠(semi-infinite strip) $-\pi<x\leq\pi$, $y>0$는 w-평면에서 원점을 제외한 단위원(unit circle)의 내부에 사상되고, 한편 띠 $-\pi<x\leq\pi$, $y<0$는 단위원의 外部(exterior)에 사상된다. 역시 직선 $x=a$, $-\pi<a\leq\pi$는 半直線(ray) $\arg w=a$에 사상된다.

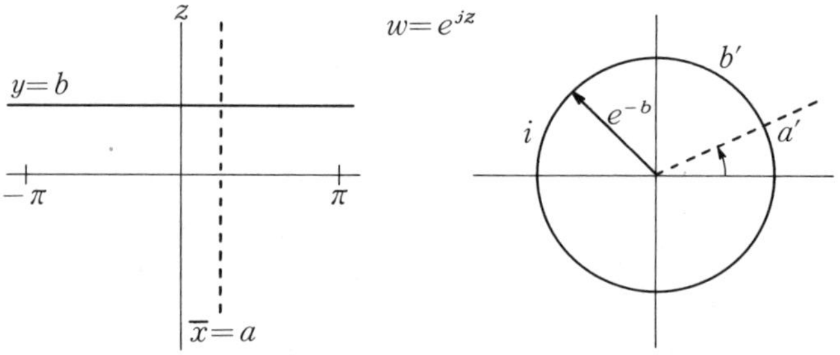

그림 7-19

2. 변환 $w=z^2$에 의한 영역 $x>0$, $y>0$, $xy<1$의 像(image)을 구하여라.

(解) $w=u+iv=z^2=(x^2-y^2)+i(2xy)$에서

$$u=x^2-y^2,\ v=2xy$$

$$\therefore\ x>0,\ y>0,\ xy<1 \Longrightarrow 0<v<2$$

즉 영역 $x>0$, $y>0$, $xy<1$의 像은 영역 $0<v<2$이다.

3. 영역 $A=\{z:0<\operatorname{Im} z<2\pi\}$ 위에서의 조화함수 $u(x,y)=x+y$를 생각하자. 집합 A가 $z\to e^z$에 의해서 변환될 때 집합

$$B=\boldsymbol{C}\setminus\{\text{양의 實軸}\}$$

위에서 대응하는 조화함수는 무엇인가?

(解) $f(z)=e^z$라고 하면, f는 B위에서 일대일이고 $f'(z)=e^z\neq0$이므로 f는 A에서 B로 가는 등각사상이다. 따라서 B위에서 대응하는 조화함수는

$$\begin{aligned}v(x,y)&=u(f^{-1}(x,y))\\&=u(\log(x+iy))\\&=u(\log\sqrt{x^2+y^2}+i\tan^{-1}(y/x))\\&=\log\sqrt{x^2+y^2}+\tan^{-1}(y/x),\end{aligned}$$

(단, $\tan^{-1}(y/x)=\arg(x+iy)$는 $(0,2\pi)$ 안에 있다)

4. 함수 $w=e^z$ 가 一對一函數가 되는 가장 큰 영역은 무엇인가?

(解) 폭이 2π 가 되는 무한히 긴 띠(strip)들이다.

問 題

1. 변환 $w=z^2$ 에 의한 像이 $1\leq u\leq 2,\ 1\leq v\leq 2$ 일 때, z-평면상에서의 preimage를 구하여라.

(풀이) $w=u+iv=z^2=(x+iy)^2=x^2-y^2+i(2xy)$

에서 w-평면상의 영역 $1\leq u\leq 2,\ 1\leq v\leq 2$ 의 z-평면상의 preimage는

$$1\leq x^2-y^2\leq 2,\quad \frac{1}{2}\leq xy\leq 1$$

인 영역이 된다.

2. 함수 $w=\left(\dfrac{1+z}{1-z}\right)^2$ 은 단위원 $|z|<1$ 을 $u\leq 0$ 인 반직선 $(u, 0)$를 제외한 평면에 사상한다는 것을 밝혀라.

(풀이) 주어진 함수를

$$w=z_1{}^2,\quad z_1=\frac{1+z}{1-z}$$

로 나누어 생각하자. 우선 변환 $z_1=\dfrac{1+z}{1-z}$ 는 일차분수변환이므로 원을 직선이나 원에 사상하는데, $z=1$ 일 때 $z_1=\infty$ 이므로 단위원 $|z|=1$ 은 직선에 사상된다. $z=-1$ 일 때 $z_1=0$, $z=i$ 일 때 $z_1=i$ 이므로 원 $|z|=1$ 은 z_1-평면의 허축 $\text{Re}z_1=0$ 에 사상되고, 또한 $z=0$ 일 때 $z_1=1$ 이므로 z-평면상의 영역 $|z|<1$ 은 z_1-평면상의 영역 $\text{Re}\,z_1>0$ 에 사상된다.

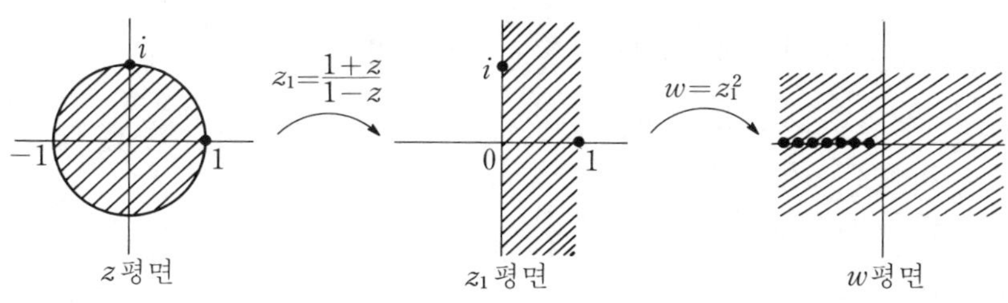

그림 7-20

한편, 변환 $w=z_1{}^2$ 에 의해서 z_1-평면상의 점 (r, θ)는 w-평면상의 점$(r^2, 2\theta)$에 사상되므로 z_1-평면의 오른쪽 반평면 $\text{Re}z_1>0$ 은 w-평면의 전 평면에 사상될 것 같다. 그러나 $w=z_1{}^2$ 에 의해서 w의 값은 음의 실수를 가질 수 없고, 또한

$z=-1$ 도 영역 $|z|<1$ 에 있지 않으므로 결국 $w=\left(\frac{1+z}{1-z}\right)^2$ 에 의한 $|z|<1$ 의 像(image)은 $u\leq 0$ 인 반직선 $(u, 0)$를 제외한 평면이 된다.

3. 변환 $w=\frac{z}{(1-z)^2}$ 은 영역 $|z|<1$ 을 $u\leq -\frac{1}{4}$ 인 반직선 $(u, 0)$를 제외한 평면에 사상함을 밝혀라.

(풀이) $w=\frac{z}{(1-z)^2}=\frac{1}{4}\left(\frac{1+z}{1-z}\right)^2-\frac{1}{4}$

이므로 위의 문제 2와 평행이동(translation)을 생각하면, 함수 $w=\frac{z}{(1-z)^2}$ 에 의한 영역 $|z|<1$ 의 像은 $u\leq -\frac{1}{4}$ 인 반직선 $(u, 0)$를 제외한 평면이 됨을 쉽게 알 수 있다.

4. 함수 $w=e^z$ 하에서의 다음 집합의 像을 구하여라.

(a) $A=\{z : z=x+iy,\ \ -5\leq x\leq 5,\ \ y=\pi/4\}$

(b) $B=\{z : z=x+iy,\ \ -2<x<1,\ \ 0<y<\pi\}$

(풀이) (a) $[(1+i)/\sqrt{2}]e^{-5}$ 에서 $[(1+i)/\sqrt{2}]e^5$ 까지의 線分이다.

(b) 半圓 $|w|=1/e^2$ 과 $|w|=e$ 로 둘러싸인 상단의 반평면상에 있는 annulus의 부분이다.

연습 문제 7.3

1. 함수 $w=\exp(iz)$ 아래에서의 반무한띠 $0<x<\pi/2,\ y>0$ 의 像을 구하여라.

2. 변환 $w=\exp z$ 에 의한 직사각형 $0<x<\ln 2,\ 0<y<\pi/2$ 의 像을 구하여라.

3. 함수 $w=(2/\pi)\mathrm{Log}\, z$ 하에서의 제 1 상한 $x>0,\ y>0$ 의 像을 구하여라.

4. 변환 $w=\mathrm{Log}\, z$ 에 의한 annulus $1<|z|<e$ 의 像을 구하여라.

5. 영역 $0\leq x\leq\pi,\ y\geq 0$ 의 像을 다음 변환에 따라서 구하여라.

(a) $w=e^{iz}$ (b) $w=ie^{-iz}$

6. 함수 $Q=\mathrm{Log}((1+z)/(1-z))$ 하에서의 상단의 반평면 $\mathrm{Im}z>0$ 의 像을 구하여라.

7.4 Schwarz의 補助定理와 그 應用

주어진 영역 A와 B사이의 사상을 보장해주는 등각사상에 관한 기초적이고 더욱 세련된 정리가 있다. 아래에 기술하는 Riemann의 사상정리에 의하면 우리는 한 등각사상 $w=f(z)$의 제반 기하학적 사상성질을 연구하는 데 있어서 그 정의역을 임의의 단일연결영역(simply connected region)으로 생각하는 대신에 단위원반(unit disk) $|z|<1$을 정의역으로 생각할 수 있다. 왜냐하면, $|z|<1$을 정의역으로 하는 함수 $w=f(z)$의 제반 성질은 Riemann의 사상정리에 의해서 임의의 단일연결영역에로 확장할 수가 있기 때문이다.

이 절에서는 Riemann의 사상정리를 소개하고, 그 증명은 뒤에 가서 하기로 한다.

Riemann의 寫像定理 : D를 복소평면 전체 $\boldsymbol{C}$가 아닌 한 단일연결영역이라 하고, E를 단위원반이라고 하면, D를 E로 사상하는 全單射이고 解析的인 함수 f : $D \to E$가 存在한다. 더우기, $z_0 \in D$에 대해서 $f(z_0)=0$, $f'(z_0)>0$인 조건을 주면, 함수 $w=f(z)$는 유일하다.

等角寫像을 공부하는 데 있어서 다음에 소개하는 Schwarz Lemma는 상당히 좋은 수학적 도구가 된다.

〔**定理 7.7**〕 (Schwarz Lemma) 함수 $f(z)$가 단위원반 $|z|<1$에서 解析的이고, $f(0)=0$, $|f(z)|\le 1$이라고 하면,

$$|f(z)|\le|z|,\ \ (|z|<1)\text{이고 } |f'(0)|\le 1$$

이 성립한다. 그리고 $0<|z_0|<1$인 z_0에 대해서 만일 $|f(z_0)|=|z_0|$이면,

$$f(z)=\alpha z,\ \text{단 } |\alpha|=1,$$

이다.

(**증명**) $f(0)=0$이므로 상수항은 0되어 f에 대한 멱급수는

$$f(z)=a_1z+a_2z^2+\cdots,\ \ |z|<1,$$

로 나타낼 수 있다.

$f(z)=z(a_1+a_2z+\cdots)=zg(z)$, 단 $g(z)$는 $|z|<1$에서 解析的이다. 이제 $0<|z_0|<1$인 z_0에 대해서 $|z_0|\le r<1$이 되도록 r를 잡으면

$$|g(z_0)| \le \max_{|z|\le r}|g(z)| = \max_{|z|=r}|g(z)| = \max_{|z|=r}\left|\frac{f(z)}{z}\right| \le \frac{1}{r}$$

이 되고, 이 부등식은 $|z_0| \le r < 1$ 인 모든 r에 대해서 성립하므로

$$|g(z_0)| \le 1$$

이다. 따라서 $|z|<1$에 대해서

$$|g(z)| \le 1, \text{ 즉 } |f(z)| \le |z|$$

이 성립한다. $f'(0)=a_1=g(0)$이고, $|g(0)| \le 1$이므로 $|f'(0)| \le 1$이다. 만일 $0<|z_0|<1$인 z_0에 대해서 $|f(z_0)|=|z_0|$이면 $g(z)$는 z_0에서 $|g(z)|$의 최대치를 취하는 것이므로 최대치정리에 의하여 $g(z)$는 상수가 되지 않으면 안된다. 즉 $f(z)=\alpha z$, (단 $|\alpha|=1$).

[**系 1**] $f(z)$가 $|z|<1$에서 解析的이고

$$f(0)=f'(0)=\cdots=f^{(n-1)}(0)=0$$

이고, $|z|<1$에서 $|f(z)| \le 1$이라고 하면

$$|f(z)| \le |z|^n, \quad (|z|<1)$$

이 성립하고, 등호는

$$f(z)=\alpha z^n, \text{ 단 } |\alpha|=1$$

에 대해서만 성립한다.

(증명) $f(z)=z^n g(z)$라 놓고 $g(z)$에 대해서 최대치정리를 적용하면 된다.

[**系 2**] 가령 $f(z)$는 $|z|<1$에 대해서 解析的이고, $|f(z)| \le 1$이라고 하면

$$|f(z)-f(0)| \le 2|z|, \quad (|z|<1),$$

이 성립한다.

(증명) $g(z)=f(z)-f(0)$라고 놓으면, $g(0)=0$이고

$$|g(z)| \le |f(z)|+|f(0)| \le 2$$

이므로 $g(z)$에 정리 7.7을 적용하면

$$|g(z)|=|f(z)-f(0)| \le 2|z|, \quad (|z|<1)$$

Schwarz Lemma의 응용으로 다음 정리들을 얻는다.

〔**定理 7.8**〕 $f(z)$는 $|z|<1$에서 解析的이고 $f(0)=1$이라고 하자. 만일 $|z|<1$에 대해서 $\mathrm{Re}f(z)>0$이라고 하면,

$$|f(z)| \le \frac{1+|z|}{1-|z|}, \quad (|z|<1)$$

이 성립한다.

(증명) 일차분수변환 $w=\dfrac{1+z}{1-z}$는 $|z|<1$을 $\mathrm{Re}\,w>0$인 반평면에 사상한다. 따라서 그의 逆函數 $z=\dfrac{w-1}{w+1}$은 $\mathrm{Re}\,w>0$을 $|z|<1$로 사상한다. 그러므로 만일 $\mathrm{Re}\,f(z)>0$이면, 함수

$$g(z)=\frac{f(z)-1}{f(z)+1} \tag{7.23}$$

은 $|z|<1$에 대해서 $|g(z)|<1$이 성립한다. 또한 $g(0)=0$이므로 Schwarz Lemma를 적용하면

$$|g(z)|\le|z|, \quad (|z|<1)$$

이 성립한다. 식 (7.23)을 $f(z)$에 대해서 풀면,

$$f(z)=\frac{1+g(z)}{1-g(z)}$$

이므로

$$|f(z)|\le\frac{1+|g(z)|}{1-|g(z)|}\le\frac{1+|z|}{1-|z|}, \quad (|z|<1)$$

〔**定理 7.9**〕 상수가 아닌 함수 $f(z)$가 $|z|\le 1$에서 解析的이고, $0<r<1$인 r에 대해서

$$M(r)=\max_{|z|=r}|f(z)|, \qquad A(r)=\max_{|z|=r}\mathrm{Re}f(z)$$

이라고 하면,

$$M(r)\le\frac{2r}{1-r}A(1)+\frac{1+r}{1-r}|f(0)| \tag{7.24}$$

이 성립한다.

(증명) 만일 $f(0)=0$이면 $A(1)>A(0)=0$이고 $|z|\le 1$에 대해서

$$\mathrm{Re}\{2A(1)-f(z)\}\,A(1)>0$$

이므로 함수

$$g(z)=\frac{f(z)}{2A(1)-f(z)}$$

은 $|z|\le 1$에서 解析的이다. 또한 $f(z)=u+iv$라 놓으면, $|z|\le 1$에서

$$|g(z)|=\sqrt{\frac{u^2+v^2}{(2A(1)-u)^2+v^2}}\le\sqrt{\frac{u^2+v^2}{u^2+v^2}}=1$$

이므로 Schwarz Lemma에 의해서

$$\max_{|z|=r}|g(z)|\le r$$

이다. 그러나

$$|f(z)|=\left|\frac{2A(1)g(z)}{1+g(z)}\right|\le\frac{2A(1)r}{1-r} \tag{7.25}$$

이 되어 $f(0)=0$일 때 식 (7.24)가 증명되었다.

만일 $f(0)\neq 0$이면, $f(z)-f(0)$에 식 (7.25)를 적용하여

$$\begin{aligned}|f(z)-f(0)| &\le \frac{2r}{1-r}\max_{|z|=1}\mathrm{Re}\{f(z)-f(0)\}\\ &\le \frac{2r}{1-r}[A(1)+|f(0)|]\end{aligned}$$

따라서

$$\begin{aligned}|f(z)| &\le \frac{2r}{1-r}[A(1)+|f(0)|]+|f(0)|\\ &= \frac{2r}{1-r}A(1)+\frac{1+r}{1-r}|f(0)|\end{aligned}$$

참고로 많이 활용되는 등각사상의 변환들을 예시하고자 한다.

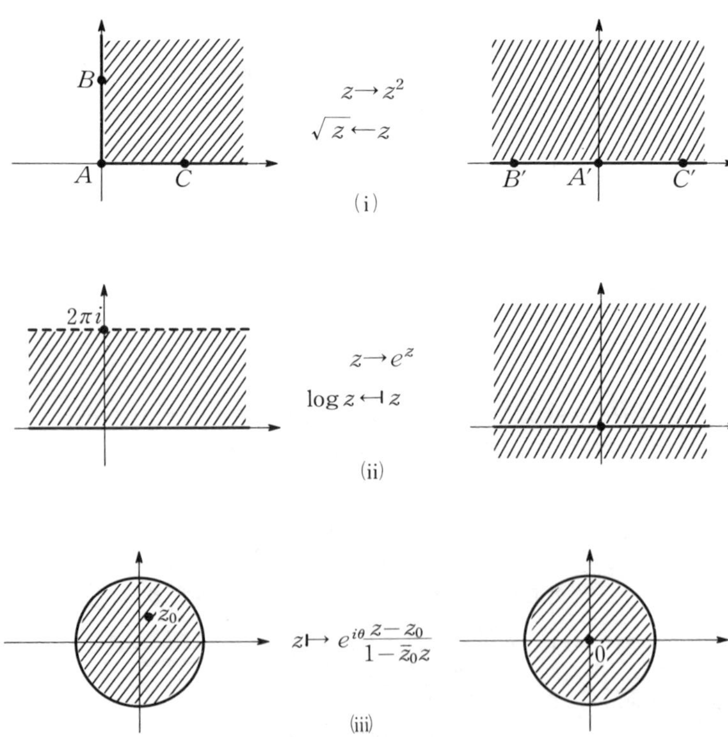

그림 7-21

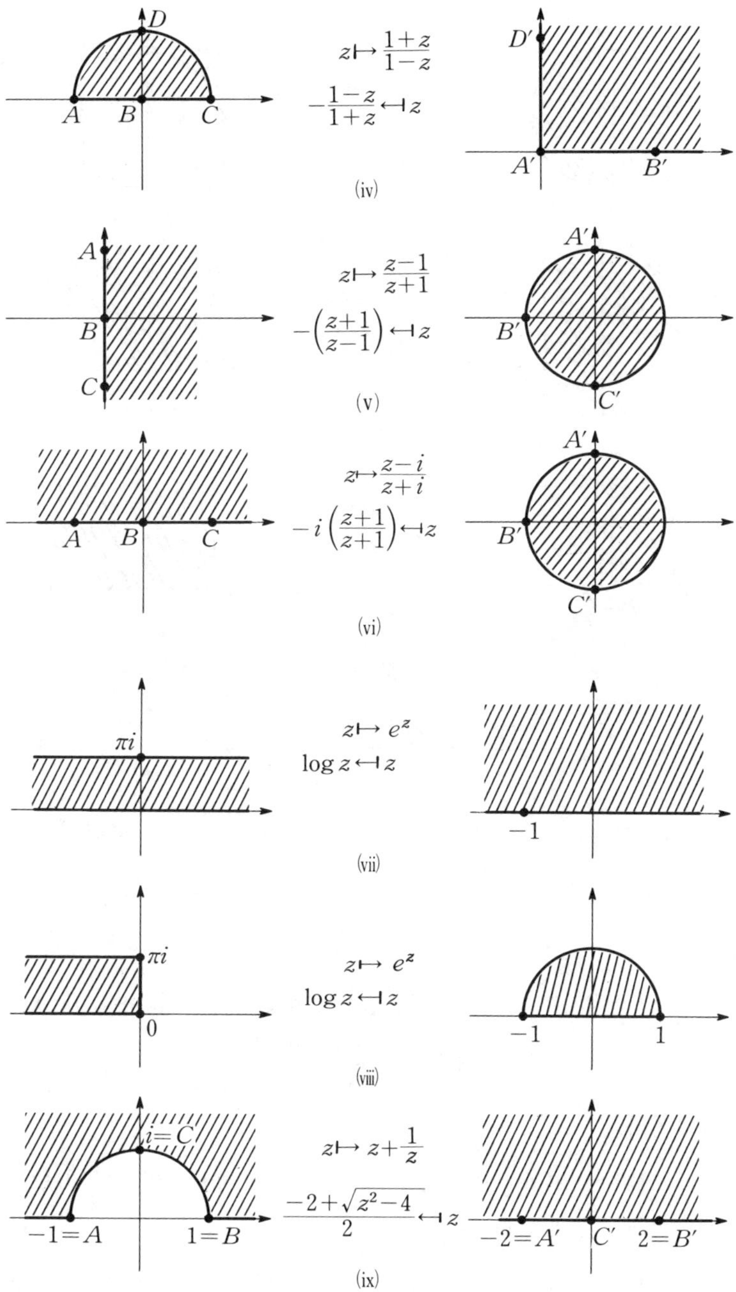

D
A B C
$z \mapsto \frac{1+z}{1-z}$
$-\frac{1-z}{1+z} \leftarrow\!\dashv z$
D′
A′ B′
(iv)
A
B
C
$z \mapsto \frac{z-1}{z+1}$
$-\left(\frac{z+1}{z-1}\right) \leftarrow\!\dashv z$
A′
B′
C′
(v)
A B C
$z \mapsto \frac{z-i}{z+i}$
$-i\left(\frac{z+1}{z+1}\right) \leftarrow\!\dashv z$
A′
B′
C′
(vi)
πi
$z \mapsto e^z$
$\log z \leftarrow\!\dashv z$
-1
(vii)
πi
0
$z \mapsto e^z$
$\log z \leftarrow\!\dashv z$
-1 1
(viii)
$i=C$
$-1=A$ $1=B$
$z \mapsto z+\frac{1}{z}$
$\frac{-2+\sqrt{z^2-4}}{2} \leftarrow\!\dashv z$
$-2=A'$ C' $2=B'$
(ix)

그림 7-22

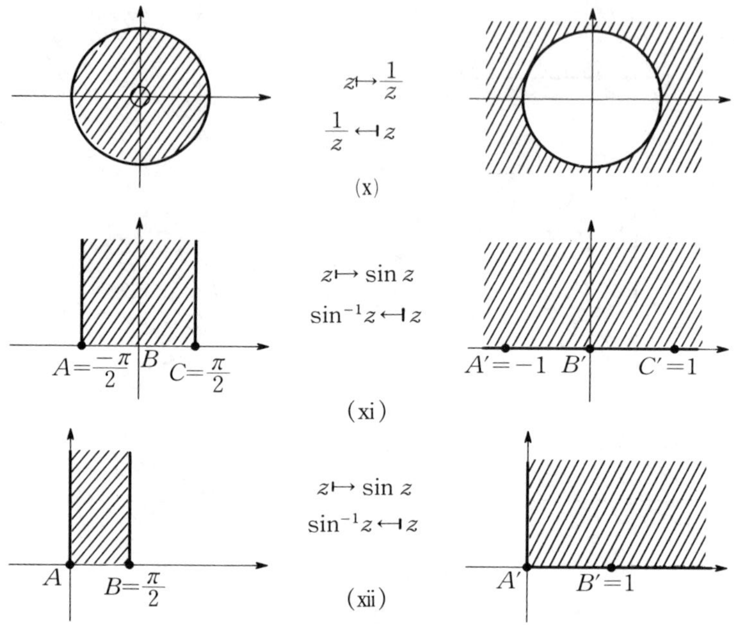

그림 7-23

연습 문제 7.4

1. 함수 $g(z)$가 $|z|<1$에서 解析的이고 $g(0)=1$일 때, 만일 $\mathrm{Re}\,g(z)>\alpha$이면

$$|g(z)| \le \frac{1+(1-2\alpha)|z|}{1-|z|}, \quad (|z|<1, \ 0<\alpha<1)$$

임을 밝혀라.

2. $f(z)$는 $|z|<1$에서 解析的이고, $\mathrm{Re}\,f(z)>0$이라고 할 때 만일 $f(0)=1$이면

$$|f(z)| \ge \frac{1-|z|}{1+|z|}$$

임을 증명하여라.

3. $f(z)$가 $|z|\le 1$에서 解析的이고 $|f(z)|\ge 1$이라고 하자. 만일 $f(0)=1$이라고 하면, $f(z)$는 상수임을 밝혀라.

4. $f(z)$는 $|z|<1$에서 해석적이고 $|f(z)|<1$, $f(0)=0$이라고 할 때, 함수

$$F(z)=f(z)+f(z^2)+f(z^3)+\cdots$$

은 $|z|<1$ 에서 해석적이고

$$|F(z)| \leq \frac{r}{1-r}, \quad (|z|=r<1)$$

임을 증명하여라.

〈7 장　보충문제〉

1. $f(z)$는 z_0 에서 解析的이고 $f'(z_0) \neq 0$ 이라고 하자. 함수

$$g(z)=f(z)$$

는 z_0 에서의 角의 크기는 보존되지만, 角의 方向은 반대가 됨을 밝혀라.

2. 점 $z_1=-i$, $z_2=0$, $z_3=i$ 를 $w_1=-1$, $w_2=i$, $w_3=1$ 로 각각 사상하는 일차분수 변환을 구하여라.

3. 점 $z_1=0$, $z_2=1$, $z_3=2$ 를 점 $w_1=0$, $w_2=1$, $w_3=\infty$에 각각 사상하는 일차분수 변환 $w=S(z)$를 구하여라.

4. 점 $z_1=1$, $z_2=i$, $z_3=-1$ 을 $w_1=0$, $w_2=1$, $w_3=\infty$에 각각 사상하는 일차분수 변환 $w=T(z)$ 를 구하여라.

5. 변환

$$w=\frac{(1-i)z+2}{(1+i)z+2}$$

하에서 사상되는 상단의 반평면 $\mathrm{Im}\, z>0$ 의 像을 구하여라.

6. $S_1(z)=(z-2)/(z+1)$, $S_2(z)=z/(z+3)$일 때 $S_1(S_2(z))$와 $S_2(S_1(z))$를 구하여라.

7. 변환 $w=(e^z-1)/(e^z+1)$은 수평띠 $|y|<\pi/2$ 를 단위원반 $|w|<1$ 로 사상함을 밝혀라.

8. 함수

$$w=\mathrm{Log}(1+z)/(1-z))$$

하에서 원 $|z|=1$ 밖에 있는 상단의 반평면 $\mathrm{Im}\, z>0$ 의 부분에 대한 像을 구하여라. [답, 수평띠 $\pi/2<\mathrm{Im} w<\pi$]

8장 調和函數와 Poisson의 積分公式

모든 解析函數는 연속인 2차도함수를 가지므로 解析函數

$$f(z)=u(x, y)+iv(x, y)$$

의 實部分인 $u(x, y)$는 항상 調和函數이다.

이 章에서는 단일연결영역에서 모든 調和函數는 어떤 解析函數의 實部分이 된다는 사실을 증명한다. 이 결과를 이용하여 해석함수에 대하여 성립하는 여러가지 성질들이 조화함수에 대해서도 성립되는 것을 밝히고, 특히 Cauchy의 적분공식과 유사한 Poisson의 적분공식을 유도하고 경계치문제 등을 연구하고자 한다.

8.1 調和函數의 性質

$u(x, y)$가 한 영역 D에서 정의된 연속인 실가함수일 때, 만일 $u(x, y)$가 연속인 1, 2차 편도함수를 갖고, Laplace 방정식

$$\frac{\partial^2 u}{\partial x^2}+\frac{\partial^2 u}{\partial y^2}=0$$

을 만족한다면, $u(x, y)$는 D에서 調和的(harmonic)이라고 한다는 것은 이미 2장에서 배웠다. 또한 함수 $f(z)=u(x, y)+iv(x, y)$가 D에서 解析的이 되도록 $u(x, y)$의 조화공액인 함수 $v(x, y)$를 구하기 위해서는 Cauchy-Riemann 방정식

$$\frac{\partial u}{\partial x}=\frac{\partial v}{\partial y}, \quad \frac{\partial u}{\partial y}=-\frac{\partial v}{\partial x}$$

을 이용하여 적분 $\int\left(\frac{\partial v}{\partial y}\right)dy$의 값을 분명히 구하는 것이었다. 이제 주어진 조화함수를 실부분으로 갖는 解析函數의 존재성을 따질 때에 어떠한 일반적인 조건이

필요한가를 알아 보자. 우선 Cauchy-Riemann 방정식에 의해서 해석함수 $f(z)=u(z)+iv(z)$의 도함수는

$$f'(z)=\frac{\partial u(z)}{\partial x}-i\frac{\partial u(z)}{\partial y}$$

와 같이 표시됨을 주목하자.

〔**定理 8.1**〕 단일연결영역 D 내에서 調和的인 함수 $u(z)$가 주어졌다고 하면, D 내에서 $\mathrm{Re}f(z)=u(z)$가 되는 解析函數 $f(z)$가 존재한다.

(**증명**) $g(z)=\dfrac{\partial u(z)}{\partial x}-i\dfrac{\partial u(z)}{\partial y}$라고 놓으면, Laplace 방정식에 의하여

$$\frac{\partial}{\partial x}(\mathrm{Re}\ g)-\frac{\partial}{\partial y}(\mathrm{Im}\ g)=\frac{\partial^2 u}{\partial x^2}-\left(-\frac{\partial^2 u}{\partial y^2}\right)=0 \tag{8.1}$$

또한 $u(z)$는 연속인 2 차편도함수를 가지므로

$$\frac{\partial}{\partial y}(\mathrm{Re}\ g)+\frac{\partial}{\partial x}(\mathrm{Im}\ g)=\frac{\partial^2 u}{\partial y\partial x}+\left(-\frac{\partial^2 u}{\partial x\partial y}\right)=0 \tag{8.2}$$

그런데, 식 (8.1)과 식 (8.2)는 $g(z)$에 대한 Cauchy-Riemann 방정식이고,

$$\frac{\partial}{\partial x}(\mathrm{Re}\ g),\quad \frac{\partial}{\partial y}(\mathrm{Re}\ g),\quad \frac{\partial}{\partial x}(\mathrm{Im}\ g),\quad \frac{\partial}{\partial y}(\mathrm{Im}\ g)$$

들은 모두 연속이므로 $g(z)$는 D에서 解析的이다.

다음에 D 내의 임의의 점 z_0를 취하고 $F(z)=\int_{z_0}^{z}g(\zeta)d\zeta$라 두면, Morera 정리의 系에 의해서 $F(z)$는

$$F'(z)=g(z)=\frac{\partial u(z)}{\partial x}-i\frac{\partial u(z)}{\partial y}$$

을 가지며, D에서 解析的이다. 한편 $F(z)$의 도함수는

$$F'(z)=\frac{\partial}{\partial x}\mathrm{Re}F(z)-i\frac{\partial}{\partial y}\mathrm{Re}F(z)$$

와 같이 표시할 수 있으므로

$$\mathrm{Re}F(z)=u(z)+C\quad (C\text{는 실수})$$

로 쓸 수 있다. 따라서 함수

$$f(z)=F(z)-C=\int_{z_0}^{z}\left\{\frac{\partial}{\partial x}u(\zeta)-i\frac{\partial}{\partial y}u(\zeta)\right\}d\zeta-C$$

는 D에서 解析的이고 $\mathrm{Re}f(z)=u(z)$이다.

〔**系**〕 단일연결영역 D 내에서 調和的인 함수 $u(z)$가 주어졌다고 하면, D 내에서 $\mathrm{Im}f(z)=u(z)$이 되는 解析函數 $f(z)$가 존재한다.

(**증명**) 정리 8.1에 의해서 $\mathrm{Re}h(z)=u(z)$이 되는 해석함수 $h(z)$가 존재한다. 그

런데 $f(z)=ih(z)$는 해석적이고, $\mathrm{Im}f(z)=\mathrm{Re}h(z)=u(z)$이다.

〔**定理 8.2**〕 복소평면 전체에서 有界이고 調和的인 함수는 상수이다.

(증명) $u(z)$를 복소평면에서 유계인 조화함수라고 하면, 정리 8.1에 의해서 $u(z)$를 실부분으로 갖는 해석함수 $f(z)$가 존재한다. 함수 $g(z)=e^{f(z)}$는 복소평면 전체에서 해석적인 함수이고, $|g(z)|=e^{u(z)}$이므로 有界이다. 따라서 Liouville의 정리에 의해서 $g(z)$는 상수가 되고, 또한 $u(z)=\log|g(z)|$도 상수가 되지 않으면 안 된다.

〔**定理 8.3**〕 $u(z)$가 $|z-z_0|\leq r$을 포함하는 한 영역에서 調和的이라고 하면,

$$u(z_0)=\frac{1}{2\pi}\int_0^{2\pi}u(z_0+re^{i\theta})d\theta$$

(증명) $f(z)$를 $\mathrm{Re}\ f(z)=u(z)$이고, $|z-z_0|\leq r$에서 해석적인 함수라고 하면, Gauss의 평균치 정리에 의해서

$$f(z_0)=\frac{1}{2\pi}\int_0^{2\pi}f(z_0+re^{i\theta})d\theta$$

따라서

$$\begin{aligned}u(z_0)&=\mathrm{Re}\ f(z_0)=\mathrm{Re}\frac{1}{2\pi}\int_0^{2\pi}f(z_0+re^{i\theta})d\theta\\&=\frac{1}{2\pi}\int_0^{2\pi}u(z_0+re^{i\theta})d\theta\end{aligned}$$

〔**定理 8.4**〕 상수가 아닌 調和函數는 영역(domain) 내부에서는 최대값이나 최소값이 일어나지 않는다.

(증명) 조화함수 $u(z)$가 한 점 z_0에서 최대값을 가지면, 조화함수 $-u(z)$는 z_0에서 최소값을 갖고, 또 그 역도 성립하므로 최대치에 관해서만 증명하면 된다. 가령 $u(z)$가 영역 D에서 상수가 아닌 조화함수라고 하고, D내에 한 점 z_0가 주어졌다고 하자. 그러면 z_0의 근방에서 해석적인 함수 $f(z)=u(z)+iv(z)$가 존재하고, $g(z)=e^{f(z)}$라 두면, $|g(z)|=e^{u(z)}$이다. 만일 $u(z)$의 최대값이 z_0에서 일어났다고 가정하면, $|g(z)|$의 최대치도 z_0에서 일어나는데, 이것은 해석함수에 대한 최대치정리에 모순이 된다. 따라서 $u(z)$는 D의 내부에서 최대값을 갖지 못한다.

[**系 1**] $u(z)$는 폐곡선 C를 경계로 갖는 유계인 영역 D에서 調和的이고 $D\cup C$에

서 연속이라고 하자. 만일 C위에서 $u(z)\equiv k$(상수)이면, D내의 모든 z에 대해서 $u(z)\equiv k$이다.

(증명) $D\cup C$는 compact 집합이므로 $u(z)$는 $D\cup C$에서 최대치와 최소치를 갖지 않으면 안 되는데, 정리 8.4에 의해서 최대치와 최소치가 D의 내부에서는 일어날 수 없으므로 최대치와 최소치는 C 위에서 일어난다. 그러나 이것은 $\max u(z)=\min u(z)=k$임을 의미하므로 D내의 모든 z에 대해서 $u(z)=k$이다.

[**系 2**] $u_1(z)$와 $u_2(z)$는 폐곡선 C를 경계로 갖는 有界인 영역 D에서 調和的이고 $D\cup C$에서 연속인 함수라고 하자. 만일 C 위의 z에 대해서 $u_1(z)\equiv u_2(z)$라고 하면, D내의 모든 z에 대해서 $u_1(z)\equiv u_2(z)$이다.

(증명) $u(z)=u_1(z)-u_2(z)$라 놓고 [系 1]을 적용하면 된다.

〔**定理 8.5**〕 $u(z)$는 영역 D에서 調和的이고, D내의 어떤 점의 근방에서 상수가 된다고 하면, $u(z)$는 D전체에서 상수가 된다.

(증명) $A=\{z_0\in D: u(z)$가 z_0의 어떤 근방에서 상수이다$\}$라고 하면, A는 분명히 공집합이 아닌 開集合(open set)이다. $B=D-A$라 두고, B가 開集合이라는 것만 증명하면, D가 연결집합(connected set)이므로 $B=\phi$가 되어 $A=D$가 증명된다.

가령 B가 開集合이 아니라고 가정하면, B내의 한 점 z_0와 $\varepsilon>0$에 대해서 $z_1\in N(z_0\,;\varepsilon)\subset D$가 되는 점 z_1이 A내에 존재한다. A는 개집합이므로 $N(z_1\,;\delta)\subset N(z_0\,;\varepsilon)\cap A$가 되도록 충분히 작은 $\delta>0$를 찾을 수 있다. 이제 $N(z_1\,;\delta)$내의 모든 z에 대해서 $\mathrm{Re}f(z)=u(z)$이 되는 解析函數 $f(z)$를 만들자. $N(z_1\,;\delta)$ 내에서 $u(z)$는 상수이므로 이 근방의 모든 점에서

$$\frac{\partial u}{\partial x}=\frac{\partial u}{\partial y}=0$$

이고, $N(z_1\,;\delta)$의 모든 z에 대해서

$$f'(z)=\frac{\partial u}{\partial x}-i\frac{\partial u}{\partial y}=0$$

이다. 정리 5.14를 $f'(z)$에 적용함으로써 $N(z_0\,;\varepsilon)$ 내의 모든 z에 대해서 $f'(z)\equiv 0$이 되므로 $f(z)$는 $N(z_0\,;\varepsilon)$에서 상수이다. 따라서 $u(z)=\mathrm{Re}f(z)$도 역시 $N(z_0\,;\varepsilon)$에서 상수가 되는데, 이것은 $z_0\in B$이라는 가정에 모순이다. 그러므로

$B=D-A$ 는 開集合이므로 증명이 완성되었다.

調和函數를 포함하는 응용문제 가운데에서 어떤 경계선상에서 주어진 값을 갖는 조화함수를 찾는 문제가 많이 있다. 지금까지 알아본 조화함수의 성질을 가지고 調和函數의 應用을 다음 例題와 問題를 통하여 알아본다.

〔例 題〕

1. 그림 8-1과 같이 직선 $x=a$ 와 $y=b$ 에서 각각 경계치

$u(a, y)=U_1,\ u(b, y)=U_2$

를 갖고, 수직띠 $a \leq \mathrm{Re} z \leq b$ 에서 調和的인 함수 $u(x, y)$를 구하여라.

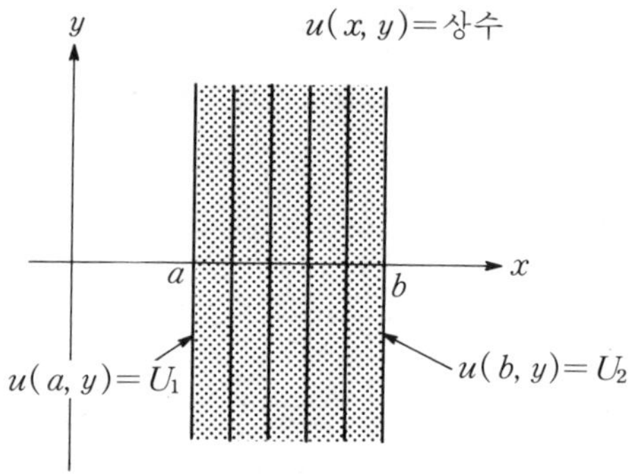

그림 8-1

(解) 조건에 따라서 구하는 함수 $u(x, y)$는 x 만의 함수이어야 한다. 즉 $a \leq x \leq b$ 인 x 와 모든 y 에 대하여

$$u(x, y)=P(x)$$

이어야 한다. Laplace 방정식 $u_{xx}(x, y)+u_{yy}(x, y)=0$ 을 만족하여야 하므로 $P''(x)=0$, 즉 $P(x)=mx+c$, (단 m 와 c 는 상수)를 얻는다. 경계조건 $u(a, y)=P(a)=U_1,\ u(u, y)=P(b)=U_2$ 로부터 구하는 해는

$$u(x, y)=U_1+\frac{U_2-U_1}{b-a}(x-a)$$

이다.

2. 그림 8-2와 같은 부채꼴

$0<\mathrm{Arg}\, z<\alpha\ (\alpha \leq \pi)$

에서 調和的이고, 경계치

$\Psi(x, 0)=C_1,\ x>0$

$\Psi(x, y)=C_2,\ r>0,\ \theta=\alpha$

를 갖는 함수 $\Psi(x, y)$를 구하여라.

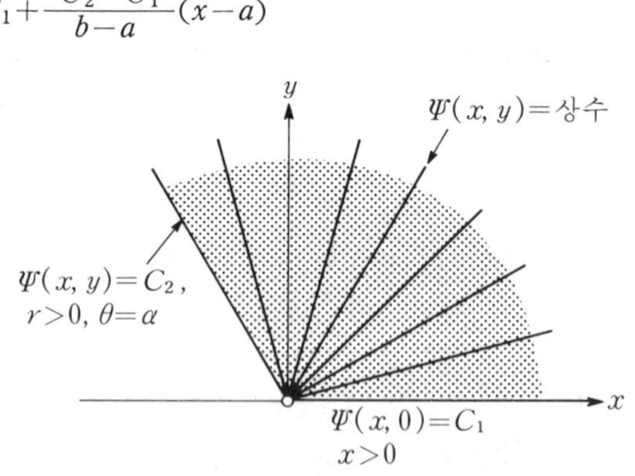

그림 8-2

(解) 함수 $\operatorname{Arg} z$는 調和的이고, 원점에서 나가는 半直線위에서는 상수값을 가지므로 구하는 解는 a, b가 상수일 때

$$\Psi(x, y)=a+b \operatorname{Arg} z$$

인 꼴을 갖는다. 경계조건에 따라서 구하는 함수는

$$\Psi(x, y)=C_1+\frac{C_2-C_1}{\alpha} \operatorname{Arg} z$$

이다.

3. 가령 함수 $u(z)$가 영역 D에서 調和的이고, D의 경계 C위에서 連續이라고 하면, $u(z)$는 $D \cup C$에서 반드시 연속이 되는가?

(解) 반드시 그렇지는 않다. 예를 들어

$$u(z)=\begin{cases} x+y, & |z|<1 \\ 1, & |z|=1 \end{cases}$$

을 생각하면 알 수 있다.

問 題

1. $w=f(z)$은 解析的이고, $f'(z) \neq 0$일 때, 함수 $\phi(x, y)$에 대해서

$$\frac{\partial^2 \phi}{\partial x^2}+\frac{\partial^2 \phi}{\partial y^2}=|f'(z)|^2\left(\frac{\partial^2 \phi}{\partial u^2}+\frac{\partial^2 \phi}{\partial v^2}\right)$$

이 성립함을 증명하라.

(풀이) 함수 $\phi(x, y)$는 변환 $w=f(z)$에 의해서 함수 $\phi[x(u, v), y(u, v)]$에 변환된다. 미분에 의해서

$$\frac{\partial \phi}{\partial x}=\frac{\partial \phi}{\partial u} \frac{\partial u}{\partial x}+\frac{\partial \phi}{\partial v} \frac{\partial v}{\partial x}, \quad \frac{\partial \phi}{\partial y}=\frac{\partial \phi}{\partial u} \frac{\partial u}{\partial y}+\frac{\partial \phi}{\partial v} \frac{\partial v}{\partial y}$$

$$\begin{aligned}
\frac{\partial^2 \phi}{\partial x^2} &= \frac{\partial \phi}{\partial u} \frac{\partial^2 u}{\partial x^2}+\frac{\partial u}{\partial x} \frac{\partial}{\partial x}\left(\frac{\partial \phi}{\partial u}\right)+\frac{\partial \phi}{\partial v} \frac{\partial^2 v}{\partial x^2}+\frac{\partial v}{\partial x} \frac{\partial}{\partial x}\left(\frac{\partial \phi}{\partial v}\right) \\
&= \frac{\partial \phi}{\partial u} \frac{\partial^2 u}{\partial x^2}+\frac{\partial u}{\partial x}\left[\frac{\partial}{\partial u}\left(\frac{\partial \phi}{\partial x}\right) \frac{\partial u}{\partial x}+\frac{\partial}{\partial v}\left(\frac{\partial \phi}{\partial u}\right) \frac{\partial v}{\partial x}\right] \\
&\quad +\frac{\partial \phi}{\partial v} \frac{\partial^2 v}{\partial x^2}+\frac{\partial v}{\partial x}\left[\frac{\partial}{\partial u}\left(\frac{\partial \phi}{\partial v}\right) \frac{\partial u}{\partial x}+\frac{\partial}{\partial v}\left(\frac{\partial \phi}{\partial v}\right) \frac{\partial v}{\partial x}\right] \\
&= \frac{\partial \phi}{\partial u} \frac{\partial^2 u}{\partial x^2}+\frac{\partial u}{\partial x}\left[\frac{\partial^2 \phi}{\partial u^2} \frac{\partial u}{\partial x}+\frac{\partial^2 \phi}{\partial v \partial u} \frac{\partial v}{\partial x}\right] \\
&\quad +\frac{\partial \phi}{\partial v} \frac{\partial^2 v}{\partial x^2}+\frac{\partial v}{\partial x}\left[\frac{\partial^2 \phi}{\partial u \partial v} \frac{\partial u}{\partial x}+\frac{\partial^2 \phi}{\partial v^2} \frac{\partial v}{\partial x}\right]
\end{aligned}$$

비슷하게,

$$\frac{\partial^2\phi}{\partial y^2}=\frac{\partial\phi}{\partial u}\frac{\partial^2 u}{\partial y^2}+\frac{\partial u}{\partial y}\left[\frac{\partial^2\phi}{\partial u^2}\frac{\partial u}{\partial y}+\frac{\partial^2\phi}{\partial v\partial u}\frac{\partial v}{\partial y}\right]$$
$$+\frac{\partial\phi}{\partial v}\frac{\partial^2 v}{\partial y^2}+\frac{\partial v}{\partial y}\left[\frac{\partial^2\phi}{\partial u\partial v}\frac{\partial u}{\partial y}+\frac{\partial^2\phi}{\partial v^2}\frac{\partial v}{\partial y}\right]$$

위의 두 식을 더하면,

$$\frac{\partial^2\phi}{\partial x^2}+\frac{\partial^2\phi}{\partial y^2}=\frac{\partial\phi}{\partial u}\left(\frac{\partial^2 u}{\partial x^2}+\frac{\partial^2 u}{\partial y^2}\right)+\frac{\partial\phi}{\partial v}\left(\frac{\partial^2 v}{\partial x^2}+\frac{\partial^2 v}{\partial y^2}\right)$$
$$+\frac{\partial^2\phi}{\partial u^2}\left[\left(\frac{\partial u}{\partial x}\right)^2+\frac{\partial u}{\partial y}\right)^2\Bigg]$$
$$+2\frac{\partial^2\phi}{\partial u\partial v}\left[\frac{\partial u}{\partial x}\frac{\partial v}{\partial x}+\frac{\partial u}{\partial y}\frac{\partial v}{\partial y}\right]+\frac{\partial^2\phi}{\partial v^2}\left[\left(\frac{\partial v}{\partial x}\right)^2+\left(\frac{\partial v}{\partial y}\right)^2\right] \qquad (8.3)$$

그런데 u와 v는 調和函數이므로

$$\frac{\partial^2 u}{\partial x^2}+\frac{\partial^2 u}{\partial y^2}=0, \quad \frac{\partial^2 v}{\partial x^2}+\frac{\partial^2 v}{\partial y^2}=0$$

이고, 또한 Cauchy-Riemann 방정식에 의해서

$$\left(\frac{\partial u}{\partial x}\right)^2+\left(\frac{\partial u}{\partial y}\right)^2=\left(\frac{\partial v}{\partial x}\right)^2+\left(\frac{\partial v}{\partial y}\right)^2=\left(\frac{\partial u}{\partial x}\right)^2+\left(\frac{\partial v}{\partial x}\right)^2$$
$$=\left|\frac{\partial u}{\partial x}+i\frac{\partial v}{\partial x}\right|^2=|f'(z)|^2,$$
$$\frac{\partial u}{\partial x}\frac{\partial v}{\partial x}+\frac{\partial u}{\partial y}\frac{\partial v}{\partial y}=0$$

이 된다. 따라서 식 (8.3)로부터

$$\frac{\partial^2\phi}{\partial x^2}+\frac{\partial^2\phi}{\partial y^2}=|f'(z)|^2\left(\frac{\partial^2\phi}{\partial u^2}+\frac{\partial^2\phi}{\partial v^2}\right)$$

2. 그림 8-3과 같은 環形

$$1<|z|<R$$

에서 調和的이고, 경계치

$$\Phi(x, y)=K_1, \quad |z|=1$$
$$\Phi(x, y)=K_2, \quad |z|=R$$

를 갖는 함수 $\Phi(x, y)$를 구하여라.

(**풀이**) $z\neq0$인 모든 z에 대해서 $\ln|z|$는 調和函數이다. 따라서 구하는 解는

$$\Phi(x, y)=K_1+\frac{K_2-K_1}{\ln R}\ln|z|$$

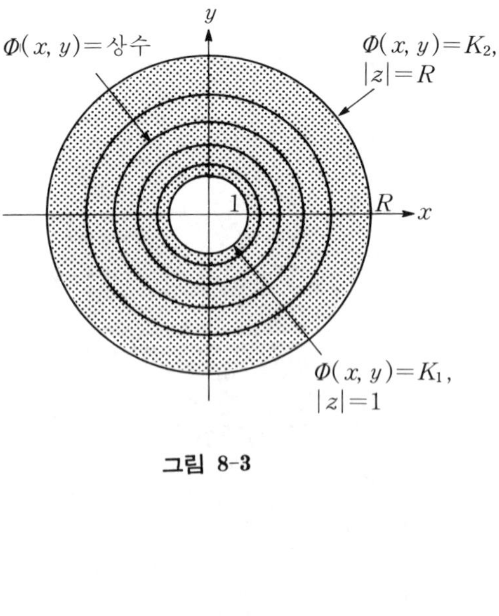

그림 8-3

이고, $\Phi(x, y)$=상수로 되는 곡선들은 그림 8-3에서 보는 바와 같이 동심원들이다.

연습 문제 8.1

1. 調和函數 $\phi(x, y)$는 $f(z)$가 解析的이고, $f'(z) \neq 0$일 때

$$w = f(z) = u(x, y) + iv(x, y)$$

에 의한 변환하에서 調和的인 것이 不變임을 밝혀라.

2. 수평띠 $1 < \operatorname{Im} z < 2$에서 調和的이고, 모든 x에 대해서 경계치

$$\phi(x, 1) = 6, \quad \phi(x, 2) = 3$$

을 갖는 함수 $\phi(x, y)$를 구하여라.

3. 부채꼴 $0 < \operatorname{Arg} z < \pi/3$에서 調和的이고, 경계치

$$\operatorname{Arg} z = \frac{\pi}{3}\text{에 대해서 } \phi(x, y) = 2$$

$$x > 0\text{에 대해서 } \phi(x, 0) = 1$$

을 갖는 함수 $\phi(x, y)$를 구하여라.

4. 環形 $1 < |z| < 2$에서 調和的이고, 경계치

$$|z| = 1\text{일 때 } \phi(x, y) = 5$$

$$|z| = 2\text{일 때 } \phi(x, y) = 8$$

을 갖는 함수 $\phi(x, y)$를 구하여라.

8.2 Poisson 積分公式과 그 應用

Cauchy의 적분공식과 유사한 것으로, 한 원반의 경계 위에서의 조화함수의 역할로부터 원반의 내부의 점에 대한 조화함수를 구할 수 있는 공식을 유도해 보고자 한다. 만일 $f(z)$가 단일폐곡선 C의 내부 및 그 선상에서 解析的이면, C내의 모든 점 z에 대해서

$$f(z) = \frac{1}{2\pi i}\int_C \frac{f(\zeta)}{\zeta - z} d\zeta \tag{8.4}$$

이다. 여기서 C위에서의 $\text{Re}\,f$의 값들을 가지고 C의 내부의 점들에서의 $\text{Re}\,f$에 대한 표시를 찾으려고 하는데, 불행히도

$$\text{Re}\left\{\frac{1}{2\pi i}\int\frac{f(\zeta)}{\zeta-z}d\zeta\right\}$$

은 C위에서 $\text{Re}\,f$와 $\text{Im}\,f$를 같이 포함하는 식이 된다.

그러나, 만일 식 (8.4)의 적분이 실변수 t의 복소치함수 $\phi(t)$에 대하여 $\int_a^b\phi(t)dt$인 형태로 변환된다고 하면,

$$\text{Re}\int_a^b\phi(t)dt=\int_a^b\text{Re}\phi(t)dt$$

이다. 가령

$$\zeta=\text{R}e^{i\phi},\ z=re^{i\theta}\ \ (r<R)$$

이라 놓으면,

$$\begin{aligned}\frac{\zeta+z}{\zeta-z}&=\frac{(\zeta+z)\overline{(\zeta-z)}}{(\zeta-z)\overline{(\zeta-z)}}=\frac{(\zeta+z)(\bar{\zeta}-\bar{z})}{|\zeta-z|^2}\\&=\frac{R^2-r^2+i\,2r\,R\sin(\theta-\phi)}{|\zeta-z|^2}\end{aligned}\tag{8.5}$$

여기서

$$\begin{aligned}|\zeta-z|^2&=(Re^{i\phi}-re^{i\theta})(Re^{-i\phi}-re^{-i\theta})\\&=R^2-rR(e^{i(\theta-\phi)}+e^{-i(\theta-\phi)}1+r^2\\&=R^2-2rR\cos(\theta-\phi)+r^2\end{aligned}$$

이므로

$$\text{Re}\left(\frac{\zeta+z}{\zeta-z}\right)=\frac{R^2-r^2}{|\zeta-z|^2}=\frac{R^2-r^2}{R^2-2rR\cos(\theta-\phi)+r^2}\tag{8.6}$$

을 얻는다.

〔**定理 8.6**〕 (Poisson 積分公式) $u(z)$가 $|z|\leq R$를 포함하는 한 영역에서 調和的인 함수라고 하면, $z=re^{i\theta}$, $(r<R)$에 대해서

$$u(re^{i\theta})=\frac{1}{2\pi}\int_0^{2\pi}\frac{R^2-r^2}{R^2-2rR\cos(\theta-\phi)+r^2}u(Re^{i\theta})d\phi$$

(**증명**) 정리 8.1에 의해서 $|z|\leq R$에서 $\text{Re}f(z)=u(z)$가 되는 解析函數 $f(z)$가 존재한다. Cauchy의 적분공식에 의하여

$$f(z)=\frac{1}{2\pi i}\int_{|\zeta|=R}\frac{f(\zeta)}{\zeta-z}d\zeta\ \ (|z|<R)\tag{8.7}$$

이다. 만일 $z=0$ 이면 식 (8.7)은 Gauss의 평균치 정리와 같다. $z=re^{i\theta}\neq 0$ 라고 가정하고,

$$z_1=\frac{R^2}{\bar{z}}=\frac{R^2}{r}e^{i\theta}$$

라고 두면, 점 z_1은 원 $|\zeta|=R$의 밖에 있게 된다 (z와 z_1은 원 $|\zeta|=R$에 관해서 대칭점이다). 따라서

$$0=\frac{1}{2\pi i}\int_{|\zeta|=R}\frac{f(\zeta)}{\zeta-z_1}d\zeta=\frac{1}{2\pi i}\int_{|\zeta|=R}\frac{\bar{z}f(\zeta)}{\zeta\bar{z}-R^2}d\zeta \tag{8.8}$$

이다. 식 (8.7)에서 식 (8.8)을 빼주면,

$$\begin{aligned}f(z)&=\frac{1}{2\pi i}\int_{|\zeta|=R}\left[\frac{1}{\zeta-z}+\frac{\bar{z}}{R^2-\zeta\bar{z}}\right]f(\zeta)d\zeta\\&=\frac{1}{2\pi i}\int_{|\zeta|=R}\frac{R^2-r^2}{(\zeta-z)(R^2-\zeta\bar{z})}f(\zeta)d\zeta\end{aligned} \tag{8.9}$$

인데, $\zeta=Re^{i\theta}$와 $z=re^{i\theta}$에 대해서

$$\begin{aligned}\frac{d\zeta}{(\zeta-z)(R^2-\zeta\bar{z})}&=\frac{iRe^{i\theta}d\phi}{(Re^{i\phi}-re^{i\theta})(R^2-rRe^{i(\phi-\theta)})}\\&=\frac{id\phi}{(Re^{i\phi}-re^{i\theta})(Re^{-i\phi}-re^{-i\theta})}\\&=\frac{i}{R^2-2rR\cos(\theta-\phi)+r^2}d\phi\end{aligned}$$

이므로 이것을 식 (8.9)에 대입하여

$$f(z)=\frac{1}{2\pi}\int_0^{2\pi}\frac{R^2-r^2}{R^2-2rR\cos(\theta-\phi)+r^2}f(Re^{i\phi})d\phi \tag{8.10}$$

를 얻는다. 식 (8.10)의 양변에 실부분을 취하면 정리의 결과를 얻는다.

[**系 1**] $r<R$ 이고, 임의의 θ에 대해서

$$\frac{1}{2\pi}\int_0^{2\pi}\frac{R^2-r^2}{R^2-2rR\cos(\theta-\phi)+r^2}d\phi=1$$

(**증명**) 정리 8.6에서 $u(z)\equiv 1$ 이라고 두면 된다.

[**系 2**] $f(z)=u(z)+iv(z)$이 $|z|\leq R$에서 解析的인 함수이면, $z=re^{i\theta}$, $(r<R)$에 대해서 $v(z)$는 다음과 같이 표시된다.

$$v(re^{i\theta})=\frac{1}{2\pi}\int_0^{2\pi}\frac{2rR\sin(\theta-\phi)}{R^2-2rR\cos(\theta-\phi)+r^2}u(Re^{i\phi})d\phi+v(0)$$

(**증명**) $\zeta=Re^{i\phi}$, $z=re^{i\theta}(r<R)$에 대해서

$$g(z)=\frac{1}{2\pi}\int_0^{2\pi}\frac{\zeta+z}{\zeta-z}u(\zeta)d\phi$$

라 두고, $\mathrm{Re}f(z)=\mathrm{Re}g(z)$임을 보이자. 우선 $g(z)$가 해석적이라는 것을 밝히

기 위하여

$$\frac{g(z+h)-g(z)}{h}=\frac{1}{2\pi}\int_0^{2\pi}\frac{2\zeta}{(\zeta-z)(\zeta-(z+h))}u(\zeta)d\phi$$

를 생각하면

$$\begin{aligned} g'(z) &= \lim_{h\to 0}\frac{g(z+h)-g(z)}{h} \\ &= \frac{1}{2\pi}\int_0^{2\pi}\frac{2\zeta}{(\zeta-z)^2}u(\zeta)d\phi \end{aligned}$$

이 되어 $g(z)$가 解析函數임을 알 수 있다.

$$\begin{aligned} \text{Re } g(z) &= \text{Re}\left\{\frac{1}{2\pi}\int_0^{2\pi}\frac{\zeta+z}{\zeta-z}u(\zeta)d\phi\right\} \\ &= \frac{1}{2\pi}\int_0^{2\pi}\text{Re}\frac{\zeta+z}{\zeta-z}u(\zeta)d\phi \end{aligned}$$

이므로 식 (8.6)에 의해서

$$\begin{aligned} \text{Re } f(z) &= \text{Re } g(z) \\ &= \frac{1}{2\pi}\int_0^{2\pi}\frac{R^2-r^2}{R^2-2rR\cos(\theta-\phi)+r^2}u(Re^{i\phi})d\phi \end{aligned}$$

이다. 따라서 Cauchy-Riemann 방정식을 적용하여

$$v(re^{i\theta})=\text{Im } f(z)=\text{Im} g(z)+C$$

을 얻고, 식 (8.5)에 의해서

$$v(re^{i\theta})=\frac{1}{2\pi}\int_0^{2\pi}\frac{2rR\sin(\theta-\phi)}{R^2-2rR\cos(\theta-\phi)+r^2}u(Re^{i\phi})d\phi+C \qquad (8.11)$$

위의 식 (8.11)에서 $r=0$이라 놓으면 $C=v(0)$가 되어 [系 2]가 증명되었다.

(備考) 정리 8.6에서

$$P(\phi)=P(\phi,\theta,r,R)=\frac{R^2-r^2}{R^2-2rR\cos(\theta-\phi)+r^2}$$

을 Poisson kernel이라고 한다. 이 Poisson kernel은

$$\frac{R-r}{R+r}=\frac{R^2-r^2}{R^2+2rR+r^2}\le P(\phi)\le\frac{R^2-r^2}{R^2-2rR+r^2}=\frac{R+r}{R-r}$$

과 같이 有界이다. 또한 정리 8.6의 결과와 系 2의 결과에 의하여 $f(z)=u(z)+iv(z)$가 $|z|\le R$에서 解析的인 경우에

$$\begin{aligned} f(z) &= \frac{1}{2\pi}\int_0^{2\pi}\frac{R^2-r^2+i2rR\sin(\theta-\phi)}{R^2-2rR\cos(\theta-\phi)+r^2}u(Re^{i\phi})d\phi+iv(0) \\ &= \frac{1}{2\pi}\int_0^{2\pi}\frac{Re^{i\phi}+re^{i\theta}}{Re^{i\phi}-re^{i\theta}}u(Re^{i\phi})d\phi+iv(0) \end{aligned}$$

와 같이 표시된다.

다음 정리에서는 $u(z)$가 원 $|z|=R$ 위에서 조화적이 아니고 좀 약한 조건 아래에서도 정리 8.6의 결론을 애기할 수 있음을 보여 준다.

〔**定理 8.7**〕 $u(z)$는 $|z|<R$ 에서 調和的이고, $|z|\leq R$ 에서 연속이라고 하면, $z=re^{i\theta}$, $(r<R)$에 대해서

$$u(re^{i\theta})=\frac{1}{2\pi}\int_0^{2\pi}\frac{R^2-r^2}{R^2-2rR\cos(\theta-\phi)+r^2}u(Re^{i\phi})d\phi$$

(**증명**) $\{t_n\}$을 1에 접근하는 양의 실수의 증가수열이라고 하면, 각 n에 대해서 함수 $u(t_nz)$는 $|z|\leq R$ 에서 調和的이다. $u_n(z)=u(t_nz)$라 놓으면, 정리 8.6으로부터

$$u_n(re^{i\theta})=\frac{1}{2\pi}\int_0^{2\pi}\frac{R^2-r^2}{R^2-2rR\cos(\theta-\phi)+r^2}u_n(Re^{i\phi})d\phi$$

이다. $u_n(z)$는 $z=re^{i\theta}$ 에서 연속이므로

$$\lim_{n\to\infty}u_n(re^{i\theta})=\lim_{n\to\infty}u(t_nre^{i\theta})=u(re^{i\theta})$$

이 되고, $u(z)$는 compact 집합인 $|z|\leq R$ 에서 연속이므로 그것은 평등연속이다. 따라서 주어진 $\varepsilon>0$에 대해서 정수 N이 존재하여 $n>N$인 모든 n에 대하여

$$\begin{aligned}&\left|\frac{1}{2\pi}\int_0^{2\pi}\frac{R^2-r^2}{R^2-2rR\cos(\theta-\phi)+r^2}(u_n(Re^{i\phi})-u(Re^{i\phi}))d\phi\right|\\&\leq\frac{1}{2\pi}\int_0^{2\pi}\frac{R+r}{R-r}|u_n(Re^{i\phi})-u(Re^{i\phi})|d\phi\\&=\frac{1}{2\pi}\int_0^{2\pi}\frac{R+r}{R-r}|u(t_nRe^{i\phi})-u(Re^{i\phi})|d\phi\leq\varepsilon\frac{R+r}{R-r}\end{aligned}$$

이고, ε은 임의의 수이었으므로 결국

$$\begin{aligned}&\frac{1}{2\pi}\int_0^{2\pi}\frac{R^2-r^2}{R^2-2rR\cos(\theta-\phi)+r^2}u_n(Re^{i\phi})d\phi\\&\longrightarrow\frac{1}{2\pi}\int_0^{2\pi}\frac{R^2-r^2}{R^2-2rR\cos(\theta-\phi)+r^2}u(Re^{i\phi})d\phi\end{aligned}$$

이 되어 정리가 증명되었다.

위의 정리를 통하여 $|z|<R$ 에서 調和的이고, $|z|\leq R$ 에서 연속인 함수는 그 경계 위의 함수치에 의해서 원반 내부의 값이 결정된다는 성질을 가지고 있음을 알았다. 가령, 원 $|z|=R$ 위에서 연속인 실함수 $F(\theta)$를 가지고 시작한다고 할 때 각 θ에 대해서

$$\lim_{r\to R}u(re^{i\theta})=F(\theta),\quad(r<R)$$

인 성질을 가지면서 $|z|<R$ 에서 調和的인 함수 $u(z)$가 존재하는가 하는 문제를 생각해 보자. 일반적으로 Dirichlet 문제는 다음과 같다. 주어진 한 영역(domain) D에 대해서 D의 경계 위에서 주어진 값과 같으면서 D 내에서 調和的인 函數가

존재하는가? 다음 정리는 원반 $|z|<R$에 대한 Dirichlet 문제를 말해 주고 있다.

〔**定理 8.8**〕 $F(\phi)$는 구간 $0\leq\phi\leq 2\pi$에서 $F(0)=F(2\pi)$가 되는 ϕ의 연속인 함수라 하자. 그러면 $r<R$일 때

$$u(re^{i\theta})=\frac{1}{2\pi}\int_0^{2\pi}\frac{R^2-r^2}{R^2-2rR\cos(\theta-\phi)+r^2}F(\phi)d\phi$$

에 의해서 정의된 함수 $u(z)$는 다음 두 조건을 만족한다.

(i) $u(z)$는 $|z|<R$에서 調和的이다.

(ii) $0\leq\theta\leq 2\pi$ 내의 각 고정된 θ에 대해서

$$\lim_{r\to R}u(re^{i\theta})=F(\theta)\quad(r<R)$$

(**증명**) (i)을 증명하기 위하여 $\zeta=Re^{i\phi}$, $z=re^{i\theta}$ $(r<R)$이라 놓고,

$$g(z)=\frac{1}{2\pi}\int_0^{2\pi}\frac{\zeta+z}{\zeta-z}F(\phi)d\phi$$

라 두면, 정리 8.6의 [系 2]의 증명에서와 같이 하여 $g(z)$가 $|z|<R$에서 解析的임을 증명할 수 있다. 식 (8.5)에 의해서 $\text{Re}\,g(z)=u(z)$이므로 $u(z)$가 $|z|<R$에서 調和的이라는 것이 증명된다.

(ii)를 증명하기 위하여 $0\leq\theta\leq 2\pi$ 내의 각 θ와 각 $\varepsilon>0$에 대해서, 그리고 $0<R-r<\delta$을 만족하는 모든 r에 대해서

$$|u(re^{i\theta})-F(\theta)|<\varepsilon$$

이 성립하는 $\delta>0$가 존재한다는 것을 밝혀야 한다. Poisson kernel을

$$P(\phi)=\frac{R^2-r^2}{R^2-2rR\cos(\theta-\phi)+r^2}$$

로 표시하면, $\frac{1}{2\pi}\int_0^{2\pi}P(\phi)d\phi=1$이므로

$$u(re^{i\theta})-F(\theta)=\frac{1}{2\pi}\int_0^{2\pi}P(\phi)[F(\phi)-F(\theta)]d\phi \tag{8.12}$$

이다. 한편, $\phi=\theta$일 때

$$P(\theta)=\frac{R^2-r^2}{(R-r)^2}=\frac{R+r}{R-r}$$

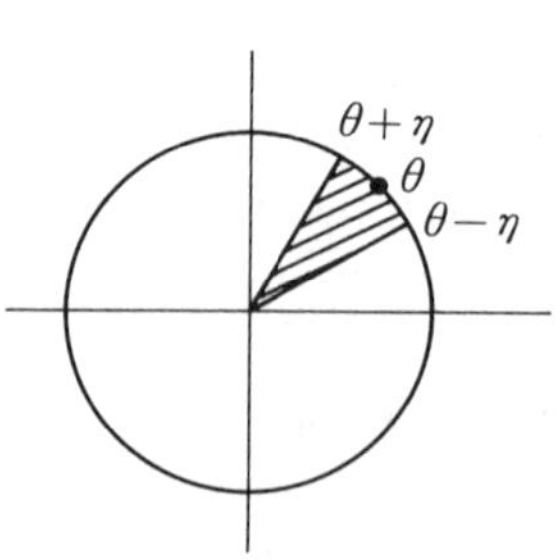

그림 8-4

임에 주목하면, $\lim_{r\to R}P(\theta)=\infty$가 되고, 그러나 $\phi\neq\theta$일 때는 $\lim_{r\to R}P(\phi)=0$이 된다. 식 (8.12)을 임의로 작게 만들 수 있음을 보이기 위하여 두 가지의 다른 적분으로 나누어 생각하자. 하나는 $\phi=\theta$인점의 근방에서 $F(\theta)$의 연속성을 이용한 것이고, 다른 것은 점 $Re^{i\theta}$의 근방을 제외한 영역에서 $P(\phi)$

의 성질을 이용한 것이다.

$\phi=\theta$ 에서 $F(\phi)$는 연속이므로

$0<|\phi-\theta|<\eta$ 일 때

$$|F(\phi)-F(\theta)|<\frac{\varepsilon}{2} \tag{8.13}$$

이 성립한다. 이제

$$I_1=\frac{1}{2\pi}\int_{\theta-\eta}^{\theta+\eta}P(\phi)[P(\phi)-F(\theta)]d\phi$$

$$I_2=\frac{1}{2\pi}\int_{\theta+\eta}^{2\pi+\theta-\eta}P(\phi)[F(\phi)-F(\theta)]d\phi$$

라고 놓으면, 식 (8.12)로부터

$$|u(re^{i\theta})-F(\theta)|=|I_1+I_2|\leq|I_1|+|I_2| \tag{8.14}$$

이다. $P(\phi)>0$ 이므로 식 (8.13)을 적용하여

$$|I_1|\leq\frac{1}{2\pi}\int_{\theta-\eta}^{\theta+\eta}P(\phi)|F(\phi)-F(\theta)|d\phi$$

$$<\frac{\varepsilon}{2}\frac{1}{2\pi}\int_{\theta-\eta}^{\theta+\eta}P(\phi)d\phi<\frac{\varepsilon}{2} \tag{8.15}$$

을 얻는다.

$\theta+\eta\leq\phi\leq 2\pi+\theta-\eta$ 인 ϕ에 대하여

$$P(\phi)\leq\frac{R^2-r^2}{R^2-2rR\cos\eta+r^2}$$

이 되는데, 분모인 $R^2-2rR\cos\eta+r^2$ 은 r의 함수로서 $r=R\cos\eta$ 일 때 최소값을 갖는다. 따라서

$$P(\phi)\leq\frac{(R+r)(R-r)}{R^2(1-\cos^2\eta)}\leq\frac{2}{R\sin^2\eta}(R-r)=m(R-r)$$

또한 $F(\phi)$는 폐구간 $[\theta+\eta,\ 2\pi+\theta-\eta]$에서 연속이므로 $|F(\phi)|\leq M$ 이라고 가정할 수 있다. 그러므로

$$|I_2|\leq\frac{1}{2\pi}\int_{\theta+\pi}^{2\pi+\theta-\eta}P(\phi)|F(\phi)-F(\theta)|d\phi\leq 2mM(R-r)$$

$$=k(R-r)$$

여기서, $R-r<\dfrac{\varepsilon}{2k}=\delta$ 를 만족하는 r에 대해서

$$|I_2|\leq\frac{\varepsilon}{2} \tag{8.16}$$

을 얻는다. 위의 식 (8.15)와 식 (8.16)을 식 (8.14)에 대입하면, $0<R-r<\delta$에 대해서

$$|u(re^{i\theta})-F(\theta)|<\varepsilon$$

이 성립한다.

Poisson 積分公式의 應用으로 다음 定理들을 얻는다.

〔**定理 8.9**〕 (Harnack의 부등식) $u(z)$는 $|z-z_0|<R$에서 調和的이고, 모든 z에 대해서 $u(z)\geq 0$이라고 하면, $z-z_0=re^{i\theta}$라 둘 때

$$u(z_0)\frac{R-r}{R+r}\leq u(z_0+re^{i\theta})\leq u(z_0)\frac{R+r}{R-r}, \quad (r<R) \tag{8.17}$$

이 성립한다.

(**증명**) $R'<R$되게 R'를 잡고, 부등식 (8.17)을 $|z-z_0|\leq R'$에 대해서 증명하고 $R'\to R$되게 하면 된다. 그 이유는 $u(z)$를 폐집합인 $|z-z_0|\leq R$에서 調和的이라고 가정하기 위해서이다. 정리 8.7에 의해서

$$u(z_0+re^{i\theta})=\frac{1}{2\pi}\int_0^{2\pi}\frac{R^2-r^2}{R^2-2rR\cos(\theta-\phi)+r^2}u(z_0+Re^{i\phi})d\phi \tag{8.18}$$

이고, $u(z)\geq 0$임을 이용하면

$$\frac{R-r}{R+r}\leq\frac{R^2-r^2}{R^2-2rR\cos(\theta-\phi)+r^2}\leq\frac{R+r}{R-r}$$

을 얻는다. 따라서 식 (8.18)로부터

$$\frac{R-r}{R+r}\frac{1}{2\pi}\int_0^{2\pi}u(z_0+Re^{i\theta})d\phi\leq u(z_0+re^{i\theta})$$
$$\leq\frac{R+r}{R-r}\frac{1}{2\pi}\int_0^{2\pi}u(Re^{i\phi})d\phi$$

인데,

$$\frac{1}{2\pi}\int_0^{2\pi}u(z_0+Re^{i\phi})d\phi=u(z_0)$$

이므로 식 (8.17)이 증명된다.

정리 8.3에서 모든 調和函數는 평균치 성질을 만족한다는 것을 증명하였는데, 연속인 함수에 대해서는 그 逆도 성립한다.

〔**定理 8.10**〕 $u(z)$는 $|z-z_0|\leq r$를 포함하는 한 영역 D에서 연속인 실함수이고 D내의 각 점 z_0에 대해서

$$u(z_0)=\frac{1}{2\pi}\int_0^{2\pi}u(z_0+re^{i\theta})d\theta$$

이 성립하면, $u(z)$는 D에서 調和的이다.

(**증명**) D내의 한 점 z_0를 잡고, $|z-z_0|\leq r$이 D내에 포함되도록 $r>0$를 취한다. 정리 8.8에 의해서 $|z-z_0|<r$에서 調和的이고, $|z-z_0|\leq r$에 대해서는

연속이며, 또한 원 $|z-z_0|=r$ 위에서는 $u(z)$와 같게 되는 함수 $u_1(z)$가 존재한다. $u_1(z)-u(z)$는 평균치 성질을 만족하는 연속인 함수이므로 $u_1(z)-u(z)$는 경계 위에서 최대치와 최소치를 갖는다. 그런데 $|z-z_0|=r$ 위에서는 $u_1(z)-u(z)\equiv 0$ 이므로 $|z-z_0|<r$에 대해서 $u_1(z)\equiv u(z)$이다. 따라서 $u(z)$는 z_0의 한 근방에서 조화적이고, z_0는 임의의 점이었으므로 $u(z)$는 D에서 調和的이다.

정리 8.3과 정리 8.10을 통하여 연속함수가 한 영역에서 調和的이기 위한 필요충분조건은 그 함수가 그 영역의 각 점에서 평균치 성질을 만족하는 것임을 알았다.

〔**定理 8.11**〕 $\{u_n(z)\}$은 영역 D의 모든 compact인 부분집합에서 $u(z)$에 평등수렴하는 調和函數들의 數列이라고 하면, $u(z)$는 D내의 모든 점에서 調和的이다.

(증명) 각 n에 대해서 $u_n(z)$는 연속이므로 $u(z)$도 연속함수이다. 주어진 한 점 $z_0\in D$와 D내에 포함되는 $|z-z_0|\leq r$에 대해서

$$u_n(z_0)=\frac{1}{2\pi}\int_0^{2\pi}u_n(z_0+re^{i\theta})d\theta$$

이므로 정리 5.3에 의해서

$$u(z_0)=\lim_{n\to\infty}u_n(z_0)=\lim_{n\to\infty}\frac{1}{2\pi}\int_0^{2\pi}u_n(z_0+re^{i\theta})d\theta$$
$$=\frac{1}{2\pi}\int_0^{2\pi}u(z_0+re^{i\theta})d\theta$$

이다. 따라서, 정리 8.10으로부터 $u(z)$는 $z=z_0$에서 調和的이고, z_0는 D의 임의의 점이었으므로 $u(z)$는 D에서 調和的이다.

〔**定理 8.12**〕 (Harnack의 原理) $\{u_n(z)\}$은 영역 D에서 정의된 調和函數들의 수열이고 각 $z\in D$와 각 n에 대해서 $u_{n+1}(z)\geq u_n(z)$이라고 하자. 만일 $\{u_n(z)\}$이 D내의 적어도 한 점에서 수렴하면, $\{u_n(z)\}$은 D내의 모든 점에서 수렴한다. 또한 $\{u_n(z)\}$은 D의 compact인 부분집합에서 평등수렴하고, 그 극한함수는 D에서 調和的이다.

(증명) $u_n(z)\geq 0$이라고 가정해도 좋다. 왜냐하면, 만일 $u_1(z)<0$이라고 하면, $\{u_n(z)-u_1(z)\}$에 대해서 정리를 증명할 수 있기 때문이다. 각 n에 대하여 $u_n(z)\leq u_{n+1}(z)$이므로 D내의 각 z에 대해서 $\{u_n(z)\}$은 수렴하거나 또는 ∞에 접근한다. 지금

$$A=\{z\in D\,;\,u_n(z)\to\infty\}$$

$$B=\{z\in D\,;\,u_n(z)\text{이 수렴한다}\}$$

라 하고, 임의의 $z_0\in D$에 대해서 D 내에 포함되는 한 원반 $|z-z_0|\le R$을 취한다. 그러면, $|z-z_0|\le\dfrac{R}{2}$을 만족하는 모든 z에 대해서 Harnack의 부등식은

$$\begin{aligned}\frac{1}{3}u_n(z_0)=\frac{R-R/2}{R+R/2}u_n(z_0)\le u_n(z)\\ \le\frac{R+R/2}{R-R/2}u_n(z_0)=3u_n(z_0)\end{aligned}\tag{8.19}$$

이다. 만일 $u_n(z_0)\to\infty$이면 식 (8.19)의 왼쪽 부등식에 의해서 $|z-z_0|\le R/2$에 대해서 $u_n(z)\to\infty$이 된다. 만일 $\{u_n(z_0)\}$이 수렴하면, 식 (8.19)의 오른쪽 부등식에 의해서 $|z-z_0|\le R/2$에 대해서 $\{u_n(z)\}$은 수렴한다. 따라서 $A\cup B=D$이고 A와 B는 둘다 開集合이다. 그런데 D는 연결집합(connected set)이므로 $A=\phi$이거나 $B=\phi$이어야 한다. 가정에 의해서 B내에는 적어도 한 점이 있으므로 $A=\phi$이 되고, $B=D$가 되어서 $\{u_n(z)\}$은 D내의 모든 점에서 수렴한다.

다음에 $\{u_n(z)\}$은 D의 compact인 부분집합에서 평등수렴함을 보이도록 하자. $u_{n+p}(z)-u_n(z)$에 Harnack의 부등식을 적용하면, $|z-z_0|\le R/2$에 대해서

$$u_{n+p}(z)-u_n(z)\le 3[u_{n+p}(z_0)-u_n(z_0)],\quad (p=1,2,\cdots)\tag{8.20}$$

Cauchy의 판정법에 의해서 $n>N(\varepsilon)$일 때

$$u_{n+p}(z_0)-u_n(z_0)<\varepsilon$$

이므로, 식 (8.20)으로부터 $\{u_n(z)\}$은 z_0의 어떤 근방에서 평등수렴한다. z_0는 D의 임의의 점이었으므로 D내의 각 점에서 $\{u_n(z)\}$이 평등수렴하는 근방이 대응한다. 이제 K를 D의 compact인 부분집합이라 하고, K의 각 점에 대해서 $\{u_n(z)\}$이 평등수렴하는 근방을 그리면, Heine-Borel정리에 의해서 유한개의 근방으로 K를 덮을 수 있다. 그러나, 유한개의 서로 다른 집합에서 평등수렴하는 한 수열은 그들의 合集合 위에서 평등수렴하지 않으면 안 되므로 $\{u_n(z)\}$은 K위에서 평등수렴한다. 한편 정리 8.11에 의해서 극한함수는 D에서 調和的이 됨을 알 수 있다.

〔例 題〕

1. **(半平面 Im$z>0$에 대한 Poisson의 積分公式)** $f(z)=u+iv$는 실선 및 위의 半平面 위에서 解析的이고, $|z^\alpha f(z)|<M$을 만족한다고 하면, $z=x+iy$, $y>0$에 대하며

$$u(z)=\frac{1}{\pi}\int_{-\infty}^{\infty}\frac{yu(t,0)}{(t-x)^2+y^2}dt$$

$$v(z)=\frac{1}{\pi}\int_{-\infty}^{\infty}\frac{yv(t,0)}{(t-x)^2+y^2}dt, \text{ (단, } a\text{는 양의 상수)}$$

(**解**) 실축의 위에 있는 한 고정된 z에 대해서 $R>|z|$되게 R을 잡고, 그림 8-2와 같은 원점을 중심으로 R을 반지름으로 하는 반원을 C_R이라 하자. 그러면 Cauchy의 적분공식에 따라서

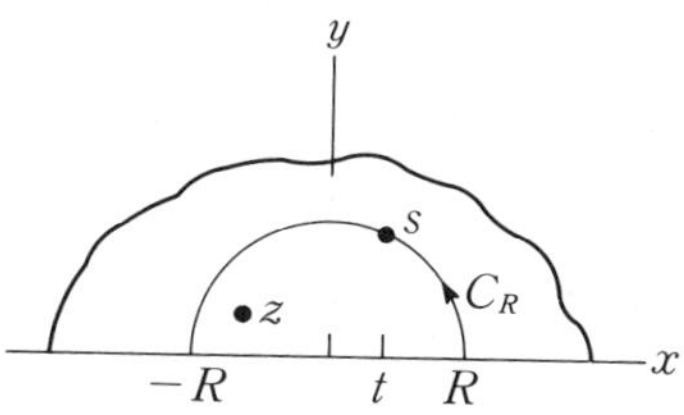

그림 8-5

$$f(z)=\frac{1}{2\pi i}\int_{C_R}\frac{f(s)}{s-z}ds + \frac{1}{2\pi i}\int_{-R}^{R}\frac{f(t)}{t-z}dt \qquad (8.21)$$

여기서

$$|f(z)|<\frac{M}{R^{\alpha}}, \text{ (}a\text{는 양의 상수)}$$

이므로 $R\to\infty$일 때

$$\left|\frac{1}{2\pi i}\int_{C_R}\frac{f(s)}{s-z}ds\right|\le\frac{1}{2\pi}\int_{C_R}\frac{|f(s)|}{|s-z|}|ds|$$
$$\le\frac{1}{2\pi}\cdot\frac{M}{R^{\alpha}}\cdot\frac{\pi R}{R-|z|}\to 0$$

이 되므로

$$f(z)=\frac{1}{2\pi i}\int_{-\infty}^{\infty}\frac{f(t)}{t-z}dt \quad (\mathrm{Im}z>0) \qquad (8.22)$$

이 된다. 만일 z가 실축의 아래에 있다고 하면, 식 (8.21)의 우측은 0이 되고, 따라서 그 점에서 식 (8.22)의 적분은 0이 된다. 그러므로 $\mathrm{Im}z>0$인 z에 대하여 식 (8.22)로부터

$$f(z)=\frac{1}{2\pi i}\int_{-\infty}^{\infty}\left(\frac{1}{t-z}-\frac{1}{t-\bar{z}}\right)f(t)dt$$

곧

$$f(z)=\frac{1}{\pi}\int_{-\infty}^{\infty}\frac{yf(t)}{|t-z|^2}dt, \quad (y>0)$$

를 얻는다. $f(z)=u(x,y)+iv(x,y)$이므로

$$u(x,y)=\frac{1}{\pi}\int_{-\infty}^{\infty}\frac{yu(t,0)}{(t-x)^2+y^2}dt, \quad (y>0)$$

$$v(x,y)=\frac{1}{\pi}\int_{-\infty}^{\infty}\frac{yv(t,0)}{(t-x)^2+y^2}dt, \quad (y>0)$$

2. 만일 두 개의 연속함수가 정리 8.10에서와 같은 평균치 성질을 만족한다고 하면, 그 두 함수의 곱도 평균치 성질을 만족하는가?

(解) 정리 8.10의 결과로 보아, 두 개의 調和函數의 곱이 調和的이 되지 않는 두 함수에 대해서는 곱이 평균치성질을 만족시키지 못한다.

3. Harnack의 原理 (정리 8.12)의 결론은 만일, 가정인 $u_{n+1}(z) \geq u_n(z)$를 $u_{n+1}(z) \leq u_n(z)$로 바꾸어도 성립하는가?

(解) 수열 $\{-u_n(z)\}$을 생각하면 같은 결론을 얻는다.

問 題

1. 위의 예제 1의 결과를 이용하여 半平面에 대한 Dirichlet 문제를 만들고 풀어 보아라.

(풀이) F는 모든 x에 대해서 有界인 실함수이고, 유한개의 점을 제외하고는 연속인 함수라고 하자. 임의의 $\varepsilon>0$에 대해서 $y \geq \varepsilon$, $|x| \leq 1/\varepsilon$일 때

$$U(x, y)=\frac{1}{\pi}\int_{-\infty}^{\infty}\frac{yF(t)}{(t-x)^2+y^2}dt \quad (y>0) \tag{8.23}$$

이라고 하면, (i) $U(x, y)$는 $y>0$일 때 調和的인 함수이며

(ii) F가 연속이 되는 각각의 고정된 x에 대해서

$$\lim_{\substack{y \to 0 \\ y>0}} U(x, y)=F(x)$$

임을 밝히면 된다.

식 (8.23)에서 $\dfrac{y}{(t-x)^2+y^2}=\dfrac{y}{|t-z|^2}$는 $y>0$일 때 z에 관해서 解析的인 함수 $1/(t-z)$의 허부분이다. 따라서 $y/|t-z|^2$은 調和的인 함수이고, 그러므로 x와 y에 관한 Laplace 방정식을 만족시킨다. 식 (8.23)에서 미분과 적분은 순서를 바꿀 수 있으므로 결국 $U(x, y)$도 Laplace 방정식을 만족시킨다. 따라서 $y>0$일 때 $U(x, y)$는 調和函數이다.

다음에 F가 연속이 되는 고정된 x에 대해서

$$\lim_{\substack{y \to 0 \\ y>0}} U(x, y)=F(x)$$

를 증명하기 위하여 식 (8.23)에서 $t=x+y\tan\tau$를 대입하면

$$U(x, y)=\frac{1}{\pi}\int_{-\pi/2}^{\pi/2}F(x+y\tan\tau)d\tau, \quad (y>0)$$

만일

$$G(x, y, \tau)=F(x+y\tan\tau)-F(x)$$

라 놓고, α를 작은 양의 상수라고 하면,

$$\pi[U(x, y)-F(x)]=\int_{-\pi/2}^{\pi/2}G(x, y, \tau)d\tau$$

$$=I_1(y)+I_2(y)+I_3(y).$$

단,

$$I_1(y)=\int_{-\pi/2}^{(-\pi/2)+\alpha} G(x, y, \tau)d\tau, \quad I_2(y)=\int_{(-\pi/2)+\alpha}^{(\pi/2)-\alpha} G(x, y, \tau)d\tau,$$

$$I_3(y)=\int_{(\pi/2)-\alpha}^{\pi/2} G(x, y, \tau)d\tau$$

이다. 만일 $|F(x)|\leq M$ 이라고 하면, $|G(x, y, \tau)|\leq 2M$ 이므로 주어진 $\varepsilon>0$ 에 대해서 $6M\alpha<\varepsilon$ 이 되도록 α 를 택하면

$$|I_1(y)|\leq 2M\alpha<\frac{\varepsilon}{3}, \quad |I_3(y)|\leq 2M\alpha<\frac{\varepsilon}{3}$$

F 는 x 에서 연속이므로 양수 γ 가 존재하여 $0<y|\tan\tau|<\gamma$ 일 때

$$|G(x, y, \tau)|<\frac{\varepsilon}{3\pi}$$

이 되게 할 수 있다. 한편 $(-\pi/2)+\alpha$ 와 $(\pi/2)-\alpha$ 사이에 있는 τ 에 대한 $|\tan\tau|$ 의 최대값은 $\tan[\pi/2)-\alpha]=\cot\alpha$ 이므로 $\delta=\gamma\tan\alpha$ 라 두면, $0<y<\delta$ 일 때

$$|I_2(y)|<\frac{\varepsilon}{3\pi}(\pi-2\alpha)<\frac{\varepsilon}{3}$$

이 성립한다. 결국 $0<y<\delta$ 일 때

$$\pi|U(x, y)-F(x)|\leq|I_1(y)|+|I_2(y)|+|I_3(y)|<\varepsilon$$

이 되므로 (ii)가 증명되었다.

2. z-平面의 上部 半平面 $\operatorname{Im} z>0$ 에서 調和的이고, x 축 위에서는

$$F(x)=\begin{cases}1, & x>0\\ 0, & x<0\end{cases}$$

에 의해서 주어진 값을 갖는 함수를 찾아라.

(풀이) 半平面에 대한 Dirichlet 문제로서 $\phi(x, y)$에 대하여

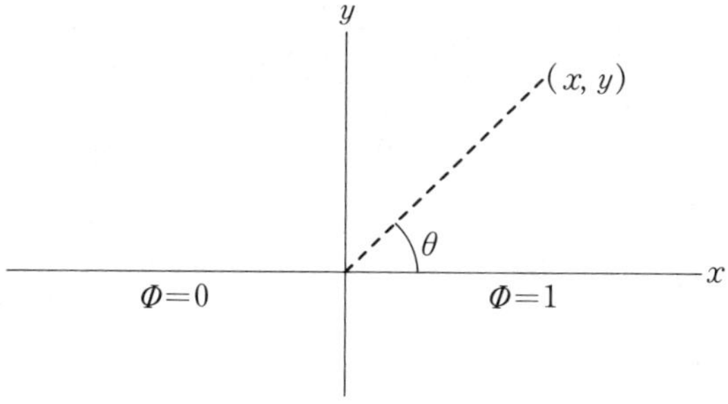

그림 8-6

$$\frac{\partial^2\phi}{\partial x^2}+\frac{\partial^2\phi}{\partial y^2}=0,\ y>0\ ;\ \lim_{y\to0^+}\phi(x,y)=F(x)=\begin{cases}1, & x>0\\ 0, & x<0\end{cases}$$

을 만족하는 함수 ϕ를 찾으면 된다.

A와 B를 실수라 할 때, 함수 $A\theta+B$는 $A\log z+B$의 허부분이므로 調和的이다. 경계조건으로 $x>0$일 때 $\phi=1$이므로 $\theta=0$이고, $x<0$일 때 $\phi=0$이므로 $\theta=\pi$이다. 따라서

$$1=A\cdot0+B,\ \ 0=A\cdot\pi+B$$

에서 $A=-1/\pi$, $B=1$을 얻는다. 그러므로 요구하는 해는

$$\phi=A\theta+B=1-\frac{\theta}{\pi}=1-\frac{1}{\pi}\tan^{-1}\left(\frac{y}{x}\right)$$

이다.

(別解) 半平面에 대한 Posson의 積分公式에 의하여

$$\phi(x,y)=\frac{1}{\pi}\int_{-\infty}^{\infty}\frac{yF(t)}{(t-x)^2+y^2}dt=\frac{1}{\pi}\int_{-\infty}^{0}\frac{y\cdot0}{(t-x)^2+y^2}dt$$

$$+\frac{1}{\pi}\int_{0}^{\infty}\frac{y\cdot1}{(t-x)^2+y^2}dt=\frac{1}{\pi}\tan^{-1}\left(\frac{t-x}{y}\right)\Big|_0^{\infty}$$

$$=\frac{1}{2}+\frac{1}{\pi}\tan^{-1}\left(\frac{x}{y}\right)=1-\frac{1}{\pi}\tan^{-1}\left(\frac{y}{x}\right)$$

3. $|z|<R$에 대해서는 調和的이고,

$$\lim_{r\to R}u(re^{i\theta})=\begin{cases}1, & 0<\theta<\pi\\ 0, & \pi<\theta<2\pi\end{cases}$$

를 만족하는 함수 $u(z)$를 구하여라.

(풀이) $\zeta=Re^{i\phi}$, $z=re^{i\theta}$라고 하면,

$$u(z)=\frac{1}{2\pi}\int_0^{\pi}\frac{R^2-r^2}{R^2-2rR\cos(\theta-\phi)+r^2}d\phi$$

$$=\frac{1}{2\pi}\int_0^{\pi}Re\frac{\zeta+z}{\zeta-z}d\phi$$

는 $|z|<R$에 대해서 調和的이다. 적분을 하면,

$$u(z)=\frac{1}{\pi}\tan^{-1}\left(\frac{R+r}{R-r}\tan\frac{\phi-\theta}{2}\right)\Big|_0^{\pi}$$

$$=\frac{1}{\pi}\left[\tan^{-1}\left(\frac{R+r}{R-r}\tan\frac{\pi-\theta}{2}\right)-\tan^{-1}\left(\frac{R+r}{R-r}\tan\frac{-\theta}{2}\right)\right]$$

삼각함수의 등식

$$\tan(\alpha-\beta)=\frac{\tan\alpha-\tan\beta}{1+\tan\alpha\tan\beta},\ \ \tan\left(\frac{\pi-\theta}{2}\right)=\cot\frac{\theta}{2},$$

$$\tan\frac{\theta}{2}+\cot\frac{\theta}{2}=\frac{2}{\sin\theta}$$

를 이용하면,

$$\tan \pi u(z) = \frac{\dfrac{R+r}{R-r}\left[\tan\dfrac{\pi-\theta}{2} - \tan\dfrac{(-\theta)}{2}\right]}{1+\left(\dfrac{R+r}{R-r}\right)^2 \tan\dfrac{\pi-\theta}{2}\tan\dfrac{(-\theta)}{2}}$$

$$= \frac{\dfrac{R+r}{R-r}\left(\cot\dfrac{\theta}{2} + \tan\dfrac{\theta}{2}\right)}{1-\left(\dfrac{R+r}{R-r}\right)^2} = \frac{R^2-r^2}{-2rR\sin\theta}$$

이 된다. $\tan^{-1}$의 값이 $[0,\pi]$에 있도록 함수를 결정해 주면,

$$\lim_{r\to R} \tan^{-1}\frac{R^2-r^2}{-2rR\sin\theta} = \begin{cases} \pi, & 0<\theta<\pi \\ 0, & \pi<\theta<2\pi \end{cases}$$

이므로 경계조건

$$\lim_{r\to R} u(re^{i\theta}) = \begin{cases} 1, & 0<\theta<\pi \\ 0, & \pi<\theta<2\pi \end{cases}$$

를 만족시킨다.

연습 문제 8.2

1. $\rho=Re^{i\phi}$, $z=re^{i\theta}$ $(r<R)$에 대해서

$$\frac{\rho+z}{\rho-z} = 1+2\sum_{n=1}^{\infty}\left(\frac{r}{R}\right)^n e^{in(\theta-\phi)}$$

임을 증명하여라.

2. 경계치 문제

$$\frac{\partial^2\phi}{\partial x^2}+\frac{\partial^2\phi}{\partial y^2}=0,\quad y>0\ ;\ \lim_{y\to 0^+}\phi(x,y)=F(x)=\begin{cases} T_0, & x<-1 \\ T_1, & -1<x<1 \\ T_2, & x>1 \end{cases}$$

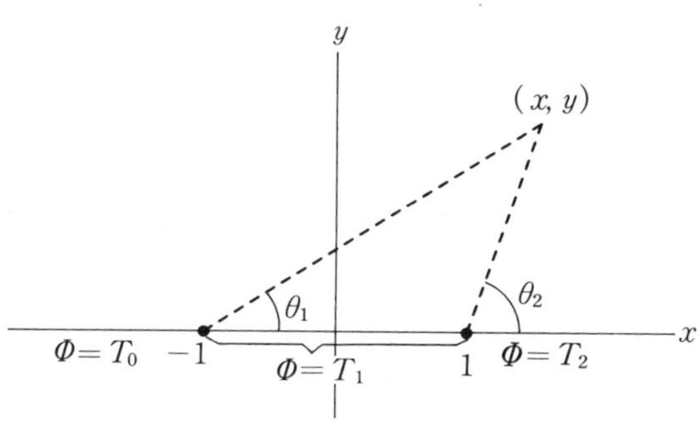

그림 8-7

을 풀어라. 단, T_0, T_1, T_2 는 상수이다.

3. $|z|<1$ 에서 調和的이고, $|z|=1$ 위에서는

$$F(\theta)=\begin{cases}1, & 0<\theta<\pi \\ 0, & \pi<\theta<2\pi\end{cases}$$

에 의해서 주어진 값을 갖는 함수 $\phi(r,\theta)$를 구하여라.

4. 함수

$$u(re^{i\theta})=\frac{2}{\pi}\tan^{-1}\frac{2r\sin\theta}{1-r^2}\quad(r<1)$$

은 $|z|<1$ 에서 調和的이고, 경계조건

$$\lim_{r\to 1}u(re^{i\theta})=\begin{cases}1, & 0<\theta<\pi \\ -1, & \pi<\theta<2\pi\end{cases}$$

을 만족함을 증명하여라.

〈8 장 보충문제〉

1. 만일 $u(z)$가 $|z|>R$ 에서 調和的이고, $|z|\geq R$ 에 대해서 연속이면, $\rho=Re^{i\phi}$, $z=re^{i\theta}$ $(r>R)$에 대하여

$$u(z)=-\frac{1}{2\pi}\int_0^{2\pi}\mathrm{Re}\frac{\rho+z}{\rho-z}u(Re^{i\phi})d\phi$$

임을 증명하라.

2. $\displaystyle\int_0^{2\pi}\frac{\sin(\theta-\phi)}{R^2-2R\cos(\theta-\phi)+r^2}d\phi=0$ 임을 밝혀라.

3. $F(\theta)=\theta/2$, $0\leq\theta\leq 2\pi$ 라 두면, 함수

$$u(re^{i\theta})=\tan^{-1}\frac{r\sin\theta}{1+r\cos\theta}$$

는 $|z|<1$ 에서 調和的이고, 모든 θ 에 대해서 $\lim_{r\to 1}u(re^{i\theta})=F(\theta)$가 됨을 증명하라.

(Hint : $z=re^{i\theta}$ 에 대해서 $\tan^{-1}\dfrac{r\sin\theta}{1+r\cos\theta}=\mathrm{Im}\log(1+z)$ 임을 먼저 밝힌다)

4. K 를 한 영역 D 의 compact 인 부분집합이라 하고, $z_0\in D$ 가 주어졌다고 하자.

K 내의 모든 z와 D에서 調和的인 모든 함수 $u(z)$에 대해서

$$A\cdot u(z_0)\leq u(z)\leq B\cdot u(z_0)$$

이 성립하는 두 실수 A와 B가 존재함을 증명하라.

5. 연속인 實函數 $u(z)$가 만일 한 영역 D내에 포함되는 모든 원반 $|z-z_0|\leq r$에 대해서

$$u(z_0)\leq\frac{1}{2\pi}\int_0^{2\pi}u(z_0+re^{i\theta})d\theta$$

이 성립하면 $u(z)$를 D에서 **부분조화적**(部分調和的, subharmonic)이라고 한다. 상수가 아닌 부분조화적인 함수는 한 영역(domain) D내에서 최대치를 가질 수 없음을 증명하라.

9장 幾何學的 函數論

이 章에서는 單葉函數論의 바탕이 되는 複素解析學의 一般的인 原理들 가운데에서 解析的인 構造와 幾何學的인 特性을 공부하는데 도움이 되는 몇가지 과제를 공부하고자 한다. 특히 Montel의 定理와 Riemann의 사상정리를 구체적으로 증명하고, Weierstrass의 곱정리, Mittag-Leffler의 정리들을 다루고 그 활용에 대하여 연구한다.

9.1 Normal 函數族과 Riemann의 寫像定理

우리는 앞에서 點別連續과 平等連續 사이에는 상당한 차이가 있고, 마찬가지로 點別收斂과 平等收斂 사이에도 상당한 차이가 있음을 배웠다. 이제 이러한 국소적(local)인 성질과 전체적(global)인 성질과 관련해서 한 函數族(family of functions)으로 구성되는 集合 위에서 平等的으로 성립하는 性質을 알아 보자.

F를 집합 A에서 정의되는 함수들의 函數族이라 하자. F가 집합 A위에서 平等有界(uniformly bounded)라고 하는 것은 모든 $f\in F$와 모든 $z\in A$에 대해서 $|f(z)|\leq M$이 되는 실수 M이 존재할 때를 말한다. 물론 한 函數族이 平等有界이면 그 함수족의 각 함수는 有界이다. 그러나, 그 逆은 반드시 성립하지는 않는다. 例를 들어, 함수열 $f_n(z)=nz$는 $|z|\leq R$에서 각각 有界이지만, 함수족의 모든 함수가 有界가 되도록 하는 M은 찾을 수 없다.

函數族 F가 집합 A위에서 **局所的으로 평등유계**(locally uniformly bounded)라는 것은 각 $z\in A$에 대해서 F가 平等有界가 되는 한 근방이 존재할 때를 말한다.

이를테면 函數列 $f_n(z)=1/(1-z^n)$은 $|z|<1$에서 국소적으로 平等有界이지만, 平等有界는 아니다. 다음 정리에서 그 特性을 알아 보자.

[**定理 9.1**] 函數族 F가 한 영역 $\mathscr{D}$에서 국소적으로 平等有界가 되기 위한 필요충분조건은 F가 $\mathscr{D}$의 각 compact인 部分集合 위에서 平等有界인 것이다.

(**증명**) F를 국소적으로 平等有界인 函數族이라 하고, K를 영역 $\mathscr{D}$의 한 compact인 부분집합이라고 하자. K의 각 점에 대하여 F가 平等有界가 되는 근방을 취하면, 이것이 K의 한 開被覆(open cover)을 이룬다. Heine-Borel 정리에 의해서 $K\subset\bigcup_{i=1}^{n}N(z_i\,;\,\varepsilon_i)$이 되는 유한개의 점 $z_i\in K$와 $\varepsilon_i>0$가 존재해서 모든 $f\in F$와 모든 $z\in N(z_i\,;\,\varepsilon_i)$에 대하여

$$|f(z)|\le M_i$$

가 성립한다. 이 때

$$M=\max\{M_1, M_2, \cdots. M_n\}$$

이라고 하면, 모든 $z\in K$와 모든 $f\in F$에 대해서 $|f(z)|\le M$이 되어서 F는 K 위에서 平等有界이다.

逆으로, 한 점의 근방의 閉包(closure)는 compact인 집합이므로 F가 $\mathscr{D}$의 compact인 부분집합에서 平等有界이면, F는 $\mathscr{D}$에서 국소적으로 平等有界가 되는 것은 자명하다.

국소적으로 平等有界인 解析函數族에 대해서는 다음 성질을 얻는다.

[**定理 9.2**] F는 영역 $\mathscr{D}$에서 국소적으로 平等有界인 解析函數들의 모임이라고 하면, F내의 모든 함수들의 n階導函數로 구성되는 函數族 $F^{(n)}$도 역시 $\mathscr{D}$에서 국소적으로 平等有界이다.

(**증명**) 이 정리는 $n=1$인 경우만 증명하면 충분하다. 왜냐하면, 그 결과를 필요한 만큼 계속 반복해서 적용하면 되기 때문이다. $\mathscr{D}$내의 어떤 점 z_0에 대해서 $\mathscr{D}$내에 포함되는 원 $C:|z-z_0|=r$를 그리고, 각 $f\in F$와 C의 내부 및 그 선상의 모든 z에 대해서 $|f(z)|\le M$이라고 가정하면, $|z-z_0|\le\frac{r}{2}$내의 z에 대하여 Cauchy의 적분공식을 적용하면,

$$|f'(z)|=\left|\frac{1}{2\pi i}\int_C\frac{f(\zeta)}{(\zeta-z)^2}d\zeta\right|$$
$$\le\frac{1}{2\pi(r/2)^2}\int_C|f(\zeta)|\,|d\zeta|\le\frac{4M}{r}$$

이다. 따라서 함수족 F'는 z_0에서 국소적으로 平等有界이고, z_0는 $\mathscr{D}$내의 임

의의 점이었으므로 F'는 $\mathscr{D}$에서 국소적으로 平等有界이다.

다음에는 平等連續의 개념을 확장해 보자. 函數族 F가 한 영역 R에서 **equicontinuous**이라고 하는 것은 모든 $\varepsilon>0$에 대하여 $\delta>0$가 존재하여 $|z_1-z_0|<\delta$를 만족하는 모든 z_0, $z_1\in R$과 모든 $f\in F$에 대해서 $|f(z_1)-f(z_0)|<\varepsilon$이 성립하는 것을 말한다. 이 정의에서 equicontinuous인 函數族의 각 함수는 平等連續(uniformly continuous)이다. 즉 equicontinuous인 함수족에 대하여 그 함수족의 모든 함수에 대해서 뿐만 아니라 그 집합의 모든 점에 대해서 위의 정의가 통하는 $\delta=\delta(\varepsilon)$를 찾을 수 있다. 그러나 그 역은 반드시 성립하지 않는다. 이를테면, $f_n(z)=nz$라고 놓으면, 각 f_n은 $|z|\leq R$에서 平等連續이다. 왜냐하면, $|z_1-z_0|<\varepsilon/n=\delta$일 때마다 $|f_n(z_1)-f_n(z_0)|=n|z_1-z_0|<\varepsilon$이 되기 때문이다. 그러나 여기서의 δ는 모든 n에 대해서 통하는 것으로 취할 수가 없다. 따라서 $\{nz\}$은 $|z|\leq R$에서 equicontinuous가 아니다.

다음 정리는 解析函數들의 국소적으로 平等有界인 함수족과 equicontinous인 함수족 사이의 중요한 관계를 말해 준다.

[**定理 9.3**] 만일 F가 영역 $\mathscr{D}$에서 정의된 解析函數들의 국소적으로 平等有界인 함수족이라고 하면, F는 $\mathscr{D}$의 compact인 부분집합에서 equicontinuous이다.

(**증명**) K를 $\mathscr{D}$내에 포함되는 한 닫힌 원반(closed disk)이라 하고, F가 K 위에서 equicontinuous임을 증명하면 된다. 왜냐하면, $\mathscr{D}$의 일반적인 compact인 부분집합에 대해서는 Heine-Borel 정리를 적용하여 정리 9.1의 증명과 비슷하게 하면 되기 때문이다. 정리 9.2에 의해서 F내의 함수들의 도함수로 구성되는 函數族 F'는 역시 국소적으로 平等有界이다. 정리 9.1의 내용에 따라서 모든 $f\in F$와 모든 $z\in K$에 대해서 $|f'(z)|\leq M$이라고 가정해도 된다. 그러므로 $z_0, z_1\in K$에 대해서 z_0에서 z_1까지의 직선을 적분경로로 택했을 때

$$|f(z_1)-f(z_0)|=\left|\int_{z_0}^{z_1}f'(z)dz\right|\leq M|z_1-z_0|$$

이 된다. 여기서 임의의 $\varepsilon>0$에 대해서 $\delta=\varepsilon/M$이 되게 취하면, 함수족 F는 원반 K위에서 equicontinuous이다.

(**備考**) 정리 9.3의 逆은 성립하지 않는다. 數列 $f_n(z)=z+n$은 복소평면의 모든 compact인 部分集合에서 equicontinuous이다. 실제로 모든 n에 대해서 $f_n(z_1)-f_n(z_0)=z_1-z_0$이므로 $\delta=\varepsilon$되게 취하면 된다. 그러나 $\{f_n(z)\}$은 복소평면의 임의의 근방에서 平等有界가 아니다.

제 1 장을 통하여 복소수의 모든 有界인 數列은 收斂하는 部分數列을 포함한다는 것을 배웠다. 이제 函數列에 대해서 다음 정의를 가지고 유사한 결과를 연구하기로 하자. 函數族 F가 한 영역 $\mathcal{D}$에서 **normal**이라는 것은 F의 모든 函數列 $\{f_n\}$이 $\mathcal{D}$의 각 compact 인 部分集合 위에서 平等收斂하는 部分數列 $\{f_{n_k}\}$를 포함할 때를 말한다.

예를 들어, $\{z^n\}$로 구성되는 函數族은 영역 $|z|<1$ 에서 normal 이다. 실제로 $\{z^n\}$은 $|z|<1$ 의 모든 compact 인 부분집합 위에서 0 에 平等收斂한다. 그러나 $\{z^n\}$이나 $\{z^n\}$의 어느 부분수열도 전체의 영역 $|z|<1$ 에서 平等收斂하지 않는다.

한 有界인 數列이 각각 다른 극한에 수렴하는 서로 다른 部分數列들을 포함하고 있는 것과 같이 normal 인 函數族도 compact 인 부분집합 위에서 다른 함수들에 平等收斂하는 서로 다른 數列들을 포함할 수 있다. 例를 들어

$$f_n(z)=\begin{cases} z^n, & n \text{ 은 홀수} \\ 1-z^n, & n \text{ 은 짝수} \end{cases}$$

라 두면, $|z|<1$ 의 모든 compact 인 부분집합 위에서 $\{f_{2n+1}\}$은 0 에 平等收斂하고, $\{f_{2n}\}$은 1 에 平等收斂한다.

點集合 E가 한 집합 A에서 조밀(稠密, dense)하다는 것은 A내의 각 점의 모든 근방이 E의 點들을 포함하고 있을 때를 말한다. 복소평면에서 有理數를 포함하는 실축과 허축을 갖는 영역의 점집합은 可附番(countable)이기 때문에 조밀한 點列을 포함한다. 이 절의 중요한 정리인 Montel 의 정리를 증명하기 전에 다음과 같은 보조정리가 필요하다.

[**補助定理**] $\{f_n(z)\}$를 영역 $\mathcal{D}$에서 局所的으로 平等有界인 解析函數들의 數列이라 하자. 만일 $\{f_n(z)\}$이 $\mathcal{D}$의 稠密한 部分集合의 모든 점에서 收斂한다고 하면, $\{f_n(z)\}$은 $\mathcal{D}$의 각 compact 인 부분집합 위에서 平等收斂한다.

(**증명**) $\mathcal{D}$내에 포함된 compact 인 집합 K가 주어졌다 하고, $\{f_n(z)\}$이 K 위에서 平等收斂함을 보이도록 한다. 정리 9.8에 의해서 $\{f_n(z)\}$은 K 위에서 equicontinous 이다. 따라서 각 $\varepsilon>0$ 에 대해서 $\delta>0$ 가 있어서

$$|z-z'|<\delta \Longrightarrow |f_n(z)-f_n(z')|<\frac{\varepsilon}{3} \tag{9.1}$$

이 성립한다. 단, z와 z'는 K내의 임의의 점들이고 n은 임의의 수이다. K는 有界이므로 반지름이 $\frac{\delta}{2}$인 p개의 근방들로 K를 덮을 수 있다. 이러한 p

개의 근방들의 각각에서 K의 조밀한 부분집합으로 부터 점 $z_k(k=1, 2, \cdots, p)$를 취하면, 그 점들에서 $\{f_n\}$은 수렴한다. 다음에 n과 m을 충분히 크게 잡으면, $k=1, 2, \cdots, p$에 대해서

$$|f_n(z_k)-f_m(z_k)|<\frac{\varepsilon}{3} \tag{9.2}$$

이다. 식 (9.1)과 식 (9.2)에 의해서 K내의 각 z에 대해서 $|z-z_k|<\delta$가 되는 z_k가 K내에 있어서

$$|f_n(z)-f_m(z)|\leq f_n(z)-f_n(z_k)|$$
$$+|f_n(z_k)-f_m(z_k)|+(f_m(z_k)-f_m(z)|<\varepsilon$$

이 성립한다. 따라서 수열 $\{f_n(z)\}$은 K에서 平等收斂한다.

위의 보조정리는 $\{f_n(z)\}$이 $\mathcal{D}$에서 normal 函數族이라는 것을 말해 준다. 이 결론은 그 수열이 조밀한 부분집합에서 수렴한다는 가정이 없어도 성립한다는 것을 다음 정리에서 볼 수 있다.

[**定理 9.4**] (Montel의 정리) 만일 F가 영역 $\mathcal{D}$에서 국소적으로 平等有界인 解析函數들의 函數族이라고 하면, F는 $\mathcal{D}$에서 normal인 函數族이다.

(**증명**) F의 한 數列 $\{f_n\}$이 주어졌다 하고, $\{f_n\}$의 어떤 부분수열이 $\mathcal{D}$의 compact인 부분집합에서 平等收斂한다는 것을 밝혀야 한다. $\mathcal{D}$내에서 조밀한 임의의 點列 $\{z_k\}$를 취하면, 補助定理에 의해서 $\{z_k\}$의 각 점에서 수렴하는 $\{f_n\}$의 한 부분수열을 구성하면 충분하다. 가정에 의해서 $\{f_n(z_1)\}$은 有界이다. 따라서 z_1에서 수렴하는 $\{f_n\}$의 한 부분수열이 존재하는데, 그것을 $\{f_{n,1}\}$으로 표시하자. 그러나 수열 $\{f_{n,1}(z_2)\}$도 역시 有界이다. 그래서 z_2에서 수렴하는 $\{f_{n,1}\}$의 한 부분수열 $\{f_{n,2}\}$가 존재한다. $\{f_{n,2}\}$은 $\{f_{n,1}\}$의 한 부분수열이므로 $\{f_{n,2}\}$은 역시 z_1에서 수렴하지 않으면 안 된다.

이 과정을 계속해서 $z_1, z_2, \cdots, z_m$에서 수렴하도록 m번째의 부분수열 $\{f_{n,m}\}$을 구성한 다음 아래와 같이 나열한다.

$$\begin{array}{lllll}
f_{11}(z), & f_{21}(z), & f_{31}(z), & \cdots & \\
f_{12}(z), & f_{22}(z), & f_{32}(z), & \cdots & \\
f_{13}(z), & f_{23}(z), & f_{33}(z), & \cdots & \\
\vdots & \vdots & \vdots & \vdots & \\
f_{1m}(z), & f_{2m}(z), & f_{3m}(z), & \cdots, & f_{mm}(z), \cdots \\
\vdots & \vdots & \vdots & \vdots & \vdots
\end{array}$$

복소함수들의 m번째 수열은 z_m에서 수렴하고, $\{z_k\}$의 z_m보다 앞에 있는 모든 점들에서 수렴한다. 이제 위의 표에서 대각선을 이루는 수열 $\{f_{nn}(z)\}$을 생각하자. 각 고정된 m에 대해서 수열 $\{f_{nn}(z_m)\}$, $(n\geq m)$은 수렴하는 수열

$\{f_{nm}(z_m)\}$의 한 부분수열이고 따라서 수렴한다. 그러므로 $\{f_{nn}(z)\}$은 $\{z_k\}$의 모든 점에서 수렴하는 $\{f_n\}$의 한 부분수열이다.

Bolzano-Weierstrass 정리는 모든 有界인 無限點集合에 대해서 極限點의 존재성을 보증해 주고 있다. 그래서 결과적으로 모든 有界인 數列에 대해서 수렴하는 부분수열이 존재하는 것이다. Montel의 정리는 解析函數를 동원한 Bolzano 정리와 유사한 것으로 생각된다. 어떤 의미에서는 Montel의 정리는 모든 국소적으로 平等有界인 解析函數族과 관련해서 수렴하는 函數列의 存在性을 보증해 주고 있다.

Bolzano 정리와 Montel의 정리의 유사점이라고 할 수 있는 것은 Bolzano 정리의 極限點이 그 집합에 반드시 속할 필요가 없듯이 Montel의 정리에서의 극한함수도 반드시 normal 函數族에 속할 필요는 없는 것이다. 例를 들어 수열 $\{z^n\}$은 $|z|<1$의 모든 compact인 부분집합에서 平等收斂하기 때문에 $\{z^n\}$은 $|z|<1$에서 한 normal 函數族이다. 그러나 0은 $\{z^n\}$의 한 요소가 아니다.

한 有界인 집합이 그의 모든 極限點(limit points)을 포함하고 있으면 compact 집합이라는 것은 알고 있다. normal인 函數族 F가 **compact 函數族**이라고 하는 것은 F내에서 수렴하는 모든 數列들의 平等極限(uniform limit)이 함수족 F의 한 요소가 되는 것을 말한다.

앞의 7.3절에서는 기본적인 함수들의 等角寫像(conformal mapping)을 공부하였는데, 이제는 좀더 일반적인 관점에서 등각사상을 연구하기로 하자. 가령 D_1과 D_2가 단일연결영역(simply connected domain)이라고 하면 D_1을 D_2로 사상하는 解析函數는 거의 항상 존재한다. 그러나 특별한 예외는 있다. 만일 D_1이 복소평면전체이고, D_2가 원반 $|z|<1$이라고 하면, D_1을 有界인 D_2위로 사상하는 복소평면 전체에서 解析的인 함수는 없다. 왜냐하면, Liouville의 정리에 의하여 그러한 함수는 상수밖에 없기 때문이다. 이제 복소평면전체가 아닌 두 개의 단일연결영역 사이에 一對一이고 解析的인 寫像이 존재한다는 것을 보이고자 한다. 우선 일대일함수의 다른 용어인 **univalent(單葉)함수**에 관한 예비지식을 살펴보자.

[**定理 9.5**] $\{f_n(z)\}$은 영역 D에서 정의된 解析的이고 univalent인 函數列이고 D의 각 compact인 부분집합에서 상수가 아닌 함수 $f(z)$에 平等收斂한다고 하면, $f(z)$는 D에서 解析的이고 univalent이다.

(증명) 정리 5.6으로부터 $f(z)$가 解析的이 된다는 것은 이미 증명되었다. $f(z)$가 D에서 univalent이라는 것을 증명하기 위하여

$$f(z_0)=f(z_1)=a$$

가 되는 D내의 서로 다른 두 점 z_0와 z_1을 잡았다고 가정하고, 이 두 점 z_0와 z_1을 중심으로 서로 만나지 않는 두 원 C_0와 C_1을 D내에 그린다. 또한 이들 원주 위에서는 $f(z)\neq a$라고 가정하고 $C_0\cup C_1$ 위의 z에 대해서 $m=\min|f(z)-a|$라고 하자. $C_0\cup C_1$ 위에서 $|f_n(z)-f(z)|<m$이 되도록 n을 충분히 크게 잡는다고 하면, Rouche의 정리에 의해서 함수

$$f_n(z)-a=[f_n(z)-f(z)]+[f(z)-a]$$

는 C_0의 내부에서 적어도 한 개의 근을 갖고 또한 C_1의 내부에서도 적어도 한 개의 근을 갖는다. 이것은 $f_n(z)$가 D에서 univalent이라는 가정에 모순이 된다. 따라서 $f(z_0)=f(z_1)$이면 $z_0=z_1$이 되어서 $f(z)$는 D에서 univalent임이 증명되었다.

[**定理 9.6**] $f(z)$는 영역 D에서 解析的이고 univalent인 함수이고, $g(z)$는 $f(z)$에 의한 D의 像 위에서 解析的이고 univalent인 함수라고 하면, 合成函數 $g[f(z)]$도 D에서 解析的이고 univalent이다.

(증명) $f(z)$가 해석적이고 $g(z)$가 해석적이면, 합성함수 $g[f(z)]$가 해석적이 된다는 것은 제 2장에서 취급하였다. D내의 두 점 z_0와 z_1에 대해서

$$g[f(z_0)]=g[f(z_1)]$$

이라고 하면, g가 univalent이므로 $f(z_0)=f(z_1)$이 되고, 또한 f가 univalent이므로 $z_0=z_1$이 되어서 결국 $g[f(z)]$는 D에서 univalent이다.

[**定理 9.7**] 영역 $\mathscr{D}_1$을 $\mathscr{D}_2$로 사상하는 함수 f가 $\mathscr{D}_1$에서 解析的이고 univalent이라고 하면, 모든 $z\in\mathscr{D}_1$에 대해서 $g[f(z)]=z$로 정의된 逆函數 g는 $\mathscr{D}_2$에서 $\mathscr{D}_1$으로 사상되는 解析的이고 univalent인 함수이다.

(증명) f가 univalent이므로 g도 univalent임은 자명하다. g가 $\mathscr{D}_2$에서 解析的이라는 것을 증명하기 위하여 $\mathscr{D}_2$내의 한 점 w_0를 고정시키면, $\mathscr{D}_1$내의 유일한 점 $z_0\in\mathscr{D}_1$에 대해서 $w_0=f(z_0)$이다. $w=f(z)$라 두면

$$\frac{g(w)-g(w_0)}{w-w_0}=\frac{z-z_0}{f(z)-f(z_0)} \tag{9.3}$$

이 되는데, f는 開集合을 開集合으로 사상하므로 g는 $\mathscr{D}_2$에서 連續이다. 따라서 $w\to w_0$일 때 $z\to z_0$이고, 정리 7.3에 의해서 $f'(z_0)\neq 0$이다. 위 식 (9.3)에 극한을 취하면

$$g'(w_0)=g'[f(z_0)]=1/[f'(z_0)]$$

을 얻는다. 그러므로 g는 $\mathscr{D}_2$에서 解析的이다.

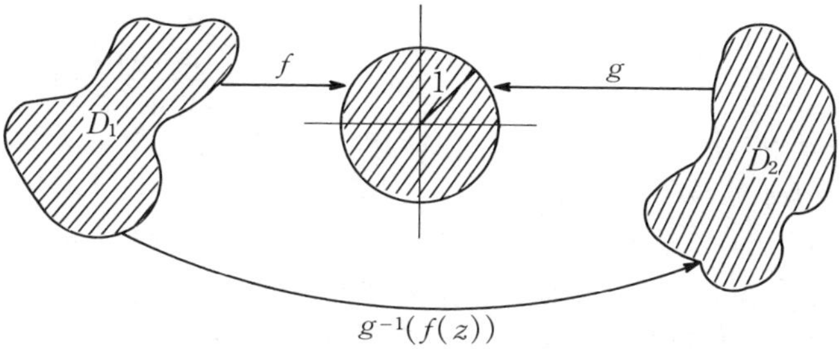

그림 9-1

그림 9-1과 같이 f와 g가 각각 $\mathscr{D}_1$과 $\mathscr{D}_2$를 원반 $|z|<1$에 사상하는 解析的이고 univalent인 함수라고 하면, $g^{-1}[f(z)]$은 $\mathscr{D}_1$에서 $\mathscr{D}_2$로 사상하는 解析的이고 univalent인 함수이다. 가령 f가 영역 $\mathscr{D}$에서 解析的이고 univalent인 함수이고 $|z|<1$ 위로 사상된다고 하면, 같은 성질을 가진 다른 함수는 없는가? 일반적으로 무한히 많이 있다. 실제로

$$g(z)=e^{i\alpha}\frac{z-z_0}{1-\bar{z}_0z}, \quad (|z_0|<1,\ \alpha\text{는 실수}) \tag{9.4}$$

인 형태의 모든 함수는 단위원의 내부를 그 자신에 사상한다. 따라서 $g[f(z)]$와 $f(z)$는 동시에 $\mathscr{D}$를 $|z|<1$에 사상한다. 다음 보조정리는 유일한 사상함수를 만들기 위한 조건을 암시해 준다.

[**補助定理**] $f(z)$가 $|z|<1$에서 解析的이고 univalent이며, 원반 $|z|<1$을 그 자신으로 사상하는 함수이고, 만일 $f(0)=0$, $f'(0)>0$이면, $f(z)=z$이다.

(**증명**) Schwarz의 정리에 의해서 $|f(z)|\le|z|$이 되고, 또한 그 역함수에 Schwarz의 정리를 적용하면 $|z|\le|f(z)|$을 얻는다. 따라서 $|z|\le 1$에 대해서 $|f(z)/z|=1$이므로 $f(z)=e^{i\alpha}z$ (α는 실수)이 되고, $f'(0)>0$이므로 $f(z)=z$이다.

[**定理 9.8**] (Riemann의 寫像定理) $\mathscr{D}$는 복소평면 전체가 아닌 단일연결영역이라 하고, z_0를 $\mathscr{D}$의 한 점이라고 할 때 $f(z_0)=0$와 $f'(z_0)>0$인 조건을 주면, $\mathscr{D}$를 $|w|<1$로 사상하는 解析的이고 univalent인 유일한 함수 $w=f(z)$가 존재한다.

(증명) 먼저 유일성에 대해서 증명하자. 만일 f와 g가 주어진 조건에서 $\mathscr{D}$를 $|w|<1$에 사상하는 함수들이라고 하면, $h=g(f^{-1})$는 단위원반을 단위원반으로 사상하는 解析的이고 univalent인 함수이다. 또한

$$h(0)=g(f^{-1}(0))=g(z_0)=0, \quad |h'(0)|=\frac{|g'(z_0)|}{|f'(z_0)|}>0$$

이므로 보조정리에 의하여 h는 恒等函數(identity function)이다. 즉 $g(z)=f(z)$이 되어서 $w=f(z)$의 유일성이 증명되었다.

다음에 存在性을 증명하기 위해서 우선 $\mathscr{D}$를 $|w|<1$의 내부로 사상하는 解析的이고 univalent인 함수가 존재함을 보이도록 한다. $\mathscr{D}$는 복소평면 전체가 아니므로 한 점 $a\notin\mathscr{D}$가 존재한다. 만일 $\mathscr{D}$의 밖에 한 원반 $|z-a|<\varepsilon$이 존재한다면, $\mathscr{D}$내의 모든 점 z에 대해서 $|z-a|>\varepsilon$이 된다. 이 경우에 $w=\varepsilon/(z-a)$는 $\mathscr{D}$의 모든 점을 단위원반의 내부에 사상하는 解析的이고 univalent인 함수이다. 그러나 $\mathscr{D}$의 여집합(complement)이 어느 원반도 포함하지 않을 가능성도 있다. 이를테면, $\mathscr{D}$가 어떤 점 z_0에서 ∞까지의 반직선을 뺀 평면전체일지도 모른다. 이러한 종류의 영역에 대해서는 한 영역을 그 크기의 절반에 사상하는 二重根函數(square root function)의 分枝를 생각하면 해결된다.

정리 4.10의 系에 따라서 만일 $a\notin\mathscr{D}$이면, 함수 $\phi(z)=\sqrt{z-a}$의 解析的分枝(analytic branch)는 단일영결영역에서 정의된다. 그리고 만일 $z_1, z_2\in\mathscr{D}$에 대해서 $\phi(z_1)=\phi(z_2)$이면

$$(\phi(z_1))^2=(\phi(z_2))^2=z_1-a=z_2-a \Rightarrow z_1=z_2$$

이므로 $\phi(z)$는 $\mathscr{D}$에서 univalent이다.

이제 $\mathscr{D}'$를 $\phi(z)$에 의한 $\mathscr{D}$의 像이라고 하자. 그러면 $\mathscr{D}'$의 餘集合은 한 원반을 포함한다(실제로 그것은 半平面을 포함한다). 이 때 만일 b와 $-b$가 $\mathscr{D}'$에 있다고 하면, $\phi(z')=b$와 $\phi(z'')=-b$가 되는 서로 다른 두 점 z'와 z''가 $\mathscr{D}$내에 존재한다. 그러나

$$[\phi(z')]^2=z'-a=[\phi(z'')]^2=z''-a$$

이므로 z'와 z''가 서로 다르다는 사실에 모순이 된다. 따라서 점 b와 $-b$는 $\mathscr{D}'$에 동시에 있을 수 없다.

그러므로 $|z-c|<\varepsilon$이 $\mathscr{D}'$에 포함되도록 점 c와 $\varepsilon>0$을 취하면, 원반 $|z+c|<\varepsilon$은 $\mathscr{D}'$의 餘集合에 포함된다. 따라서 함수 $\psi(z)=\varepsilon/(z+c)$는 $\mathscr{D}'$를 단위원반에 사상한다. 즉, 合成函數 $\psi(\phi(z))$은 $\mathscr{D}$에서 解析的이고 univalent이며, $\mathscr{D}$를 단위원반에 사상한다. 적당한 분수변환에 의해서 이 함수를 조건 $f_0(z_0)=0$와

$f_0'(z_0)>0$ 를 만족하는 함수 $f_0(z)$로 변환할 수 있다.

함수족 $F=\{g(z):g(z)$는 $\mathscr{D}$에서 解析的이고 univalent 이고, 조건 $g(z_0)=0$, $g'(z_0)>0$ 와 $\mathscr{D}$내의 모든 z에 대해서 $|g(z)|<1$ 을 만족한다$\}$라고 하면, $f_0(z)\in F$ 이기 때문에 函數族 F는 공집합은 아니다. 물론 우리가 存在性을 위해서 찾으려는 함수도 역시 함수족 F속에 있지 않으면 안 된다. z_0에서 최대의 도함수를 갖는 함수가 F내에 존재한다는 것을 보이기 위해서 normal 函數族의 이론을 이용하자.

함수족 F는 $\mathscr{D}$에서 국소적으로 平等有界이므로 정리 9.4 로부터 F는 normal 함수족이다.

$$A=\text{lub}\{g'(z_0):g(z)\in F\}$$

라 두면, A는 무한대가 될지도 모르지만, A의 정의에 의해서

$$f_n'(z_0)\to A$$

가 되는 수열 $f_n\in F$ 이 존재한다. F가 normal 함수족이므로 $\mathscr{D}$의 compact 인 부분집합에서 한 解析函數 $f(z)$에 평등수렴하는 부분 수열 $\{f_{n_k}\}$가 존재한다. 정리 5.6 의 系를 적용하여, $|f'(z_0)|=A$ 이고, A는 유한이다. 또한

$$f'(z_0)\geq f_0'(z_0)>0$$

이므로 함수 $f(z)$는 $\mathscr{D}$에서 常數가 아니다. 다시 정리 9.5 로부터 $f(z)$는 $\mathscr{D}$에서 univalent 이고, 결과적으로 함수족 F의 한 요소가 됨을 알 수 있다.

이제 함수 $f(z)$가 요구하는 함수임을 보이자. 가령 단위 원반내의 어떤 α에 대해서 $f(z)\neq\alpha$ 라고 가정하면, 함수

$$F(z)=\sqrt{\frac{f(z)-\alpha}{1-\bar{\alpha}f(z)}}$$

의 한 解析的 分枝는 $\mathscr{D}$에서 정의되고, $f(z)$가 $\mathscr{D}$에서 univalent 이므로 $F(z)$도 $\mathscr{D}$에서 univalent 이고, 또한 $|f(z)|<1$ 이므로 $|F(z)|<1$ 이 된다. 그러나 $F(z)$는 z_0에서의 조건을 만족하지 않는다. 그러므로 함수

$$G(z)=\frac{|F'(z_0)|}{F'(z_0)}\,\frac{F(z)-F(z_0)}{1-\overline{F(z_0)}F(z)}$$

를 생각하면, $G(z_0)=0$, $G'(z_0)>0$ 을 만족하므로 $G(z)\in F$ 이고, 또한

$$|G'(z_0)|=\frac{|F'(z_0)|}{1-|F(z_0)|^2}=\frac{1+|\alpha|}{2\sqrt{|\alpha|}}A>A=|f'(z_0)|$$

이 되므로 $|f'(z_0)|$가 최대라는 것에 모순이 된다. 이와 같이 $f(z)$는 $\mathscr{D}$를 단위원

반에 빠짐없이 사상하므로 증명이 완료되었다.

(**備考**) 만일 $\mathscr{D}_1$에서 $\mathscr{D}_2$위로 一對一이고 等角的으로 사상하는 解析函數가 存在할 때, 두 영역 $\mathscr{D}_1$과 $\mathscr{D}_2$를 **等角的으로 同等**(conformally equivalent)하다고 말한다. 한 영역에서 일대일이 된다는 것은 0이 아닌 도함수를 보장해 주기 때문에 Riemann의 寫像定理는 임의의 평면전체가 아닌 두 개의 단일연결영역은 등각적으로 동등함을 보여주고 있다. 정리 9.8의 증명에서 우리는 해석적이고 univalent인 함수는 단일연결영역을 단일연결영역에 사상한다고 가정을 했는데, 위상수학에서 일대일이고 연속인 함수에 의한 단일연결영역의 像은 다중연결영역이 될 수 없다는 것이 증명되었으므로 어떤 단일연결영역도 다중연결영역과 등각적으로 동등할 수가 없다.

[**例 題**]

1. 만일 F가 平等有界인 解析函數들의 函數族이라고 하면, $F^{(n)}$도 역시 평등유계인가?

(**解**) 반드시 그렇지는 않다. 이를테면, $\{z^n\}$은 $|z|<1$에서 平等有界이지만 $\{nz^{n-1}\}$은 $|z|<1$에서 평등유계가 아니다.

2. 정리 9.8의 Riemann의 寫像定理의 存在性을 증명할 때 먼저 어떤 함수가 그 영역을 단위원반의 내부로 사상한다는 것을 밝혔는데, 그 이유는 무엇인가?

(**解**) 그 증명에서 구성한 normal 함수족 F가 空集合이 아님을 확실히 하기 위해서 필요한 것이다.

問 題

1. 만일 한 函數族이 한 영역의 각 점에서 平等有界이면, 그 함수족은 국소적으로 平等有界인가?

(**풀이**) 그렇지 않다. 例를 들어 함수족 F를

$$f(z)=\begin{cases}1, & z\neq 1/n\\ n, & z=1/n\end{cases}$$

에 의해서 정의되는 한 함수 $f(z)$로 구성되는 함수족이라고 하면, F는 원점의 모든 근방에서 유계가 아니다.

2. $F=\{f(z)\ ;\ f(z)=1+\sum_{n=1}^{\infty}a_nz^n$는 $|z|<1$에서 解析的이고 $\mathrm{Re}f(z)>0\}$일 때 F는 compact이고 normal인 함수족임을 증명하여라.

(**풀이**) $f \in F$인 모든 함수 f는 부등식

$$|f(z)| \leq \frac{1+|z|}{1-|z|}, \quad (|z|=r<1)$$

을 만족한다. 따라서 F는 국소적으로 평등유계이고, Montel의 정리에 의해서 F는 normal 함수족이다. F가 compact인 함수족임을 증명하기 위하여 F 내의 함수열 $\{f_n\}$이 한 함수 g에 평등수렴한다고 가정하고, $g \in F$임을 증명하면 된다. 정리 5.6에 의해서 g는 $|z|<1$에서 解析的인 함수이다. 모든 n에 대해서 $f_n(0)=1$이므로 $g(0)=1$이고, 또한 모든 n에 대해서 $\operatorname{Re} f_n(z)>0$이므로 $|z|<1$에 대하여 $\operatorname{Re} g(z) \geq 0$이다. 그러나 open mapping theorem에 의해서 $|z|<1$에 대하여 $\operatorname{Re} g(z)>0$이어야 한다. 그래서 $g \in F$이 되고, F는 compact인 함수족이다.

연 습 문 제 9.1

1. 조밀한 수열(dense sequence)과 조밀한 집합(dense set) 사이에는 어떤 차이가 있는가?

2. 단위원반 $|z|<1$에서 $f(0)=0$, $f'(0)=1$이고 f에 의한 $|z|<1$의 像이 복소평면체 C인 국소적으로 univalent인 함수 f의 例를 들어보다.

3. 단일연결영역 D_0의 한 고정된 점 a_0에서 $\varphi(a_0)=0$, $\varphi'(a_0)=1$이 되는 모든 univalent인 함수들을 생각하자. 만일 r이 a_0에서 D_0까지의 가장 가까운 거리보다 작은 실수이고, $\varphi(D_0)=\{z\,;\,|z|<r\}$이면, $\varphi(D_0)$의 면적은 최소가 됨을 증명하여라.

9.2 Weierstrass 곱定理와 Mittag-Leffler 定理

u_n $(n=1, 2, \cdots)$이 복소수일 때 무한곱(Infinite propuct)

$$\prod_{n=1}^{\infty} u_n = u_1 \cdot u_2 \cdot u_3 \cdots$$

이 수렴한다는 것은

$$\lim_{n\to\infty} \left(\prod_{k=1}^{n} u_k\right)$$

이 존재하고, 0이 아닐 때를 말한다. $P_n = \prod_{k=1}^{n} u_k$라 하고, 만일 무한곱 $\prod_{n=1}^{\infty} u_n$

이 수렴한다고 하면, $\lim_{n\to\infty} P_n = P\ (\neq 0)$이므로 $n\to\infty$일 때

$$u_n = \frac{P_n}{P_{n-1}} \to \frac{P}{P} = 1$$

이 된다. 그러므로 수렴하는 무한곱을 생각할 때 우리는

$$\prod_{n=1}^{\infty}(1+a_n),\ \text{단}\ a^n \to 0\ (n\to\infty)$$

인 형태의 무한곱으로 나타내는 것이 편리하다.

만일 $\prod_{n=1}^{\infty}(1+a_n) = P \neq 0$이면, $\log[\prod_{n=1}^{\infty}(1+a_n)] = \log P$이다. 그러나 이것이 급수 $\sum_{n=1}^{\infty}\log(1+a_n)$가 $\log P$에 수렴함을 뜻하지는 않는다. 가령

$$P_n = \prod_{k=1}^{n}(1+a_k) = |P_n| e^{i\arg P_n}$$

이면, $|P_n| \to |P|$이지만 $\arg P_n \to \arg P\ (\mathrm{mod}\ 2\pi)$이다. 즉 $\prod_{n=1}^{\infty}(1+a_n)$의 수렴성과 $\sum_{n=1}^{\infty}\log(1+a_n)$의 수렴성을 비교하기 위해서는 log의 다가함수성질에 유의하여야 한다.

[**定理 9.9**] $a_n \neq -1$인 복소수 a_n에 대하여 무한곱 $\prod_{n=1}^{\infty}(1+a_n)$이 수렴하기 위한 필요충분조건은 급수 $\sum_{n=1}^{\infty}\mathrm{Log}(1+a_n)$이 수렴하는 것이다.

(증명) $P_n = \prod_{k=1}^{n}(1+a_k)$라 놓고,

$$\log P_n = \mathrm{Log}|P_n| + i\arg P_n = \sum_{k=1}^{n}\mathrm{Log}(1+a_k) \tag{9.5}$$

라고 쓰자. 단, 각 k에 대하여 log 함수의 分枝(branch)를

$$-\pi < I_m\mathrm{Log}(1+a_k) = \mathrm{Arg}(1+a_k) \leq \pi$$

를 만족하도록 택하면, 이것이 $\log P_n$의 分枝를 결정한다.

만일 $P_n \to P \neq 0$이라고 하면,

$$\mathrm{Log}|P_n| \to \mathrm{Log}|P|\ \text{이고}\ \arg P_n \to \arg P\ (\mathrm{mod}\ 2\pi)$$

이다. 따라서 $\varepsilon_n \to 0$이 되는 실수의 수열 $\{\varepsilon_n\}$과 정수의 수열 $\{m_n\}$이 존재하여

$$\arg P_n = \arg P + 2\pi m_n + \varepsilon_n \tag{9.6}$$

와 같이 쓸 수 있다. 이제 충분히 큰 n에 대해서 m_n이 상수 m이 됨을 밝히자. 그것을 밝히기 위해서

$$\begin{aligned}\arg P_{n+1} - \arg P_n &= \mathrm{Arg}(1+a_n)\\ &= 2\pi(m_{n+1}-m_n) + \varepsilon_{n+1} - \varepsilon_n\end{aligned}$$

을 생각하면, $a_n \to 0$이므로 $\mathrm{Arg}(1+a_n) \to 0$이 되어 모든 $n > N$에 대해서

$$2\pi|m_{n+1}-m_n| \leq |\mathrm{Arg}(1+a_n)| + |\varepsilon_{n+1}| + |\varepsilon_n| < 2\pi$$

이다. 그러므로 $n > N$인 n에 대해서

$$m_{n+1}=m_n=m$$

이 된다. 또 식 (9.6)에서 $\arg P_n \to \arg P+2m\pi$가 되므로 식 (9.5)로부터 $\sum_{n=1}^{\infty} \mathrm{Log}(1+a_n)$이 수렴함을 알 수 있다.

逆으로, 만일 $\sum_{n=1}^{\infty} \mathrm{Log}(1+a_n)$이 한 복소수 A에 수렴한다고 하면,

$$P_n=\exp\ \log P_n=\exp \sum_{k=1}^{n} \mathrm{Log}(1+a_k)$$

에서 $n\to\infty$일 때 $\prod_{k=1}^{\infty}(1+a_k)=e^A\neq 0$이므로 정리가 증명되었다.

$a_n\neq -1$일 때, 만일 $\prod_{n=1}^{\infty}(1+|a_n|)$이 수렴하면, 무한곱 $\prod_{n=1}^{\infty}(1+a_n)$이 **절대 수렴**한다고 한다. $a_n\neq -1$인 복소수 a_n에 대해서 $\prod_{n=1}^{\infty}(1+a_n)$이 절대 수렴하면 $\prod_{n=1}^{\infty}(1+a_n)$이 수렴함을 쉽게 알 수 있다.

무한곱

$$\prod_{n=1}^{\infty}[1+f_n(z)] \tag{9.7}$$

이 한 영역 D에서 수렴한다는 것은 각 $z_0\in D$에 대해서

$$\lim_{n\to\infty} \prod_{k=1}^{n}[1+f_k(z_0)]$$

이 존재하고, 0이 아닌 극한값을 가질 때를 말한다. 또 만일 수열

$$P_n(z)=\prod_{k=1}^{n}[1+f_k(z)]$$

이 D에서 0이 아닌 한 함수에 평등수렴할 때 무한곱 (9.7)은 D에서 평등수렴한다고 한다.

[定理 9.10] 영역 D내의 모든 z에 대해서 $f_n(z)\neq -1$이고, $|f_n(z)|\leq M_n$이라고 하자. 만일 $\sum_{n=1}^{\infty} M_n$이 수렴하면, $\prod_{n=1}^{\infty}[1+f_n(z)]$은 D에서 平等收斂한다.

(증명) $x\geq 0$에 대해서 $e^x=\sum_{n=0}^{\infty}(x^n/n!)\geq 1+x$이 성립하므로

$$|f_1(z)|+|f_2(z)|+\cdots+|f_n(z)|\leq (1+|f_1(z)|)(1+|f_2(z)|)\cdots(1+|f_n(z)|)$$
$$\leq e^{|f_1(z)|}e^{|f_2(z)|}\cdots e^{|f_n(z)|}.$$

즉
$$\sum_{k=1}^{n}|f_k(z)|\leq \prod_{k=1}^{n}(1+|f_k(z)|)\leq \exp\sum_{k=1}^{n}|f_k(z)| \tag{9.8}$$

을 얻고, 또 정리의 조건이 만족되면 Weierstrass M-test에 의해서 $\sum_{n=1}^{\infty}|f_n(z)|$이 수렴하고, 식 (9.8)에 의해서 $\prod_{n=1}^{\infty}[1+f_n(z)]$이 절대수렴한다. 따라서 $\prod_{n=1}^{\infty}[1+f_n(z)]$은 D내의 각점에 대해서 수렴한다. 이제 무한곱 $\prod_{n=1}^{\infty}[1+f_n(z)]$이 D에서 平等收斂한다는 것을 보이기 위해서는 수열 $P_n(z)=$

$\prod_{k=1}^{n}[1+f_k(z)]$이 D 위에서 평등적으로 Canchy 수열이 됨을 보이면 충분하다. 임의의 양의 정수 m과 n $(m<n)$에 대해서

$$P_n(z)-P_m(z)=\sum_{k=m}^{n-1}[P_{k+1}(z)-P_k(z)]=\sum_{k=m}^{n-1}P_k(z)f_{k+1}(z) \qquad (9.9)$$

이고, 모든 k에 대해서

$$|P_k(z)|\le\prod_{n=1}^{\infty}(1+|f_n(z)|)\le\exp\sum_{n=1}^{\infty}|f_n(z)|$$
$$\le\exp\sum_{n=1}^{\infty}M_n=e^M$$

이 성립한다. 따라서 식 (9.9)에서 모든 $z\in D$와 모든 n에 대해서 $\sum_{k=m}^{n}|f_k(z)|<\varepsilon$이 되도록 m을 충분히 크게 취하면,

$$|P_n(z)-P_m(z)|\le\sum_{k=m}^{n-1}|P_k(z)||f_k(z)|\le e^M\sum_{k=m}^{n-1}|f_k(z)|<\varepsilon e^M$$

이 되고, ε은 임의의 수이므로 정리가 증명되었다.

複素平面全體에서 解析的인 entire 函數와 무한곱에 관한 다음 정리를 알아보자.

[**定理 9.11**] (Weierstrass의 곱정리) 有限극한점을 갖지 않는 임의의 복소수의 수열 $\{a_n\}$이 주어졌다고 할 때, 오직 이 점들 $a_1, a_2, \cdots$에서만 根을 갖는 entire 函數가 存在한다.

(**증명**) 주어진 수열이

$$0<|a_1|\le|a_2|\le|a_3|\le\cdots$$

와 같이 정돈된 수열 $\{a_n\}$에서 근을 갖는 entire 함수를 구성하여 보자. 일반성을 잃지 않고 a_n의 어느 것도 0이 아니라고 가정하자. 왜냐하면, 만일 이들 중 k개가 0이라고 하면, $z^kf(z)$가 요구하는 성질을 갖게 되기 때문이다.
각각의 n에 대하여

$$P_n(z)=\frac{z}{a_n}+\frac{1}{2}\left(\frac{z}{a_n}\right)^2+\cdots+\frac{1}{n}\left(\frac{z}{a_n}\right)^n$$

라 두고, 함수 $f(z)=\prod_{n=1}^{\infty}(1-a_n)e^{P_n(z)}$가 정리의 조건을 만족한다는 것을 보이자. 정리 9.9에 의해서

$$\sum_{n=1}^{\infty}\operatorname{Log}\left[\left(1-\frac{z}{a_n}\right)e^{P_n(z)}\right]=\sum_{n=1}^{\infty}\left[\operatorname{Log}\left(1-\frac{z}{a_n}\right)+P_n(z)\right]$$

가 평면상의 임의의 compact인 부분집합 $|z|\le R$ 위에서 평등수렴함을 보이면 충분하다. $|z|\le R<2R\le|a_n|$에 대해서

$$\left|\operatorname{Log}\left(1-\frac{z}{a_n}\right)+P_n(z)\right|$$

$$=\left|-\frac{1}{n+1}\left(\frac{z}{a_n}\right)^{n+1}-\frac{1}{n+2}\left(\frac{z}{a_n}\right)^{n+2}-\frac{1}{n+3}\left(\frac{z}{a_n}\right)^{n+3}\cdots\right|$$
$$\leq\left|\frac{z}{a_n}\right|^{n+1}\left(1+\left|\frac{z}{a_n}\right|+\left|\frac{z}{a_n}\right|^2+\cdots\right)$$
$$\leq\left|\frac{z}{a_n}\right|^{n+1}\leq\frac{1}{2^n}$$

따라서 $|a_N|\geq 2R$이 되도록 하는 충분히 큰 N에 대하여

$$\sum_{n=N}^{\infty}\left|\mathrm{Log}\left(1-\frac{z}{a_n}\right)+P_n(z)\right|\leq\sum_{n=N}^{\infty}\frac{1}{2^n}<\infty,\quad (|z|\leq R)$$

이므로 정리 9.10에 의해서 정리가 증명되었다.

위의 Weierstrass의 곱정리는 미리 주어진 수열에 대해서 그 점열에서만 근을 갖는 entire 函數를 나타내는 무한곱을 구성할 수 있다는 것을 보여준다. 그 逆은 어떠한가? 즉 근을 알고 있는 entire 함수가 주어졌을 때, 그 함수에 대한 무한곱을 구성할 수 있는가? 이 문제도 가능하다. 이를 테면, $\sin\pi z$는 모든 정수에서 單根을 가지므로 몇가지 계산을 거쳐서

$$\sin\pi z=\pi z\prod_{n=1}^{\infty}\left(1-\frac{z^2}{n^2}\right)$$

과 같이 표시된다. 이 함수 $\sin\pi z$는 gamma 함수 $\Gamma(z)$에 의해서 표시할 수도 있다. gamma 함수 $\Gamma(z)$는 다음과 같이 정의한다.

함수

$$f(z)=\prod_{n=1}^{\infty}\left(1+\frac{z}{n}\right)e^{-z/n}\tag{9.10}$$

은 음의 정수에서 근을 갖는 entire 함수이다. 또 함수 $f(z-1)$은 원점에서 한 근을 추가하면서 같은 근을 갖는다. 따라서 우리는 어떤 entire 함수 $g(z)$에 대해서

$$f(z-1)=e^{g(z)}zf(z)\tag{9.11}$$

와 같이 쓸 수 있다. 식 (9.11)에서 log를 취한 다음 미분하는데, log의 分枝를 생각하면,

$$\sum_{n=1}^{\infty}\left(\frac{1}{n+z-1}-\frac{1}{n}\right)=g'(z)+\frac{1}{z}+\sum_{n=1}^{\infty}\left(\frac{1}{n+z}-\frac{1}{n}\right)\tag{9.12}$$

를 얻는다. 식 (9.12)의 좌변의 합은

$$\left(\frac{1}{z}-1\right)+\sum_{n=2}^{\infty}\left(\frac{1}{n+z-1}-\frac{1}{n}\right)$$
$$=\frac{1}{z}-1+\sum_{n=1}^{\infty}\left[\left(\frac{1}{n+z}-\frac{1}{n}\right)+\left(\frac{1}{n}-\frac{1}{n+1}\right)\right]$$
$$=\frac{1}{z}-1+\sum_{n=1}^{\infty}\left(\frac{1}{n+z}-\frac{1}{n}\right)+1$$

$$=\frac{1}{z}+\sum_{n=1}^{\infty}\left(\frac{1}{n+z}-\frac{1}{n}\right)$$

이므로 식 (9.12)의 우변과 비교하면, $g'(z)\equiv 0$이 된다. 곧

$$g(z)=r,\quad (r \text{ 상수})$$

상수 r를 결정하기 위해서 식 (9.11)에서 $z=1$이라 두면,

$$1=f(0)=e^{r}\prod_{n=1}^{\infty}\left(1+\frac{1}{n}\right)e^{-1/n}$$

인데, 자연대수를 이용하여

$$r=\sum_{n=1}^{\infty}\left[\frac{1}{n}-\mathrm{Log}\left(1+\frac{1}{n}\right)\right]$$

$$=\lim_{N\to\infty}\left[1+\frac{1}{2}+\frac{1}{3}+\cdots+\frac{1}{N}-\mathrm{Log}(N+1)\right]$$

을 얻는다. 이 상수 r를 **Euler**의 상수라 하며, 이 값은 대략 0.577이다. Euler의 상수 r과 식 (9.10)에서 정의한 함수 $f(z)$를 가지고 gamma 함수 $\Gamma(z)$는

$$\Gamma(z)=\frac{1}{e^{rz}zf(z)} \tag{9.13}$$

로 정의한다. 이 gamma 함수는 음의 정수와 원점을 제외한 모든 점에서 解析的인 함수를 나타낸다.

식 (9.11)에서 $g(z)=r$이므로

$$f(z)=e^{r}(z+1)f(z+1)$$

이 되는데 이것으로 부터 gamma 함수의 중요한 성질을 얻을 수 있다.

즉,
$$\Gamma(z+1)=\frac{1}{e^{r(z+1)}(z+1)f(z+1)}=\frac{1}{e^{rz}f(z)}=z\Gamma(z) \tag{9.14}$$

특히 $z=n$ (양의 정수)일 때 식 (9.14)에서

$$\Gamma(n+1)=n\Gamma(n)=n(n-1)\Gamma(n-1)=\cdots=n(n-1)\cdots 2\Gamma(1)$$

여기서 $\Gamma(1)=1/e^{r}f(1)=1/e^{r}e^{-r}=1$이므로 $\Gamma(n+1)n!$이다.

또 $\sin\pi z=\pi zf(z)f(-z)$와 식 (9.13)에서의 $f(z)=1/ze^{rz}\Gamma(z)$인 관계를 이용하면,

$$\sin\pi z=\frac{\pi}{e^{rz}\Gamma(z)(-z)e^{-rz}\Gamma(-z)}=\frac{\pi}{-z\Gamma(-z)\Gamma(z)}$$

을 얻는다. 그리고 $-z\Gamma(-z)=\Gamma(1-z)$이므로 모든 정수가 아닌 z의 값에 대해서

$$\frac{\pi}{\sin\pi z}=\Gamma(z)\Gamma(1-z)$$

로 표시된다.

한 함수 $f(z)$가 영역 $\mathscr{D}$내에서 極(pole) 이외에 다른 特異點(singularities)을 갖

지 않을 때 $f(z)$를 $\mathcal{D}$에서 **meromorphic** 함수라고 한다. 이 정의에 의하여 복소평면에서 meromorphic인 함수는 임의의 有界인 영역에서 무한히 많은 極을 가질 수 없다. 왜냐하면, 만일 무한히 많은 極들을 갖는다고 하면, 그 極들의 수열은 한 極限點(limit point) p를 갖지 않으면 안되고, $f(z)$는 p의 임의의 근방에서 解析的이 될 수 없으므로 p는 極이 아닌 하나의 특이점이 되기 때문이다.

entire 함수의 역수(reciprocal)는 meromorphic 함수이고, 그의 極들은 entire 함수의 根들로 구성된다.

[**定理 9.12**] 한 함수가 meromorphic 함수가 되기 위한 필요충분조건은 그 함수가 두 entire 함수의 商으로 표시되는 것이다.

(**증명**) 만일 $f(z)$가 meromorphic 함수라고 하면, Weierstrass의 정리 9.11에 의해서 $f(z)$의 極들과 위치와 位數가 일치하는 根을 갖는 함수 $h(z)$가 존재한다. 그러므로 $g(z)=f(z)h(z)$는 entire 함수이다. 왜냐하면, $f(z)$의 極들은 $h(z)$의 根들에 의해서 상쇄되기 때문이다. 따라서 $f(z)=g(z)/h(z)$는 두 entire 함수들의 商이다.

逆으로 만일 $f(z)=g(z)/h(z)$이고, $g(z)$와 $h(z)$는 공통근을 갖지 않은 entire 함수들이라고 하면, $f(z)$의 특이점들은 오직 $h(z)$의 根들로 구성되는 極들뿐이다. 따라서 $f(z)$는 meromophic 함수이다.

다음에는 entire 函數에 대한 Weierstrass 정리와 유사한 것을 meromorphic 함수에 대하여 알아보자. 즉 미리 주어진 極들과 미리 주어진 主部分(principal parts)들을 갖는 meromorphic 함수를 구성하여 보자.

[**定理 9.13**] (Mittag-Leffler 정리) $\{b_n\}$을 ∞에 접근하는 복소수의 수열이라 하고 각 n에 대하여 유리함수의 꼴인

$$P_n\left(\frac{1}{z-b_n}\right)=\frac{a_1^{(n)}}{z-b_n}+\frac{a_2^{(n)}}{(z-b_n)^2}+\cdots+\frac{a_{k_n}^{(n)}}{(z-b_n)^{k_n}} \tag{9.15}$$

을 대응시키자. 단, $a_i^{(n)}$은 복소상수이고, $a_{k_n}^{(n)}\neq 0$이다. 그러면 $\{b_n\}$에서 極을 가지면, 主部分이 $P_n(1/(z-b_n))$이고 다른데에서는 解析的인 meromorphic 함수가 존재한다.

(**증명**) 일반성을 잃지 않고 b_n 중 어느 것도 0이 아니라고 가정한다. 왜냐하면 우리는 원점에서 한 極을 갖는 유리함수를 언제나 첨가할 수 있기 때문이다.

그리고 수열 $\{b_n\}$도

$$0<|b_1|\le|b_2|\le|b_3|\le\cdots$$

이 되도록 정돈되어 있다고 가정하자.

각 n에 대해서 유리함수 $P_n(1/(z-b_n))$은 원반 $|z|<|b_n|$에서 解析的이므로 $|z|<|b_n|$에서 절대수렴하고, $|z|\le|b_n|/2$에서 평등수렴하는 Maclaurin 급수전개를 갖는다. 따라서 $P_n(1/(z-b_n))$에 대한 Maclaurin 급수의 部分合인 다항식 $Q_n(z)$는 차수를 충분히 크게 해서 $|z|\le|b_n|/2$에 대하여

$$\left|P_n\left(\frac{1}{z-b_n}\right)-Q_n(z)\right|<\frac{1}{2^n} \tag{9.16}$$

이 되게 만들 수 있다. 이제 우리는 함수

$$f(z)=\sum_{n=1}^{\infty}\left[P_n\left(\frac{1}{z-b_n}\right)-Q_n(z)\right]$$

이 정리의 조건을 만족함을 보이자. 이것을 위해서는 $|b_n|\le R$ 내의 점들을 제외한 평면에서의 임의의 compact인 부분집합위에서 $f(z)$에 대한 급수가 平等收斂하다는 것을 보이면 충분하다.

$|b_N|\ge 2R$이 되도록 N을 취하면, 식 (9.16)에서

$$\sum_{n=N}^{\infty}\left|P_n\left(\frac{1}{z-b_n}\right)-Q_n(z)\right|<\sum_{n=N}^{\infty}\frac{1}{2^n}<\infty$$

가 되고, Weierstrass의 M-검증에 의해서 $f(z)$에 대한 급수가 평등수렴한다. $P_n(1/(z-b_n))$의 極들은 원 $|z|=R$의 밖에 놓여 있기 때문에

$$\sum_{n=N}^{\infty}\left[P_n\left(\frac{1}{z-b_n}\right)-Q_n(z)\right]$$

은 $|z|\le R$에서 解析的이다. 또 R은 임의의 수이므로 결국 $f(z)$는 복소평면에서 meromorphic인 함수이다. 따라서 정리가 증명되었다.

[例 題]

1. 만일 $\sum_{n=1}^{\infty}a_n$이 수렴하면, $\prod_{n=1}^{\infty}(1+a_nz)$는 entire 함수인가?

(解) $\sum_{n=1}^{\infty}a_n$이 절대수렴하다는 것이 필요하다. 예를 들어,

$$\prod_{n=1}^{\infty}\left(1+\frac{(-1)^{n+1}z}{n}\right)\text{는 } z=1\text{에서 발산한다.}$$

2. 만일 $\prod_{n=1}^{\infty}(1+a_n)$은 수렴하고, $\prod_{n=1}^{\infty}(1+|a_n|)$은 발산한다고 하면, 수열 $\{a_n\}$에 대해서 무슨 얘기를 할 수 있는가?

(解) $\{a_n\}\to 0$이다. 그러나 급수 $\sum_{n=0}^{\infty}a_n$은 절대수렴하지 않는다. 따라서 $\sum_{n=0}^{\infty}a_n$은 수렴할지 혹은 수렴하지 않을지 모른다.

3. 무한곱과 entire 함수에 대한 무한급수전개사이에는 어떤 관계가 있는가?

(解) 급수전개는 곱의 전개로부터 결정된다. 그러나 그 역은 성립하지 않는다.

問 題

1. $n=2, 3, 4, \cdots$에 대해서 $z=\log n$ 에서만 根을 갖는 entire 함수를 구성하여라.

(풀이) $\prod_{n=2}^{\infty}\left(1-\frac{z}{\log n}\right)e^{(z/\log n)+(1/2)(z/\log n)^2+\cdots+(1/n)(z/\log n)^n+\cdots}$

2. 다음 무한곱의 값을 구하여라.

(a) $\prod_{n=2}^{\infty}\left(1-\frac{1}{n^2}\right)$ (b) $\prod_{n=1}^{\infty}\left(1+\frac{1}{n(n+2)}\right)$

(풀이) (a) $\frac{1}{2}$ (b) 2

3. Mittag-Leffler 의 정리를 증명하는데 있어서 b_n의 어느 것도 0이 아니라고 가정하는 것이 왜 필요한가?

(풀이) Maclaurin 급수전개를 얻기 위해서 필요하다.

4. 다음 두 성질을 갖는 meromorphic 함수 $f(z)$를 구성하여라.

(i) $f(z)$는 $z=1, 2, 3, \cdots$에서만 極을 갖고 그 밖에서는 없다.

(ii) $z=\text{n}$ 에서 n 位의 極을 갖는다.

(풀이) $f(z)=\sum_{n=1}^{\infty}\frac{1}{(z-n)^n}$

연습 문제 9.2

1. 다음 무한곱을 구하여라.

(a) $\prod_{n=2}^{\infty}\left(1-\frac{2}{n(n+1)}\right)$ (b) $\prod_{n=1}^{\infty}\left(1+\frac{(-1)^{n+1}}{n}\right)$

2. 다음 무한곱이 수렴하는 영역을 결정하여라.

(a) $\prod_{n=1}^{\infty}(1+z^n)$ (b) $\prod_{n=1}^{\infty}(1-z^{2^n})$ (c) $\prod_{n=2}^{\infty}\left(1-\frac{1}{n^z}\right)$

3. $|z|<1$ 에 대하여

$$\prod_{n=0}^{\infty}(1+z^{2^n})=\frac{1}{1-z}$$

임을 밝혀라.

4. $\prod_{n=1}^{\infty}(1+1/n^2+1/n^4)$의 값을 구하여라.

5. 다음 성질을 갖는 entire 함수를 구성하여라.

(i) $f(z)$는 $z=1, 2, 3, \cdots$에서만 근을 갖고 그 외에는 없다.

(ii) $z=n$에서의 $f(z)$의 근은 n중근을 갖는다.

6. $(\sin z)/(e^{2iz}+1)$와 $1/(2i\cos z)$는 entire 함수의 차이만큼 다르다. 그 함수를 구하여라.

〈9장 보충 문제〉

1. 모든 n에 대하여 $a_n>0$이라 하고, $\sum_{n=1}^{\infty}a_n$이 수렴한다고 하자. $S_n=\sum_{k=1}^{n}a_k$라고 놓으면

$$a_1\prod_{n=2}^{\infty}\left(1+\frac{a_n}{S_{n-1}}\right)=\sum_{n=1}^{\infty}a_n$$

임을 증명하여라.

2. $\prod_{n=1}^{\infty}(1-z/n)e^{z/n+(5z^2/n^2)}$은 entire 함수를 나타냄을 밝혀라.

3. $\cos z=\prod_{n=1}^{\infty}\left[1-\frac{4z^2}{(2n-1)^2\pi^2}\right]$임을 증명하여라.

(힌트 : $\cos z=(\sin 2z)/(2\sin z)$임을 이용하여라)

4. $\prod_{n=1}^{\infty}(1-z/a_n)$이 entire 함수이기 위한 필요충분조건은 $\sum_{n=1}^{\infty}1/(z-a_n)$이 meromorphic 함수임을 증명하여라.

5. $\sum_{n=1}^{\infty}(|\alpha_n|/n^2)$이 수렴한다고 하자. 다음 두 가지가 성립함을 밝혀라.

(a) $f(z)=2z\sum_{n=1}^{\infty}(-1)^n\alpha_n/(z^2-n^2)$은 meromorphic 함수이다.

(b) $g(z)=(\sin\pi z/\pi)f(z)$는 $g(n)=\alpha_n$을 갖는 entire 함수이다.

10장 單葉函數의 基本理論

複素平面 C상의 한 영역 D에서 單價函數 f가 單葉(univalent)이라는 것은 f가 같은 값을 두번 이상 취하지 않는다는 것을 의미한다. 따라서 單葉函數(univalent function) f는 解析的으로는 0이 아닌 導函數를 가지며, 幾何學的으로 단엽함수 f는 단순곡선(simple curve)을 단일곡선 위에 사상한다. 이 章에서 우리는 이러한 單葉函數 f의 幾何學的 혹은 解析的인 特性을 나타내는 여러가지 성질들이 어떻게 결합되어 있고, 그 성질을 나타내는 정리들을 어떻게 증명하는가에 대하여 공부하고자 한다.

10.1 單葉函數族의 基本性質

만일 함수 f가 영역 D내의 $z_1 \neq z_2$인 모든 점 z_1과 z_2에 대해서 $f(z_1) \neq f(z_2)$가 성립할 때 f는 영역 D에서 **單葉函數(univalent function)**라고 한다. 또 f가 한점 z_0의 어떤 근방안에서 단엽일 때 f를 한점 $z_0 \in D$에서 **局所知인 單葉函數 (locally univalent function)**라고 한다. 解析函數 f에 대하여 조건 $f'(z_0) \neq 0$은 z_0에서 국소적인 단엽이라는 것과 같은 것이다. 解析的이고 單葉인 函數 f는 그의 角을 보존하는 성질때문에 等角寫像(conformal mapping)이라고도 부른다.

解析的이고 동시에 單葉인 함수들은 단일연결영역(simply connected domain)을 단일연결영역으로 사상하는 멋진 성질을 가지고 있다. 9장에서 공부한 Riemann 사상정리에 의하여 우리는 임의의 복소평면전체가 아닌 단일연결영역에서 정의된 한 單葉函數를 單位丹盤(unit disk)에서 정의된 함수와 대응시킬 수가 있다. 그러므

로 우리는 앞으로 單葉函數들의 정의역을 단위원반 $|z|<1$로 제한해서 생각하기로 한다. 왜냐하면, Riemann 사상정리에 따라서 $|z|<1$에서 정의된 단엽함수의 대부분의 기하학적 정리들을 경계점이 2개 이상인 임의의 단일연결영역에서 정의된 단엽함수에 대한 정리로 쉽게 옮겨지기 때문이다.

이제 $|z|<1$에서 解析的이고 單葉인 함수들의 모임을 생각하는데, 조건

$$f(0)=0,\ f'(0)=1$$

을 만족하는 함수들의 모임을 S로 표시하자. 즉

$$S=\{f : f(z)\text{는 } |z|<1 \text{에서 解析的이고 單葉, 그리고 } f(0)=0,\ f'(0)=1\}$$

따라서 각 $f\in S$는 멱급수

$$f(z)=z+a_2z^2+a_3z^3+\cdots,\quad |z|<1$$

로 표시된다.

單葉函數族 S의 함수중에서 가장 대표적인 함수의 예는 Koebe 函數

$$k(z)=z(1-z)^{-2}=z+2z^2+3z^3+\cdots$$

인데, 이 Koebe 함수 $k(z)$는 $|z|<1$을 $-1/4$에서 ∞까지의 음의 실축부분을 제외한 평면전체에 사상한다. 이것은 함수

$$w=\frac{1+z}{1-z}$$

가 $|z|<1$을 오른쪽 반평면 $Re w>0$에로 사상하는 함수이므로

$$k(z)=\frac{1}{4}\left(\frac{1+z}{1-z}\right)^2-\frac{1}{4}$$

인 관계를 보면 쉽게 알 수 있다.

단엽함수족 S는 여러가지 초보적인 변환하에서 보존이 되는데, 그 중 몇가지를 열거하면 다음과 같다.

(i) 만일 $f\in S$이고, $g(z)=\overline{f(\bar{z})}=z+\bar{a}_2z_2+\bar{a}_3z^3+\cdots$이면 $g\in S$이다.

(ii) 만일 $f\in S$이고, $g(z)=e^{-i\theta}f(e^{i\theta}z)$이면, $g\in S$이다.

(iii) 만일 $f\in S$이고, $0<r<1$인 r에 대해서 $g(z)=r^{-1}f(rz)$이면 $g\in S$이다.

(iv) 만일 $f\in S$이고,

$$g(z)=\frac{f\left(\dfrac{z+\alpha}{1+\bar{\alpha}z}\right)-f(\alpha)}{(1-|\alpha|^2)f'(\alpha)},\quad |\alpha|<1,$$

이면 $g\in S$이다.

(v) 만일 $f \in S$ 이고, ψ 는 $\psi(0)=1$, $\psi'(0)=1$ 을 만족하면서 f 의 像 위에서 解析的이고 單葉인 함수이면, $g=\psi \circ f \in S$ 이다.

(vi) 만일 $f \in S$ 이고 $|z|<1$ 인 모든 z 에 대해서 $f(z) \neq \omega$이면, $g=\omega f/(\omega-f) \in S$ 이다.

(vii) 만일 $f \in S$ 이고 $g(z)=\sqrt{f(z^2)}$이면, $g \in S$ 이다.

위의 (vii)의 평방근변환에 대해서 설명해 보자. $z=0$ 에서 $f(z)=0$ 이므로 2價함수인 평방근변환의 한 單價分枝(single-valued branch)는

$$g(z)=\sqrt{f(z^2)}=z\{1+a_2z^2+a_3z^4+\cdots\}^{1/2}$$
$$=z+c_3z^3+c_5z^5+\cdots, \quad |z|<1,$$

와 같이 쓸 수 있다. 즉 g 는 홀수지수를 갖는 解析函數이므로 $g(-z)=-g(z)$이다. $|z|<1$ 내의 임의의 두 z_1, z_2 에 대해서 만일 $g(z_1)=g(z_2)$라고 하면, $f(z_1^2)=f(z_2^2)$이고 f 가 단엽이므로 $z_1^2=z_2^2$ 이 되어 $z_1=\pm z_2$ 를 얻는다. 그러나 만일 $z_1=-z_2$ 라고 하면, $g(z_1)=g(z_2)=-g(z_1)$이므로 $g(z_1)=0$, 곧 $z_1=0$ 이다. 따라서 $z_1=z_2$ 이어야 하므로 g 는 $|z|<1$ 에서 單葉(univalent)인 함수이고, $g(0)=0$, $g'(0)=1$ 이므로

$$g \in S$$

이다.

함수족 S 와 밀접하게 관련되는 함수족으로 $|z|>1$ 인 영역에서 解析的이고 單葉인 함수

$$g(z)=z+b_0+\frac{b_1}{z}+\frac{b_2}{z^2}+\cdots$$

들의 모임을 T 로 표시하자.

만일 $f(z) \in S$ 이면 $1/f(1/z) \in T$ 가 됨을 쉽게 증명할 수 있다. 각 함수 $g \in T$ 는 $|z|>1$ 인 영역을 한 compact 이고 connected 인 집합 E 의 補集合(complement) 위에 사상한다.

다음 정리는 정리의 내용보다 증명과정때문에 면적정리(area theorem)로 알려져 있는데, 이 정리는 Gronwall 이 1914 년에 발견하였다.

[**定理 10.1**] 만일 $g(z)=z+b_0+(b_1/z)+(b_2/z^2)+\cdots$이 함수족 T 에 속한다고 하면

$$\sum_{n=1}^{\infty} n|b_n|^2 \leq 1$$

(증명) 單葉函數 $g(z)$는 원 $|z|=r$, $(r>1)$을 단일폐곡선 C에 사상한다. C에 의해서 둘러싸인 내부의 영역 R의 면적을 $A(r)$로 나타내면,

$$A(r)=\iint_R dudv$$

이고, 각 $r>1$에 대해서 $A(r)>0$이다.

Green의 정리를 적용하면, $g(z)=u(z)+iv(z)$라 할 때,

$$\begin{aligned}A(r)&=\frac{1}{2}\int_C udv-vdu\\&=\frac{1}{2}\int_0^{2\pi}\left(u\frac{\partial v}{\partial\theta}-v\frac{\partial u}{\partial\theta}\right)d\theta>0\end{aligned}\tag{10.1}$$

또, $g'(z)=(1/iz)(\partial g/\partial\theta)$이므로 다음 적분을 생각하면,

$$\begin{aligned}\frac{1}{2}\int_{|z|=r}\overline{g(z)}g'(z)dz&=\frac{1}{2}\int_0^{2\pi}(u-iv)\left[\frac{1}{iz}\left(\frac{\partial u}{\partial\theta}+i\frac{\partial v}{\partial\theta}\right)\right]izd\theta\\&=\frac{1}{2}\int_0^{2\pi}\left(u\frac{\partial u}{\partial\theta}+v\frac{\partial v}{\partial\theta}\right)d\theta+i\frac{1}{2}\int_0^{2\pi}\left(u\frac{\partial v}{\partial\theta}-v\frac{\partial u}{\partial\theta}\right)d\theta\end{aligned}\tag{10.2}$$

인데, 이 식 (10.2)의 허부분이 $A(r)$에 해당한다. 식 (10.2)를 간단히 하기 위하여

$$\begin{aligned}&\frac{1}{2}\int_{|z|=r}\overline{g(z)}g'(z)dz\\&=\frac{1}{2}\int_{|z|=r}(\bar{z}+\sum_{m=0}^{\infty}\bar{b}_m\bar{z}^{-m})(1-\sum_{n=1}^{\infty}nb_nz^{-n-1})dz\end{aligned}$$

와 같이 쓰고,

$$\int_{|z|=r}\bar{z}^{-m}z^{-n-1}dz=\begin{cases}2\pi ir^{-2m}, & n=m\\ 0, & n\neq m\end{cases}$$

임을 주목하면,

$$\begin{aligned}\frac{1}{2}\int_{|z|=r}\overline{g(z)}g'(z)dz&=\frac{1}{2}\int_{|z|=r}\bar{z}dz-\frac{1}{2}\int_{|z|=r}\frac{\sum_{n=1}^{\infty}n|b_n|^2r^{-2n}}{z}dz\\&=\pi i\left(r^2-\sum_{n=1}^{\infty}n|b_n|^2r^{-2n}\right)\end{aligned}$$

을 얻는다. 따라서

$$A(r)=\frac{1}{2}\int_0^{2\pi}\left(u\frac{\partial v}{\partial\theta}-v\frac{\partial u}{\partial\theta}\right)d\theta=\pi\left(r^2-\sum_{n=1}^{\infty}n|b_n|^2r^{-2n}\right)\tag{10.3}$$

식 (10.3)에서 $A(r)>0$이므로

$$r^2-\sum_{n=1}^{\infty}n|b_n|^2r^{-2n}>0,\quad(r>1)\tag{10.4}$$

이고, 식 (10.4)는 모든 $r>1$에 대해서 성립하므로 $r\to1^+$되게 하면

$$\sum_{n=1}^{\infty} n|b_n|^2 \le 1$$

을 얻는다.

위의 정리 10.1로부터 만일 $g\in T$이면, $|b_1|\le 1$이 성립하고, 등호는 g가

$$g(z)=z+b_0+b_1/z,\quad |b_1|=1,$$

인 형태를 가질 때에 한하여 성립하는데, 이 함수는 영역 $|z|>1$을 길이가 4인 선분의 補集合위로 사상하는 등각사상이다.

[**定理 10.2**] 만일 $f\in S$이면, $|a_2|\le 2$이고, 등호는 $f(z)=z(1-e^{i\theta}z)^{-2}$인 꼴일 때에 한하여 일어난다.

(**증명**) $f\in S$이면, 함수

$$g(z)=\{f(1/z^2)\}^{-1/2}=z-(a_2/2)z^{-1}+\cdots$$

는 함수족 T에 속한다. 정리 10.1에서 $|a_2/2|\le 1$이므로 $|a_2|\le 2$를 얻는다. 이 때, 등호는 $g(z)=z-e^{i\theta}/z$인 형태를 가질 때에 한하여 일어나는데, 계산에 의해서 이 함수는

$$f(\zeta)=\zeta(1-e^{i\theta}\zeta)^{-2}=e^{-i\theta}k(e^{i\theta}\zeta) \tag{10.5}$$

와 같은 것으로 Koebe 함수에서 회전을 허용한 함수이다.

$f\in S$인 각 함수는 $f(0)=0$인 open mapping이므로 그의 像은 원점을 중심으로 하는 **어떤 원반을 포함한다. 1907년에 Koebe는 함수록 S내에 있는 모든 함수들의 像은 한 공통인** 원반 $|w|<\rho$를 포함한다는 것을 발견하였는데, Kaebe 함수에 의해서 상수 ρ는 $\rho\le 1/4$임을 알고, 또 1916년에 Bieberbach은 그 상수 ρ가 1/4이 된다는 것을 밝혔다.

[**定理 10.3**] 함수족 S에 속하는 모든 함수의 像은 원반 $\{w: |w|<1/4\}$을 포함한다. 즉, 만일 $f(z)\in S$이고, $|z|<1$에 대해서 $f(z)\ne c$이면, $|c|\ge 1/4$이다.

(**증명**) 만일 $f(z)=z+a_2z^2+\cdots\in S$이고, $f(z)\ne c$, $|z|<1$이면 함수

$$g(z)=\frac{cf(z)}{c-f(z)}=z+\left(a_2+\frac{1}{c}\right)z^2+\cdots$$

는 $|z|<1$에서 解析的이고, 單葉函數(univalent function)이다. 즉 $g(z)\in S$이다. 정리 10.2에 의해서 $|a_2+1/c|\le 2$이고, $|1/c|-|a_2|\le |1/c+a_2|\le 2$이므로

$$|1/c| \leq 2 + |a_2| \leq 4$$

따라서
$$|c| \geq 1/4$$

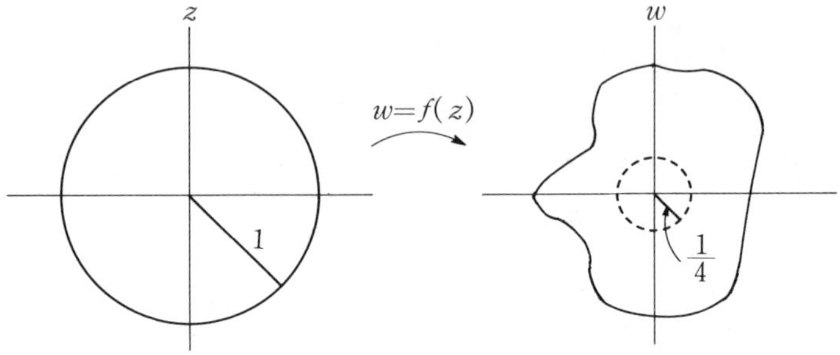

그림 10-1

[**定理 10.4**] 만일 $f(z) \in S$이고, $z = re^{i\theta}$이면,

$$Re\left\{\frac{zf''(z)}{f'(z)}\right\} = r\frac{\partial}{\partial r}\log|f'(z)|$$

(**증명**) $f'(z) \neq 0$이므로 $\log f'(z)$의 한 分枝(branch)는 $|z|<1$에서 解析的인 함수이다. 따라서

$$\frac{\partial}{\partial r}\log f'(re^{i\theta}) = e^{i\theta}\frac{f''(re^{i\theta})}{f'(re^{i\theta})}$$

위식의 양변에 r를 곱하고, 실부분을 취하면

$$r\frac{\partial}{\partial r}\log|f'(re^{i\theta})| = Re\left\{\frac{re^{i\theta}f''(re^{i\theta})}{f'(re^{i\theta})}\right\} = Re\left\{\frac{zf''(z)}{f'(z)}\right\} \qquad (10.6)$$

이다.

[**定理 10.5**] 만일 $f(z) \in S$이면, $|z| = r < 1$일 때

$$\frac{1-r}{(1+r)^3} \leq |f'(z)| \leq \frac{1+r}{(1-r)^3}$$

이 성립한다.

(**증명**) 우리는 $|z_0|<1$일 때, 함수

$$w = \frac{z+z_0}{1+\bar{z}_0 z}$$

는 단위원반을 단위원반위로 사상하는 해석적이고 단엽인 함수임을 배웠다. 따라서 함수

$$g(z) = f\left(\frac{z+z_0}{1+\bar{z}_0 z}\right) = b_0 + b_1 z + b_2 z^2 + \cdots$$

도 $|z|<1$에 대해서 해석적이고 단엽이다. 그러나 $g(0)=0$, $g'(0)=1$인 조

건을 만족하지 않기 때문에 $g(z) \notin S$ 이다. 실제로

$$b_0 = g(0) = f(z_0)$$

$$b_1 = g'(0) = f'(z_0)(1-|z_0|^2)$$

$$b_2 = \frac{g''(0)}{2} = \frac{1}{2}[f''(z_0)(1-|z_0|^2)^2 - 2f'(z_0)\bar{z}_0(1-|z_0|^2)]$$

이고, 함수

$$\frac{g(z)-b_0}{b_1} = z + \frac{b_2}{b_1}z^2 + \cdots$$

는 함수족 S에 속하므로 정리 10.2에 의해서 $|b_2/b_1| \leq 2$ 이다. 즉

$$\frac{1}{2}\left|\frac{f''(z_0)}{f'(z_0)}(1-|z_0|^2) - 2\bar{z}_0\right| \leq 2 \tag{10.7}$$

인데, z_0는 $|z|<1$ 내의 임의의 점이므로 z_0를 $z=re^{i\theta}$, $r<1$로 바꾸고, 식 (10.7)의 양변에 $2|z|/(1-|z|^2)$을 곱하면,

$$\left|z\frac{f''(z)}{f'(z)} - \frac{2r^2}{1-r^2}\right| \leq \frac{4r}{1-r^2} \tag{10.8}$$

을 얻는다.

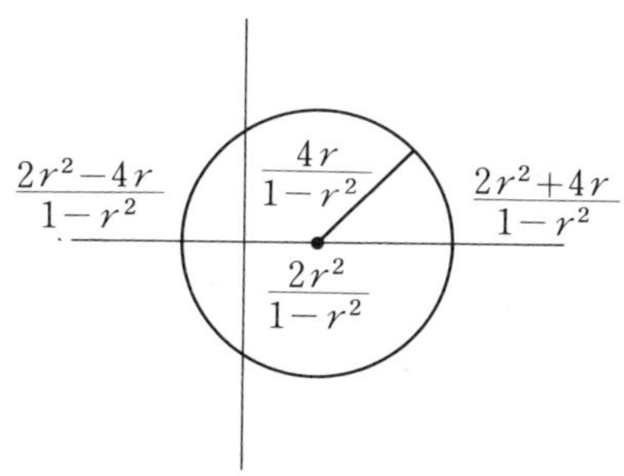

그림 10-2

식 (10.8)은 기하학적으로 각 r에 대해서 $z[f''(z)/f'(z)]$의 값이 중심이 $2r^2/(1-r^2)$이고, 반지름이 $4r/(1-r^2)$인 원의 내부에 있다는 것을 말해주고 있다. 특히

$$\frac{2r^2-4r}{1-r^2} \leq Re\left\{\frac{zf''(z)}{f'(z)}\right\} \leq \frac{2r^2+4r}{1-r^2} \tag{10.9}$$

이 성립하고, 식 (10.6)으로부터 식 (10.9)는 다음과 같이 쓸 수 있다.

$$\frac{2r-4}{1-r^2} \leq \frac{\partial}{\partial r}\log|f'(re^{i\theta})| \leq \frac{2r+4}{1-r^2} \tag{10.10}$$

식 (10.10)을 0에서 r까지 r에 관해서 적분하면,

$$\log(1-r) - 3\log(1+r) \leq \log|f'(re^{i\theta})| \leq \log(1+r) - 3\log(1-r)$$

을 얻고, 정돈하여 지수함수로 고치면,

$$\frac{1-r}{(1+r)^3} \leq |f'(re^{i\theta})| \leq \frac{1+r}{(1-r)^3}$$

Koebe 함수 $k(z)=z/(1-z)^2$ 의 導函數는 $k'(z)=(1+z)/(1-z)^3$ 이다. 따라서 정리 10.5의 上界는 $k'(z)$에 $z=r$을 대입할 때 일어나고, 下界는 $z=-r$을 대입할 때 일어난다. 정리 10.5로부터 $f\in S$의 $|f(z)|$에 대한 上界와 下界를 구할 수 있다.

[**定理 10.6**] 만일 $f\in S$이면, $|z|=r<1$에 대해서

$$\frac{r}{(1+r)^2} \leq |f(z)| \leq \frac{r}{(1-r)^2}$$

이 성립한다.

(**증명**) 0에서 $z=re^{i\theta}$까지의 선분에 따라서 적분을 하고, 정리 10.5를 이용하면

$$|f(re^{i\theta})| \leq \int_0^r |f'(re^{i\theta})|\,dt \leq \int_0^r \frac{1+t}{(1-t)^3}\,dt = \frac{r}{(1-r)^2}$$

이므로 $|f(z)|$의 上界를 얻는다.

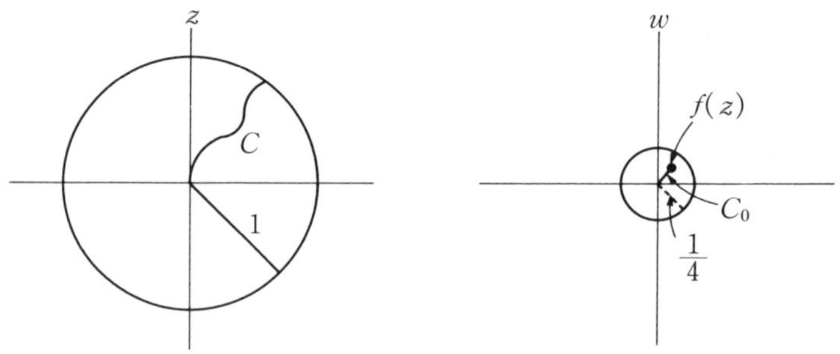

그림 10-3

$|f(z)|\geq 1/4$인 z에 대해서는 부등식 $r/(1+r)^2<1/4$이 항상 성립하므로 $|f(z)|$의 下界가 바로 성립한다. 따라서 $|z|<1$ 내의 임의의 점에 대해서 $|f(z)|<1/4$라고 가정하자. 정리 10.3에 의해서 w-平面의 0에서 $f(z)$까지의 線分 C_0는 $|z|<1$ 내의 어떤 단일곡선 C의 像이다. 그러므로

$$|f(z)|=\int_{C_0}|dw|=\int_C |f'(\zeta)|\,|d\zeta|$$

이고, 0에서 $|z|$까지의 선분의 길이 r은 $r=\int_C d|\zeta| \leq \int_C |d\zeta|$이므로

$$|f(z)|=\int_C |f'(\zeta)|\left|\frac{d\zeta}{d|\zeta|}\right| d|\zeta| \geq \int_C |f'(\zeta)|\,d|\zeta|$$

$$\geq \int_0^r \frac{1-t}{(1+t)^3} dt = \frac{r}{(1+r)^2}$$

이 되어 정리가 증명되었다.

정리 10.6의 等號는 Koebe 함수 $k(z)=z/(1-z)^2$에서 $z=r$과 $z=-r$을 대입할 때 일어난다. 또 정리 10.6의 결과에 따라서 單葉函數族 S는 平等有界 (uniformly bounded)이고, 따라서 Montel의 정리에 의해서 S는 normal 함수족이다. 그리고 함수족 S 내의 임의의 함수열의 극한함수 $f(z)$는 $f(0)=0$, $f'(0)=1$인 조건을 만족하게 되고 또 $f(z)$는 單葉函數가 되므로 S는 compact인 함수족이다.

함수 $f\in S$의 $|z|<1$의 像이 만드는 영역의 면적과 그 像의 경계의 길이를 알아보자. $0<r<1$인 r에 대하여 $f\in S$에 의한 $|z|<r$의 像을 $D(r,f)$라 하고, $D(r,f)$의 면적을 $A(r,f)$라고 하자. 그리고 원 $|z|=r$의 $w=f(z)$에 의한 像이 나타내는 곡선의 길이를 $L(r,f)$라고 하자.

$$f(z)=z+\sum_{n=2}^{\infty} a_n z^n \quad \in S$$

에 대해서 $f(z)=u(x,y)+iv(x,y)$, $z=x+iy$라고 하면, $|z|<1$ 내의 한 점 z_0에서 $|f'(z_0)|$는 사상 $z\to f(z)$에 의해서 주어진 $z=z_0$에서의 길이의 국소적 크기를 나타내고, $|f'(z_0)|^2$은 사상 $z\to f(z)$하에서의 $z=z_0$ 근방의 국소적 2차원의 크기를 나타낸다. 특히 $u=u(x,y)$, $v=v(x,y)$의 x,y에 관한 $f(z)=u+iv$의 Jocobian을 J로 나타내면,

$$J=J(u,v)=\begin{vmatrix} \dfrac{\partial u}{\partial x} & \dfrac{\partial u}{\partial y} \\ \dfrac{\partial v}{\partial x} & \dfrac{\partial v}{\partial y} \end{vmatrix} = |f'(z)|^2$$

이다. 따라서

$$A(r,f)=\iint_{|z|<r} |f'(z)|^2 dxdy, \quad (z=x+iy) \tag{10.11}$$

$$L(r,f)=\int_0^{2\pi} |f'(re^{i\theta})| r d\theta, \quad (z=re^{i\theta}) \tag{10.12}$$

이다. 실제로 $|f'(z)|^2=f'(z)\overline{f'(z)}$이고 $f'(z)=1+\sum_{n=2}^{\infty} na_n z^{n-1}$이므로 $z=\rho e^{i\theta}$, $(\rho<r)$, 라고 놓으면,

$$A(r,f)=\int_0^r \left\{ \int_0^{2\pi} \left[\sum_{n=1}^{\infty} na_n \rho^{n-1} e^{i(n-1)\theta} \right] \left[\sum_{m=1}^{\infty} m\bar{a}_m \rho^{m-1} e^{-i(m-1)\theta} \right] \rho d\theta \right\} d\rho$$

인데, 모든 $k\neq 0$에 대해서

$$\int_0^{2\pi} e^{ik\theta}d\theta=0$$

인 성질을 이용하면, 위의 괄호안의 적분은 $m=n$인 경우에만 남게 된다. 따라서

$$A(r,f)=\int_0^r\left\{2\pi\sum_{n=1}^{\infty} n^2|a_n|^2\rho^{2n-1}\right\}d\rho$$

$$=\pi\sum_{n=1}^{\infty} n|a_n|^2r^{2n},\quad (a_1=1) \tag{10.13}$$

을 얻는다.

$f\in S$는 $f'(0)=1$이므로 식 (10.13)에서

$$A(r,f)\geq\pi|a_1|^2r^2=\pi|f'(0)|^2r^2=\pi r^2$$

인 관계를 얻고, 등호는 $f(z)=z$인 경우에 일어난다.

또한 Cauchy의 적분공식을 f'에 적용하면,

$$f'(0)=\frac{1}{2\pi i}\int_{|z|=r}\frac{f'(z)}{z}dz=\frac{1}{2\pi}\int_0^{2\pi} f'(re^{i\theta})d\theta$$

이므로 $$|f'(0)|\leq\frac{1}{2\pi}\int_0^{2\pi}|f'(re^{i\theta})|d\theta=\frac{1}{2\pi r}L(r,f)$$

이고, $f'(0)=1$이므로

$$L(r,f)\geq 2\pi r$$

인 재미있는 결과를 얻는다.

한편, $|z|\leq r\leq R<1$인 R에 대하여 식 (10.13)으로부터

$$\int_0^R\frac{A(r,f)}{r}dr=\pi\int_0^R(r+\sum_{n=2}^{\infty} n|a_n|^2r^{2n-1})dr$$

$$=\frac{\pi}{2}(R^2+\sum_{n=2}^{\infty}|a_n|^2R^{2n})$$

이고, $$\int_0^{2\pi}|f(Re^{i\theta})|^2d\theta=\int_0^{2\pi} f(Re^{i\theta})\overline{f(Re^{i\theta})}d\theta$$

$$=2\pi\left(R^2+\sum_{n=2}^{\infty}|a_n|^2R^{2n}\right),\quad (0<R<1),$$

이므로 우리는 다음 등식을 얻는다. $f(z)\in S$이고, $A(r,f)$가 $f(z)$하에서 $|z|\leq r\leq R<1$의 상의 면적일 때

$$\int_0^R\frac{A(r,f)}{r}dr=\frac{1}{4}\int_0^{2\pi}|f(Re^{i\theta})|^2d\theta \tag{10.14}$$

이 성립한다.

[**定理 10.7**] 만일 $f(z)\in S$ 이면, $0<r<1$ 인 r 에 대해서

$$\frac{1}{2\pi}\int_0^{2\pi}|f(re^{i\theta})|d\theta\leq\frac{r}{1-r}$$

(**증명**) $f(z)=z+\sum_{n=2}^{\infty}a_nz^n$ 이라 놓고

$$g(z)=z\sqrt{\frac{f(z^2)}{z^2}}=z\sqrt{1+a_2z^2+a_3z^4+\cdots} \tag{10.15}$$

이라 두면, $g(z)$는 $g(0)=0$, $g'(0)=1$ 을 만족하는 解析函數이다. $|z|<1$ 내의 임의의 두 점 z_1, z_2 에 대해서 만일 $g(z_1)=g(z_2)$라고 하면, $f(z_1^2)=f(z_2^2)$ 이고, f 는 單葉이므로 $z_1^2=z_2^2$, 즉 $z_1=\pm z_2$ 이다. 식 (10.15)에서 $g(z)$는 홀수함수이므로 만일 $z_1=-z_2$ 라고 하면, $g(z_1)=g(-z_2)=-g(z_2)=-g(z_1)$에서 $g(z_1)=0$ 이 되므로 모순이다. 따라서 $z_1=z_2$ 이 되어 $g(z)$는 $|z|<1$ 에서 單葉함수가 되어 $g(z)\in S$ 이다. $f(z)$에 정리 10.6 을 적용하면,

$$|g(z)|\leq r\sqrt{1/(1-r^2)^2}=r/(1-r^2)$$

이므로

$$A(r,g)\leq\pi\left(\frac{r}{1-r^2}\right)^2 \tag{10.16}$$

이 된다. 등식

$$\int_0^{2\pi}|g(Re^{i\theta})|^2d\theta=\int_0^{2\pi}|f(R^2e^{2i\theta})|d\theta$$
$$=\int_0^{2\pi}|f(R^2e^{i\alpha})|d\alpha,\quad(0<R<1)$$

를 가지고 식 (10.14)를 적용하면,

$$\frac{1}{2\pi}\int_0^{2\pi}|f(R^2e^{i\alpha})|d\alpha\leq2\int_0^{R}\frac{r}{(1-r^2)^2}dr=\frac{R^2}{1-R^2}$$

이고, R은 $0<R<1$ 인 임의의 수이므로 정리가 증명되었다.

1916 년에 Bieberbach 은 單葉函數族 S의 모든 함수 f의 係數문제에 관하여 다음 사실을 예언하였다. 즉 만일 $f(z)=z+\sum_{n=2}^{\infty}a_nz^n$ 이 S에 속하면, 모든 n에 대하여 $|a_n|\leq n$ 이 성립한다. 이것은 $n=2, 3, 4, 5, 6$ 까지에 대해서만 성립한다는 것이 증명되었고, 그 외에는 함수족 S의 여러가지 부분함수족들에 대해서 위의 예언이 성립함이 증명되었었다. 68 년간이라는 오랜동안 미해결문제로 남아 있으면서 그것을 해결하기 위하여 여러방면의 이론을 활발히 하도록 하는 촉진제가 되어 있다가 드디어 1984 년에 DeBranges 에 의해서 Bieberbach conjecture 가 성립한다는 것이 증명되었다. 다음은 1925 년에 Littlewood 가 증명한 내용이다.

[**定理 10.8**] 만일 $f(z)=z+\sum_{n=2}^{\infty} a_n z^n$이 함수족 S에 속하면, 모든 n에 대하여

$$|a_n|<en$$

이다.

(**증명**) Cauchy의 적분공식에 의하여

$$a_n=\frac{1}{2\pi i}\int_{|z|=r}\frac{f(z)}{z^{n+1}}dz, \quad (n=2, 3, \cdots, 0<r<1)$$

따라서 정리 10.7을 적용하면,

$$|a_n|\leq\frac{1}{2\pi r^n}\int_0^{2\pi}|f(re^{i\theta})|d\theta$$

$$\leq\frac{1}{r^{n-1}(1-r)} \tag{10.17}$$

인데, 식 (10.17)은 $0<r<1$인 모든 r에 대해서 성립하고, 오른쪽 항의 분모는 $r=1-1/n$일 때 최소의 값을 갖는다. 그러므로

$$|a_n|\leq\frac{n^n}{(n-1)^{n-1}}=n\left(1+\frac{1}{n-1}\right)^{n-1}<en$$

[**例 題**]

1. 만일 $f(z)\in S$이면 $1/f(1/z)\in T$임을 증명하여라.

(**解**) $|z_1|>1, |z_2|>1$인 두 점 z_1, z_2에 대하여 만일 $1/f(1/z_1)=1/f(1/z_2)$라고 가정하면, $f(1/z_1)=f(1/z_2)$이고, $|1/z_1|<1$, $|1/z_2|<1$이므로 $|z|<1$에서 $f(z)$가 單葉이므로 $z_1=z_2$가 되어 $1/f(1/z)$는 단엽함수이다. $|z|>1$인 z에 대해서 $f(1/z)\neq 0$임을 보이기 위하여 만일 $0<|1/z_0|<1$인 z_0에 대하여 $f(1/z_0)=0$이라고 가정하면, $f(0)=f(1/z_0)=0$이 되는데, 이것은 $|z|<1$에서 $f(z)$가 단엽함수라는 사실에 모순이 된다. 따라서 $1/f(1/z)\in T$이다.

2. $f(z)$가 함수족 S내의 한 有界인 함수이어야 $|a_2|=2$가 되는가?

(**解**) Koebe 함수의 하나인

$$f(z)=\frac{z}{(1-e^{i\alpha}z)^2}=z+2e^{i\alpha}z^2+3e^{2i\alpha}z^3+\cdots$$

에서 $f(z)$는 有界가 아닌 함수인데 $|a_2|=2$이다.

問 題

1. 만일 $f(z)\in S$이면, $|t|\leq 1$인 임의의 복소수 $t\neq 0$에 대하여

$$f(tz)/t\in S$$

임을 밝혀라.

(풀이) $g(z)=f(tz)/t$ 라 두고, $|z|<1$ 내의 임의의 두 점 z_1, z_2 에 대하여 $g(z_1)=g(z_2)$라고 하면, $f(tz_1)/t=f(tz_2)/t$ 에서 $f(tz_1)=f(tz_2)$이다. f 가 단엽함수이므로 $tz_1=tz_2$ 이고, $t\neq 0$ 이므로 $z_1=z_2$ 이다. 따라서 $g(z)$는 단엽함수이다. $g(0)=0$, $g'(0)=1$ 은 분명하다. 그리고 $|t|\leq 1$ 이므로 $|tz|\leq|z|<1$ 이므로 $f(tz)$는 $|z|<1$ 에서 解析的이고, $g(z)=f(tz)/t$ 는 $|z|<1$ 에서 해석적이다. 그러므로 $f(tz)/t\in S$ 이다.

2. α 가 실수일 때, 함수 $f(z)=\dfrac{z}{(1-e^{i\alpha}z)^2}\in S$ 임을 밝혀라.

(풀이) $f(0)=0$ 임은 분명하다.

$f'(z)=\dfrac{1-e^{ii}z+2e^{i\alpha}z}{(1-e^{i\alpha}z)^3}$이므로 $f'(0)=1$ 이다.

$|z|<1$ 내의 임의의 두 점 z_1 과 z_2에 대해서 $f(z_1)=f(z_2)$라고 하면,

$$\frac{z_1}{(1-e^{i\alpha}z_1)^2}=\frac{z_2}{(1-e^{i\alpha}z_2)^2}$$

식을 간단히 하여 $(z_2-z_1)(1-e^{i2\alpha}z_1z_2)=0$ 을 얻는다. 여기서 만일 $e^{i2\alpha}z_1z_2=1$ 이면, $|z_1z_2|=1$ 이고 $|z_1|=\dfrac{1}{|z_2|}$에서 $|z_2|<1$ 에 대해서 $|z_1|>1$ 이 되므로 모순이다. 따라서 $z_2=z_1$ 이 되고, $f(z)$는 단엽함수이다. 또 함수 $f(z)$는 $z=1/e^{i\alpha}$ 일 때 $f(z)$가 해석적이 되지 않는데, $1/e^{i\alpha}$ 는 $|z|<1$ 내에 있지 않으므로 $f(z)$는 $|z|<1$ 에서 解析的이다. 따라서 $f(z)=z/(1-e^{i\alpha}z)^2\in S$ 이다.

연습 문제 10.1

1. $f(z)=z/(1-z)^2$ 이고, $|t_0|>1$ 이면 $f(t_0z)/t_0\notin S$ 임을 밝혀라.

2. $f(z)=z+\sum_{k=2}^{\infty}a_kz^k\in S$ 이면, 각 정수 n에 대해서 $b_n=|a_n|$이 되는 함수

$$g(z)=z+\sum_{k=2}^{\infty}b_kz^k\in S$$

가 존재함을 증명하라.

3. 만일 $f(z)\in S$ 이면, 모든 양의 정수 k에 대하여

$$z[f(z^k)/z^k]^{1/k}\in S$$

임을 밝혀라.

4. $f(z)$가 한 영역 D에서 解析的이고, C를 D내의 한 폐곡선이라고 하면,

$$\int_C \overline{f(z)} f'(z)\,dz$$

는 완전히 虛數가 됨을 증명하라.

5. 만일 $f(z) \in S$ 이면, 원반 $|z|<1$ 이 원반 $|w|<1$ 을 포함하는 한 영역에 사상하기 위한 필요충분조건은 $f(z)=z$ 임을 증명하여라.

10.2 部分單葉函數族

單葉函數族 S 의 부분함수족은 이들이 사상되는 영역들의 기하학적 성질에 따라서 서술된다.

한 영역 D가 점 z_0에 관한 **starlike 영역**이라고 하는 것은 z_0와 D내의 임의의 점을 연결하는 선분이 D내에 포함될 때를 말한다. 한 함수 $f(z) \in S$ 가 원점에 관한 **starlike 함수**라고 하는 것은 $f(z)$가 단위원반 $|z|<1$ 을 w-平面의 원점에 관한 starlike 영역위로 사상할 때를 말한다. 이와같은 S 의 부분함수족을 S^*로 표시하기로 하자.

만일 $f(z) \in S^*$라 하고, D를 $f(z)$에 의한 $|z|<1$ 의 像이라 하고, D_r 을 $f(z)$에 의한 $|z|<r<1$ 의 像이라고 하면, D_r 도 $w=0$ 에 관한 starlike 영역이다. 왜냐하면, D가 starlike 영역이므로 $w \in D$ 이면 $0<t<1$ 인 t 에 대해서 $tw \in D$ 이다. 따라서 함수 $g(z)=f^{-1}(tf(z))$는 $|z|<1$ 에서 解析的이고, $|g(z)|<1$ 을 만족한다. 또, $g(0)=f^{-1}(tf(0))=0$ 이므로 Schwarz 의 보조정리에 의해서 $|g(z)| \le |z|$이 된다.

이제 $w_1 \in D_r$ 인 한 점 w_1 을 취하면, $w_1=f(z_1)$이 되는 점 z_1 이 $|z|<r$ 내에 존재한다. $0<t<1$ 인 t 에 대하여

$$|f^{-1}(tw_1)| = |f^{-1}(tf(z_1))| = |g(z_1)| \le |z_1| < r$$

인데, 이것은 $tw_1 \in D_r$ 을 의미하므로 D_r 은 $w=0$ 에 관한 starlike 영역이다.

逆으로 $f(z)$가 $|z|<r$, $(r<1)$을 starlike 영역 D_r 위로 사상하면 $f(z) \in S^*$이다. 이것을 증명하기 위하여 만일 $f(z) \notin S^*$이라고 가정하면, $0<t_0<1$ 인 t_0 에 대하여 $t_0 w_0 \notin D$ 가 되는 한 점 $w_0 \in D$ 가 존재한다. 이 때, 한 원반 $|z|<r$ 을 취하는데 그 像 D_r 이 점 w_0 를 포함하도록 한다면, $D_r \subset D$ 이므로 $t_0 w_0 \notin D_r$ 이 되어서 $f(z)$는

$|z|<r$ 을 starlike 영역위로 사상하지 않는다. 이것은 가설에 모순이 된다. 그러므로, $f(z)\in S$ 일 때 $f(z)\in S^*$ 이기 위한 필요충분조건은 $f(z)$가 각 원반 $|z|<r$, $(r<1)$을 한 starlike 영역위로 사상하는 것임을 알 수 있다.

이제 starlike 함수에 대한 解析的表現을 알아보자.

[**定理 10.9**] $f(z)\in S$ 일 때 $f(z)\in S^*$이기 위한 필요충분조건은

$$Re\left\{\frac{zf'(z)}{f(z)}\right\}>0,\quad (|z|<1)$$

이다.

(**증명**) 우리는 $f(z)\in S^*$이기 위한 필요충분조건은 $0<r<1$ 인 각 r에 대해서 $f(z)$에 의한 $|z|<r$ 의 像이 starlike 영역인 것임을 알고 있다. 즉 각 θ, $(0\le\theta\le 2\pi)$에 대해서 $w=0$ 에서 $w=f(re^{i\theta})$까지의 반지름 벡터는 영역 D_r 내에 포함되지 않으면 안된다. 그러나 이것은 $\arg f(re^{i\theta})$가 θ에 관한 증가함수, 곧

$$\frac{\partial}{\partial\theta}\{\arg f(re^{i\theta})\}>0$$

임을 의미한다. 만일 $\arg f(re^{i\theta})$가 θ에 관해서 증가하지 않는다면, 한 반지름 벡터는 D_r의 경계선과 적어도 2점에서 만나게 되기 때문이다. 그러므로

$$f(z)\in S^*\Longleftrightarrow\frac{\partial}{\partial\theta}\{\arg f(re^{i\theta})\}\text{ 이고 }\arg f(re^{i\theta})=I_m\log f(re^{i\theta})\text{ 이므로}$$

$$\begin{aligned}\frac{\partial}{\partial\theta}\{I_m\log f(re^{i\theta})\}&=I_m\left\{\frac{\partial}{\partial\theta}\log f(re^{i\theta})\right\}\\&=I_m\left\{i\frac{re^{i\theta}f'(re^{i\theta})}{f(re^{i\theta})}\right\}=Re\left\{\frac{zf'(z)}{f(z)}\right\}>0\end{aligned}$$

이 되어 정리가 증명되었다.

Koebe 함수 $k(z)=z/(1-z)^2$ 은 starlike 함수족 S^*에 속한다. 이것은 $k(z)$에 의한 $|z|<1$ 의 像이 w-平面에서 $-1/4$ 에서 ∞까지의 반직선을 제외한 w-평면전체라는 사실에서 알 수 있고, 또는

$$Re\left\{\frac{zk'(z)}{k(z)}\right\}=Re\left\{\frac{1+z}{1-z}\right\}>0,\quad (|z|<1)$$

이 성립한다는 사실에서 쉽게 알 수 있다.

한 영역 D가 **convex 영역**이라는 것은 D내의 임의의 두 점을 연결하는 선분이 영역 D에 포함되는 것을 말한다. 만일 $f(z)$가 원반 $|z|<1$을 한 convex 영역위로 사상할 때 $f(z)\in S$ 를 **convex** 함수라고 부르며, 이와 같은 S의 부분함수족을 K

로 표시하기로 하자.

한 convex 영역은 그 점들의 각각에 관한 starlike 영역이므로

$$K \subset S^*$$

이 됨은 분명하다. Koebe 함수 $k(z)=z/(1-z)^2$ 은 $|z|<1$ 을 starlike 영역위로 사상하지만 convex 영역위로 사상하지는 않는다. 왜냐하면, $k(z)$에 의한 $|z|<1$ 의 상에는 두 점 $-\frac{1}{4}-i$ 와 $-\frac{1}{4}+i$ 를 가지고 있지만, 점 $-\frac{1}{4}$은 포함하지 않고 있기 때문이다.

$f(z)\in S$ 일 때 $f(z)\in K$ 이기 위한 필요충분조건은 $f(z)$가 각 영역 $|z|<r$, $(r<1)$을 convex 영역위로 사상하는 것이다. 이것을 증명해보자.

만일 $f(z)\in K$ 일 때, D를 $f(z)$에 의한 $|z|<1$ 의 像, D_r 을 $f(z)$ 에 의한 $|z|<r$, $(r<1)$의 像이라고 하고, $w_1, w_2\in D_r$ 인 두 점 w_1, w_2 를 취하면, 선분

$$tw_1+(1-t)w_2, \quad (0<t<1)$$

이 역시 D_r 에 속한다는 것을 보이자. $w_1=f(z_1)$, $w_2=f(z_2)$가 되는 두 점 z_1, z_2 가 $|z|<r$ 내에 존재하는데, $|z_1|\le|z_2|$이라고 가정하자. D가 convex 영역이므로 함수 $g(z)=tf((z_1/z_2)z)+(1-t)f(z)$에 의한 $|z|<1$ 의 상은 D내에 포함된다. 따라서 함수 $h(z)=f^{-1}(g(z))$는 $|z|<1$ 에서 해석적이고, 조건 $|h(z)|<1$, $h(0)=0$ 를 만족한다. Schwarz 의 보조정리에 의해서 $|h(z)|\le|z|$이고, 특히

$$|h(z_2)|=|f^{-1}(tw_1+(1-t)w_2)|\le|z_2|<r \tag{10.17}$$

이다. $D_r\subset D$ 이므로 $tw_1+(1-t)w_2=f(z_0)$가 되는 점 z_0 가 $|z|<1$ 내에 존재한다. 그러나 식 (10.17)에 의해서 점 $f^{-1}f(z_0)=z_0$ 는 $|z|<r$ 내에 있지 않으면 안되므로 선분 $tw_1+(1-t)w_2$ 위의 각 점은 D_r 내에 포함된다.

역으로 만일 $f(z)\notin K$ 라고 하면, D내의 두 점이 존재해서 이들을 연결하는 선분이 D에 포함되지 않을 것이다. 이제 원반 $|z|<r$ 을 잡는데 그의 像 D_r 이 바로 그 두 점을 포함하도록 취하자. $D_r\subset D$ 이므로 그 두 점을 연결하는 선분은 D_r 내에 포함되지 못한다. 따라서 $f(z)$는 $|z|<r$ 을 convex 영역위로 사상하지 못하는 것이 되어서 가설에 모순이다. 결국 $f(z)$가 원반 $|z|<r$ 을 convex 영역위로 사상하면, $f(z)\in K$ 이다.

[**定理 10.10**] $f(z)$가 $|z|<1$ 에서 解析的인 함수이고, 조건 $f(0)=0$, $f'(0)=1$ 을

만족한다고 하자. $f(z)\in K$ 이기 위한 필요충분조건은

$$Re\left\{1+\frac{zf''(z)}{f'(z)}\right\}>0,\quad (|z|<1)$$

이다.

(**증명**) $f(z)\in K$ 이기 위한 필요충분조건은 $0<r<1$ 인 각 r 에 대해서 $f(z)$에 의한 $|z|<r$ 의 像이 convex 영역인 것인데, 이것은 기하학적으로 함수 $w=f(re^{i\theta})$ 가 원 $|z|=r$ 을 w 평면의 한 단일폐곡선위에 사상할 때 $z=re^{i\theta}$ 가 θ 를 증가시키면서 움직일 때 $f(re^{i\theta})$에서의 접선벡터가 시계방향과 반대방향으로 도는 것을 의미한다.

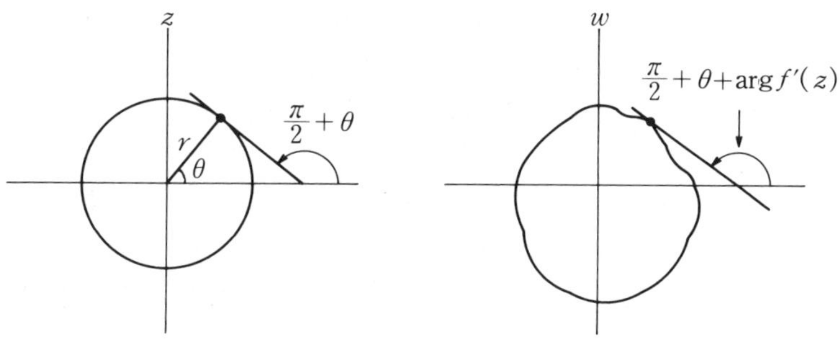

그림 10-4

그림 10-4에서 $z=re^{i\theta}$ 에서의 접선벡터의 각은 $\frac{\pi}{2}+\theta$ 이고, $f(re^{i\theta})$에서의 접선벡터의 각은 $\pi/2+\theta+\arg f'(re^{i\theta})$이다. 따라서 $f(z)\in K$ 이기 위한 필요충분조건은

$$\frac{\partial}{\partial\theta}\left(\frac{\pi}{2}+\theta+\arg f'(re^{i\theta})\right)>0 \qquad (10.18)$$

이다. 식 (10.18)의 좌변을 간단히 하면,

$$1+\frac{\partial}{\partial\theta}(I_m\log f'(re^{i\theta}))=1+I_m\left\{ire^{i\theta}\frac{f''(re^{i\theta})}{f'(re^{i\theta})}\right\}$$

$$=Re\left\{1+\frac{zf''(z)}{f'(z)}\right\}>0$$

이므로 정리가 증명되었다.

(**備考**) $z=re^{i\theta}$ 라 두고, 식 (10.18)을 다시쓰면

$$\frac{\partial}{\partial\theta}(\arg izf'(z))=\frac{\partial}{\partial\theta}(\arg zf'(z))>0 \qquad (10.19)$$

인데, 식 (10.19)는 함수 $zf'(z)$가 $|z|<1$ 을 한 starlike 영역으로 사상하는 조건이다. 따라서 우리는 convex 함수족과 starlike 함수족사이에 다음과 같은 관계를 얻는다.

$$f(z)\in K \iff zf'(z)\in S^*$$

함수 $f(z)=z+\sum_{n=2}^{\infty} z^n = z/(1-z)$는 단엽함수이고, $|z|<1$을 convex 영역인 $\mathrm{Re}\,w>-1/2$ 위로 사상하며, $zf'(z)=z/(1-z)^2$이 되고, 이것은 $|z|<1$을 starlike 영역으로 사상하는 Koebe 함수이다.

정리 10.3에서 본 $f(z)\in S$에 대한 1/4—정리와 비슷한 내용이 함수 $f(z)\in K$에 대해서 1/2—정리로 표시된다.

[**定理 10.11**] 만일 $f(z)\in K$이고 $|z|<1$에 대하여 $|f(z)|\neq c$이면 $|c|\geq 1/2$이다. 즉 함수족 K에 속하는 모든 함수 $f(z)$에 의한 $|z|<1$의 像은 반드시 원반 $|w|<1/2$을 포함한다.

(**증명**) $|f(z)|\neq c$, $(|z|<1)$인 c에 대해서 함수 $g(z)=[c-f(z)]^2$을 생각하자. $|z|<1$ 내에 $z_0\neq z_1$인 두 점 z_0와 z_1을 잡으면,

$$\begin{aligned} g(z_0)-g(z_1) &= [c-f(z_0)]^2-[c-f(z_1)]^2 \\ &= [f(z_0)-f(z_1)][f(z_0)+f(z_1)-2c] \end{aligned}$$

인데, $f(z)$는 單葉이므로 $f(z_0)\neq f(z_1)$이다. 또 $f(z)\in K$이므로 점 $\frac{1}{2}[f(z_0)+f(z_1)]$은 $|z|<1$의 像에 속하고, 따라서 이것은 c와 같을 수가 없다. 즉 $f(z_0)+f(z_1)-2c\neq 0$이므로 $g(z_0)\neq g(z_1)$이 되어 $g(z)$는 $|z|<1$에서 단엽함수이다. $g(z)=c^2-2cz+\cdots$이므로 함수

$$h(z)=\frac{g(z)-c^2}{-2c}=z+\cdots$$

는 조건 $h(0)=0$, $h'(0)=1$을 만족하게 되어 $h(z)\in S$이다. 그리고 $|z|<1$ 내의 모든 점에 대해서 $g(z)\neq 0$이므로 $|z|<1$에서 $h(z)\neq c/2$이다. 따라서 정리 10.3을 적용하여 $|c/2|\geq 1/4$, 즉 $|c|\geq 1/2$를 얻는다.

函數族 S에 속하는 각 함수 f에 대해서 $R\leq 1$인 실수 $R=R(f)$를 대응시키는데, $w=f(z)$에 의해서 $|z|<R$을 convex 영역위로 사상시키는 가장 큰 R을 $f(z)$의 **radius of convexity**라고 부른다. 물론

$$f(z)\in K \Longleftrightarrow R=1$$

이다. 이제 단엽함수족 S내의 모든 함수 $f(z)$가 convex 함수가 되는 가장 큰 원반을 결정해 보자.

[**定理 10.12**] 만일 $f(z)\in S$이면, $f(z)$는 원반 $|z|<2-\sqrt{3}$을 convex 영역위로 사상한다.

(**증명**) 정리 10.10에 따라서 $f(z)$에 의한 $|z|<r$의 像이 convex 영역이기 위한 필요충분조건은 $|z|<r$에 대해서

$$Re\left\{1+\frac{zf''(z)}{f'(z)}\right\}>0$$

이 성립하는 것이다. 식 (10.9)의 왼쪽 부등식에 의해서

$$Re\left\{1+\frac{zf''(z)}{f'(z)}\right\}\geq 1+\frac{2r^2-4r}{1-r^2}=\frac{1-4r+r^2}{1-r^2}$$

을 얻고, $1-4r+r^2$의 가장 작은 양의 근은 $2-\sqrt{3}$이므로 $|z|<2-\sqrt{3}$의 상은 convex 영역이다. 이 결과는 더 개량할 수가 없다. 이를테면 Koebe 함수

$$k(z)=z/(1-z)^2$$

에 대해서 $z_0=-(2-\sqrt{3})$일 때

$$1+\frac{z_0k''(z_0)}{k'(z_0)}=0$$

이 되므로, $f(z)\in S$에 대해서 $|z|<2-\sqrt{3}$보다 큰 원반은 convex 영역위로 사상하지 않는다.

함수족 K와 S^*에 가깝게 관계되는 함수족 P를 생각하자, 즉

$P=\{\varphi(z):\varphi(z)$는 $|z|<1$에서 해석적이고, $\varphi(0)=1$, $Re\ \varphi(z)>0$, $(|z|<1)\}$.

만일 $|z|<1$에 대해서 $Re\ \varphi(z)>0$이면, 함수

$$h(z)=\frac{\varphi(z)-1}{\varphi(z)+1} \tag{10.20}$$

은 $|z|<1$에 대해서 $|h(z)|<1$을 만족한다. 또 $h(0)=0$이므로 Schwarz의 보조정리에 의하여 $|z|<1$에 대해서 $|h(z)|\leq|z|$이 성립한다.

식 (10.20)에서 $\varphi(z)$에 대하여 풀면

$$\varphi(z)=\frac{1+h(z)}{1-h(z)}$$

이고,

$$|\varphi(z)|\leq\frac{1+|h(z)|}{1-|h(z)|}\leq\frac{1+|z|}{1-|z|} \tag{10.21}$$

와 같은 유용한 결과를 얻는다.

Herglotz 공식에 따르면, 모든 $\varphi\in P$는 다음과 같은 Poisson-Stieltjes 적분표시를 갖는다.

$$\varphi(z)=\int_0^{2\pi}\frac{e^{it}+z}{e^{it}-z}d\mu(t) \tag{10.22}$$

단, $d\mu(t)\geq 0$이고 $\int_0^{2\pi}d\mu(t)=1$이다.

[**定理 10.13**] 만일 $\varphi \in P$ 이고,

$$\varphi(z)=1+\sum_{n=1}^{\infty} c_n z^n$$

이면, $|c_n| \leq 2$ 가 성립한다. $(n=1, 2, 3, \cdots)$. 이 부등식은 더이상 개량할 수 없다.

(증명)
$$\frac{e^{it}+z}{e^{it}-z}=1+2\sum_{n=1}^{\infty} e^{-int} z^n$$

이므로 식 (10.22)에서

$$c_n=2\int_0^{2\pi} e^{-int} d\mu(t), \quad (n=1, 2, \cdots)$$

를 얻는다. 따라서 $|c_n| \leq 2$ 를 얻는다. 특히 등호는 모든 n 에 대하여 함수

$$\varphi(z)=\frac{1+z}{1-z}=1+2\sum_{n=1}^{\infty} z^n$$

에 대해서 일어난다.

[**定理 10.14**] 함수 $f(z)=z+\sum_{n=2}^{\infty} a_n z^n \in S^*$ 이면, $n=2, 3, \cdots$ 인 모든 n 에 대해서

$$|a_n| \leq n$$

이 성립한다.

(증명) 주어진 함수 $f \in S^*$ 에 대해서 함수

$$\varphi(z)=\frac{zf'(z)}{f(z)}=1+\sum_{n=1}^{\infty} c_n z^n$$

을 생각하면, $\varphi(z) \in P$ 이고, 정리 10.12 에 의하여 $|c_n| \leq 2$ 이다. 이제

$$zf'(z)=\varphi(z)f(z)$$

라 쓰고, 양변에서 z^n 의 계수를 비교하면,

$$na_n=a_n+\sum_{k=1}^{n-1} c_{n-k} a_k, \quad (n=1, 2, 3, \cdots), \quad (a_1=1)$$

을 얻는다. $n \geq 2$ 일 때 수학적 귀납법을 적용하여 $k=1, 2, \cdots, n-1$ 에 대해서

$$|a_k| \leq k$$

가 성립한다고 가정하면,

$$(n-1)|a_n| \leq \sum_{k=1}^{n-1} |c_{n-k}||a_k| \leq 2\sum_{k=1}^{n-1} k=n(n-1)$$

따라서 $n \geq 2$ 인 모든 n 에 대해서 $|a_n| \leq n$ 이 된다.

[**系**] 만일 $f(z)=z+\sum_{n=2}^{\infty} a_n z^n \in K$ 이면, $n=2, 3, \cdots$ 인 모든 n 에 대하여

$$|a_n| \leq 1$$

(증명) $f \in K$ 이면 $zf'(z)=z+\sum_{n=2}^{\infty} na_n z^n$ 은 함수족 S^* 에 속한다. 따라서 정리 10.14

에 의하여 $n|a_n| \leq n$ 이고, 따라서 $|a_n| \leq 1$ 이다.

다음에는 1952 년에 Kaplan 에 의해서 소개된 S의 부분함수족을 알아보자. $|z| < 1$ 에서 解析的인 함수

$$f(z) = z + \sum_{n=2}^{\infty} a_n z^n$$

를 **close-to-convex 함수**라고 하는 것은 한 함수 $g(z) \in K$ 가 존재해서

$$Re\{f'(z)/g'(z)\} > 0, \quad (|z| < 1)$$

를 만족할 때를 말한다. $g(z)$의 선택에 따라서 close-to-contex 함수족 C는 여러 가지 부분함수족을 포함한다.

(i) convex 함수 $f(z)$는 close-to-convex 함수이다. 이것은 $g(z) = f(z)$로 놓으면 쉽게 알 수 있다.

(ii) $Ref'(z) > 0$ 인 조건을 가진 함수 $f(z)$는 close-to-convex 함수이다. 이것은 $g(z) = z$ 로 놓으면 분명하다.

(iii) starlike 함수 $f(z)$는 close-to-convex 함수이다. 이것은 $g(z) = \int_0^z (f(\zeta)/\zeta) d\zeta$ 라 두면, $1 + zg''(z)/g'(z) = zf'(z)/f(z)$에서 $g(z)$가 convex 함수임을 알 수 있고, 또

$$Re\{f'(z)/g'(z)\} = Re\{zf'(z)/f(z)\} > 0$$

이므로 분명하다.

close-to-convex 함수가 單葉함수가 된다는 것을 보이기 위하여 다음 보조정리가 필요하다.

[**補助定理**] 만일 $\phi(z)$가 convex 영역 D에서 해석적이고, D에서 $Re\ \phi'(z) > 0$ 이면 $\phi(z)$ 는 D에서 單葉(univalent)이다.

(**증명**) D내에 서로 다른 두 점 z_0와 z_1을 취하면, $0 \leq t \leq 1$ 인 t에 대하여 선분 $z = z_0 + t(z_1 - z_0)$는 D내에 있어야 한다. 이 선에 따라서 적분을 하여

$$\phi(z_1) - \phi(z_0) = \int_{z_0}^{z_1} \phi'(z) dz$$
$$= \int_0^1 \phi'[z_0 + t(z_1 - z_0)](z_1 - z_0) dt$$

를 얻는다. 양변을 $z_1 - z_0$로 나누고, 실부분을 택하면

$$Re\left\{\frac{\phi(z_1) - \phi(z_0)}{z_1 - z_2}\right\} = Re\left\{\int_0^1 \phi'[z_0 + t(z_1 - z_0)] dt\right\} > 0$$

이 되므로 $\phi(z_1) \neq \phi(z_0)$이다. 따라서 $\phi(z)$는 D에서 단엽함수이다.

[**定理 10.15**] 만일 $f(z)$가 close-to-convex 함수이면, $f(z)$는 單葉(univalent)함수이다.

(**증명**) $f(z) \in C$ 이면, $g(z) \in K$가 존재해서

$$Re\{f'(z)/g'(z)\} > 0, \quad (|z|<1)$$

이 성립한다. $\phi(z) = f[g^{-1}(z)]$라고 놓으면, $f(z) = \phi[g(z)]$이고 $f'(z) = \phi'[g(z)]g'(z)$이 된다. 따라서 $g(z)$에 의한 $|z|<1$의 像인 convex 영역 D에서

$$Re\{f'(z)/g'(z)\} = Re\{\phi'[g(z)]\} > 0$$

이고, 보조정리에 의해서 $\phi(z)$는 D에서 單葉이다. 그러므로 $f(z)$는 $|z|<1$에서 단엽함수가 된다.

[**定理 10.16**] 만일 $f(z) = z + \sum_{n=2}^{\infty} a_n z^n$이 close-to-convex 함수이면 $n \geq 2$인 모든 n에 대해서

$$|a_n| \leq n$$

이 성립한다.

(**증명**) $g(z) = z + \sum_{n=2}^{\infty} b_n z^n \in K$라 하고, $Re\{f'(z)/g'(z)\} > 0$라고 하자.

$$\frac{f'(z)}{g'(z)} = 1 + \sum_{n=1}^{\infty} \alpha_n z^n \tag{10.23}$$

라 놓고, 식 (10.23)의 양변에 $g'(z)$를 곱하고, z^{n-1}의 계수를 비교하면,

$$na_n = nb_n + (n-1)\alpha_1 b_{n-1} + (n-2)\alpha_2 b_{n-2} + \cdots + 2\alpha_{n-2} b_2 + \alpha_{n-1}$$

정리 10.13에 의해서 모든 k에 대하여 $|\alpha_k| \leq 2$이고, 또 정리 10.14의 系에 의해서 모든 k에 대하여 $|b_k| \leq 1$임을 이용하면,

$$\begin{aligned} n|a_n| &\leq n|b_n| + (n-1)|\alpha_1||b_{n-1}| + \cdots + |\alpha_{n-1}| \\ &\leq n + 2[(n-1) + (n-2) + \cdots + 1] \\ &= n + \frac{2(n-1)n}{2} = n^2 \end{aligned}$$

따라서

$$|a_n| \leq n, \quad (n = 2, 3, \cdots)$$

Close-to-convex 함수는 convex 함수와 starlike 함수의 성질을 정의할 때와 비슷하게 그 기하학적 특성을 설명할 수 있다. 만일 f가 $|z|<1$에서 해석적인 함수이고 $0<r<1$인 r에 대하여 C_r을 f에 의한 원 $|z|=r$의 像은 나타낸다고 하자. 간단히 말하면, f가 $|z|<1$에서 close-to-convex 함수이기 위한 필요충분 조건은 $|z|=r$위의 점 $z=re^{i\theta}$는 θ가 증가하면서 움직일 때 C_r위의 점 $f(re^{i\theta})$에서

의 접선방향 $\arg\left\{\frac{\partial}{\partial\theta}f(re^{i\theta})\right\}$이 먼저 값에서 π만큼 더 감소하는 일이 없을 때이다. 즉 f가 close-to-convex이기 위한 필요충분조건은 $0<r<1$인 각 r과 $\theta_1<\theta_2$인 각 θ_1, θ_2에 대해서

$$\int_{\theta_1}^{\theta_2} Re\left\{1+\frac{zf''(z)}{f'(z)}\right\}d\theta > -\pi, \quad z=re^{i\theta}$$

이 성립하는 것이다. (증명은 Kaplan의 논문 참조)

또 하나의 S의 부분함수족으로 1933년에 Spacek에 의해서 소개된 Spirallike 함수족이 있다. 원점을 포함하는 한 영역 D를 **α-spirllike 영역**이라고 하는 것은 D내의 각 점 $w_0\neq 0$에 대해서 w_0에서 원점까지의 α-spiral인 호가 D내에 완전히 포함될 때를 말한다. 여기서 α-spiral인 호라는 것은 $\lambda=e^{i\alpha}$, $(|\alpha|<\pi/2)$, $w_0\neq 0$, $-\infty<t<\infty$일 때 $w=w_0e^{-\lambda t}$로 표시되는 복소평면내의 한 logarithmic spiral curve를 말한다.

함수 f가 $|z|<1$에서 해석적이고, $f(0)=0$일 때, 만일 f의 像이 α-spirallike 영역이면, f를 **α-spirallike 함수**라고 한다. 0-spirallike 함수는 starlike 함수가 된다.

f는 $|z|<1$에서 해석적이고, $f(0)=0$, $f'(0)\neq 0$이며 $0<|z|<1$에 대해서 $f(z)\neq 0$이라고 하자. $|\alpha|<\pi/2$인 α에 대하여 f가 α-spirallike 함수이기 위한 필요충분조건은

$$Re\left\{e^{-i\alpha}\frac{zf'(z)}{f(z)}\right\}>0, \quad (|z|<1) \qquad (10.24)$$

이 성립하는 것이다.

식 (10.24)의 기하학적 설명은 다음과 같다. 함수 f가 $0<r<1$인 r에 대해서 원 $|z|=r$위에서 식 (10.24)를 만족한다고 하고, C_r을 f에 의한 $|z|=r$의 상이라고 하자. $z=re^{i\theta}$가 원 $|z|=r$위에서 θ가 증가하면서 움직일 때 $f(re^{i\theta})$에서의 C_r의 접선벡터를 $T(r,\theta)$라고 하면, 식 (10.24)는

$$0<\arg[ie^{i\alpha}\{re^{i\theta}f'(re^{i\theta})/f(re^{i\theta})\}]<\pi \qquad (10.25)$$

와 같다.

$$\arg\{ire^{i\theta}f'(re^{i\theta})\}=\arg\{T(r,\theta)\}$$

이므로 식 (10.25)는

$$0<\arg\{T(r,\theta)\}-[\arg\{f(re^{i\theta})-\alpha]<\pi$$

와 같이 쓸 수 있고, 이것은 접선벡터 $T(r,\theta)$가 경계를 방정식

$$w=f(re^{i\theta})+t\ \exp\ i[\arg\{f(re^{i\theta})\}-\alpha],\ (t\text{ 는 실수})$$

로 갖는 열린 반평면쪽으로 향하고 있다는 것을 말해 주고 있다.

한편 f가 α-spirallike 함수이면, 함수 $p(z)\in P$가 존재해서

$$f(z)=z\exp\left\{\cos\alpha\cdot e^{-i\alpha}\int_0^z\frac{p(\zeta)-1}{\zeta}d\zeta\right\}$$

와 같이 표시할 수 있다. (Libera의 논문 참조)

[例 題]

1. 單葉函數族 S에 대한 정리들을 증명하는데 있어서 Schwarz의 보조정리가 有用한 이유는 무엇인가?

(解) $f(z)\in S$에 대해서 $f(0)=0$이므로 $\max_{|z|=r}|f(z)|$에 대한 上界를 얻을 수 있다.

2. 한 주어진 close-to-convex 함수를 가지고 하나 이상의 convex 함수를 대응시킬 수 있는가?

(解) $f(z)=z$를 가지고 우리는 convex 함수 z 혹은 $-\mathrm{Log}(1-z)$를 대응시킬 수 있다.

3. 만일 $f(z)=z+\sum_{n=2}^{\infty}a_nz^n\in S$이고, a_n이 모두 실수라고 하면, 모든 n에 대하여 $|a_n|\le n$임을 밝혀라.

(解) $z=re^{i\theta}$, $(r<1)$에 대해서

$$Imf(z)=v(re^{i\theta})=\sum_{k=1}^{\infty}a_kr^k\sin k\theta$$

라 놓고, 양변에 $\sin n\theta$를 곱한 다음 0에서 π까지 적분하면,

$$\frac{2}{\pi}\int_0^{\pi}v(re^{i\theta})\sin n\theta\,d\theta=\frac{2}{\pi}\int_0^{\pi}a_nr^n\sin^2 n\theta\,d\theta=a_nr^n \tag{10.26}$$

그런데

$$\begin{aligned}|\sin(n+1)\theta|&=|\sin n\theta\cos n\theta+\cos n\theta\sin\theta|\\&\le|\sin n\theta|+|\sin\theta|\end{aligned}$$

이고, 귀납법에 의해서 $|\sin n\theta|\le n|\sin\theta|$임을 보일 수 있으므로 식 (10.26)에서

$$|a_nr^n|\le\frac{2n}{\pi}\int_0^{\pi}|v(re^{i\theta})|\sin\theta\,d\theta \tag{10.27}$$

를 얻는다. $0<r<1$, $0<\theta<\pi$일 때

$$0\ne f(re^{i\theta})-f(re^{-i\theta})=\sum_{n=1}^{\infty}a_nr^n(e^{in\theta}-e^{-in\theta})$$

$$=2i\sum_{n=1}^{\infty} a_n r^n \sin n\theta = 2iv(re^{i\theta})$$

이므로 $v(re^{i\theta})\neq 0$ 이고, $v(re^{i\theta})$는 θ의 연속함수이므로 구간 $0<\theta<\pi$에서 일정한 부호를 갖지 않으면 안된다. 따라서

$$r=|a_1 r|=\left|\frac{2}{\pi}\int_0^{\pi} v(re^{i\theta})\sin\theta\, d\theta\right|=\frac{2}{\pi}\int_0^{\pi}|v(re^{i\theta})|\sin\theta d\theta \qquad (10.28)$$

식 (10.28)을 식 (10.27)에 대입하면

$$|a_n r^n|\leq nr$$

이 되고, $r\longrightarrow 1$ 되게 하면, 정리의 결과를 얻는다.

問 題

1. 함수 $f(z)=z+\frac{1}{2}z^2+\frac{1}{3}z^3$ 은 close-to-convex 함수이지만, starlike 함수는 아님을 설명하여라.

(풀이) $g(z)=-\mathrm{Log}(1-z)$를 생각하면, $|z|<1$에 대해서

$$Re\left\{1+\frac{zg''(z)}{g'(z)}\right\}=Re\left\{1+\frac{z}{1-z}\right\}>1/2>0$$

이므로 $g(z)\in K$ 이다. 또한

$$Re\left\{\frac{f'(z)}{g'(z)}\right\}=Re\{(1+z+z^2)(1-z)\}=Re\{1-z^3\}>0,\quad (|z|<1)$$

이 되어 $f(z)$는 close-to-convex 함수이다.

$f(z)\notin S^*$임을 보이기 위하여

$$Re\left\{z\frac{f'(z)}{f(z)}\right\}=Re\left\{\frac{1+z+z^2}{1+\frac{1}{2}z+\frac{1}{3}z^2}\right\}$$

$$=\frac{Re\left\{(1+z+z^2)\left(1+\frac{1}{2}\bar{z}+\frac{1}{3}\bar{z}^2\right)\right\}}{\left|1+\frac{1}{2}z+\frac{1}{3}z^2\right|^2} \qquad (10.29)$$

에서 $z=re^{i\theta}$라 두고, 간단히 한 후, 식 (10.29)의 分子를 $A(r,\theta)$로 표시하면

$$A(r,\theta)=1+\left(\frac{3}{2}\cos\theta\right)r+\left(\frac{1}{2}+\frac{4}{3}\cos 2\theta\right)r^2+\left(\frac{5}{6}\cos\theta\right)r^3+\frac{1}{3}r^4 \qquad (10.30)$$

이다. 이제 $|z|<1$ 내의 어떤 점에 대해서 $A(r,\theta)<0$ 임을 보이자.

$A(r,\theta)$는 $|z|\leq 1$에서 연속인 함수이므로 어떤 θ_0 값에 대해서 $A(1,\theta_0)<0$ 임을 보이면 충분하다. 그러면 $A(r,\theta_0)$는 $1-\delta<r<1$ 내에 있는 모든 r에 대해서 음수가 된다. 식 (10.30)에서 $r=1$이라 두면,

$$A(1,\theta)=\frac{11}{6}+\frac{7}{3}\cos\theta+\frac{4}{3}\cos 2\theta$$

인데, 이것은 $\cos\theta=-7/16$ 일 때 최소값을 갖는다. 그와같은 점 θ_0 에서

$$\cos 2\theta_0=2\cos^2\theta_0-1=-79/128$$

이므로 $$A(1,\theta_0)=\frac{11}{6}-\frac{7}{2}\left(\frac{7}{16}\right)-\frac{4}{3}\left(\frac{79}{128}\right)=-\frac{1}{96}$$

즉, $1-\delta<r<1$, $\cos\theta_0=-\frac{1}{16}$이 되는 점 $z=re^{i\theta_0}$ 에서 $Re\left\{\frac{zf'(z)}{f(z)}\right\}<0$ 이므로 $$f(z)\notin S^*$$

2. 만일 $f(z)\in K$ 이면, $|z|=r<1$ 인 r 에 대해서

$$\frac{1}{(1+r)^2}\leq|f'(z)|\leq\frac{1}{(1-r)^2}$$

$$\frac{r}{1+r}\leq|f(z)|\leq\frac{r}{1-r}$$

이 성립함을 밝혀라.

(풀이) 정리 10.5 의 증명과정을 이용한다. $f(z)\in K$ 이므로 정리 10.14 의 系를 식 (10.7)에 적용하면,

$$\frac{1}{2}\left|\frac{f''(z_0)}{f'(z_0)}(1-|z_0|^2)-2\bar{z}_0\right|\leq 1$$

을 얻고, 식 (10.8)대신에 부등식

$$\left|\frac{zf''(z)}{f'(z)}-\frac{2r^2}{1-r^2}\right|\leq\frac{2r}{1-r^2}$$

이 된다. 이것에서

$$-\frac{2}{1+r}\leq\frac{\partial}{\partial r}\log|f'(re^{i\theta})|\leq\frac{2}{1-r}$$

을 얻는데, 적분하고 지수함수의 관계를 적용하면,

$$\frac{1}{(1-r)^2}\leq|f'(z)|\leq\frac{1}{(1-r)^2} \tag{10.31}$$

이 된다. 정리 10.6 의 증명과정과 같은 방법으로 하여 식 (10.31)에서

$$\frac{r}{1+r}\leq|f(z)|\leq\frac{r}{1-r},\quad(|z|=r<1)$$

을 얻는다.

3. 만일 $f(z)\in S^*$이면, 실수인 α 에 대해서 $e^{-i\alpha}f(ze^{i\alpha})\in S^*$임을 밝혀라.

(풀이) $f(z)\in S^*$이면 $|z|<1$ 에 대해서 $Re\left\{\frac{zf'(z)}{f(z)}\right\}>0$ 이다. $g(z)=e^{-i\alpha}f(ze^{i\alpha})$ 라 두면, $g(z)$는 $|z|<1$ 에서 해석적이고, $g(0)=e^{-i\alpha}f(0)=0$ 이다. $g'(z)=f'(ze^{i\alpha})$이므로 $g'(0)=f'(0)=1$ 이다. $|z|<1$ 내의 임의의 두 점 z_1, z_2 에 대해서 $g(z_1)=g(z_2)$라고 하면, $f(z_1e^{i\alpha})=f(z_2e^{i\alpha})$에서 f 가 단엽이므로 $z_1e^{i\alpha}=$

$z_2e^{i\alpha}$, 곧 $z_1=z_2$가 되어 $g(z)$로 단엽함수이다. 한편,

$$Re\left\{\frac{zg'(z)}{g(z)}\right\}=Re\left\{\frac{zf'(ze^{i\alpha})}{e^{-i\alpha}f(ze^{i\alpha})}\right\}=Re\left\{\frac{(ze^{i\alpha})f'(ze^{i\alpha})}{f(ze^{i\alpha})}\right\}>0,\quad (|ze^{i\alpha}|<1)$$

이므로 $g(z)=e^{-i\alpha}f(ze^{i\alpha})\in S^*$이다.

연습 문제 10.2

1. 만일 $f(z)\in K$이면, 실수인 α에 대해서 $e^{-i\alpha}f(ze^{i\alpha})\in K$임을 밝혀라.

2. 만일 $f(z)=z+\sum_{n=2}^{\infty}a_nz^n$에 대해서 $Re\left\{\frac{zf'}{f}\right\}>\alpha$이면

$$|a_2|\leq 2(1-\alpha)$$

임을 밝혀라.

3. 함수 $f(z)=z+\frac{1}{2}z^2+\cdots+\frac{1}{n}z^n$은 임의의 자연수 n에 대해서 단엽함수족 S에 속함을 증명하여라.

4. 함수 $f(z)=z+az^2\in S^*$이기 위한 필요충분조건은 $|a|\leq 1/2$임을 증명하라.

5. 함수 $f(z)=z+az^2\in K$이기 위한 필요충분조건은 $|a|\leq 1/4$임을 증명하라.

〈10장 보충 문제〉

1. 만일 $f(z)\in S$, $z=re^{i\theta}$이면,

$$r\frac{\partial}{\partial r}\log|f'(z)|=\frac{\partial}{\partial\theta}\arg f'(z)$$

임을 밝혀라.

2. 정리 10.5의 증명과정을 이용하여

$$|\arg f'(z)|\leq 2\log\frac{1+r}{1-r},\quad z=re^{i\theta}$$

임을 증명하여라.

3. 함수족 S^*와 K는 compact, normal 함수족임을 밝혀라.

4. 만일 $f(z)=z+\sum_{n=2}^{\infty} a_n z^n$ 이고, $\sum_{n=2}^{\infty} n|a_n| \le 1$ 이면, $f(z) \in S$ 임을 증명하여라.

5. 만일 $f(z)=z-\sum_{n=2}^{\infty} |a_n| z^n \in S$ 이면, $\sum_{n=2}^{\infty} n|a_n| \le 1$ 이 성립함을 증명하라.

   (힌트 : 만일 $\sum_{n=*}^{\infty} n|a_n| > 1$ 이면, $0 < r_0 < 1$ 인 어떤 r_0 에 대해서 $f'(r_0)=0$ 임을 보여라).

6. 어떤 실수 α, $|\alpha| < \pi/2$ 와 $|z| < 1$ 내의 모든 z 에 대해서

$$Re\{e^{i\alpha}(f'(z)/g'(z)\} > 0$$

   이 되는 함수 $g(z) \in K$ 가 존재한다면, $f(z)$는 $|z| < 1$ 에서 單葉函數임을 증명하여라.

참고 문헌

1. L. V. Ahlfors, "*Complex Analysis,*" 3rd ed., Mc-Graw-Hill Book Co., Inc., New York, 1979.
2. L. Bieberbach, "*Conformal Mapping,*" Chelsea Publishing Co., New York, 1953.
3. C. Carathedory, "*Theory of Functions of a Complex Variable,*" vols. 1 and 2, Chelsea Publishing Co., New York, 1954.
4. E. T. Copson, "*Theory of Functions of a Complex Variable,*" Oxford University Press, London, 1962.
5. F. J. Flanigan, "*Complex Variables: Harmonic and Analytic Functions,*" Allyn and Bacon, Inc., Boston, 1972.
6. F. P. Greenleaf, "*Introduction to Complex Variables,*" Addison-Wesley Publishing Co., 1964.
7. E. A. Grove, and G. Ladas, "*Introduction to Complex Variables,*" Houghton Mifflin Company, Boston, 1974.
8. M. Heins, "*Complex Function Theory,*" Academic Press, New York, 1968.
9. E. Hille, "*Analytic Function Theory,*" vols. 1 and 2, 2nd ed., Chelsea Pub. Co., New York, 1973.
10. J. G. Krzyz, "*Problems in Complex Variable Theory,*" American Elsevier Pub. Co., Inc., New York, 1971.
11. N. Lavinson and R. M. Redheffer, "*Complex Variable,*" Holden-Day, Inc., San Francisco, 1970.
12. A. I. Markushevich, "*Theory of Functions of a Complex Variable,*" 3vols. in one, Chelsea Publishing Co., New York, 1977.
13. J. E. Marsden, "*Basic Complex Analysis,*" W. H. Freeman and Company, San Francisco, 1973.
14. Z. Nehari, "*Conformal Mapping,*" Dover Publications, Inc., New York, 1975.
15. R. Nevanlinna and V. Paatero, "*Introduction to Complex Analysis,*" Addison-Wesley seriss in Mathematics, Helsinki, 1968.
16. M. H. A. Newman, "*Elements of the Topology of Plane Sets of Points,*" Cambridge University Press, London, 1964.
17. J. D. Paliouras, "*Complex Variables for Scientists and Engineers,*" Macmillan Pub. Co., Inc., New York, 1975.
18. L. L. Pennisi, "*Elements of Complex Variables,*" Holt, Rinebart and Winston, Inc., New York, 1963.
19. Herb Silverman, "*Complex Variables,*" Houghton Mifflin Company, Boston, 1975.
20. R. A. Silverman, "*Complex Analysis with Applications,*" Prentice-Hall, Inc.,

Englewood Cliffs, N. J., 1974.

21. G. F. Simmons, "*Introduction to Topology and Modern Analysis,*" McGraw-Hill Book Company, New York, 1963.
22. G. Springer, "*Introduction to Riemann Surfaces,*" 2nd ed., Chelsea Publishing Co., New York, 1981.
23. A. E. Taylor and W. R. Mann, "*Advanced Calculus,*" 3rd ed., John Wiley & Sons, Inc., New York, 1983.
24. E. C. Titchmarsh, "*Theory of Functions,*" Oxford University Press, London, 1939.
25. L. I. Volkovyskii, G. L. Lunts and I. G. Aramanovich, "*A Collection of Problems on Complex Analysis,*" Pergamon Press Ltd., Moscow, 1965.
26. W. Rudin, "*Real and Complex Analysis,*" 2nd ed., McGraw-Hill Book Co., New York, 1966.
27. T. Apostol, "*Mathematical Analysis,*" Reading, Mass : Addison-Wesley, 1967.

[해답 및 힌트]

연습 문제 1.1

1. $\dfrac{18}{13}+\dfrac{25}{13}i$

2. $z=\left(-\dfrac{1}{2},\ \pm\dfrac{\sqrt{3}}{2}\right)$

3. $\mathrm{Re}\left(\dfrac{z+1}{2z-5}\right)=\dfrac{2x^2-3x+2y-5}{(2x-5)^2+4y^2}$, $\mathrm{Im}\left(\dfrac{z+1}{2z-5}\right)=\dfrac{-7y}{(2x-5)^2+4y^2}$

4. $3i$

5. (a) $18-9i$ (b) $-2+2i$ (c) $-4i$ (d) -4

연습 문제 1.2

1. (a) 점 $(1-i)$를 중심으로 반지름이 1인 원

2. $z=re^{i\theta}$ 라고 두면

$z+\dfrac{1}{z}=\left(r+\dfrac{1}{r}\right)\cos\theta+i\left(r-\dfrac{1}{r}\right)\sin\theta$ 임을 유의하라.

3. (b), (c), (d)

4. $w=\dfrac{1+z}{1-z}$라 놓으면 $|z|<1$일 때 $\mathrm{Re}\,w>0$이 된다.

따라서 $|\mathrm{Arg}w|=\left|\mathrm{Arg}\dfrac{1+z}{1-z}\right|<\dfrac{\pi}{2}$

5. 임의의 $\varepsilon>0$에 대해서 $N_0=N_0(\varepsilon)$을 택하는데 $k>N_0$인 모든 k에 대해서 $|z_k-z_0|<\dfrac{\varepsilon}{2}$이 되게 하자. 고정시킨 N_0를 가지고 $N_1>N_0$인 N_1을 취할 때 $n>N_1$에 대해서

$$\frac{1}{n}\left|\sum_{k=1}^{N_0}(z_k-z_0)\right|<\frac{\varepsilon}{2}$$

이 되도록 N_1을 취하면, $n>N_1$인 모든 n에 대하여

$$|\zeta_n-z_0|=\left|\frac{1}{n}\sum_{k=1}^{n}(z_k-z_0)\right|\le\left|\frac{1}{n}\sum_{k=1}^{N_0}(z_k-z_0)\right|+\left|\frac{1}{n}\sum_{k=N_0+1}^{n}(z_k-z_0)\right|$$

$$<\frac{\varepsilon}{2}+\frac{\varepsilon}{2}=\varepsilon$$

연습 문제 1.3

1. (a) $6i$ (b) $-\dfrac{8+6i}{5}$ (c) 0 (d) 1/2

2. (a) 平等連續이다. (b) 連續이다.

(c) $z=0$에서 不連續이다. (d) 원점 $z=0$에서 불연속이다.

3. $f(z)=\sin\pi z$

4. (a) $\delta(\varepsilon)=\varepsilon/8$ (b) $\delta(\varepsilon)=\varepsilon/27$

5. $\lim\limits_{z\to z_0}f(z)=l_1$, $\lim\limits_{z\to z_0}f(z)=l_2$ 라고 가정하면

$$\forall\varepsilon>0,\ \exists\delta>0\ \text{s. t.}\ 0<|z-z_0|<\delta\Rightarrow|f(z)-l_1|<\varepsilon/2$$
$$0<|z-z_0|<\delta\Rightarrow|f(z)-l_2|<\varepsilon/2$$

따라서 $|l_1-l_2|=|l_1-f(z)+f(z)-l_2|$

$$\leq|l_1-f(z)|+|f(z)-l_2|<\varepsilon/2+\varepsilon/2=\varepsilon$$

$$\therefore\ l_1=l_2$$

6. (a) i (b) 1 (c) 극한값은 존재하지 않는다.

연습 문제 1.4

1. (a) $\pm\dfrac{1+i}{\sqrt{2}}$ (b) $\pm\sqrt[4]{2}\left(\cos\dfrac{\pi}{8}+i\sin\dfrac{\pi}{8}\right)$

2. $\operatorname{Arg}(i)=\dfrac{\pi}{2}$이므로 주어진 영역은 $\dfrac{\pi}{2}$만큼 회전된 영역 $0<v<1$로 사상된다.

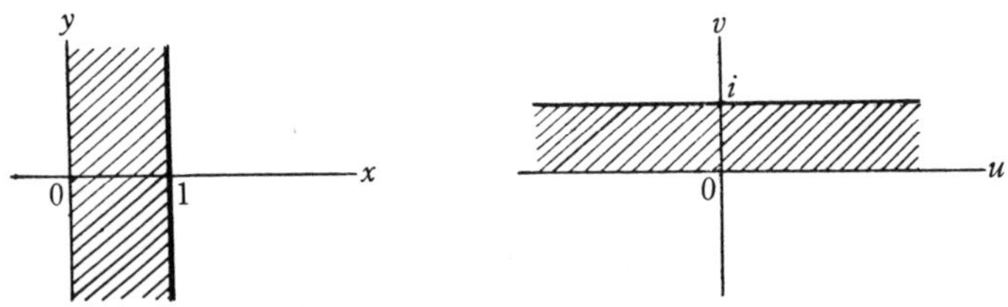

3. $z=re^{i\theta}$, $w=\rho e^{i\phi}$라 놓으면 $1+i=\sqrt{2}e^{\pi i/4}$이므로

$$w=(1+i)z=\sqrt{2}re^{\left(\frac{\pi}{4}+\theta\right)i}=\rho e^{i\phi}$$

$$\therefore\ \rho=\sqrt{2}r,\ \phi=\frac{\pi}{4}+\theta$$

半平面 $y>0$에서는 $r>0$, $0<\theta<\pi$이므로 구하는 w-平面上의 영역은

$$\rho>0,\ \frac{\pi}{4}<\phi<\frac{5}{4}\pi$$

즉, $v>u$이다. 또한 직교좌표를 써서 $z=x+iy$, $w=u+iv$라 놓으면

$$w=u+iv=(1+i)(x+iy)=(x-y)+i(x+y)$$

$$\therefore\ u=x-y,\ v=x+y$$

또는

$$x=\frac{1}{2}(u+v),\ y=\frac{1}{2}(v-u)$$

따라서 半平面 $y>0$은 $v>u$인 平面에 사상된다.

4. $e^{x/(x^2+y^2)}\left(\cos\dfrac{y}{x^2+y^2}-i\sin\dfrac{y}{x^2+y^2}\right)$

5. (a) $\dfrac{2k\pi}{3i}$, (k는 정수) (b) $\pm(1+i)\sqrt{k\pi}$, $k\geq0$

7. (c) $\dfrac{1}{2}\operatorname{Log}(x^2+y^2)+i\tan^{-1}\left(\dfrac{y}{x}\right)$

8. (b) $e^{-(\pi/2+2k\pi)}\cdot 2i$

9. $2i$

10. $\left|w-\dfrac{1}{2}\right|<\dfrac{1}{2}$, $v<0$.

11. $w=u+iv=\dfrac{1}{x+iy}=\dfrac{x-iy}{x^2+y^2}$에서

$$u=\frac{x}{x^2+y^2},\quad v=\frac{-y}{x^2+y^2}$$

또는
$$x=\frac{u}{u^2+v^2},\quad y=\frac{-v}{u^2+v^2}$$

따라서 直線 $x=c_1$은 w-平面上에서의 곡선

$$\frac{u}{u^2+v^2}=c_1 \text{ 또는 } u^2+v^2-\frac{u}{c_1}=0$$

즉,
$$\left(u-\frac{1}{2c_1}\right)^2+v^2=\left(\frac{1}{2c_1}\right)^2$$

에 사상된다. 따라서 원점 $w=0$에서 v축에 接하는 圓으로 사상된다.

마찬가지로 직선 $y=c_2$는 w-平面上의 곡선

$$-\frac{v}{u^2+v^2}=c_2 \text{ 또는 } u^2+v^2+\frac{v}{c_2}=0$$

즉,
$$u^2+\left(v+\frac{1}{2c_2}\right)^2=\left(\frac{1}{2c_2}\right)^2$$

에 사상된다. 따라서 $w=0$에서 u축에 接하는 圓으로 사상된다.

또 영역 $x>c_1$은 $c_1>0$일 때 w-平面上의 영역

$$\frac{u}{u^2+v^2}>c_1 \text{ 또는 } \left(u-\frac{1}{2c_1}\right)^2+v^2<\left(\frac{1}{2c_1}\right)^2$$

에 사상된다. 따라서 $w=0$에서 v축에 接하는 圓의 내부로 사상된다.

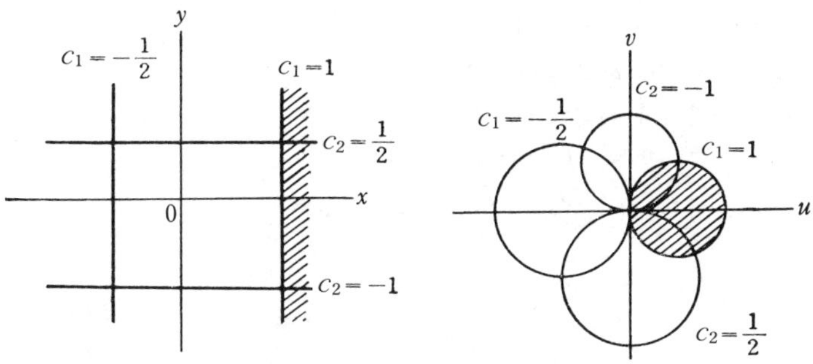

연습 문제 2.1

1. $g(z)=u+iv=x^2+y^2$에서 $u(x,y)=x^2+y^2$, $v(x,y)=0$

$$u_x=2x,\quad v_y=0,\quad u_y=2y,\quad v_x=0$$

따라서 $z\neq0$에 대해서 Caachy-Riemann 방정식이 만족되지 않는다.

2. (a) 평면전체에서 성립한다.

(b) (0, 3)을 제외한 모든 점에서 성립하지 않는다.

(c) (1, 0)을 제외한 모든 점에서 성립하지 않는다.

(d) $z=\pm2i$를 제외한 모든 점에서 성립한다.

3. (a) $40z^3+2z^2-8$　　(b) $5z^4-6z^2+1$

(c) $\dfrac{-z^4+14z^2-10z+8}{(z^3+2z-5)^2}$　　(d) $\dfrac{2}{z^3}(z^4-1)$

4. $\left.\begin{array}{l}\dfrac{\partial u}{\partial x}=3x^2-3y^2,\ \dfrac{\partial v}{\partial y}=3x^2-3y^2 \\ \dfrac{\partial u}{\partial y}=-6xy,\ \ \dfrac{\partial v}{\partial x}=6xy\end{array}\right\}$이므로

$\dfrac{\partial u}{\partial x}=\dfrac{\partial v}{\partial y},\ \ \dfrac{\partial v}{\partial x}=-\dfrac{\partial u}{\partial y}$이다.

주어진 u와 v는 함수 z^3의 실부분과 허부분이다.

5. (a) $5z^4-6z$ (b) $(1-z)^{-2}$

(c) $(1-z)^3(z^2+1)^2(-4+6z-10z^2)$ (d) $8(z-1)^3(z+1)^{-5}$

6. $u_x=v_y=2e^{2xy}[y\cos(y^2-x^2)+x\sin(y^2-x^2)]$

$u_y=-v_x=2e^{2xy}[x\cos(y^2-x^2)-y\sin(y^2-x^2)]$

연습 문제 2.2

1. (a) $a=b,\ \ c=-1$ (b) $a=b=\dfrac{c}{2}$

(c) $a=1,\ \ b=2k\pi$ (d) $a=b=0$

2. 가령 $f'(0)$가 존재한다고 가정하면

$$f'(0)=\lim_{z\to 0}\frac{f(z)-f(0)}{z-0}=\lim_{z\to 0}\frac{xy^2}{x^2+y^4}$$

처음에 직선 $y=x$에 따라서 $z\to 0$이 되게 하고, 다음에 곡선 $y^2=x$에 따라서 $z\to 0$이 되게 하면 극한치의 값이 달라짐을 알 수 있다.

3. (a) 어느 곳에서도 해석적이 아니다.

(b) 어느 곳에서도 해석적이 아니다.

4. $f(z)=u(x,y)+iv(x,y)$라 할 때 $v(x,y)=c$(상수)이고,

$$\frac{\partial u}{\partial x}=\frac{\partial v}{\partial y}=0,\ \ \frac{\partial v}{\partial x}=0$$

이므로

$$f'(z)=\frac{\partial u}{\partial x}+i\frac{\partial v}{\partial x}=0,\ \ (z\in D)$$

이 되어 정리 3.4에 의해서 $f(z)$는 상수가 된다.

5. 함수 $if(z)$에 연습문제 4를 적용시키면 된다.

6. (a) $\dfrac{1}{3}$ (b) 0

(c) 2 (d) 존재하지 않음

7. Cauchy-Riemann 방정식이 성립하지 않음을 보여라.

8. 고립된 특이점은 $z=1$, $z\neq 1$인 영역에서 $f'(z)=\dfrac{2}{(1-z)^2}$

연습 문제 2.3

1. (a) $v=ay-bx+c$ (b) $v=\dfrac{x}{x^2+y^2}+c$

2. (a) $v=3x^2y-y^3+c$ (b) $v=e^{x^2-y^2}\cdot\sin 2xy+c$

(c) $v=-\log|z|+c$

3. $\dfrac{\partial u}{\partial x}\dfrac{\partial v}{\partial x}=-\dfrac{\partial u}{\partial y}\dfrac{\partial v}{\partial y}$

4. 연습문제 2.3의 3번 문제를 참조하라.

연습 문제 3.1

1. 임의의 점 z_0에 대해서

$$\frac{2|z_0{}^2|}{n^2+|z_0|}\leq\frac{2|z_0{}^2|}{n^2}$$

이고, $2|z_0|^2\sum_{n=1}^{\infty}\dfrac{1}{n^2}$이 수렴하므로 평면에서 절대수렴한다. $|z|\leq R$에 대해서 $M_n=\dfrac{2R^2}{n^2}$을 가지고 Weierstrass M-테스트를 적용하면 준 급수가 평등수렴이 됨을 알 수 있다.

2. $f_n(z)=\begin{cases}\dfrac{1}{n}, & z\text{가 실수일 때}\\ 0, & z\text{가 실수가 아닐 때}\end{cases}$

로 정의하면, $\{f_n(z)\}$은 복소평면에서 0에 평등수렴한다.

3. $f_n(z)=(-1)^n$이라고 하면 무한히 많은 n에 대해서 $|f_n(z)-1|=0$은 되지만 $\{f_n\}$은 1에 수렴하지 않는다.

4. $\left\{\dfrac{z}{n}\right\}$은 $|z|\leq 1$에서 0에 평등수렴한다. 그러나 $\sum_{n=1}^{\infty}\dfrac{z}{n}$는 $z\neq 0$에 대해서 발산한다.

5. (a) 수열이 정의되는 영역에서 0에 평등수렴한다.

(b) $\operatorname{Re} z\geq\varepsilon>0$에 대해서 평등수렴하고, $\operatorname{Re} z>0$에 대해서는 점별수렴한다.

(c) $\operatorname{Re} z\leq 0$에 대해서 평등수렴한다.

(d) $|z|\leq r<1$에 대해서 1에 평등수렴하고, $|z|<1$에 대해서는 1에 점별수렴한다. 또한 $|z|\geq R>1$에 대해서 0에 평등수렴하고, $|z|>1$에 대해서는 0에 점별수렴한다. 특히 $z=1$이면 $\dfrac{1}{2}$에 수렴한다.

6. (a) $|z|<1$에 대해서는 절대수렴하고, $|z|\leq r<1$에 대해서는 평등수렴한다.

(b) $|z^2+1|>1$인 영역에서는 절대수렴하고, $|z^2+1|\geq R>1$인 영역에서는 평등수렴한다.

(c) $z\neq n$인 영역에서는 절대수렴하고, 정수들을 중심으로 하는 원반들(disks)을 제외한 복소평면의 유계인 부분집합에서는 평등수렴한다.

(d) $|z|>1$에 대해서는 절대수렴하고, $|z|\geq R>1$에 대해서는 평등수렴한다.

(e) $|z|>1$인 영역에서는 절대수렴하고, $|z|\geq R>1$인 영역에서는 평등수렴한다.

7. 수렴한다.

연습 문제 3.2

1. 급수 $\sum_{n=0}^{\infty}a_nz^n$이 다항식이거나 혹은 $\sum_{n=0}^{\infty}a_n$이 발산함을 보이면 된다.

2. (a) $|a|$ (b) $|a|>1$일 때 $1/|a|$, $|a|\geq 1$일 때는 1

(c) 1 (d) $1/e$ (e) 1

3. (a) 2 (b) $1/\sqrt{3}$ (c) ∞

(d) 1 (e) 5/3

4. $9-2(z+1)-3(z+2)^2+(z+2)^2$

5. $S_n(z)=z(1-z)+z^2(1-z)+\cdots+z^n(1-z)$

$=z-z^2+z^2-z^3+\cdots+z^n-z^{n+1}$

$=z-z^{n+1}$

$|z|<1$ 일 때 $\lim_{n\to\infty} z^n=0$ 이므로

$S(z)=\lim_{n\to\infty} S_n(z)=\lim_{n\to\infty}(z-z^{n+1})=z$

연습 문제 3.3

1. (a) R (b) R (c) R^k (d) ∞ (e) 0

2. $\dfrac{1}{R_1}=\lim_{n\to\infty}|a_n|^{\frac{1}{n}}$ 이므로 $n>N_1(\varepsilon) \Longrightarrow |a_n|^{\frac{1}{n}}<\dfrac{1}{R_1}+\varepsilon$

$\dfrac{1}{R_2}=\lim_{n\to\infty}|b_n|^{\frac{1}{n}}$ 이므로 $n>N_2(\varepsilon) \Longrightarrow |b_n|^{\frac{1}{n}}<\dfrac{1}{R_2}+\varepsilon$

$n>N=\max(N_1, N_2) \Longrightarrow |a_nb_n|^{\frac{1}{n}}<\dfrac{1}{R_1R_2}+\eta,$

단, $\eta=\left(\dfrac{\varepsilon}{R_1}+\dfrac{\varepsilon}{R_2}+\varepsilon^2\right)$

곧, $\dfrac{1}{R}=\lim_{n\to\infty}|a_nb_n|^{\frac{1}{n}}\leq\dfrac{1}{R_1R_2}+\eta \qquad \therefore\ \dfrac{1}{R}\leq\dfrac{1}{R_1R_2}$

$a_n=\begin{cases}1, & n\text{ 이 홀수}\\ 1/2^n, & n\text{ 이 짝수}\end{cases},\quad b_n=\begin{cases}1/2^n, & n\text{ 이 홀수}\\ 1, & n\text{ 이 짝수}\end{cases}$

일 때 $R>R_1R_2$ 이 성립한다.

3. 만일 $a_n\equiv1$ 이면 $\sum_{n=0}^{\infty}a_nz^{kn}$ 과 $\sum_{n=0}^{\infty}a_nz^{n^2}$ 은 둘다 수렴반경 $R=1$ 을 갖는다. 만일 $a_n=2^n$ 이면 $\sum_{n=0}^{\infty}a_nz^{kn}$ 에 대해서는 $R=2^{-1/k}$ 이고, $\sum_{n=0}^{\infty}a_nz^{n^2}$ 에 대해서는 $R=1$ 이다.

4. $\sum_{n=0}^{\infty}\left(\dfrac{z}{1+z}\right)^n$ 은 $\left|\dfrac{z}{1+z}\right|<1$ 일 때 수렴한다.

$|z-0|<|z+1|$ 일 때는 $\operatorname{Re} z>-\dfrac{1}{2}$ 일 때와 같다.

곧 $\operatorname{Re} z>-\dfrac{1}{2}$ 일 때 준 급수는 수렴한다.

5. (a) $\dfrac{5}{2}$ (b) $\dfrac{13}{12}$ (c) $5-5i$

연습 문제 4.1

1. $C: z(t)=t+i(2t^2-3),\ (-1\leq t\leq 2)$

2. (a) $4\pi i$ (b) $2\pi i$

3. $\displaystyle\int_{|z|=r} z^n dz=\begin{cases}0, & (n\neq-1)\\ 2\pi i, & (n=-1)\end{cases}$

4. (a) $C: z(t)=t+it,\ (0\leq t<1)$ 일 때

$$\int_C z\,dz=i,\ \int_C |z|\,dz=\frac{1+i}{\sqrt{2}},\ \int_C z|dz|=\frac{1+i}{\sqrt{2}},\ \int_C |z|\,|dz|=1$$

(b) $C: z(t)=e^{it}, (0\le t\le 2\pi)$일 때

$$\int_C z dz=0,\ \int_C |z|\,dz=0,\ \int_C z|dz|=0,\ \int_C |z|\,|dz|=2\pi$$

5. (a) $e^{2+2i}-1$ (b) $e^{1-i}-e^{-(1-i)}+2(1-i)$

(c) $\frac{i}{2}(e^{1-i}-e^{-1+i})$

연습 문제 4.2

1. (a) 0 (b) $\pi r^2/4$

2. $\frac{128}{5}$

3. (a) $1+e$ (b) $1+e$

4. $i(1-e^{-2\pi})$

5. $4(e^{\pi}-1)$

6. 8

연습 문제 4.3

1. (a) π (b) 0

2. (a) $2\pi i$ (b) 0

3. (a) $-\pi$ (b) 0

4. $2\pi i$

5. 힌트 : $z\bar{z}=\rho^2$과 $|dz|=-i\rho\frac{dz}{z}$를 사용하여 계산하라.

연습 문제 5.1

1. (a) 2π (b) $\pi i/4$ (c) $-\pi i/2$ (d) $i\pi\sec^2(x_0/2)$

2. (a) $2\pi ie^2$ (b) $2\pi ie^4$ (c) $8\pi ie^4$ (d) $2\pi ie^2(\sin 2+\cos 2)$

3. (a) 0 (b) 0 (c) 0 (d) $12\pi i$

4. (a) $z+z^2+\frac{1}{3}z^3-\frac{1}{30}z^5$

(b) $1+z+\frac{3}{2}z^2+\frac{7}{6}z^4+\frac{25}{24}z^4+\frac{27}{40}z^5$

5. (a) $\frac{1}{2}$ (b) 1 (c) 1 (d) 0

연습 문제 5.2

1. Cauchy 부등식을 사용하여 복소평면 전체에서 $f''(z)=0$ 임을 보이고, Cauchy 부등식에서의 M은 $A(|z_0|+r)$보다 작거나 같게 됨을 유의하면 된다.

2. $[f(z)/g(z)]^k=1$ 이므로 $h(z)=f(z)/g(z)=e^{2\pi i m(z)/k}$로 표시된다. 만일 k가 홀수이면 $m(z)=(k/2\pi i)\mathrm{Log}h(z)$로 취한다. 그리고 만일 k가 짝수이면, $m(z)=(k/2\pi i)\mathrm{Log}[e^{\pi i/k}h(z)]$

와 같이 취하고 $m(z)$가 상수가 됨을 보이면 된다.

3. $\left|\int_0^1 g(t)f(t)dt\right| = e^{i\alpha}\int_0^1 g(t)f(t)dt$ 가 되도록 $e^{i\alpha}$ 를 취한다. 그러면

$$\int_0^1 g(t)f(t)dt = e^{-i\alpha}\int_0^1 e^{i\alpha}gfdt = e^{-i\alpha}\int_0^1 \mathrm{Re}(e^{i\alpha}g)fdt$$

이다. 실함수에 대한 평균치정리에 의하여 $0 \le t_0 \le 1$ 인 어떤 t_0에 대하여

$$e^{-i\alpha}\int_0^1 \mathrm{Re}(e^{i\alpha}g)fdt = e^{-i\alpha}\mathrm{Re}[e^{i\alpha}g(t_0)]\int_0^1 f(t)dt$$

이 되고, 이제 $|\lambda| \le 1$ 인 어떤 λ에 대하여 $e^{-i\alpha}\mathrm{Re}[e^{i\alpha}g(t_0)] = \lambda g(t_0)$가 됨을 보이면 된다.

연습 문제 5.3

1. (a) $z=r$ 에서 $M(r,f)$, $z=-r$ 에서 $m(r,f)$이 일어남.
   (b) $M(r,f)$와 $m(r,f)$은 $|z|=r$ 의 모든 곳에서 일어남.
   (c) $z=r$ 에서 $M(r,f)$, $z=ir$ 에서 $m(r,f)$이 일어남.
   (d) $z=-r$ 에서 $M(r,f)$, $z=r$ 에서 $m(r,f)$이 일어남.
2. 정리 5.11 과 $|e^{p(z)}|$이 연속이라는 사실을 이용하면 된다.
3. Rouche 의 정리를 적용한다.
4. Hurwitz 의 정리를 이용하면 된다.

연습 문제 6.1

1. (a) $\pm i$ 에서 3位의 極과 1 에서 4位의 極
   (b) $(\sqrt{3}\pm i)/2$, $(-\sqrt{3}\pm i)/2$ 그리고 $\pm i$ 에서 simple pole
   (c) $\pm 3i$ 와 $\pm i/3$ 에서 simple pole
2. (a) $z=n\pi$, (단 $n=\pm 1, \pm 2, \cdots$)에서 simple pole
   (b) $z=n\pi$, (단 $n=\pm 1, \pm 2, \cdots$)에서 simple pole 그리고 $z=0$ 에서 3位의 極
   (c) $z=2n\pi i$ ($n=0, \pm 1, \pm 2, \cdots$)에서 1位의 極
3. (a) $z=0$ 에서의 제거가능인 특이점
   (b) $z=0$ 에서의 진성특이점
4. (a) $z=0$ 에서 제거가능한 특이점과 $z=-1$ 에서 simple pole
   (b) 원점에서 제거가능한 특이점
5. (a) 제거가능한 특이점 (b) 1位의 極
   (c) 고립된 진성특이점 (d) 고립된 진성특이점
   (e) 고립되지 않은 진성특이점 (f) 고립된 진성특이점

연습 문제 6.2

1. $\sum_{n=0}^{\infty}\left(1-\frac{1}{2^{n+1}}\right)z^n$

2. $\sum_{n=0}^{\infty}\frac{z^{2n}}{n!}+\sum_{n=0}^{\infty}\frac{1}{z^{2n}n!}$

3. $\frac{\pi\cot\pi z}{z^4}=\frac{\pi\cos\pi z}{z^4\sin\pi z}=\frac{\pi}{\pi z^5}\frac{1-(\pi z)^2/2!+(\pi z)^4/4!-\cdots}{1-(\pi z)^2/3!+(\pi z)^4/5!-\cdots}$

$$=\frac{1}{z^5}\left(1-\frac{\pi^2}{3}z^2-\frac{\pi^4}{45}z^4+\cdots\right)$$

이므로 $f(z)$의 主部分은

$$\frac{1}{z^5}+\frac{\pi^2}{3z^3}-\frac{\pi^4}{45z}$$

이다.

4. (a) $\frac{1}{a-b}\sum_{n=0}^{\infty}\frac{a^n-b^n}{z^{n+1}}$ (b) $\sum_{n=0}^{\infty}(-1)^n\frac{(z-a)^{n-1}}{(a-b)^{n+1}}$

5. (a) $-\frac{i}{4(z-i)}$ (b) $\frac{1}{z^3}-\frac{1}{6z}$

6. (a) $\sum_{k=0}^{\infty}\frac{z^n}{k!z^k}$ (b) $\sum_{n=0}^{\infty}\frac{a_n}{z^n}$, $a_n=\sum_{k=1}^{n}\binom{n-1}{k-1}\frac{1}{k!}$

7. $|z|<1$ 인 경우 : $f(z)=\sum_{n=0}^{\infty}z^{n-3}$

$|z|>1$ 인 경우 : $f(z)=-\sum_{n=1}^{\infty}\frac{1}{z^{n+3}}$

8. $\sum_{n=0}^{\infty}\frac{(-1)^n2^{2n+1}z^{2n-3}}{(2n+1)!}$, $(|z|>0)$

9. $|z|>0$ 일 때 $\sum_{n=1}^{\infty}\frac{2z^{4n-7}}{(4n-2)!}$

10. $|z|<4$ 일 때 $\frac{1}{16z}+\sum_{n=0}^{\infty}\frac{(n+2)z^n}{4^{n+3}}$

연습 문제 6.3

1. (a) $z=\pi/2+k\pi$ 에서의 유수는 $(-1)^{k+1}$

(b) $z=1$ 에서의 유수는 -2 ; $z=2$ 에서의 유수는 2

(c)

$$z=0\text{ 에서의 유수는 }\begin{cases}\text{만일 } n\text{ 이 짝수이면 } 0\\ \text{만일 } n=4k+1\text{ 이면 } -\dfrac{1}{(n+1)!}\\ \text{만일 } n=4k+3\text{ 이면 } \dfrac{1}{(n+1)!}\end{cases}$$

2. (a) 1 (b) 8 (c) $-1/2$ (d) 5 (e) e (f) $1/5!$

3. $(\pi+i\pi)/8$

4. $(\pi+i\pi)/2$

5. $(1-\cos 1)2\pi i$

6. i

7. $i2\pi \sin h1$

8. (a) 0 (b) $-4\pi i/25$

9. (a) $\frac{1}{z+1}-\frac{1}{z+2}$ (b) $\frac{2}{z+1}+\frac{1}{z-2}$

(c) $\frac{1}{z^2}-\frac{2}{z}+\frac{3}{z+4}$ (d) $\frac{2z}{z^2+4}-\frac{2z}{z^2+9}$

10. (a) 0 (b) $2\pi i(1+2e+2e^4)$

연습 문제 6.4

1. $1+x^{2n+1}$ 은 실축상에서 특이점을 갖기 때문이다.
2. $2\pi/3$
3. (a) $\pi\sqrt{2}/4$ (b) $\pi/6$
4. (a) $2\pi/3$ (b) $\pi/3$
5. (a) $2\pi/9$ (b) $10\pi/27$

연습 문제 7.1

1. $f(z)=e^{3\pi i(z-z_0)/\varepsilon}$
2. 존재하지 않는다. 왜냐하면, 원점이 빠진 단위원반은 단일연결 영역이 아니기 때문이다.
3. (a) 모든 z에 대하여
   (b) 모든 z에 대하여
   (c) $z=1$을 제외한 모든 z에 대하여
4. $|f'(1)|=1,\ \alpha=\arg f'(1)=\pi$
   $|f'(1+i)|2,\ \alpha=\arg f'(1+i)=\pi/2$
   $|f'(i)|=1,\ \alpha=\arg f'(i)=0$
5. $\alpha=0,\ |f'(1)|=1;\ \alpha=-\pi/4,\ |f'(1+i)|=\sqrt{2}/2$
   $\alpha=-\pi/2,\ |f'(i)|=1;\ \alpha=\pi,\ |f'(-1)|=1$

연습 문제 7.2

1. $w=-\dfrac{1}{z}$
2. (a) $w=\dfrac{iz-1}{-3z+i}$ (b) $w=-\dfrac{z+2(1-i)}{z-2}$
3. (a) $\text{Im}\, v\leq\dfrac{1}{2}$ (b) $u^2+\left(v-\dfrac{1}{2}\right)^2\geq\left(\dfrac{1}{2}\right)$
4. (a) $z=\pm i$ (b) $z=3$
5. $w=A\dfrac{iz-z_0}{iz-\bar{z}_0},\ |A|=1$
6. $w_1=z^2,\ w_2=\dfrac{1+w_1}{1-w_1}=\dfrac{1+z^2}{1-z^2},\ w_3=w_2{}^2=\left(\dfrac{1+z^2}{1-z^2}\right)^2$

$$w_4=\frac{w_3-i}{w_3+i}=\frac{\left(\dfrac{1+z^2}{1-z^2}\right)^2-i}{\left(\dfrac{1+z^2}{1-z^2}\right)^2+i}$$

구하는 등각사상은

$$f(z)=\frac{(1+z^2)^2-i(1-z^2)^2}{(1+z^2)^2+i(1-z^2)^2}$$

인데, 이것은 일차분수변환은 아니다.

연습 문제 7.3

1. 제 2 상한 $u<0$, $v>0$에 있는 원반 $|w|<1$의 부분
2. $\{\rho e^{i\phi} : 1<\rho<2,\ 0<\phi<\pi/2\}$
3. 수평띠 $0<\mathrm{Im}\, w<1$
4. $\{u+iv : 0<u<1,\ -\pi<v\le\pi\}$
5. (a) 영역 $|w|\le 1$, $\mathrm{Im}\, w\ge 0$ (b) 영역 $|w|\ge 1$, $\mathrm{Re}\, w\ge 0$
6. 수평띠 $0<\mathrm{Im}\, w<\pi$

연습 문제 7.4

1. $\mathrm{Re}\, f(z)>0$일 때 $g(z)=(1-\alpha)f(z)+\alpha$라 놓고, 정리 7.8을 적용하면 된다.
2. 함수 $1/f(z)$에 정리 7.8을 적용하면 된다.
4. Schwarz Lemma를 사용하여라.

연습 문제 8.1

1. $\dfrac{\partial^2\phi}{\partial x^2}+\dfrac{\partial^2\phi}{\partial y^2}=|f'(z)|^2\left(\dfrac{\partial^2\phi}{\partial u^2}+\dfrac{\partial^2\phi}{\partial v^2}\right)$

   에서 만일
$$\frac{\partial^2\phi}{\partial x^2}+\frac{\partial^2\phi}{\partial y^2}=0$$
   이고, $f'(z)\ne 0$이면
$$\frac{\partial^2\phi}{\partial u^2}+\frac{\partial^2\phi}{\partial v^2}=0$$
   이다.
2. $15-9y$
4. $5+(3/\ln 2)\ \ln|z|$

연습 문제 8.2

1. $\rho=Re^{i\phi}$, $z=re^{i\theta}$ $(r<R)$에 대해서 $\left|\dfrac{z}{\rho}\right|<1$이므로
$$\frac{\rho+z}{\rho-z}=\frac{\rho\left(1+\dfrac{z}{\rho}\right)}{\rho\left(1-\dfrac{z}{\rho}\right)}=\left(1+\frac{z}{\rho}\right)\sum_{n=0}^{\infty}\left(\frac{z}{\rho}\right)^n=1+2\sum_{n=1}^{\infty}\left(\frac{z}{\rho}\right)^n$$
$$=1+2\sum_{n=1}^{\infty}\left(\frac{r}{R}\right)^n e^{in(\theta-\phi)}$$
2. 半平面에 대한 Poisson의 적분공식을 이용하면
$$\phi(x,y)=\frac{1}{\pi}\int_{-\infty}^{\infty}\frac{yF(t)dt}{(t-x)^2+y^2}$$
$$=\frac{1}{\pi}\int_{-\infty}^{-1}\frac{yT_0}{(t-x)^2+y^2}dt+\frac{1}{\pi}\int_{-1}^{1}\frac{yT_1}{(t-x)^2+y^2}dt$$

$$+\frac{1}{\pi}\int_1^{\infty}\frac{yT_2}{(t-x)^2+y^2}dt$$

$$=\frac{T_0}{\pi}\tan^{-1}\left(\frac{t-x}{y}\right)\Big|_{-\infty}^{-1}+\frac{T_1}{\pi}\tan^{-1}\left(\frac{t-x}{y}\right)\Big|_{-1}^{1}$$

$$+\frac{T^2}{\pi}\tan^{-1}\left(\frac{t-x}{y}\right)\Big|_1^{\infty}$$

$$=\frac{T_0-T_1}{\pi}\tan^{-1}\left(\frac{y}{x+1}\right)+\frac{T_1-T_2}{\pi}\tan^{-1}\left(\frac{y}{x-1}\right)+T_2$$

3. Poisson의 적분공식에 의하여

$$\phi(r,\theta)=\frac{1}{2\pi}\int_0^{2\pi}\frac{F(\phi)}{1-2r\cos(\theta-\phi)+r^2}d\phi$$

$$=\frac{1}{2\pi}\int_0^{\pi}\frac{1}{1-2r\cos(\theta-\phi)+r^2}d\phi$$

$$=1-\frac{1}{\pi}\tan^{-1}\left(\frac{2r\sin\theta}{1-r^2}\right)$$

연습 문제 9.1

1. 조밀한 수열은 可附番(countable)이 되지 않으면 안된다.
2. $g(w)=we^w$, $G=C\backslash(-\infty,\ -1]$이라 하면, $(-\infty,\ -1)$와 $(-1,0)$ 위에서 g에 의해서 취해지는 모든 값의 집합들은 일치한다. 만일 $u=-v\cot v$이고,
$v\in(2\pi n+\pi/4,\ 2\pi n+\pi/2)$와 충분히 큰 모든 n에 대해서
$$v\operatorname{cosec} v=\exp(v\cot v)$$
이면, $g(u+iv)=g(-1)$이다. 그래서 g가 C에서 모든 有限값을 갖는다는 것을 밝힐 필요가 있다. 가령 어떤 a와 모든 w에 대해서
$$we^w-a\neq 0$$
이라고 가정하면, 역시 $(w+2\pi i)e^w-a\neq 0$이고 $1+2\pi ie^w/(we^w-a)$은 복소평면 전체에서 解析的이고 유계이므로 상수가 되지 않으면 안 된다. 이것은 분명히 모순이다. 따라서 만일 $h(z)=4z(1-z)^{-2}$라고 하면, h에 의한 $|z|<1$의 像은 G이고, $f=\frac{1}{4}g\circ h$는 구하는 함수가 된다.
3. 가령 $z=\Phi(w)$가 D_0를 $|z|<r$ 위로 사상한다고 가정하면, $\varphi\circ\Phi^{-1}$는 $|z|<r$를 D위에 等角的으로 사상하며
$$|D|=\iint_{|z|<r}|(\varphi\circ\Phi^{-1})'|^2dxdy$$
이다. 그리고 $\varphi\circ\Phi^{-1}(z)=z+A_2z^2+\cdots$이므로
$$|D|=\pi r^2(1+2|A_2|^2r^2+\cdots)$$
이다. 따라서 $|D|$는 만일 $\varphi\circ\Phi^{-1}$이 항등함수, 즉 $\Phi=\varphi$이면 최소가 된다.

연습 문제 9.2

1. (a) $\frac{1}{3}$　　(b) 1
2. (a) $|z|<1$　　(b) $|z|<1$　　(c) $\mathrm{Re}z>1$

3. $\prod_{n=0}^{\infty}(1+z^{2^n})=(1+z)\prod_{n=1}^{\infty}(1+z^{2^n})$

$$=(1+z)(1+z^2)(1+z^4)(1+z^8)\cdots$$

인데, $(1+z)(1+z^2)=1+z+z^2+z^3$

$(1+z)(1+z^2)(1+z^4)=1+z+z^2+z^3+\cdots+z^7$

이므로 일반으로 $\prod_{k=1}^{n}(1+z^{2^k})=1+z+z^2+\cdots+z^{2^{n+1}}-1$

이것은 $n\to\infty$일 때 $1/(1-z)$에 수렴한다.

4. $\dfrac{9}{8}\dfrac{e^{\pi^2}+e^{-\pi^2}-(e^{\pi^2/3}+e^{-\pi^2/3})}{\pi^4}$

5. $f(z)=\prod_{n=1}^{\infty}(1-z/n)^n e^{z^2/2n}$

6. $\dfrac{i}{2}e^{-iz}$

연습 문제 10.1

1. $\dfrac{f(t_0z)}{t_0}=\dfrac{z}{(1-t_0z)^2}$은 $|z|<1$ 내에 있는 $z=1/t_0$에서 解析的이 아니다.

따라서 $f(t_0z)/t_0\notin S$, $(|t_0|>1)$

2. $g(z)=z+|a_2|z^2+|a_3|z^3+\cdots$를 생각하라.

3. $g(z)=z[f(z^k)/z^k]^{1/k}=z(1+a_2z^k+a_3z^{2k}+\cdots)^{1/k}$에서

$$g(0)=0,\ g'(0)=1$$

$\forall z_1, z_2, (|z|<1)$, $g(z_1)=g(z_2)$라고 하면, $f(z_1{}^k)=f(z_2{}^k)\Rightarrow z_1{}^k=z_2{}^k$

따라서 $(z_1-z_2)(z_1{}^{k-1}+z_1{}^{k-2}z_2+\cdots+z_1z_2{}^{k-2}+z_2{}^{k-1})=0\Rightarrow z_1=z_2$

$\therefore$ $g(z)$는 단엽함수이다.

4. 정리 10.1의 증명과정을 참조하여라.

5. 만일 f하의 $|z|<1$의 像이 $|w|<1$을 포함한다고 하면, f^{-1}는 S에 속하지 않으면 안되고, $|f^{-1}|<1$을 만족하지 않으면 안된다. 따라서 f^{-1}에 Schwary의 보조정리를 적용하라.

연습 문제 10.2

1. $g(z)=e^{-i\alpha}f(ze^{i\alpha})$라 두고 $\mathrm{Re}\left\{1+\dfrac{zg''(z)}{g'(z)}\right\}>0$임을 보이면 된다.

2. $P(z)=\dfrac{z\dfrac{f'(z)}{f(z)}-\alpha}{1-\alpha}$, $(|z|<1)$라 놓고 정리 10.13을 이용한다.

3. Convex 함수 $g(z)=-\mathrm{Log}(1-z)$를 이용하여 주어진 함수 $f(z)$가 close-to-convex 함수임을 보이면 된다.

4. $\dfrac{zf'(z)}{f(z)}=2-\dfrac{1}{1+az}$이고, $f(z)\in S^*\Longleftrightarrow \mathrm{Re}\left\{\dfrac{zf'(z)}{f(z)}\right\}>0$임에 주목하라.

5. $f(z)\in K\Longleftrightarrow \mathrm{Re}\left\{1+\dfrac{zf''(z)}{f'(z)}\right\}>0$이고, $f(z)=z+az^2$에 대해서

$1+\dfrac{zf''(z)}{f'(z)}=2-\dfrac{1}{1+2az}$임에 주목하라.

찾 아 보 기

저자약력

李 錫 暎

서울대학교 사범대학 수학과 이학사
서울대학교 대학원(수학교육전공) 석사
University of Delaware 대학원 수학과 M.S., Ph.D. 수료
전남대학교 대학원 수학과 이학박사
서울대학교 사범대학 조교 및 강사역임
델라웨아대학교 Wilcastle 분교 강사역임
전남대학교 사범대학 조교수, 부교수 역임
대만 Cheng Kung National University 교환교수 역임
사단법인 대한수학회 재무이사 및 부회장 역임
영국 University of Exeter 교환교수 역임
일본 Kyushu University 방문교수 역임
이화여자대학교 자연과학대학 수학과 교수

논문

Geometric properties on the derivatives of Schlicht functions including Close-to-convex mappings 외 50여편

저서

微分積分學, 學文社, 1982
現代教養數學, 淸文閣, 1985
複素解析學槪論, 喜重堂, 1986
微分積分學, 先進文化社, 1989
微分方程式, 教學研究社, 1990
複素函數論, 教學研究社, 1991
微分方程式槪論, 教學研究社, 1993

複素函數論(改訂版)

1991년 2월 15일 초판 발행
1998년 2월 18일 개정판 발행
2008년 2월 20일 5쇄 발행

저 자 李 錫 暎
발행인 楊 澈 文
발행처 教學研究社
서울특별시 마포구 공덕동 105-67
전화 (02) 717-3554(영업부)
(02) 703-1140(편집부)
FAX (02) 717-3567
등록번호 제10-17호(1980.4.14)

정가 12,000원
ISBN 89-354-0124-2 93410